上海文化发展基金会图书出版专项资助
上海大学美术学院院际项目

The Settlement Landscape of Chinese Villages & Towns

中华聚落

——村落市镇景观艺术

刘森林　著

同济大学出版社

1

2

3

① 乡间风光，江西景德镇市瑶里镇
② 商业街，四川资中县罗泉镇
③ 深巷，云南丽江市束河镇
④ 街巷入口，湖北红安县七里坪镇长胜街
⑤ 暮色中的水街，浙江绍兴市安昌镇

4

5

1

① 晨曦中的散居共同体，新疆阿勒泰地区喀纳斯湖旁
② 夜幕中的街巷，云南丽江市大研镇
③ 傍水而居，浙江兰溪市黄店镇芝堰村

2

3

1

2

① 商业街，四川大邑县安仁镇
② 石拱桥下，上海金山区枫泾镇
③ 高低起伏的小街，云南丽江市大研镇
④ 宁静的商业街，湖北洪湖市瞿家湾镇
⑤ 俯视街道，湖南凤凰县沱江镇

3

4

5

① 八士门直街，浙江缙云县新建镇河阳村
② 有顶棚的商业街，重庆江津区中山镇
③ 远眺河街，重庆江津区中山镇笋溪河旁

① 青山翠竹环拥中的村落，江西婺源县江湾镇上晓起村
② 山上的村寨，广西龙胜县金竹寨
③ 面南的祠堂建筑，广东东莞市茶山镇南社村

2

3

① 大山中的移民集居，贵州安顺市天龙堡
② 水街，安徽黄山徽州区唐模村
③ 山水人家，广西桂林市阳朔县兴坪镇
④ 桥与碇步，四川邛崃县平乐镇

3

4

1

2

① 环拥家庙，福建南靖县书洋乡塔下村
② 总祠至尊，安徽宣城市绩溪县龙川村胡氏宗祠
③ 圆楼内，福建南靖县书洋乡田螺坑村
④ 俯视土楼群，福建南靖县书洋乡田螺坑村

1

2

3

① 黛瓦，白墙，田亩；江西婺源县延村
② 连排成组，金门县金沙镇山后十八厝
③ 池塘南北林立的祠堂建筑群，广东东莞市茶山镇南社村

① 雪中的瑶寨，广西龙胜县马堤乡
② 炊烟，西藏工布江达县太昭古城
③ 高低有序的土楼，福建南靖县书洋乡田螺坑村
④ 山麓下的藏居群落，西藏林芝县鲁朗镇
⑤ 坪坝高处的傣居村落，云南西双版纳州勐混乡

4

5

1

2

3

4

① 有过街楼的巷道，新疆喀什市土城
② 深巷，新疆喀什市土城
③ 转角处的清真寺，新疆喀什市土城
④ 岩石构成的房屋和街巷，贵州贵阳市花溪区青岩镇
⑤ 村前的池塘，广东东莞村石排镇塘尾村

5

1

2

3

① 狞厉的碉楼，四川理县桃坪羌寨
② 休闲的场镇，四川犍为县罗城镇
③ 高山水田中的村落，云南红河州元阳县逢春岭

① 马车与青稞架，云南丽江市束河镇
② 苗寨，贵州雷山县郎德上寨
③ 园林入口，上海松江区醉白池

④ 游牧者的定居点，新疆阿勒泰地区喀纳斯湖旁
⑤ 红砖青石，金门县金沙镇山后十八厝
⑥ 社屋，安徽黄山徽州区呈坎村长春社

① 深山桃源，河南林州市合涧乡
② 江汉平原中的主街，湖北监利县周老咀镇
③ 蜿蜒的商业街，湖北洪湖市瞿家湾镇
④ 历史的脚步，江西吉安市文陂乡渼陂村

2

3

4

1

2

① 远眺盆地中的聚落，四川合江县佛宝镇
② 密密匝匝的穿斗结构民居群，四川合江县佛宝镇
③ 重庆江津区塘河镇

1

2

① 灯火阑珊的水街，浙江嘉兴市西塘镇
② 一河夹两岸，江西婺源县李坑村
③ 傣族村落，云南西双版纳州橄榄坝
④ 山上的聚落，贵州赤水县丙安镇

3

4

1

2

3

4

① 方正如矩的网格式村落，陕西韩城市西庄镇党家村
② 城堡内聚族而居，福建漳浦县诒安堡
③ 门前巷道，陕西韩城市西庄镇党家村
④ 城内主街，四川阆中市保宁镇

组合型村寨，贵州雷山县西江大寨

1

3

2

① 家族式群居景观，福建南安县官桥镇漳里村蔡氏民居群
② 深巷，浙江缙云县新建镇河阳村
③ 八士门头，浙江缙云县新建镇河阳村
④ 俯视村寨，贵州雷山县西江大寨
⑤ 浙江兰溪市诸葛镇诸葛村大公堂前

4

5

① 古村的湖畔边界，安徽黟县宏村
② 灵官庙前的梭形广场，四川犍为县罗城镇
③ 湖中石桥，安徽黟县宏村南湖

1

2

3

① 村落夏景，安徽黟县宏村南湖
② 曲折的巷道，西藏拉萨市八廓街
③ 四川资中县罗泉镇
④ 大山深处的瑶寨，广东乳源县茶树村
⑤ 高山梯田，广西龙胜县龙脊平安寨

1

2

3

4

5

1

2

① 村寨小径，贵州雷山县郎德上寨
② 雪中的山居，河南林州市合涧乡
③ 驿道旁的山村，北京门头沟区爨底下村

1

2

① 富有韵律感的高山水田，广西龙胜县龙脊平安寨
② 高原村寨，贵州雷山县郎德上寨
③ 依形就势的靠崖窑居群，山西临县碛口镇李家山 （李建伟摄）
④ 高原藏居，西藏当雄县纳木错湖旁
⑤ 林中庄廓，青海尖扎县宁循公路旁

① 山茆上的四合院与窑居群，山西临县碛口镇李家山 （李建伟摄）
② 断崖绝壁上的山村，河南林州市合涧乡
③ 俯瞰山村，河南林州市合涧乡
④ 黄土高原山村的下沉式入口，山西平顺县石城镇豆口村
⑤ 暮色中的山居，山西临县碛口镇李家山 （李建伟摄）

1

2

3

4

5

夕阳斜射，雪色山村：河南林州市合涧乡

1

2

3

① 太湖旁的转船湾和村口，江苏苏州市金庭镇明月湾村
② 翘脊出檐的商业街店铺建筑，湖北洪湖市瞿家湾镇
③ 阴阳五行装饰的民居界面及巷道，广东潮州市甲第巷
④ 清晨碉楼，西藏林芝市工布江达县巴河镇秀巴村
⑤ 深山春来早，河南林州市合涧乡

4

5

1

2

① 家族大村，湖南岳阳市张谷英乡：张谷英村
② 有序的宗族村落，江西婺源县沱川乡理坑村
③ 盆地中的川南小镇，四川合江县佛宝镇
④ 跌宕起伏的江边场镇，重庆江津区中山镇

1

2

3

4

5

6

① 村中池塘，浙江仙居县高迁村
② 俯瞰古村，浙江缙云县新建镇河阳村
③ 浣纱女，浙江永康县石柱镇后吴村
④ 村前池塘，江西安义县京台村
⑤ 站在堡墙上看堡内，福建漳浦县诒安堡
⑥ 深山古村，浙江乐清市城北乡黄檀洞村

1

2

3

① 早春二月，江西婺源县思溪村
② 四圆夹一方，福建南靖县书洋乡田螺坑村
③ 溪边大屋，福建南靖县书洋乡塔下村
④ 依山居止的海边石屋，浙江温岭市石塘镇前红村
⑤ 海中聚落，福建霞浦县海边

3

4

1

2

① 远眺城堡，福建惠安县崇武古城
② 海上堡垒，山东烟台市蓬莱阁
③ 从山上看海边村落，浙江温岭市石塘镇前红村

1

2

① 村邑入口的标志，安徽黄山市徽州区唐模村
② 石桥，安徽黄山市徽州区唐模村
③ 越溪而筑，安徽黄山市徽州区唐模村
④ 弯曲的村落入口，江苏苏州市金庭镇明月湾村

① 高原山坡下的村口，山西临县碛口镇西湾村 （李建伟摄）
② 背依高山、面朝驿道的古村，北京门头沟区爨底下村
③ 从石桥上看场镇，贵州赤水县丙安镇
④ 宛如城池的族居村邑，山西晋城市阳城县皇城村

3

4

① 拾级而上的步道，山西临县碛口镇李家山（李建伟摄）
② 寺庙下的小径，云南香格里拉县松赞林寺下
③ 层层叠叠的街道，四川巴中市恩阳镇
④ 折线形坡道，河北涉县赤岸村

3

4

① 蔚为大观的盆地场镇全景，四川合江县佛宝镇
② 依山集居，浙江仙居县高迁村
③ 临河而居，重庆江津区中山镇笋溪河旁

2

3

1

2

3

4

① 河对岸的彝居聚落，云南文山州丘北县普者黑乡
② 村口关帝庙，山西沁水县土沃乡西文兴村
③ 青稞中的庄廓，青海循化县宁循公路旁
④ 环河城郭，湖北荆州古城
⑤ 有序的空间节奏，山西沁水县土沃乡西文兴村 （李建伟摄）
⑥ 夕阳中的小道，山西沁水县土沃乡西文兴村 （李建伟摄）

1

2

3

4

① 塔巷，福建福州市
② 路渠相随，安徽黟县宏村
③ 里巷，安徽黄山徽州区呈坎村
④ 山溪旁的人家，重庆江津县中山镇
⑤ 俯瞰族居村落，福建南安市官桥镇漳里村蔡氏民居群
⑥ 村中巷道，广东东莞市茶山镇南社村

1

2

3

4

5

① 疏朗清新的乡村园林，安徽黄山市徽州区唐横村檀干园
② 万绿丛中一点红，湖南长沙市丘麓山爱晚亭
③ 池塘旁的公共建筑，云南丽江市束河镇
④ 水坝，安徽黄山徽州区呈坎村
⑤ 水口，浙江武义县郭洞村口

① 曾经的商道，浙江永嘉县岩头村丽水湖畔
② 立园俯瞰，广东开平市塘口镇赓华村
③ 望兄亭，浙江永嘉县苍坡村

2

3

① 从村外看大树，北京门头沟区斋堂镇灵水村口
② 从村内看大树，北京门头沟区斋堂镇灵水村口
③ 飞檐翘脊的廊桥，浙江泰顺县泗溪镇溪东桥（上桥）
④ 夜幕中的廊桥，浙江泰顺县泗溪镇北涧桥（下桥）

1

2

3

4

① 廊桥，安徽黄山徽州区呈坎村
② 晨光中的廊桥，浙江省浦江县

高耸的古桥，四川邛崃县平乐镇

1

2

① 俯瞰驿道，重庆江津区中山镇
② 路亭，江西婺源县江湾镇上晓起
③ 广东广州市番禺区余荫山房
④ 善化亭，安徽黄山市徽州区潜口村
⑤ 池塘中的凉亭，浙江永嘉县芙蓉村

3

4

5

① 武岭门，浙江奉化市溪口村
② 看楼，山西临汾市尧都区土门镇东羊村
③ 黑龙庙，山西临县碛口镇李家山 （李建伟摄）
④ 山门，山西临汾市尧都区土门镇东羊村
⑤ 乐楼，河南开封市山陕会馆

1

2

3

4

5

1

2

3

4

① 入口门楼，云南大理市喜洲镇
② 高耸的文昌阁（塔），陕西韩城县党家村
③ 过街楼，江西安义县罗田村
④ 东村门清凉阁，河北井陉县石家村

① 高耸逼仄的巷弄，安徽黟县西递村
② 城内大街，四川阆中市华光楼
③ 庙寺与村门合一，河北井陉县石家村
④ 依山而建，重庆忠县石宝寨

1

2

3

4

1

2

① 塔庙地标，浙江建德县新叶村
② 塔桥辉映，江苏吴江市震泽镇慈云塔和禹迹桥
③ 田野中的牌坊，河南巩义市康店乡
④ 牌坊式闾里入口，江西安义县京台村
⑤ 富有空间节奏意味的街巷，山西沁水县土沃乡西文兴村（李建伟摄）

① 许国石坊，安徽歙县城关镇
② 大石坊，安徽黟县西递村
③ 牌坊纵贯，安徽歙县棠樾村
④ 祠堂前的牌坊，山西代县鹿蹄涧村
⑤ 戏台背后的石坊，四川犍为县罗城镇

4

5

1

① 寂静的古商业街，湖北洪湖市瞿家湾镇
② 碉楼间的巷道，西藏日喀则地区尼色日山下扎什伦布寺旁
③ 高低相间的巷道，金门县金城镇

① 石头世界，湖南凤凰县老洞村
② 蜿蜒静谧的小巷，贵州贵阳市花溪区青岩镇
③ 小巷，江西省安义县罗田村
④ 大街，云南丽江市大研镇

1

2

1

2

① 山城的街道，四川泸州市合江县福宝镇
② 俯视街道，四川泸州市合江县福宝镇
③ 悬山屋面间隙中的街道，重庆江津区塘河镇
④ 转折，四川泸州市合江县福宝镇

① 巷道兼泄洪，山西临县碛口镇李家山 （李建伟摄）
② 变化多端的孔道，山西临县碛口镇李家山 （李建伟摄）
③ 入口，湖南凤凰县老洞村
④ 休憩，贵州雷山县西江苗寨
⑤ 苗寨一瞥，贵州雷山县西江苗寨

3

4

5

1

2

① 宗祠，安徽黟县西递村敬爱堂
② 檐廊下的茶座，四川犍为县罗城镇
③ 从拱门处看月沼，安徽黟县宏村
④ 月沼旁的民居，安徽黟县宏村

① 更楼，安徽黄山市徽州区呈坎村
② 大街，山西界休县龙凤乡张壁村
③ 庙旁的小巷，北京门头沟区灵山村
④ 寺旁的小巷，西藏日喀则地区尼色日山下扎什伦布寺

3

4

① 长虹卧波，浙江泰顺县泗溪镇
② 碇步，浙江泰顺县仕阳镇
③ 木桥，安徽绩溪县龙川村

2

3

1

2

① 风雨桥，广西龙胜县马堤乡
② 转船湾码头，浙江嘉兴市乌镇
③ 远眺山城码头和聚落，重庆江津区塘河镇

1

2

① 浙江丽水市大港头村
② 广西桂林漓江边
③ 江西婺源县晓起村
④ 江西婺源县晓起村

大佛寺

夕阳中的马帮，重庆江津区中山镇

① 镇门，云南大理市喜洲镇
② 防卫森严的城门，山西晋城市润城镇砥洎城
③ 楼阁式镇门，云南大理市喜洲镇
④ 楼阁式村门，浙江永嘉县芙蓉村东门
⑤ 隐僻的村门，浙江武义县郭洞村

4

5

1

2

① 宋韵明风的村门，浙江永嘉县苍坡村
② 池塘边的村门，广东东莞市石排镇塘尾村
③ 入口，山西阳泉市平潭镇银圆山庄
④ 巷口，广东东莞市茶山镇南社村

① 寨门，广西龙胜县平安壮寨
② 闾门内，江西安义县罗田村
③ 山村村口通道，广东乳源县茶山村
④ 山村村口，河北井陉县于家村

3

4

① 古店铺，江西景德镇市陶瓷大观园内
② 中药房，安徽黄山市屯溪镇
③ 中药房柜台和货架，安徽黄山市屯溪镇
④ 五开间店铺，湖北红安县七里坪镇
⑤ 商业街，云南丽江市大研镇

4

5

1

2

3

4

① 铁铺，新疆喀什市土城
② 维族店铺，新疆喀什市土城
③ 池塘边的商店，浙江兰溪市诸葛镇诸葛村
④ 苏式店铺，浙江永嘉县苍坡村

① 城内两旁的店铺，福建长汀县城门
② 从三进天井看前进店铺，湖北监利县周老咀镇
③ 豆制品加工作坊，江苏吴江市震泽镇宝塔街
④ 榨油房，青海西宁市互助县土族风情园

1

2

① 龙形窑，广东佛山市石湾镇
② 水磨房，青海西宁互助县土族风情园
③ 负水临湖的书院

3

1

2

① 千年学府，湖南长沙市岳麓书院
② 雕缋满眼的家族书院，广州中山七路陈氏书院
③ 牌楼式书院正立面，安徽歙县雄村竹山书院
④ 书院侧面，安徽歙县雄村竹山书院

3

4

中西合璧的乡村图书馆，云南腾冲县和顺乡和顺村

家族图书馆，广东开平市赤坎镇

室内戏台一瞥，天津西青区杨柳青镇石家大院

砖雕装饰的戏台，陕西西安市关中民居博物馆

1

2

① 庙寺山门，山西临汾市尧都区土门镇东羊村
② 从殿堂处看山门内，山西临汾市尧都区土门镇东羊村
③ 气势宏敞的会馆，河南开封市山陕会馆
④ 戏台下的通道，四川犍为县罗城镇

1

2

3

4

① 门扉上有彩绘的祠堂大门，安徽黄山徽州区呈坎村
② 宝纶阁正面，安徽黄山徽州区呈坎村
③ 家族支祠，安徽黟县南屏村
④ 翘脊飘逸的祠堂，安徽歙县棠樾村

三间五牌四柱贴墙牌楼式门罩，安徽黟县屏山村舒氏宗祠

朝阳中的祠堂群落，安徽歙县棠樾村清懿祠前

牌坊式祠堂，广东东莞市茶山镇南社村

扇状竖立的石旗杆，福建南靖县书洋乡塔下村张氏家庙前

扇状竖立的石旗杆，福建南靖县书洋乡塔下村张氏家庙前

1

2

① 因势而形的庙寺，重庆合川区涞滩镇
② 林中神庙，云南西双版纳州勐海县勐混乡景真八角亭
③ 清幽的寺间小道，浙江天台县国清寺
④ 唐风宋韵，山西临汾市尧都区土门镇东羊村

通天宫，福建泉州市丰泽区北街

[illegible]的清真寺，河南开封市朱仙镇清真寺

海岛小庙，金门县金沙镇

周处庙，浙江永嘉县苍坡村

① 转经，四川道孚县麻孜乡
② 明代城楼，山西平遥县古城
③ 大漠雄关，甘肃嘉峪关市

2

3

所城城堞，广东深圳市龙岗区鹏城村

雄浑边关，山西忻州市代县

高原锁钥，贵州贵阳市青岩镇城门

倚崖而建的城门，重庆合川区钓鱼城东门

1

2

3

4

① 依稀可见的轴线，福建漳浦县诒安堡
② 因山就势的城墙，贵州贵阳市花溪区青岩镇
③ 城墙中的角楼，福建漳浦县诒安堡
④ 从城门外看城墙，福建漳浦县诒安堡

1

2

① 远眺河山楼，山西晋城市北留镇皇城村 （周玮摄）
② 瓮城，重庆合川区涞滩镇
③ 古堡城内，山西界休县龙凤乡张壁古堡 （李建伟摄）
④ 古堡龙形街，山西界休县龙凤乡张壁古堡 （李建伟摄）

① 羌族碉楼，四川理县桃坪寨（尤红斌　摄）
② 幽暗的巷道，四川理县桃坪寨（尤红斌　摄）
③ 隐僻的暗道，安徽黟县塔川村（尤红斌　摄）
④ 机关重重的流水系统，四川理县桃坪寨（尤红斌　摄）

3

4

① 古羌圣水，四川理县桃坪寨（尤红斌　摄）
② 坝埸，浙江丽水市大港头村
③ 寿康井，江西安义县罗田村
④ 双眼井，福建泉州市丰泽区西街
⑤ 古井，江苏扬州市东关街汪氏小苑

3

4

5

① 井和美丽的“亭子”，云南西双版纳州景洪市嘎洒乡
② 院中的井口和石槽，北京门头沟区斋堂镇爨底下村
③ 公共浣洗池，浙江永嘉县苍坡村
④ 方圆井池，云南丽江市大研镇

1

2

3

4

① 衙署大堂，云南丽江市牧氏土司府
② 学政衙署，江苏江阴市
③ 古镇救火会，浙江嘉兴市乌镇
④ 科考号房，广西桂林市靖王府贡院
⑤ 高山水田，云南元阳县牛家寨

4

① 坪坝间的水田和聚落，云南文山州坝美乡
② 瑞雪早春，江西婺源县思溪村
③ 水车，贵州雷山县水电村
④ 高原聚落，西藏林芝县鲁朗镇

3

4

1

① 俯瞰坪坝，云南文山州丘北县舍得乡普者黑景区
② 古老的灌溉设施，贵州雷山县水电村
③ 环绕村落的河渠，湖南岳阳县张谷英乡张谷英村

1

① 俯瞰聚落大屋，福建南靖县书洋乡田螺坑村
② 夕阳中的围龙屋，广东梅州市蕉岭县
③ 聚族而居的大屋，广东韶关市南雄县官氏大围
④ 村口，广东东莞市石排镇塘尾村

2

3

4

1

2

3

① 阳光下的家族聚居群，福建南安市官桥镇漳里村蔡氏古民居群
② 巷道，福建南安市官桥镇漳里村蔡氏古民居群
③ 荫翳中的巷道，福建南安市官桥镇漳里村蔡氏古民居群
④ 独立式碉楼，广东开平市赤坎镇
⑤ 庄廓间小道，青海西宁市宁循公路旁

① 山环水绕的风水宝地，四川阆中市
② 嘉陵江边的历史古城，四川阆中市
③ 负阴抱阳的山村，北京门头沟区斋堂镇爨底下村
④ 形似太极图形的水塘，浙江兰溪市诸葛镇诸葛村
⑤ 北山屏列，安徽省黟县屏山村

4

5

1

2

3

4

5

6

① 多向曲折的巷道，新疆喀什市土城
② 有过街楼的巷道，新疆喀什市土城
③ 看见清真寺的巷道，新疆喀什市土城
④ 山上的藏寺，云南香格里拉县松赞林寺
⑤ 冬日里的寺庙景象，西藏日喀则地区尼色日山下扎什伦布寺旁
⑥ 在广场上看寺庙，西藏拉萨市八廓街旁的大昭寺

① 藏族聚居区，西藏拉萨市金珠西路姜则村
② 西藏日喀则尼色日山下扎什伦布寺旁山下僧侣的房屋
③ 福建南靖书洋乡田螺坑村旁独立式的家庙
④ 街区中心的盐神庙，四川资中县罗泉镇

1

2

3

4

1

2

① 从后山上俯瞰家庙，福建南靖县书洋乡塔下村张氏家庙
② 岳庙，河南开封市朱仙镇
③ 村堡，广东东莞市石排镇塘尾村
④ 从城堡更道上看城门，福建漳浦县诒安堡

① 独处的米仓，广东韶关市乳源县茶山村
② 山上的住居，北京门头沟区斋堂镇爨底下村
③ 俯瞰街屋的屋面与山墙，重庆江津区塘河镇
④ 丛林中的傣居，云南西双版纳州勐海县勐混村

1

2

3

4

1

2

① 层层向上的石阶，四川泸州市合江福宝镇
② 山居，贵州雷山县西江苗寨
③ 夕阳中的骑楼式商业街，广东开平市赤坎镇
④ 门前水渠与平桥踏步，安徽黄山市歙县瞻琪村

① 仰视山城的石阶和街衢，四川泸州市合江福宝镇
② 别有洞天，江苏苏州市阊门外艺圃
③ 俯瞰小街，四川资中县罗泉镇
④ 从戏台底下过道处看广场的边界围合，四川犍为县罗城镇

1

2

3

4

1

2

① 空间节奏张弛有道的祠舍，陕西韩城市芝川镇
② 依山而立，重庆忠县石宝寨
③ 官道旁的浣纱女，浙江永嘉县岩头镇
④ 公共洗衣亭（池），云南腾冲县和顺乡和顺村

顺兴客栈

山中隙泉，江苏苏州市吴中区天平山茶室旁

有顶棚的商业街，重庆江津区中山镇

① 寂静的街巷，浙江嘉兴市乌镇东大街
② 沱江旁的聚居区，湖南凤凰县沱江镇
③ 夕阳下的闸楼，广东东莞市石排镇塘尾村
④ 溪水旁的发廊，湖南岳阳县张谷英乡张谷英村

1

2

3

4

图书在版编目（CIP）数据

中华聚落：村落市镇景观艺术 / 刘森林著 .-- 上海：同济大学出版社，2011.6

ISNB 978-7-5608-4562-3

Ⅰ.①中…　Ⅱ.①刘…　Ⅲ.①乡镇—景观—环境设计—中国　Ⅳ.① TU-856

中国版本图书馆 CIP 数据核字（2011）第 074676 号

中华聚落——村落市镇景观艺术
著　　作　刘森林
封面设计　刘森林
责任编辑　陈立群（clq8384@126.com）
电脑制作　宋　玲　唐　斌
责任校对　徐春莲

出　　版　同济大学出版社 www.tongjipress.com.cn
发　　行　上海市四平路 1239 号　邮编 200092　电话 021-65985622
经　　销　全国各地新华书店
印　　刷　上海新华印刷有限公司
成品规格　217mm × 280mm　408 页
字　　数　816 000
版　　次　2011 年 6 月第 1 版　2011 年 6 月第 1 次印刷
书　　号　ISBN 978-7-5608-4562-3
定　　价　228.00 元

目　录

第一章　总　论 …… 1
第一节　村落市镇景观艺术的概念和内容 …… 2
一、概念和范围 …… 2
二、景观的内容 …… 6
第二节　村落市镇景观的类型、规模和容量 …… 7
一、类型 …… 7
二、规模 …… 11
三、人地容量 …… 14
第三节　经济、社会文化和村镇景观 …… 17
一、经济模式、商业网络和村镇 …… 17
二、商业街区景观 …… 22
三、社会文化和风尚习俗 …… 25

第二章　村落市镇景观的形成、多样性与结构图式 …… 29
第一节　村落市镇的发生与演进 …… 30
一、发生和形成 …… 30
二、演进和演化 …… 33
第二节　历史时期的聚落景观 …… 38
一、外部环境 …… 38
二、空间形态 …… 41
第三节　村落市镇的结构与景观图式 …… 43
一、向心型村落市镇 …… 43
二、离散型村落市镇 …… 45
第四节　村落市镇景观的多样性 …… 46
一、多样性 …… 46

二、差异性……………………………………………………………………………………………… 49

第三章　村落市镇的平面组织和空间形态分析 ……………………………………………… 53
第一节　村落市镇的平面组织和结构形式 …………………………………………………… 54
一、带型…………………………………………………………………………………………… 54
二、点型…………………………………………………………………………………………… 56
三、网络型………………………………………………………………………………………… 57
四、棋盘型………………………………………………………………………………………… 58
五、组团型………………………………………………………………………………………… 59
六、墨渍型………………………………………………………………………………………… 60
七、有机型………………………………………………………………………………………… 61
第二节　村落市镇的空间形态与景观特征 …………………………………………………… 63
一、山地型………………………………………………………………………………………… 63
二、高原型………………………………………………………………………………………… 64
三、平原型………………………………………………………………………………………… 65
四、盆地型………………………………………………………………………………………… 67
五、丘陵型………………………………………………………………………………………… 67
六、滨海型………………………………………………………………………………………… 69

第四章　村落市镇的景观构成和处理手法 …………………………………………………… 71
第一节　村落市镇景观的空间层次 …………………………………………………………… 72
一、序列与递进式的围合层次…………………………………………………………………… 72
二、竖向式的空间层次…………………………………………………………………………… 76
第二节　村落市镇的边沿性和聚居区景观 …………………………………………………… 77
一、边沿性………………………………………………………………………………………… 77
二、聚居区………………………………………………………………………………………… 79
第三节　村落市镇的水口园林景观 …………………………………………………………… 82
一、水口…………………………………………………………………………………………… 82
二、园林…………………………………………………………………………………………… 85
第四节　村落市镇的标志性景观 ……………………………………………………………… 86
一、大树…………………………………………………………………………………………… 86
二、古桥…………………………………………………………………………………………… 87
三、亭台楼阁……………………………………………………………………………………… 89
四、塔幢…………………………………………………………………………………………… 93
五、牌坊…………………………………………………………………………………………… 94
第五节　村落市镇街巷的特点与要素 ………………………………………………………… 98
一、特点…………………………………………………………………………………………… 98
二、要素 ………………………………………………………………………………………… 101
第六节　村落市镇街巷的空间特征…………………………………………………………… 103
一、高差与变化 ………………………………………………………………………………… 103
二、连续与开合 ………………………………………………………………………………… 105

三、广场 …… 106
第七节 村落市镇街巷中的节点景观与处理手法 …… 108
一、节点 …… 108
二、标志物 …… 109
三、景观 …… 110

第五章 村落市镇建构系统及其公共景观 …… 113
第一节 交通类工程设施与公共景观 …… 114
一、桥梁码头 …… 114
二、路亭村门 …… 118
第二节 商业生产类设施与公共景观 …… 120
一、店铺 …… 120
二、工场作坊 …… 122
第三节 文教娱乐类设施与公共景观 …… 123
一、书院 …… 123
二、藏书楼 …… 125
三、戏场和会馆 …… 127
第四节 宗教崇祀类设施与公共景观 …… 131
一、祠堂家庙 …… 131
二、庙宇寺观 …… 133
三、寨心祭坛 …… 135
第五节 安全防御类设施与公共景观 …… 136
一、城堞墉壕 …… 136
二、村堡镇垒 …… 139
三、碉楼地道 …… 144
第六节 水利工程类设施与公共景观 …… 145
一、堤坝堰闸 …… 145
二、水井涝池 …… 147
第七节 管理控制类设施与公共景观 …… 150
一、衙署公廨与钞关厘局 …… 150
二、鼓楼与消防所 …… 153

第六章 传统人居观念与聚居模式 …… 155
第一节 生产生活观中的耕读和乡土景观 …… 156
一、耕读和隐逸 …… 156
二、桃源 …… 159
第二节 家族宗族观中的共居和杂居 …… 161
一、聚居 …… 161
二、散居、杂居 …… 164
第三节 堪舆风水观中的村落模式 …… 165
一、堪舆观念与村落图式 …… 165

二、风水的泛化 …… 171
第四节　文化象征观中的人居模式 …… 172
第五节　宗教信仰观中的村寨模式 …… 177
一、庙宇寺观和信仰圈 …… 177
二、宗教信仰中的村寨模式 …… 178
第六节　防御、拓殖与同化 …… 179
第七节　权力观中的官衙建筑布局模式 …… 182
第八节　生态知行观中的两重性 …… 183

第七章　村落市镇景观的构成途径和观景方式 …… 187
第一节　村落市镇聚落景观构成的途径 …… 188
一、自然构成 …… 188
二、人工构成 …… 190
第二节　景观艺术与观景方式 …… 192
一、感受景观的方式 …… 192
二、情感和心理体验景观的模式 …… 197
三、人的行为活动特征与景观艺术 …… 200

第八章　村落市镇景观变迁的社会机制和控制 …… 203
第一节　村镇设施与景观变动中的社会机制 …… 204
一、国家、地方政权的控制 …… 204
二、乡绅、商贾与村镇 …… 206
第二节　村镇设施与景观的运行模式 …… 209
一、乡规民约中的控制及维护 …… 209
二、若干运行与控制模式 …… 212

参考文献 …… 215
一、历史资料 …… 215
二、著作 …… 216
三、论文 …… 218
四、学位论文 …… 219
五、图像 …… 219

跋 …… 220

第一章

总论

中国古代和近代的村落、市镇和县城，既是传统农业社会结构体系中的基层单元，又是封建王朝和半殖民地、半封建国家机器赖以依托的主要地理本体，无论其数量、疆域，还是生息劳作于斯的人口、经济总量的权重等均为其他地理单元难以望其项背。根据2000年底的行政单位及面积统计，中国内地（不含港、澳、台地区）共有1679个县暨1679个县城镇，以及400个县级市（含所辖镇、乡、村），其区域面积占国土总面积的93%上下；又据我国对城市人口的界定，即100万人以上为特大城市，50万～100万人为大城市，20万～50万人为中等城市，20万人及以下为小城市，本书中的县城（包括县级市治所）和市镇，大抵是中等城市及以下的空间单元和地理单位。

本章共分三节：第一节，就本书讨论的概念和内容进行介绍，界定其范围和外延。第二节，分述村落市镇的类型和功能。首先，就村镇类型的界定、依据标准进行分析。对历史文化名村、名镇、名城等不同规模和层次的单元进行同类异质的比较，考量其自身拥有或阐发的质因素在前后主次序位上的变化，辨析其间的独特性、差异性和共同性；其次，借助考察对象的历史沿革、地理位置、自然条件、人口、经济和职能等其他因素，确立可资借鉴和界定操作的依据或标准；再次，着眼于人口数量与空间疆域、土地面积和资源范围、人口、赋税、区位及行政地位等，就人地关系这一农业社会中根本和基本的问题，撮要描述近世以来政府的举措、思路和办法；最后，从人口和空间幅员两方面比照近代不同规模村镇和县城的分布、密度、形式和特征。第三节，简要叙述村镇不同的经济方式、生产生活方式、社会结构、组织和地域文化及风尚习俗景观等，梳理和探究上述因素对聚落形态、风貌和人文景观特质的濡染和作用力。

本章以通论方式钩玄，认为传统村镇的空间格局、形态特征和景观风貌离不开其本体的、基础的内容，人口、自然条件、生产、社会、宗教和文化等要素与村镇景观艺术具有密切的因果关系，表里之间存在着一定的逻辑关联。其目标和策略是：以宽泛的视野观照村镇赖以存在的前提，以及相互之间的异同与关联。希望在有限篇幅的铺垫和先导中，对相关基础或背景的梳理有助于较全面地解析传统村镇景观艺术的构成、历史、状态和特性。

第一节　村落市镇景观艺术的概念和内容

一、概念和范围

本书以中国传统村落和市镇聚落的景观艺术为研究范围和对象，有必要对村落、市镇、聚落、县城（邑）、景观艺术等若干关键词和概念进行说明和范围界定。

书中所谓的传统，时间上大体指的是古代至1940年代，重点是近古时期，即宋、元、明、清、民国五代，尤其是明、清、民国三个时期，即明洪武元年（1368）至1940年代，时间跨度约580年。为了论述需要，亦上溯至隋唐乃至上古，或下延至20世纪中叶后；空间疆域上按近世中国千万平方公里的幅员计，所涉及的行政区划和隶属更替大抵以明、清和民国时期为准，或参以行文所需。

一般而言，村、镇、聚落三个名词的概念是有区别的。村，村落、村庄、农村或乡村聚落的简称，指的是长期生产、生活、聚居和繁衍在一个边缘相对清晰、特定地域中的农业人群所组成的空间单元；农村人口主要从事田园式劳作，即农业为主体，或兼营与农业生产有联系的活动及手工业等。研究者们普遍认为，人类聚居点的形成经

云南红河流域高山上的哈尼族村寨

历了原始群、原始村落和原始集市的演变，然后在劳动分工基础上分化成以农业为主的乡村和以手工业为主的城市。罗吉斯和伯德格在《乡村社会变迁》一书中以聚落续谱来表示美国社会中农村与城市的联系，这个续谱实际上也反映了聚落发展嬗替的次序。这里的农村与城市是相对的概念，典型的农村与典型的城市之间虽然界线较明确，但两者之间还存在着乡村邻里、小城镇、小城市、城郊社区等各种聚落形态，相邻聚落形态间的界线依然含混模糊。①

作为最基层和最大量的空间单元，村落从形成、演进、演化到发展，其内涵、实体、空间幅员、属性和层级等充满着变数。例如清初曾推行县—乡—都—图（保）—圩的层级系统，或乡—里—庄—村—圩等序列，这里的都、图、保、圩或里、庄、村、圩等显然都是村落的指称，只不过规模大小与层级等第趋于细密而已；当今，国内外和各类机构对乡村规模的界定也有着不同标准。如国际统计学会将居民人数低于 2 000 人的聚居处划分为农村；联合国则将20 000人以下地区定义为农村，等等。本书采用1953 年中国政府人口普查时期制定的划分标准，即常住人口低于2 000人者为乡村，高于2 000 人者为城镇。此外，本书中的村落也包括村寨、山寨等不同历史时期的乡村聚落。

市镇，一种介于城市和村落之间的地域空间实体和地理单元。若分开看，市与镇的结构和职能不同：市，系古代和近代进行商贸交易活动的集中场所，先秦时专指商品交易的场所，是古代“以有易无”的原始市场、初期城乡聚落的商品集散地，其形态较多呈现出商贸活动的特点。镇，中古时期政府军事力量驻戍守备地的专门指称。宋以后逐渐衍化、演变成地域的空间实体、地理空间、商贸聚落或行政单元，或为镇市，或为市镇。所谓“贸易之所曰市，市之至大者为镇”②。历史上的市与镇、市镇与集镇、墟集、场镇等的指称和概念既有区别又有重叠同义之处。严格意义上，古代城市中的商贸交易场所称市，非州县之所设置者称为草市。此外，各地对市的称谓也不尽相同，如北方称集，两广、福建称墟，川渝黔谓场，湖广为市，江南一带既称之为圩，也将具有一定规模的市称为镇。市与镇相同之处在于，两者均系空间实体和地理单元的称谓。从行政建制看，无市可有镇。基于宋及以后的镇已渐离隋唐军戍的性质和功能，遂成为县市与草市之间的市场建置单元，形成了州县与乡村之间增加的镇、市级经济中心地。直至民国初，市镇才获得县以下、村落以上和乡平级的行政单元建制。

云南香格里拉州中甸镇，建于坡道上的寺庙和僧居

从规模看，集镇（市）、墟集（市）及类型多样集市的规模均普遍小于市镇。事实上，市镇自从民国初确立行政地

---

① ［美］艾弗里特·M. 罗吉斯等著：《乡村社会变迁》，浙江人民出版社，1988 年，第 167 页。

② 清康熙：《嘉定县志》，卷一。

位开始其概念一直就比较模糊。因为介于农村和城市之间，因此在表述两者的相关事项时往往将其作为连缀，如1980年代内地的乡镇经济概念，20世纪中叶后内地的城镇户籍制度，80年代建设部门推广的小城镇建设，以及缩小“城乡二元社会”差距中的“城”，其中就包括了“镇”，这就使得市镇与农村、与城市之间的“边界”云遮雾障。学者们认为，城市、市镇是以完全脱离或部分脱离农业、以从事手工商业活动为主体，并拥有一定地域、非农业人口相对集中的社会、经济、地理实体，①是社会经济发展到某种特定阶段的产物。镇在经济地位和作用上不仅高（大）于市，而且往往超过县城。②再从具体的建制和隶属关系看，镇隶属于县而与乡同级，为现代最基层的行政单位。不过在实际状况中又有建制镇和集镇的区别。本书采用社会经济学中的一般市镇、区域市镇和超级市镇的界定，并参照美国施坚雅的经济中心地类型的划分和层次说理论。③市镇的概念和范围，基本限定为县级以下的地理单元和商业实体。

县，中国两千多年封建王朝中历史最悠久、建构最稳定的行政层次类型和级别等第。一县之内含括和辖领众多乡镇村邑，其治所本质上也是镇，虽然以县城、治所冠，近代常以城关镇、城厢镇名之，是县域中政治、军事、文化的中心，也有兼为经济、交通、商贸的中心，是清末以前最基层的政治管理单元层级。自秦汉以来的两千多年间，县治成为帝国对社会一元化统治最大量化的据点。在规模上，县城一般要大于各类市镇。不过县城也有小于市镇者，如浮梁县之于景德镇、桐乡县之于乌镇等，说明县城与市镇在等第方面虽为上下隶辖关系，但经济辐射、规模乃至人口未必呈绝对上大下小的正比。

随着社会的发展，村落、市镇和县城三者的概念有些在当今也已发生了许多变化。比如现代的村落又有行政村与自然村的区别，通常是若干小型自然村组合成一个行政村。行政村的设立标准一在空间面积，二在人口数量。如浙江省富阳市龙门村，系龙一、龙二、龙三、龙五、龙七、龙八、龙联等七个村合成。再有，有些市镇依附于较大的中心村，如山西省灵石县静升镇设在规模较大的静升村内，形成村镇同名。有的相对独立于村落而成为商贸活动为主的镇，进而演进为城区之下的行政建制单位，如上海市青浦区朱家角镇等。概言之，上述变化大抵是从便于控制和管理层面考虑。另外，从界定范围看，由于历史上行政建制层次及县域的罢并盈缩变化，使有些空间单元由县而升为府、州，有的则由府、州降为县，究竟哪些属于探讨范围之内，这就需要从历史的长时段和现存状态予以综合考察和甄别。以国务院1986年12月至2007年5月公布的三批（含增补）共108个国家级历史文化名城为例，景德镇（第一批）、平遥、常熟、歙县、寿县、阆中、镇远、丽江、韩城（第二批）与祁县、代县、长汀、临海、邹城、聊城、临淄、浚县、正定、佛山、梅州、都江堰、建水、巍山、江孜、汉中和同仁（第三批），以及山海关、凤凰、濮阳、绩溪（增补）等，其治所均可视为“县城”④，因而均为本书讨论范围。⑤

书中频繁出现的“聚落”一词，广义上指的是人类居住的场所。最早见于《史记·五帝本纪》：“一年而所居成聚，二年成邑，三年成都。”在《汉书·沟洫志》中这样记载：“或久无害，稍筑室宅，遂成聚落。”又，《汉书·赵充国传》中有“令军毋燔聚落刍牧田”的描述。在《辞海》中，聚与落是分开解释的：“聚”，有村落、会集、积聚的意思，而“落”，则是人聚居的地方。并引《后汉书·仇览传》“庐落整顿”；《广雅》“落，居也。案今人

---

① 李学勤、徐吉军主编：《长江文化史》，江西教育出版社，1995年，957页。

② 樊树志：“市镇与乡村的城市化”，《学术月刊》，1987年第1期。

③ 任放认为，明清长江中游市镇可分为一般市镇、区域市镇和超级市镇三种。一般市镇系指商业辐射力主要限于所在府州厅县范围内，甚至限于一乡或数乡之间；区域市镇指的是商业辐射力在1府以上、3省以内；超级市镇系商业辐射力达于3省以上，具有全国（乃至海外）影响。参阅任放：《明清长江中游市镇经济研究》，武汉大学出版社，2003年，第138页。美国施坚雅关于中国农村市场体系的划分，属于市镇（town）范畴彼此相连的经济中心地包括（自下而上）：标准市场、中间市场和中心市场。3种经济中心地所在聚落分别称为标准集镇（基层集镇）、中间集镇、中心集镇。不同层次的集镇对应于行政中心，如县城对应中间集镇、府城对应中心市镇等，参阅施氏著《中国农村的市场和社会结构》，史建云、徐秀丽译，虞和平校，中国社会科学出版社，1998年，第9～11页。另可参阅樊树志著：《明清江南市镇探微》第一章，复旦大学出版社，1990年。

④ 本书“县城”勘定的标准是：1）城区平面和结构形态为县级政区的规模，如平遥；2）历史时期或现当代曾经或已经演变为府治或地级市，但从长时段看仍以县邑风貌为特征者，如景德镇、都江堰（灌县）；3）城区现状格局、风貌、古迹、文物具有历史、科学和艺术价值，即具有较多的历史文化遗存，如历史性街区、文化传统内容（如民俗风情）等；4）长期使用和发展，今后仍将继续发展的城市。

⑤ 本书之所以剔除原府、州治所、今日大多数地级市及以上的城市，一是这些城市格局、风貌近似于都会，与村落市镇的层次、范围悬殊；二在于控制和限定本书范围，避免笼而统之而泛滥无归。至于那些曾经存在、现已消失的对象如新疆楼兰，自然也不在本书范围之内。

谓院为落也"① 作为补充说明或佐证。从上述记载和解释看，聚落的原义应是指人类居处或人群聚居的场所，与英文 settlement 一词相当。研究者们后来逐渐将之扩展为人类居住、生产的地域空间场所，如吴良镛称之为"聚居"的含义，已不再局限于"房子与房子的简单叠加，而是人们多种多样的生活和工作的场所"。②如果结合《汉书·沟洫志》中"时至而去，则填淤肥美，民耕田之。或久无害，稍筑室宅，遂成聚落。大水时至漂没，则各起堤防以自救，稍去其城郭，排水泽而居之，湛溺自其宜也"这样完整的描述，不难发现文中的聚落除了含有"室宅"等聚居形式外，还有"填淤"、"耕田"、"起堤"和"排水"等相关生产活动的含义。而择居则更是在"久无害"、"排水泽"的前提下集聚。显然，古时的聚落囊括了居处、环境与人群活动三个维度的指向。

另外，张光直认为考古学中的聚落可以视为一个既具有历史意义又具有分析研究意义的单位。在《谈聚落形态考古》一文中，他回顾了西方地理学和民族学对于聚落形态的研究，在研究方法和步骤上，提供了聚落单位的整理、聚落单位内的布局、各聚落单位在区域内的连接和聚落资料与其他资料关系的研究等四个重点。在考古学家伏特（Volt）有关聚落单位的划分上，则将聚落分为五个层次：①个别家屋的性质；②一个村落或社群单位之中家屋与家居之间空间性的安排；③家屋与其他建筑物如庙宇等之间的关系；④村落、社群的整个平面图；⑤村落、社群与其他村落或社群之间在特定地区内彼此的空间关系。可以看出，考古研究工作中的聚落，大抵是生活圈的范畴。其中既有社会、政治、经济、宗教和家庭婚姻的内容，也有住居、空间，以及社群或村落之间在特定区域中的相互空间关系。而在日本建筑学家藤井明和原广司的表述中，聚落与共同体同义，指的是那些具有历史意味的城镇、乡村或部落③。

邑，可以说是原始"城堡"的一种发展形式，具有一定规模、固定的居民集居地。《诗经·大雅·文王有声》、《尚书·召诰》及《史记·周本纪》中均有记载。清代金锷曾对"邑"进行了精细考证，云：邑者，民之所聚也。《说文》云：邑，国也，谓国都所在也。《易·泰之上六》云：自邑告命。《诗经·大雅》云：作邑于丰。《商颂》云：商邑翼翼，四方之极。《周书》云：作新邑于东国洛。是乃天子诸侯之国，皆称为邑，要皆以国城所在而言，非通一国之地也。《白虎通》云：夏曰夏邑，商曰商邑，周曰京师。然周曰京师亦未尝不称邑……邑为民居所聚，民居有多少，故邑有大小。极其大而言之，则有王都之邑；极其小而言之，则有十室之邑。其间大小不等未可枚举也。④从甲骨文看，"邑"是指人居住在设有一定维护结构的场地。据考古材料显示，邑的空间布局有着内聚向心的特征，中央为公共活动的广场，各氏族的"聚"环绕在广场布列，成为一个整体。又据《尔雅》描述，"邑外为之郊，郊外为之牧，牧外为之野，野外为之林"，似乎说明了邑的外部空间环境及其构成。由此可见，古今中外对聚落和邑的概念、指称范围就是：小可以是村落，大可至城镇——聚落和邑的范围兼备了盈缩性和不确定性，而常常与比较清晰的村落、市镇和城镇的概念或范围相叠合或连缀。只是，在一定范围或社群内的聚居性和空间单元这一点上还是比较相似的。

从景观的词性和名词属性看，英语中 landscape 一词有两种不同的指称和用法，一是表示风景，二是表示自然加上人类之和；在汉语中，新版《辞海》对景观的解释指"风光、景色"⑤，主要包括"景"和"观"两方面含义："景"主要指人类实践感知的客观对象，"观"主要指人对客观对象的主观看法和态度。"景观"是景、识景中介和人三者的统一体。作为地理学名词，《辞海》对之有三个解释：一是泛指地表自然景色；二是指特定区域的概念，即自然地理区；三是指类型的概念，即类型单位的总称，指相互隔离的地段按其外部特征的相似性，归为同一类型单位。如草原景观、森林景观等。⑥可见，对不同使用者而言，景观具有不同意义：地理学中的景观学派将之看成由地貌、大气、水、土壤和生物等要素构成的诸物体和现象完整而有规律地组合在一起的地表，是由自然和人文的地理事物、现象有规律组合形成的地域综合体；在人文地理研究中，"景观"一指客观对象，二指人的主观感受。而在景观生态学中，则将"景观"理解为空间上不同生态系统的聚合。

本书中的景观艺术，指的是乡村环境和城镇环境中具有较高艺术价值、人文价值、历史价值和技术价值的自然与人工的物态环境，它既不等同于"一切环境都是艺术"

---

① 辞海编辑委员会编：《辞海》，上海辞书出版社，1999 版缩印本，第 733、2201 页。

② 吴良镛：《人居环境科学导论》，中国建筑工业出版社，2001 年，第 16 页。

③ 参阅［日］藤井明著，宁晶译：《聚落探访》，中国建筑工业出版社，2003 年。原广司著，《世界聚落的教示 100》，于天祎等译，中国建筑工业出版社，2003 年。

④ 《求古录·礼说·邑考》。

⑤⑥ 陈至立主编：《辞海》，上海辞书出版社，2009 年，第六版，第 1158 页。

的主张、定义及其范域，也与美国景观建筑师学会（American Society of Landscape Architects）、哈佛大学景观建筑学专业（Landscape Architecture）及中国部分高校中的风景园林（景观学）专业涵盖的范畴和内容有所区别：前者宽泛无归，后者核心在于环境的规划设计，两者范围自园林到国土区域的自然资源及环境，庞大而综合。[①]本书的景观艺术范围，比较近似于联合国教科文组织第十九届会议《关于历史地区的保护及其当代作用的建议》也即《内罗毕建议》中历史地区的概念。在该建议中，历史地区指的是各地人类日常环境的组成部分，它们代表着形成其过去的生动见证。也较为近似于美国莱涅·俄林（Laurie D Olin）对景观的定义，即："景观是一个地区的结构，对组成自然环境和社会环境的基本要素进行布局，如影响我们生活和社区环境的基本要素和地形、水和植物、建筑的布局和相互关系。"[②] 总之，这里的景观艺术范畴主要指历史城市、市镇和乡村及构成其结构框架的种种要素和单元，约略与汉语中狭义的"景观"概念相似，也包括参观对象和以视觉感知为主要途径的主观感受的方面及其综合。在本书结构和体例中，当探讨"景观"时，偏重指客观对象并以"景"表述，当注重"景观"时，侧重指主观感受并以"观"表述。当然，本书立足于前面的"景"，即主要表述和讨论客观对象的"景"。厘清景观艺术的范围和内容要义，关键在于区别景观艺术与环境艺术既同又异的概念和范畴。也就是说，本书中景观艺术的范围明显小于普遍或宽泛意义上的环境艺术的范畴。

二、景观的内容

中国古代和近代的村落市镇和县城数量众多，分布广泛，景观风貌各具特征，尤其是列入《国家历史文化名城》、《国家历史文化名村（镇）》和《中国景观村落》名录的村镇和城市更具有较高的、多方面的景观价值及其历史文化意义。尽管各地的村镇在地域、民族、历史、自然条件、经济和风貌等方面存在各种差异，但具体的形态景观、公共设施构成等主体内容还是可以确立和界定的。

在探讨历史城镇的景观内容和构成要素中，国内外研究者有着不同的认识和划分标准。李雄飞认为，历史文化名城主要有七方面主导因素组成，分别是：①城市结构，历史格局；②由历史建筑群构成的城市轮廓线；③古建筑之间的空间视廊；④典型的传统建筑街区（民居）；⑤历史中心区；⑥标志性建筑；⑦建筑小品。[③]冈哈姆在《保持场所精神》一书中将之列为十个方面，即：①建筑形式；②气候、光照质量和数量，雨水和温度变化；③独特的自然地理；④人们的纪念和隐喻的含义；⑤当地的材料；⑥手工艺；⑦文化差异和历史；⑧人的价值观；⑨可见和可达的高质量公共设施；⑩不同季节和不同时间内城市的活动。董鉴泓、阮仪三则认为上述因素可总结为以下四方面：①自然地理环境要素，包括自然气候（光照质量、数量，雨水及温度变化）；自然地理（地质构造、地貌）；生态环境（植物、作物、植被、动物）；人文地理（城市周围有人工斧凿痕迹的风景名胜）。②物质要素，包括城市结构、历史格局、空间轮廓线、视线走廊、传统街区、历史中心区、标志性建筑等等。③非物质要素，包括民族、语言、文字、生活观念、价值观念、审美、信仰、道德、风格、礼仪、伦理等内容。④功能要素，包括城市的生活经济活动、城市生态结构、城市职能等[④]。此外，德国地理学家弗·拉采儿（F. Ratzel）在19世纪下半叶提出了历史景观的概念，强调种族、语言、宗教景观研究及文化传播的意义。上述界定和划分代表了研究者对村镇、尤其是历史文化村镇景观内容和构成要素的认识和成果。

本书认为，中国传统村镇聚落概由物质形态要素和非物质形态要素组合集聚而成，物质形态是村镇的有形形态，是聚落社会经济、文化历史和建筑技术等物质载体的表现形式和呈现方式；非物质形态是历史、哲学、宗教、语言、艺术、技艺、风俗等对村镇聚落的制约和影响，是聚落与特定地域的社会结构与组织、地域或民族文化及复杂多样的区域特性与个体独特性的要素所在。基于此，传统村镇的景观内容似可归结为以下四方面：

一、自然要素，如自然气候、自然地理、生态环境、物产资源、地表名胜等。

二、物质要素，包括村镇结构、历史格局、空间轮廓线、视线走廊、传统街区、人工景观标志等。

三、非物质要素，由宗教、信仰、文化、语言、风俗、生活方式与观念、价值观、道德、伦理、民族、礼仪、审美、手工技艺、历史人文踪迹等内容和因素组成。

四、功能要素，即生产经济、生态结构、村镇职能。

---

① 参阅刘滨谊：《现代景观规划设计》，东南大学出版社，1999年，第200～201页。

② 参见《世界建筑》，2003年第3期，第21～22页。

③④ 董鉴泓、阮仪三编著：《名城文化鉴赏与保护》，同济大学出版社，1993年，第14～15页。

需要说明，本书探讨的重点在第二方面即物质要素上，也就是技术体系的景观，是人类加工自然而产生的技术的、器物的、非人格的、客观的物体空间在地球表层形成的地理实体。当然，在实际中也与价值体系的景观难分畛域，如村镇聚落的择址经营也蕴含有堪舆风水的观念，在精神性的宗教文化中，具体的寺庙道观等部分亦构成了实实在在的实体景观，① 乃致影响和左右着聚居形态的格局和形式。倘若进一步从物质形态或物态环境层面考虑，毫无疑问，村镇景观的本体主要指外部空间。这里的外部，是相对于各类建筑的内部室内而言、系人们借助村镇环境进行公共活动的室外或半室外空间或场所。通常，村镇的外部空间系统构成了其整体的结构骨架，建筑、街坊、聚落组团等顺沿结构骨架分布遂成村镇，又由于人的各种活动与自然、空间、场所和领域之间有着天然和不可分割的关联，而丰富多彩的各种活动也主要发生在室外的各种空间中，因此，村镇的外部空间成为人们主要的公共活动空间。结合1987年10月国际古迹遗址理事会在美国华盛顿通过的《保护历史城镇与城区宪章》即《华盛顿宪章》看，该宪章进一步扩大了历史古迹保护的概念和内容，提出了当今学术界通常使用的历史地段和历史城区的概念，认为历史地段保护更关心的是外部的环境，强调保护和延续居住在此的人们的生活。有鉴于此，我们认为对于村落市镇的整体和景观艺术而言，外部空间可能比内部空间更具有价值、意义和作用力。因而，本书有关村落市镇景观的讨论也主要集中在外部环境上。

第二节　村落市镇景观的类型、规模和容量

一、类型

划分村落、市镇和县城景观的类型，可以从多方面、多角度和多层次展开，涉及村落市镇景观品质的评价。一般来说，评价有直观评价和逻辑评价两种。相比较而言，直观评价偏重感性，评价标准往往欠明确；逻辑评价侧重理性，评价标准较明确，通过对事物的要素进行定量分析评价，从而做出综合判断。较之直观评价，逻辑评价因具有明确的方法和程序，因而可对景观品质进行定量、规范和标准化的判断。就类型而言，它是事物的某种性质、特点相同或相似而形成的类别，具有相同或相似的某种结构形式的特征化对象组；传统村镇县城受多种条件影响制约，形态类型多样，形成了既有独特性，也有一定稳定性的特质。一定程度上，城镇聚落的多样性和均质性是共同存在的。以城市（县城）为例，根据其性质、历史、人文地理、自然风貌和文化特征，可分为以下七种类型：

①以政治中心为主的城市，如大理；

②以军事中心为主的城市，如定海、蔚州；

③以经济中心为主的城市，如自贡、祁县；

④以商业、交通中心为主的城市，如临清、聊城；

⑤以手工业为主的城市，如景德镇、佛山；

⑥以风景名胜为主的城市，如都江堰、常熟；

⑦以文化宗教为主的城市，如同仁、喀什、巍山。②

一般地看，政治性城市是在各种政治和行政管理中心基础上形成和发展起来的，具有浓郁的政治色彩，在经济上表现出消费性较强的特点；军事性城市规模较小，形态较为特殊，大多分布在北方边境和东部沿海地带；经济性城市是社会经济发展的直接产物，经济性功能突显；与之近似的商业、交通型和手工业型城市，往往融生产、消费、流通于一体，在一定程度上较能反映一个时期、地区社会经济的发展水平和状况；风景名胜城市借助自然资源和历史人文积淀；文化宗教城市则以浓郁的宗教氛围独领风骚，等等。总之，城市因偏重不同的职能而各具特色。当然，上述职能或特征也并非固定不变，而是随着社会发展和具体环境的变迁处于变化中，以上划分主要着眼于城市职能的首要或主次序位的前后。总的看来，中国古代社会中较少纯粹的、单一职能的城市，只是在一定时期和环境中所表现的主要性质和职能有所区别而已。从上述分类看，部分城市还兼具多种类型，如大理兼具⑤、⑥、⑦类的特点。

---

① 吴必虎，刘筱娟：《中国景观史》，上海人民出版社，2004年，第5页。

② 参见罗哲文：中国历史文化名城的保护与建设，载罗氏著：《罗哲文历史文化名城与古建筑保护文集》，中国建筑工业出版社，2003年，第43～45页。郑孝燮：历史文化名城保护规划，载《中国大百科全书·文物·博物馆》，中国大百科全书出版社，1993年，第304页。王景慧、阮仪三、王林：《历史文化名城保护理论与规划》，同济大学出版社，1999年，第20～24页。

从村镇景观的分类界定、原则与方法看，村镇的外在形态表现可能是相似的，也可能具有明显的差异性。若从职能层面对村镇进行类分，可进一步分为行政县治型、守备防御型、手工业村镇、农耕村镇和商品流通型村镇五大类。

行政县治型指县域内政治、军事和文化中心所在地，有时也扮演经济中心角色。如山西晋中市平遥县古陶镇，既为县域权力行政之地，亦为晋中南北守备之要冲、明清区域金融经济中心；守备防御类村镇基于不同地理环境和其他历史因素差异也往往冠以屯、堡、卫、所等不同层次的建制及称谓，功在守备、防御、稳定和巩固一方之平安，如贵阳青岩镇、温州永昌堡。设置地点和方位主要分布于边陲、海疆、少数民族地区及关隘、要冲之地。手工业型村镇如广东佛山镇、云南大理新华村等分别以陶器和宗教及生活文化用品生产制作为主；农耕型村镇如浙江永嘉县芙蓉村、苍坡村等，世代业农耕读；商品流通型村镇如河南朱仙镇、湖北汉口镇、浙江蟠滩镇等。五种类型中亦不乏重叠综合者，兹不赘述。

从历史沿革看，村镇无疑又是一种历史进程，表现为多个历史时期不同形体的组合和空间结构的变异。通过考察、比较村镇的历史沿革等其他因素或角度，可以不断完善和丰富观察的前提。观照它们形成和发展的历史进程，大致又可界分新生型、新旧交替型和湮灭型三种类别。

新生型村镇在每个历史时期都大量涌现。北京郊区村落分布的格局奠定、成型于明代，出现了一批如门头沟区斋堂镇爨底下村、灵水村等具有历史层叠性的古村。这是因为明代经济、政治、文化和军事等各方面“与前期相比都有较大的进步，并成为带动郊区村落发展的重要力量”。①

新旧交替型为历史变迁中的常态。迄今仍赓续不绝，普遍而绵邈。现存村镇多为传统与现代共生的类型；湮灭型村镇，系历史上某一时段曾存在甚至繁荣和辉煌，随着岁月流逝和历史变迁逐渐消失、衰微乃至湮灭，包括人口、规模等的萎缩。总之，由盛转衰，有些还依然存续。其衰微状态者如新疆楼兰，后者若陕西省商洛市丹凤县龙驹寨。

如果着眼于经济结构方面考察、分类，传统村镇以市镇论，生产型市镇如景德镇、茅台镇和佛山镇等，以工业、加工业或手工业即产品制造为核心；流通型市镇如福宝镇、中山镇、河下镇等以商品交易、流通为本色；消费型市镇如瞿家湾镇、柯桥镇等以商业和服务业为主。三类市镇因之均存在不同等级的市场②。从市场层面看，清代前期的村镇大致由生产型、流通型和消费型三类组成。又

古城阆中华光楼

存在以下三种类型：①具有“保障供给”经济功能的市镇；②具有贩运贸易集散商品经济功能的市镇；③多功能全面发展的市镇。③而同样是村镇市场，其结构、功能、规模和层级又有许多不同。研究者运用美国施坚雅的集市体系理论分析明清时期江南地区的市场结构，认为市场层级由低到高依次为：标准市镇、中间市镇、中心市镇、地方城市、地域中心城市等，指出市镇的层次与其规模（空间、人口）、商况成正比。④通过对近代江南乡镇市场的研究，认为乡镇市场与农村集市的功能有较大区别。农村集市的主要功能在于保障供给，而乡镇市场的商品集散功能突显，经济功能发挥更充分。⑤

---

① 尹钧科：“明代北京郊区村落的发展”，《历史地理》第3辑。

② 陈忠平：“江南市镇经济结构研究”（硕士论文），1984年，引自刘石吉“明清市镇发展与资本主义萌芽——综合讨论与相关著作之评价”，《社会科学家》，1988年第4期。

③ 方行：“清代前期农村市场的发展”，《历史研究》，1987年第6期。

④ 王卫平：“论明清时期江南地区的市场体系”，《中国社会经济史研究》，1988年第4期。

⑤ 单强：“近代江南乡镇市场研究”，《近代史研究》，1998年第6期。

如以经济功能性质为主要参照依据或指标，村镇大体又可分为农耕、手工业与商业三大类。

农村耕作类型趋于单一、简单，其主体大多以稼穑业农为生，抑或还可细分为兼事家庭手工业，或从事与农业相关联的一系列经济活动同中有异的类型。如浙江新叶村、河阳村等。农耕村镇作为乡土中国农耕经济模式为主的历史性代表，始终作为人居环境赖以构成的主体。手工业型村镇指的是村镇人群以生产、制作生活资料、工具产品或文化用品为主要营生手段的地理空间和商业实体。如云南省大理白族自治州鹤庆县城郊乡新华村，村中男子主要以金、银、铜、铁为原材料，在作坊中生产制作各式茶具、酒具、炊具、刀具、首饰、吉祥物和宗教法事用品，涉及藏、苗、彝、白、傣、景颇等20多个民族的生活文化用品100多个品种。商业型村镇主要以商品集散、中转、长距离贩运贸易见长。如四川合江福宝镇，安徽休宁万安镇、歙县渔梁镇和上海青浦朱家角镇等。

另外，根据传统村落市镇所处地理位置，也可分为流通型村镇、内陆型村镇、山区型村镇和边际型村镇四种类型。

流通型村镇指具有便捷水陆路交通条件，或濒水，或沿道，与外埠周边联络便利。如浙江省嘉善县西塘镇，水路沟通苏州、湖州、杭州、嘉兴和上海等都市大邑；内陆型村镇系指倚重陆路交通的村镇，位置多处于纵深腹地之间，与通衢大道或都会城鄙之间联系颇有距离或繁难，如河北省石家庄市西部的井陉县于家乡于家村、江西浮梁县瑶里镇等；山区型指的是位于崇山峻岭中、山路崎岖或舟楫弗通的村镇，如北京门头沟区斋堂镇杨家峪村，深嵌在层峦叠嶂、四面环山的坡谷地带，海拔700余米。自明迄今500余年间，山村近乎与世隔绝，生产生活庶几为自给自足；所谓边际型村镇，是指与近邻的省、府、县接壤的村镇，如福建省连城县与长汀县交界的培田村、广东肇庆市和广西梧州市接壤的封川城，等等。

在一定属性和意义上，我们又将所有的、可称为景观艺术的人工或自然的类别区分为自然景观、农业景观和城市景观三大类别。

自然景观具有独立性。它的生成既有天然造化的景观，也有人力创造的景观（如作物）；从景观与人群的发生关系看，它也是非人居环境中的自然景观。虽然非人居的自然景观不是人类理想的生活环境，但自然中比如山的博大、宏伟及孔子联想到的“仁者”和“比德”，《周易》中“坤”卦的基本形象即《坤·象传》中“地势坤，君子以厚德载物”的品格等成为中华文化传统的组成部分；又因山峰景观与风水堪舆的无可分离，若以山水聚居环境或择址选地的观念及生态环境变迁观照，很难将之剔除在外。

农业景观也称为乡村景观，乡土景观，① 主要指乡村农民、农业生产和生产方式及社会文化等方面与自然的对话，以及其生发的田野作物、人居环境及其依存的大地景观中农作物的自然性、人工与自然共生共荣的生态景观，再加上人化了的合目的性的乡土自然景观。

相对于自然景观和乡土景观，城市景观以其麇集的人流、密密匝匝的房舍及纵横的道路、繁复的机构设施等，凸现出人文景观及人造环境的鲜明特点。城市景观中的物态环境或物质景观由城市实体建筑、城市空间要素等按一定原则组合而成，其整体性由城市形态、城市天际轮廓线、城市轴线、城市色彩和城市体量和街区等构成。其景观艺术的基本特点是：基于城市物质性的人工景观均为依照相应既定的自然环境建设而来，因而，自然环境及景观成就和奠定了城市景观的基础，并制约着景观的概貌和轮廓；其次，集聚突显的城市人文景观除了静态展现在城市的物态环境中，也动态化地呈现在具有社会性的历史文化内涵和丰富多彩的城市活动中。此外，从规模角度划分村镇类型也颇为常见，比如以人口数量、幅员大小、村镇的层次、经济市场结构为参照指标等。总之，上述村镇的多种分类基本上指的是普遍意义上的。这在一定程度上源于不同类型分类的原则与方法之间的区别。

由是观之，如果我们从村镇景观的分类界定和考察比较角度看，通常可分主要考察面和辅助考察面两种。主要考察面在于观察和体验对方最突出的特色因素——质因素及其构成。这是因为不同的村镇县城，尤其是具有历史文化特色的村镇县城，必然具有自身独特景观的质因素；辅助考察、比较层面指的是大类基本确定后，进一步就景观对象及相互间的差异进行甄别，界定亚类型。如果说主要考察面侧重于景观大类、第一层次类型或最本质的特色划分，那么，辅助考察面则偏重于景观亚类或第二、三层次类型的细分。这就需要仔细观察、

① 目前国内外环境美学理论研究中多以农业景观命名，建筑、环境艺术设计领域多以乡土景观言说，两者并无实质性歧义。本书姑以乡土景观命之。

分析其内在结构形式的同构性。“由于结构形式包含很复杂的内容，如果把对象的内在结构形式所有方面都加以考察和比较，我们会发现没有两个城市是完全相同的。不同的目标选择，可使我们决定不同的考察层面，形成各不相同的类型组合群。”[①]在具体的分类操作层面，分类原则的确立自然会受到分类目的的制约，同理，分类的目标也决定了考察、比较层面的确定。根据村镇县城景观内容的四方面要素，这里选择部分具有典型性的村、镇、城，列表排比，进一步比较和检验构成村镇景观特色主要质因素的模式。

表1 中国历史文化名村的景观质因素

序号	村名·地点	景观质因素			
		1	2	3	4
1	北京门头沟区灵水村	村落结构，历史格局	地理环境	街巷环境	民居，宗教建筑
2	山西沁水西文兴村	宗教建筑，教化建筑	村落结构，历史格局	民居	街巷环境
3	浙江温岭石塘镇前红村	村落风貌	村落结构	街巷环境	民居
4	江苏苏州明月湾村	村落风貌	生态环境	村落结构	民居
5	广东东莞南社村	宗教建筑，教化建筑	村落结构，历史格局	民居	生态环境
6	西藏林芝鲁朗镇西岗村	宗教建筑，教化建筑	地理环境	民族风情	民居
7	福建连城培田村	村落结构，历史格局	民居	宗教建筑与教化建筑	风俗
8	云南景洪橄榄坝	宗教建筑	村落风貌	民居	生态环境

表2 中国历史文化名镇的景观质因素

序号	镇名·地点	景观质因素			
		1	2	3	4
1	陕西丹凤龙驹寨	山川形胜	历史格局	各类建筑	地理环境
2	浙江湖州南浔镇	地方风貌	历史格局	民居	园林
3	湖北洪湖瞿家湾镇	近代胜迹	历史街区	各类建筑	地理环境
4	湖南凤凰沱江镇	少数民族社会文化	历史格局	山川形胜	各类建筑
5	广西昭平黄姚镇	山川形胜	地方风貌	各类建筑	历史格局
6	重庆合川涞滩镇	历史格局	地方风貌	各类建筑	山川形胜
7	云南丽江束河镇	少数民族社会文化	历史格局	各类建筑	地方风貌
8	贵州贵阳青岩镇	历史格局	山川形胜	地方风貌	各类建筑

表3 中国历史文化名城的主要景观因素

序号	县城·地点	主要景观因素			
		1	2	3	4
1	甘肃临夏（原河州）	宗教建筑	历史街区	历史格局	地理环境
2	陕西韩城县（市）	历史格局	民居	各类建筑	历史街区
3	辽宁兴城市（宁远）	古城风貌	历史格局	民居	地理环境
4	江苏常熟县（市）	历史格局	历史街区	山川形胜	各类建筑
5	湖北荆州县（市）	古城风貌	历史格局	各类建筑	历史街区
6	江西赣县（市）	古城风貌	历史格局	各类建筑	山川形胜
7	云南会泽（堂琅）县	历史格局	历史街区	民居	各类建筑
8	四川阆中县（市）	古城风貌	山川形胜	历史格局	历史街区

从以上三组村、镇、城不同级别的主要景观因素的排比和比较中可以看出，不同的级别对象和相同的级别对象中，由于景观质的因素在前后主次序列上的不同，反映了质因素在量与质方面的差异和区别。这样，似有可能将村镇景观的类型归属梳理清楚，且层次性明确，使之具有较强的系统性、逻辑性和客观性。

在选择考察和比较对象时，既可针对同一类型、相同职能、相近规模和经济模式的村镇，也可撷取不同类型、不同职能、不同规模和经济模式的村镇；前者可视为均质性的比较，后者为差异性的比较。在多向度的细致对比、分析中，或可发现同中存异、异中趋同的各种因子或形式；有效、有序地分类或分别区分，对于进一步认识传统村镇景观的构成、空间形态及其价值，科学合理组织村镇景观类型界定标准，提供可资借鉴和操作的依据。

二、规模

考察古代和近代的村镇县城规模有两个主要指标，人口数量和地理空间。

中国古代有关聚落的等级规模、层次结构不乏论述，如《史记·五帝本纪》的“舜一年而居成聚，二年成邑，三年成都”，《管子·治国》篇中的“舜一徙成邑，二徙成都，三徙成国”，以及《吴越春秋·吴太伯传》中“居三月成城郭，一年成邑，三年成都”，等等。若论较细致的划分和阐述，应为《文献通考》中的七等级说：“昔日皇帝经土设井，以塞争……使八家为井，井开四道，而分八家，凿井于中，一则不泄地气，二则无费，三则同风俗，四则齐巧拙，五则通财货，六则存之更守，七则出入相同，八则嫁娶相谋，九则有无相贷，十则疾病相救……即聚于邑，井一为邻，邻三为朋，朋三为里，里五为邑，邑十为都，都十为师，师十为州。”这是古代对聚落规模和结构层次所作的相对清晰的表述。自中央集权制形成后，中央政府遂将全国领土划分成不同层级的行政管理区域，在各区域内设置地方政府，授予一定的行政、军事、财政、司法等权责。各级分等中，县级政区是地方行政区划的基本单位，分等数量最多，历代均以千计[②]，而且往往与时俱增置后少有罢并，建制一直较为稳定。

中等规模的农耕村落，徽州婺源汪口村

在同一层次行政区划中，必然会有幅员大小、人口多寡和赋税数量等的差异，以及行政事务简繁、地位重要性等的差别。因此，自秦汉始也便有了县域等第之分。据《汉书·百官公卿表》载，秦县“万户以上为令，秩千石至六百石；减万户为长，秩五百石至三百石”。说明当时的县以1万户为界，分大小两级——大县长官为令，小县长官称长；分等既有以户口人数为标准的，如唐宋，也有以缴纳钱粮数额为圭臬的，如明代。从发展历程上看，明中后期至清代的等第之分趋于全面和细密。其标准是：地当孔道者为冲，政务纷纭者为繁，赋多逋欠者为疲，民刁俗悍、命盗案多者为难，其中尾字即冲、繁、疲、难四方面为勘定划分的依据——四字俱备者为“最要”或“要”缺；一字或无字之地为“简”缺。概括地说，国家将县的事务繁简、位置冲要作为分等的主要依据，参照治理难易、粮税数量。其结果便是：字数多者，县的等第就高；字数少者，县的等第就低。[③]

至于县域的数量和密度，一般是经济发达地区县的数量多，反之则少。如清初考虑到江南苏、松、常三府“赋重事繁”，遂开始增县析州。雍正二年（1724）九月升苏州太仓为直隶州，析太仓州地分置镇洋县，分长洲县地置元和县，析吴江县置震泽县，分常熟县地设昭文县，析昆山地置新阳县，析嘉定县设宝山县；松江府政区于顺治二年（1645）析华亭县地置娄县，雍正二年（1724）析华亭县置奉贤县，析娄县地设金山县，分上海县设南汇县，

---

① 董鉴泓、阮仪三编著：《名城文化鉴赏与保护》，同济大学出版社，1993年，第12页。

② 谭其骧：《浙江省历代行政区划——兼论浙江各地区的开发过程》，《长水集》，人民出版社，1987年版，第398～416页。如汉代有1 587个县；唐代有1 573个县；宋代有1 135个县；明代有1 385个县；清中叶县治数为1 300个，据《清史稿·职官志三》记载，清代全国共有知县1 369个，对照《光绪会典》，光、宣年间又有所增置，共1 413个县；据国民政府内政部1934年《内政年鉴》统计，民国间全国设县1 935个，1947年2 016个。总之，县的数量一直较为稳定。

③ 周振鹤：“历史上行政区划的等第变迁”，《周振鹤自选集》。广西师范大学出版社。1999年，第98页。

析青浦县置福泉县；常州府政区也于雍正二年增县：析武进县地置阳湖县；析无锡县地置金匮县；割宜兴县地设荆溪县。迨至清末，常州府领有八县。相对其他地区而言，苏松常政区的调整扩展与该地经济发展程度联系更加紧密，分析疆界"必以赋税之数为衡"，而不一定"以地之大小为准"。①但是，人口与幅员的平衡无论如何也是至为重要的。我们看岷江上游暨阿坝藏族羌族自治州的松潘、黑水、茂县、理县、汶川和都江堰区域内地貌差异显著，地域分异明显。清政府在汶、理、茂实行"改土归流"时，所辖流域面积约2.3万平方公里。1950年代，松、黑、茂、理、汶五县人口约15万人，其基本特征是：人口、村落密度低，聚落分散，村镇规模小。主要原因在于空间面积之于人口承载力的有限性。据统计，2002年四川岷江上游汶川、茂县、理县、松潘和黑水县有行政村625个，农户66 500户，分布密度为每平方公里0.025个（村），农户规模为107户、489人。其中，茂县下辖自然村落662个，每平方公里为0.16个自然村落。②再看云南省大理州鹤庆县新华村，村域面积16.88平方公里，1 100多户人家，5 000多人口。由于鹤庆县自然条件较好，故人口密度远高于四川阿坝藏族羌族自治州。从上述比较中可以得知，自然条件与人口、村落密度的关系十分密切。

人口、幅员广狭、疏密的差异反映在治所中就是大小县城的区别。历史中的小型县城堪为袖珍者如陕西佳县治所位处山上，面积0.75平方公里；上海奉贤县城位于长江和东海边，面积仅0.4平方公里；浙江镇海县城位于甬江口，面积1.29平方公里；又如陕西省汉中市佛坪县位处秦岭南麓带状的深山峡谷盆地中，立县治、筑城邑肇始于清道光五年（1825），废于1926年，历时百年。县城长400多米，宽200余米，总面积不足0.1平方公里。城堞虽多处塌毁，但轮廓基址尚属完整，景阳、丰乐、延熏三处城门犹存。城邑中仅一条长400余米的东西向街道。若以每户房舍占两侧街面宽3.5米计算，至多200余户人家。加上县衙、守备衙署管理人员和家眷、商旅流动人口等，总数约在1 000人左右。8 500余平方米的县城面积，1 000余人口，可以认为是等第最低、规模最小的县城之一。

中古及近古时期中型县城的大小通常也就是1平方公里左右，人口近万户，三五万人。山西晋中市平遥、太谷为明清时的金融城市，前者面积2.7平方公里，后者面积1.57平方公里。从明清县城看，平遥可算是中等类。总之，在大约1平方公里的县城中，大抵已能建立起较完整的统治机构，充分行使权力控制的职能，形成地方的政治、经济、文化中心。③另一方面，县城人口从城邑建筑的规模中大致也可推断出来。先看县衙。平遥县衙东西宽约130米，南北长约200米，占地面积26 000余平方米，较河南内乡县占地约27 000平方米的衙署略小。平遥和内乡县衙由大堂、二堂、三堂、衙皂房、吏户礼兵刑工六房、承发房、粮房、仓房、架阁库等组成，以及一、二重内院，供幕僚师爷和直属家眷、婢仆等居住，人口从200余人至数千人不等。另外，福建省漳州市的漳浦县，自唐垂拱二年（686）陈元光奏准朝廷在漳州、漳浦建州县，同时建设两级衙署始，直至民国的1260余年中，县衙始终无大变动：总面积276平方米，一厅两厢，可谓精简俭省之极。再看其他建筑。平遥城东布置文庙、城隍庙、清虚观等教化宗教建筑，西城有武庙等。其中，文庙总建筑面积35 811平方米，城隍庙占地面积7 300平方米，清虚观占地面积5 890平方米，武庙占地面积3 200平方米……以及西大街、北大街等街巷道路、民居院落等，如此规模，可以推断平遥县城（古陶镇）人口数量最低不会少于3.5万人。

另外，从村镇构成的结构形态上也能判断其地理空间即范围幅员。江南传统小市镇基本格局为一字形、一河二街、街长1～2公里。明中叶后，新兴市镇形成丁字形与十字形的大中型市镇④，如江苏昆山周庄古镇，1990年代前仅靠水路连接外域，水镇镇区面积40公顷，常住人口1 838人，加上农、渔民及乡镇职工共约5 000人⑤。大型市镇如浙江省湖州市南浔镇"南北约五里，支巷多而迂回，东西约三里余"。明时"烟火万家，苕水流碧，舟航辐辏"；清时"烟火数万家，非它邑所可仿佛⑥"。在南北长、东西短的纵方形镇区中，街巷主要顺沿运河和市河布置，河上桥梁众多，河埠密集，以通津桥一带为镇区中心。镇区内有多条商业街，专业市场繁多。如在北栅桩桥西至西栅永安桥之间就是清中后期的米市所在地。另有巷

---

① 清·福格：《听雨丛谈》卷十一，"繁简"条，中华书局，1987年，第227～228页。

② 沈茂英："中国山区聚落持续发展与管理研究——以岷江上游为例"，（博士学位论文），2005年，第8、128页。

③ 董鉴泓：《中国城市建设史》，中国建筑工业出版社，2003年，第133、131、129、151页。

④ 王家范："明清江南市镇结构及历史价值初探"，《华东师范大学学报》，1984年第1期。

⑤ 数据统计为1980年代。阮仪三等："水乡古镇葆真趣——历史古镇昆山周庄的规划"，《建筑师》第32期，1989年，第33页。

⑥ 范锴：《浔溪纪事诗》；潘尔夔：《浔溪文献》；《道光南浔镇志》卷首，范赖庚序。

弄28条，建有城隍庙等。镇区四周以木栅为界，栅外为镇郊区。①另外，村镇县城的规模与其职能和地理环境等也存在一定联系。前述岷江上游和长江三峡地区囿于地形地质等因素，大多业农为主，或兼营盐业、航运服务业等，规模较小；工商业城镇主要和工业经济、商业贸易相关联。也就是说，工业经济发展和商业持续兴旺，人口自然集聚。如清代景德镇“工役人夫不下数十万”。②

从界定规模看，县城因有明确边界（城墙）而较容易把握和计算。如云南大理白族自治州大理古城区面积约3平方公里，方形城邑，格局完整，道路街巷按棋盘网格状布置，共九条十八巷，房屋院落布置在巷弄间；一些结构和人口稳定的村落，其规模往往也一目了然。如浙江永嘉岩头镇苍坡村是楠溪江流域中规模较大、格局完整的农耕型村落，全村占地面积14.3公顷，房屋150余幢，人均生活居住用地45.8平方米；山西晋城沁水县土沃乡西文兴村，东西长约220米，南北宽约150米，占地共约3.3万平方米，至今全村仅有56户，220余人。③在古代及近代模糊的“意向性界定”中，浙、皖、赣、闽等省区众多村落的边界往往以水口限定范围为凭，在界面意向上“限定”了村界幅员。

欧美部分观察者对中国内地的一些界定和计算，无疑具有现代性和借鉴性。在华工作、生活50余年的美国公理会传教士明恩溥（ArthurH. Smith，1845～1932）对天津、山东和河北地区下层农民生活和农村状况特别熟悉，他的一些观察、记录和见解，有着中国本土学人习焉不察的独到之点，在谈到近代华北农村的规模时他说：

> 来到中国的外国游人经常被无数的城镇和小村庄环绕着，他自然想知道所经过的地区有关人口的一般情况。不过，如果他贸然地询问某人关于城镇或其所辖区的人数，那么，他得到的回答无非是“不少”或“谁知道”。差不多任何理智健全的人都能大致说出他所在的县里有多少个村庄，至于哪个村庄大哪个村庄小，则不一定清楚了。④

故此，明恩溥着手以县级政区以下的有限区域作为测量单位，对人口进行了一次较准确的计算。他的方法是：以国外居住者为中心，取一半径20华里的圆圈，对圈中的每个乡村在1878年受到饥荒救济的情况制定了统计表。其结果是，共有150个乡村，以每家5人计，乡村的平均规模是80个家庭，该区域内总人口为6万人，又因20华里等于6英里，因此，每平方英里人口为531人。⑤为了取得更典型和准确的相关统计数字，他又选择了鲁西南临清城以东90华里（推测应是现高唐县，引者注）一个更小的区域，重点是每个乡村当时的实际家庭数。结论是：在一半径为10华里（3英里）的圆圈内，有64个乡村，最小的村有30个家庭，村均188个家庭，家庭总数为12 040个。以家庭人均5人计，整个区域内人口总数是60 200，人口密度为每平方英里2 129人。⑤在一定意义上，明恩溥的计量数值对于中国传统普遍的模糊思维而言有着样本作用。实际上，明代徐光启早已运用数学方式对人口资料进行了统计与分析，可惜没有获得重视和推广。

地理边界较为固定的传统聚居式村镇，其原因在于其内部有着较为稳定的族群关系。研究者在谈到村界概念时认为：“一是村庄与外界之间的疆域性界限，如以亲缘和地缘关系为基础的地域共同体的范围，以土地所属为依据的村界，以及行政关系制约下的村组织行政的界限；二是村庄主要事务和活动的非疆域性边缘，如村庄的经济组织、市场经济网络、人际关系网络和社会生活圈子所涉及的范围等。”村庄边界呈现多元化趋向，即“指村庄是由多种独立的、不完全互相依存的边界构成”，因此，村庄边界包括地理边界、行政边界、经济边界和身份边界。⑥就华北平原和江南水乡的有形地理村界比较看，两者区别还是十分明显。江南水乡湖荡纵横，村界中往往涉及水面的使用和归属问题，比如当地称一块环绕着水的土地为“圩”，圩的大小取决于水流分布。围绕圩田开发和利用，则大多互不相让，反映了近代江南地区人与自然之间的密切关系，也折射出较华北平原乡村更为强烈的“村界”概念和意识。事实上，近代无论华北平原，还是江南三角洲，抑或四川盆地乡村，纯粹的村界及清晰的土地范围并不多见；在土地交易、土地产权更易从未停止过的中国乡村，类似“夹花地”之类现象十分普遍，从而使村界畛域难清，其间所蕴含的无形村界意识具有历史时空的普遍

---

① 《同治南浔镇志·卷四·衢巷》。

② 董鉴泓：《中国城市建设史》，中国建筑工业出版社，2003年，第155页。

③ 楼庆西：《西文兴村》，河北教育出版社，2003年，第7，25页

④ ［美］明恩溥著，陈午晴、唐军译：《中国乡村生活》，中华书局，2006年，第3、4页。

⑤ ［美］明恩溥著，陈午晴、唐军译：《中国乡村生活》，中华书局，2006年，第4、5页。基于不同地区人口的差异，他推测人口稀疏的县人口密度约300人；人口稠密的县的密度大致是1 000～1 500人。

⑥ 折晓叶：“村庄边界的多元化——经济边界开放与社会边界封闭的冲突与共生”，《中国社会科学》，1996年第3期。

性。[①]明末及清，江南地区在推行“一条鞭法”的同时，还实行均田均役法——照田编役，分上、中、下三则，赋役合并的结果演变成部分州县的“推丁入地”。康熙十年（1671），朝廷规定各州县概以三千亩为一里。县级及以下管理系统层次逐渐形成县—乡—都—图（保）—圩的结构。[②]基层管理层次的细密化处理对政府管理田赋颇见便利和清晰，也有利于勘清各基层所辖田亩的详微。如湖州府下顺安乡，原下辖五里，乾隆时再分五庄，庄下还有村、圩、坞、岭、墩、湾等名称。[③]

近代村落、市镇和县城规模的含糊分界，既有历史时期的差异，也有不同区域的差异。迄今海内外学者对诸如大中小市镇的界定划分多有歧义，故列举数据颇多差异。认为较大者为1000户左右，或500～600户，最大有2 000～3 000户，较小的有200～300户，更小者仅有100余户。[④]或认为明清江南地区专业城镇比普通市镇规模大，体现在人口及构成上，拥有非农业人口在1 000户以上，大镇多至10 000户。松江、上海两地人口多至200 000人左右。约40 000户上下。[⑤]刘石吉指出，江南地区1 000户以上大镇大多分布于苏、松、太、常、杭、嘉、湖一带，其中太湖周边的苏州与浙西不乏10 000户以上的巨镇。[⑥]曹树基索性将市镇并入城市划分等级，得出清乾隆时期江西城市人口等级是：小市镇2 000人，县城7 000人，省城及大市镇50 000～70 000人，省会及全国性工商业市镇100 000～150 000人。乾隆四十一年（1776），江西城市人口约占江西总人口的8.5%，清末此比例降至7%。[⑦]而从清代湖南澧州、湖北武昌县（今鄂城）和江西萍乡县的方志材料中计算分析，上述市镇人口包括居民（含农民）、铺户和客商三大类，居住在农村初级市场墟、集、场、店的人口，主体是农业人口，而非城市人口。[⑧]至于近代江南农村的人口数量，据日本社会学家福武直的研究，百户以上的村落较少，一般在二三十户乃至数十户，规模较小。[⑨]

历史时期村镇的人口数量和地域空间范围的勘厘是颇易失足的事项。一般习惯于把史料中“所环”、“所聚”数千家或万家视为聚居在一个完整镇区的单位总和。但实际上很有可能是镇区及相邻村落的人口总合。若“所环”范围指现代一个行政单位的镇所涵盖的四乡农民之地，那么，“所聚”则指的是街区区段。如此，清中叶前浙江南浔镇“烟火万家”、清初乌青镇的“居民万户”类，所隐含的镇区范围就有不同解释。[⑩]

三、人地容量

《礼记·王制》云，“凡居民，量地以制邑，度地以居民”，这段话是中国古代有关幅员与人口数量相互关系的最早论述。幅员，就是面积大小。一般意义上，人口数量宜与幅员的广狭相匹配，也就是人地在容量上比例要合适。如果出现《管子·霸言》篇中所言“地大而不为，命曰土满；人众而不治，命曰人满”的状况都是不合适的，甚至是危险的。对此商鞅曾指出，民过地，则国功寡细兵力少。人多地少，农业供给不足以养活军队，会出现兵弱国危的状态。他在《商君书·徕民》一文中，还对环境容量做了定量阐述：“地方百里者，山陵处什一，薮泽处什一，溪谷流水处什一，都邑，蹊道处什一，恶田处什二，良田处什四，以此食作

① 也有人认为，村庄边界有两种意义，一为地理方位，二为产权观念。乡间所有的村界意识则兼有这两种意义，即村民基于土地占有权归属而对本村落至地理空间界限的认同和村落成员对上述地理空间内耕地、山林、水域的监护权。就是说，村庄的地理边界是有形的，产权边界实际上是村民的村产观念和村界意识，往往是无形的。参阅张佩国，有形与无形之间——近代江南与华北村界的比较研究，江沛、王先明主编：《近代华北区域社会史研究》，天津古籍出版社，2008年，第360～378页。

② 各地层次有所不同，如嘉定县仍为乡—都—区—扇—图（里）—圩的结构，苏州吴县为乡—都—图—圩，常州府属下为县—乡—都—保（图）—圩，湖州府下为县—路—区—乡—庄—圩。

③ 冯贤亮：《明清江南地区的环境变动与社会控制》，上海人民出版社，2002年，第106页。

④ 何荣昌：“明清时期江南市镇的发展”，《苏州大学学报》，1984年第3期。

⑤ 陈忠平：“明清时期江南地区市场考察”，《中国经济史研究》，1990年第2期。

⑥ 刘石吉：“明清时代江南市镇之数量分析”，《思与言》，1978年16卷第2期。

⑦ 曹树基：《中国人口史》第5卷《清时期》，复旦大学出版社，2006年。

⑧ 任放：“明清长江中游地区的市镇类型”，《中国社会经济史研究》，2002年第4期，第5、6页。

⑨ ［日］福武直：《中国农村社会结构》，东京，大雅堂，1943年，227页，转引自张佩国：“有形与无形之间——近代江南与华北村界的比较研究”，江沛、王先明主编：《近代华北区域社会史研究》，天津古籍出版社，2005年，第363页。

⑩ 范毅军：“明清江南市场聚落史研究的回顾与展望”，《新史学》，1998年9卷3期。

人地容量相匹配的广西龙胜平安寨

夫五万。”

毋庸赘言，人口与幅员是村镇形成与发展的两项最基本前提。以历史决定性因素和作为文化发展终极动力的生产活动而言，一是人类自身的生产，二是生产资料和为此所必需的工具的生产及生产生活所依赖的地理空间，两者缺一不可。人地容量及其关系是自从人类起源以来就存在的客观关系，人地关系中的人是社会的人，有意识地从事与自然进行物质交换而组成社会的人；人地关系中的地，是与人类活动密切相关的地理环境，作为生产力的基本要素中的主体要素，即土地资源。人口，为生产力发展源源不断提供劳动力，而人口的异质性、结构性、能动性和再生产等特征，使之具备了生产和消费的双重性；同样，土地所具备的原生性、固定性、有限性和可再利用等特征又使之兼具生产和消费的二重性。这样，人地关系就具有了不同层级上的含义：在原始或基础层次上，所表现的是人口与土地的关系，人口数量与土地面积之间的关系；中间层次上，体现为人力资源和土地资源的关系，是人口与食物供应之间的关系；而在整体层面上，人地关系呈现的又是人口与经济发展的关系，也就是人口与资源、环境的关系。由于历史及多方面的因素，中国古代人地容量及其关系的焦点主要集中在基础层次上，间或涉及中间层次的相关问题。

从宏观尺度看，中国历史上两者利弊多次发生失调的周期性变化，协调和失调与王朝的盛衰兴替庶几成对应并互为因果。一般而言，帝国初建伊始往往天地荒芜，人烟稀少。一旦田地抛荒，社会经济便难以运转，所以蕃衍人口便为恢复经济、重建家园的当务首要——人口再生产与物质资料生产之间形成互相促进的共向性增长。而王朝承平十年百载后，人口便数十倍地骤增，增长率不但高于物质资料的增长率，也高于耕地承载力，由此引发一系列如土地、流民、赋役、战争和战乱等社会乃至政治危机。前者如汉代“文景之治”的蓄积岁增，户口寖息①，唐代“贞观之治”的“天下大稔，流散者咸归乡里”，② 宋初由“田园荒芜”易为“稻穗登场谷满车，家家鸡犬更桑麻”③等协调发展的良性状态；后者如隋末、唐末、宋末和明末，或激发大规模农民战争，或导致北部游牧人南下侵掠等比例失调的恶性状态。具体地看，明代以前中国人口一直周期性地徘徊于2 000万至6 000万左右，清代人口由顺治间的2 000余万增至3亿左右，130余年间增加了2.8亿余人口。④到了道光十五年，竟突破4亿大关，导致在经济发展较快的地区出现了人口过度密集和生存空间拥挤的现象。与此同时，人口激增，但耕地面积却所增无几。由人口压力导致多方面的社会问题。乾嘉间洪亮吉（1746～1809）曾言：“为农者十倍于前而货不加增，为士者十倍于前而佣书授徒之馆不加增。且昔之以升计者，钱又需三四十矣。昔之以丈计者，钱又需一二矣。所如者甚微，所出者甚广，于是士、农、工、贾各减其值以求售，布帛粟米又各昂其价以出市。此即终岁勤勤，毕生皇皇，而自好者居然有沟壑之忧，不肖者遂至生攘夺之患矣。”⑤ 马克思针对当时中国人口的过剩也指出：“这个国家缓慢但不断增加的过剩人口，早已使它的社会条件成为这个民族的大多数人的沉重枷锁。”⑥ 面对人地既成的失调危势，乾隆颇感忧虑，指出：“朕查上年各省奏报民数，较之康熙年间，计增十余倍。承平日久，生齿日繁，盖藏自不能如前充裕。且庐舍所占田土，亦不啻倍蓰。生之者寡，食之者众，朕甚忧之。”⑦ 与乾隆大致无二的是其祖父康熙早于康熙二十四年即下令“自后永不许圈”，基本上结束了圈地运动。以后政府又规定6年方起科征税，后放宽至10年，大批荒地被垦种。五十一年，又颁令滋生人丁“永不加赋”，实行固定赋役银征收数额的政策，进一步促进了包括粮食生产为主经济的发展的势头，还积极将解决人

① 《汉书·刑法志》。
② 《资治通鉴》卷一九三。
③ 滕白：《观稻》。
④ 冯天瑜、何晓明、周积明著：《中华文化史》，上海人民出版社，1990年，第147页。
⑤ 洪亮吉：《意言·生计篇》，见《卷施阁文甲集》卷一。
⑥ 《马克思恩格斯全集》第7卷，人民出版社，1972年，第264页。
⑦ 《清史稿·食货志一》。

口膨胀问题与鼓励垦荒相联系。[①]洪亮吉揭示了“治平”时代的一个两难矛盾：户口在百数十年间激增十数倍，但衣、食、住等物质资料所增有限，以至“田与屋之数常处其不足，而户与口之数常处其有余”的情况。在被他所称之为“天地调剂之法”的水旱疾疫等天灾固然能削减部分人口，包括“君相调剂之法”，不过也难以在本源上解决人地失调的矛盾。[②]以皖南为例，数次移民使徽州、宣州两地人口骤增，人地紧张在两宋时已见端倪。北宋宣歙观察使卢坦曾有所担忧：“宣歙土窄谷少，所仰四方之来者。若价贱，则商船不复来，民益困矣。”[③]至明末，苏州人顾炎武又说：“丰年甚少，大都计一岁所入，不能支什之一。小民多执技艺，或负贩就食他郡者，常十九……徽人多商贾，盖其势然也。”[④]指出徽人经商根柢在于无田可耕。“地狭人稠，耕获三不赡一，即丰年亦仰食江楚，十居六七，勿论岁饥也。”[⑤]鉴于“土少人稠，非经营四方，绝无治生之策矣”[⑥]，是故徽人迫于生计，外出经商以减轻人口与土地的矛盾和压力。

物质资料的生产和人类自身的生产在宏观上有一定比例，两者相适应的基本标志是：适度人口应是人口规模不超过农业资源及其提供食物的能力。按洪亮吉推算，从最低生活标准（4亩）达到中等生活程度，耕地面积要增加到10亩。事实上，历史时期大多是“人多地少”。另一方面，历史上土地的买卖和不均衡拥有，也导致人地容量失衡加剧。土地私有与兼并是一对孪生兄弟，土地既然可以买卖，以田产多寡为贫富分野的两极分化便必然产生，土地兼并此起彼伏，连绵不绝，出现了大土地所有制的庄园经营，贫民或沦为豪强地主荫客——农民一旦失去土地，自然也就失去了生产积极性。土地分封是另一种所有制，农民从领主处获取使用权的小幅土地，也就是“封建制”，其结果便是地主占领土地，封建主即为地主，农奴而为农民，土地遂成为尊卑贫富的边界分野。在土地崇拜盛行的农业社会，普遍信奉“理民之道地为本”，一家一户的小农经济是维系封建主义政治统治的根基所在，社会和谐的集中体现。在中国传统庞大的社会结构网络中，如果说农村是基层，那么农户则是万万千千的细胞。所以，“民不怀其产，国之危也”[⑦]。“民农则朴，朴则易用”[⑧]，农民着力于大地之上，自然安土乐天，乐民而为顺民。另外，悠久、恒定的自然经济的普泛性又在全方位诱导社会财富和人力资源投向土地，竞相追逐土地。前者如山东栖霞市古镇都村牟墨林，力耕致富后复将资产投入兼并、收购土地上。迨至1940年代末，共拥有6万余亩耕地；山林12万余亩，佃户村93个。[⑨]安徽省霍邱县

---

① 据雍正元年雍正帝诏：“国家承平日久，生齿殷繁，地土所出，仅可赡给，倘遇荒歉，民食维艰。将来户口日滋，何以为业？唯开垦一事，于百姓最有裨益。……嗣后，各省凡有可耕之处，听民相度地宜，自垦自报，地方官不得勒索，胥吏亦不得阻挠。”（《清世宗实录》卷六，雍正元年四月二十六日乙亥条。）为进一步缓解人地紧张的压力，清廷政府及统治者们还意识到应把垦荒与安置流民结合起来。顺治十八年，云贵总督奏：“滇黔田土荒芜，当亟开垦。将有主荒田令本主开垦，无主荒田招民垦种。俱三年起科，该州县给以印票，永为己业。”结合上述种种，总体上看，清廷对解决人地容量及其带来的社会问题持务实态度。如乾隆指出：“……犹幸朕临御以来，辟土开疆，幅员日廓，小民皆得开垦边外土地，以暂谋口食。”这是在向边疆移民、疏散人口与经济开发以及人口合理分布问题上，封建统治者思想上产生的一个重要飞跃，对清代及以后边疆地区的进步具有不可低估的影响。此外，清代龚自珍从增强中央政府对西北边疆的控制力方面，力主迁徙内地百姓去垦荒戍边，也包含了平衡人地矛盾的考虑。他指出，内地人满为患，所谓“生齿日益繁，气象日益隘”，西北则“地纵数千里”，人烟稀少，因此，于人口政策上正可“损中益西”，“应请大募京师游食非土著之民及直隶、山东、河南之民，陕西、甘肃之民，令西徙”。并根据各地风俗和人口密度等，进行了合理分析，如“四川地广人稀，不宜再徙”，赣、闽两省种鸦片者众，“大为害中国”，应大量西迁，“与其为内地无产之民，孰若为西边有产之民，以耕以牧，得长其子孙哉”。西迁者中甚至还应包括“各省驻防旗人”。龚氏坚信此项工程“所收之效在二十年以后”，但于国家民族“利且万倍”。

② 江苏武进人洪亮吉将朝廷实施的诸如赞助垦荒、减轻赋役、赈济灾荒、抑制兼并等缓和矛盾的善政称为“君相调剂之法”。（载《洪北江遗集》，光绪三年授经堂重刊）基于中世纪普遍的模糊思维方式中的人地容量估算，又往往失准。相对地，明代徐光启运用数学方式对历史和现实人口资料进行的统计分析，发现“生人之率，大抵三十年而加一倍，自非有大兵革，则不得减”。根据推算，徐指出：“前代数世之后，每患贫乏者，非乏银钱也。承平久，生聚多，人多而又不能生谷”，“今天下亦匮甚矣，食指众而生焉寡”。尽管徐光启没有提出解决人地矛盾的方案，但他从科学的数学统计中揭示出的人口成倍增长，势必造成物质生活资料匮乏的客观规律，一方面要比一般朝臣的泛论更为有力，另一方面也给后世以有益的启示。

③ 罗愿，《新安志》。

④ 清·顾炎武：《天下郡国利病书》卷三二。

⑤ 清·康熙《休宁县志》卷七。

⑥ 清·许承尧：《歙事闲谭》卷二八。

⑦ 《管子·立政》。

⑧ 《吕氏春秋·上农》。

⑨ 文化部文物局主编：《中国名胜词典》（第二版），上海辞书出版社，1986年，第601页。

地主李梦庚，并购土地20万亩，其地横越皖、豫二省的霍邱、颍上、金寨、阜阳、固始等五县。后者如宋元时期长江下游地区，基于北人南徙而来的人口激增和粮食需求的扩大化，急需扩大耕地面积，或觅地拓荒，或与水争田，随着圩田的迅速发展，苏浙的沼泽、低湿地大量开发成了稻田，其间围湖造田还形成过高潮，圩田发展失控，及至发展到“废湖成田”，导致弊端丛生，水患连连。长江中游两湖地区垸田的围垦，使大面积的洪荒易成良田，从根本上改变了平原湖区的自然面貌，但由于泥沙淤积和人为围垦的失控，使湖面不断缩减。正如顾炎武所观察到的：“自洪武迄成化初，水患颇宁，其后佃民租客，日益萃聚，闲田隙土，易于购致，稍作垦辟，岁水寖久，因壤为业。又湖田未尝税亩，或田连数十里，而租不数斛，客民利之，多濒河为堤以自固……客堤益高，主堤益卑。”① 洞庭湖区堤垸经常溃口成灾，历代不断修筑增高，同时，增多的堤垸严重影响了江湖蓄泄关系，降低了湖泊的调洪能力，以致湘鄂地区水灾屡生屡发。上述种种，无一不与人口众多而田土狭仄密切相关联。

秦汉时曾有“县大率方百里，其民稠则减，稀则旷”②的基本原则——以百里见方的面积作为县的面积基数，再辅以人口的数量作调节：人口稠密处，县域自然缩小；人口稀少处，县域面积偏大。事实上，人地容量的比率很难实现合理或理想的协调状态：其中既有人口密度的差异，也有经济、地域和自然条件的区别。虽说历代不乏有识之士有关人地关系的良方佳策，但亦仅仅着眼于管理者层面，核心大致也仅在于均其能力而已。③总之，无论是聚族而居中五服外析产分居、移民、向山林僻壤地区拓展地理空间，抑或地域商帮群起等事项的重要缘由之一，大多迫于生齿日久、田土狭仄的“瓶颈”，而这恰与传统农耕生产中提高、增加生产产量主要依靠扩大劳动量的投入而非通过科学技术的提高来解决问题是分不开的。于是，以早婚、多育（尤其生育男孩）方法应对缩短人口再生产的周期循环，一直长盛不衰。因而，中国传统社会中的人地容量长期处于紧张失衡状态，没有得到根本改变。

第三节　经济、社会文化和村镇景观

一、经济模式、商业网络和村镇

中国传统农耕区大率以秦岭、淮河为界：秦、淮以北，是以小麦、粟米为主要作物的旱地农业区，经济发展以黄河流域为中心；秦、淮以南，经济发展以长江流域为中心，是稻米为主要作物的水田农业区：两大作物区构成了中国农耕区的主体。随着古代经济中心发展自西而东、自北而南的历史变迁，两宋时期开始，全国经济中心在南方逐渐趋以稳定和得以正式确立。在农业生产中，古人认为主要取决于天、地、人三大要素。如《荀子·天论》称：“天有其时，地有其财，人有其治，夫是谓之能参。”指出天有四时的变化，地有蕴藏的财富，人有利用天时、挖取地财的办法；《吕氏春秋·审时》篇则直接点明了农业生产的意义：“夫稼，为之者人也，生之者地也，养之者天也。”揭示出农业生产系由稼——生物有机体、天地——外界环境条件、人——社会生产劳动三方组成的有机体，三方互相依存，弗可缺一，这是一个不断进行物质循环和能量转化的农业生态系统。④倘以天论，则主要体现在与“时”及相伴出现的气温、降雨等气候状况，因此农业生产“贵在适时”⑤、“不违农时，谷不可胜食也”⑥，凡此等等。显然，中国古代较成熟的农业生产与注重“看天种田”式的实践活动紧密相关，即普遍运用二十四节气

---

① 顾炎武：《天下郡国利病书》卷七四。

② 《汉书·百官公卿表》。

③ 宋代毕仲游认为：凡邑之大者，割其大以补小；邑之小者，增其小以成大，置一县之封必度四面之界，分长乡以补其短，分宽乡以补其狭。县相比，州相较，大者不使如固始（今河南固始，引者注）之宽，小者不使如仙居（今浙江仙居县，时为宋代幅员最小的县，引者注）。此之谓均户口赋税之籍，徭役狱讼之制大略相等。贤者俯就而有余，不肖者勉强而无累。载《历代名臣奏议》卷四二，影印本。上海古籍出版社，1989年。

④ 郭文韬等：《中国农业科技发展史略》，中国科学技术出版社，1998年版，第87页。

⑤ 王祯：《农书·农桑通诀·授时篇》。

⑥ 《孟子·梁惠王上》。

指导农事活动，结合具体情况予以实施。例如在冬小麦播种期，华北地区“白露早，寒露迟，秋分种麦正当时”，长江中游地区“寒露霜降正当时”，四川盆地则“霜降点麦”①。农业生产严格按照自然气候的变化规律行事，也形成了年复一年、循环往复的春种、夏耘、秋收、冬藏的生产节律。若论地利，王祯以为“不止教以耕耘播种而已，其亦因九州之别、土性之异，视其土宜而教之”②。明代马一龙在《农说》中又提出了“启原宜深，启隰宜浅”的原则，因为“原之下多土骨”，故耕应“深以接其生气”，而“隰之下皆积泥”，所以耕宜“浅就其天阳”——依地势高低而定深浅。此外，明代《沈氏农书》记载的浙江地区稻田垦倒晒垡的精细技术，徐光启《农政全书》中有关稻田种棉要“清明前作畦畛，土欲绝细，畦欲阔，沟欲深”，种麦时“最忌水湿”，要“作垄如龟背”，种油菜要“作垄并沟，广六尺”等，稻田内种旱作都要起垄开沟以排水防涝，等等，均为农事“地利”的经验总结，突出了“顺天时、量地利”③ 的相宜性或具体的实事求是原则。

水井和牲畜饮水槽

说到稻麦轮作复种、间作套种技术的形成、推广和作为一种种植制度的盛行，前者早于唐宋便见于洞庭、江汉、江南和成都平原等地，至南宋时已有反映长江流域稻麦两熟制的诗句，如范成大《刈麦行》：“腰镰刈熟趁晴归，明朝雨来麦沾泥，犁田待雨插晚稻，朝出移秧夜食麨。”明清时期，稻田的三熟制得到发展。据清同治《江夏县志》记载，该县农事“谷分早秧、晚秧，早秧于刈麦后即插，六月中获之；插晚秧，于获早秧后，仲秋时获之”。④一年中麦、稻、稻三熟；后者在元代农书《农桑辑要》中对桑间种植的规律进行了深刻论述，分析了桑间不宜谷、绿豆、芝麻、瓜、芋等作物种植的原因。明清两代间作套种的基本方式有粮豆间作、林粮间作和粮肥套种等，提高了复种指数，经济效益得以增加。轮作复种、间作套种技术既能提高光能利用率和土地利用率，又能创造最大生物产量，使农业生产出现了质的飞跃。

农事中的耕牛作用明显

基于自然条件的多样化和生产力水平的显著差异，同中求异的生产方式表现在田亩耕作和土地开发上也是各有千秋。如沿山丘坡地等高线修建梯形田地，这是一种普遍的土地利用方式和适合、利用及改造自然的创造形式：将自然坡面削修成阶梯状，每层田面略呈水平，抑或设田埂以保持水土以裨引水灌溉。梯田广泛分布于陕、甘、晋、冀、豫、鄂、赣、闽、浙、湘、川、渝、滇、桂等省区的丘陵山区，云南哀牢山区哈尼族和广西壮族构筑的梯田，以田为渠，田水长流，层层叠叠，蔚为壮观。还有平原湖区的圩田，是南方多水地区沿湖泊的洼地筑堤建圩以达到排灌两便、旱涝保收的一种土地利用形式。此外，还有水面上的浮田——葑田和架田等，形式多样。种植品种繁多的水稻、小麦、大豆、玉米、甘薯、马铃薯、棉花、蚕桑、茶叶、柑橘等粮食或经济作物。

粗放原始的刀耕火种方式曾长期泛滥于南方广大地区。直至今日，包括滇西北、滇西南和滇南的独龙族、傈僳族、怒族、普米族、景颇族、德昂族、佤族、拉祜族、布朗族、哈尼族、基诺族、彝族、苗族和瑶族等一部分仍在延续这一传统方式。受村落分散和自然条件等影响，相当部分的乡村聚落大量依靠薪柴及牛粪作燃料，还保存有“神林”、“神山”、“柴山”等山林。这种原始落后的自然经济方式不仅表现在生活消费品的自我生产上，而且还表

① 参阅邓先瑞、邹尚辉著：《长江文化生态》，湖北教育出版社，2005年版，第262、263页。

② 王祯：《农书·农桑通诀·地利篇》。

③ 贾思勰：《齐民要术·种谷》。

④ 邓先瑞、邹尚辉著：《长江文化生态》，湖北教育出版社，2005年版，第270页。

现在土地、劳动力和肥料等生产要素的自给上，所谓“种田为吃饭，栽树为烧柴，养猪为吃肉，养牛为耕田”，就是自给自足经济活动的一种表现。这种耕而不养的原始种植方式在一定时空条件下，与其社会生产力水平是适应的。总而言之，生产方式或生产功能是万千乡村聚落得以存在的基础，它不仅包括农业生产和非农产品的生产，还包括文化的传承和培养，即业农稼穑的广大人群一边种地耕田，一边不忘诗书，耕读相伴；耕织自然经济的生产方式，决定了耕读传家的田园生活方式：男子耕田，女子织布。所谓“日出而作，日落而息，凿井而饮，耕田而食，帝力于我何有哉?”① “孝弟力田”者作为社会主体和中坚，长年依附在小片土地上周而复始地精耕细作，生活方式也因之蕴含有一定的规律性，单一中显丰蕴，充盈着浓郁的农耕文化特色；耕织经济的循环往复、乡土环境的安详宁静和农耕人群的安土重迁，无一例外建立在生产、生活资源暨土地这一对农业社会而言至关重要的前提之上。在本章第三节人地容量的描述和分析中得知，这个前提并非一定是稳定的，横亘在农耕人群面前的，有人群与资源的永恒矛盾，人丁与田亩的双向失调和压力，课税摊派等，以及农耕人群的贫困和无奈。

近古暨明清以来的农村经济，在人口压力、资源匮乏和农田生产力趋以饱和的态势中，形成了密集型劳动力投入的生产结构。结果是生产总量有所增长，生产率却没有提高。一些地区开始尝试从单一的粮食作物转向多种经济作物，往商品化经济作物生产方向拓展，也促进了村镇商品经济的快速发展。如江南苏松常杭嘉湖地区普遍将田土膏腴之地改种收益较高的桑、麻、棉，将之作为商品出售后，换取更多粮食作物。近代江南绸业中心之一的盛泽镇在明初还是一个仅几十户人家的小村邑，至明晚期已成为一个重要的丝绸集散市场。19 世纪末以来，盛泽备极繁盛，成为苏州府属各镇中最发达的市镇。镇区从事丝织生产的农民超过 20 000 人，1926 ～ 1927 年间镇上绸庄多达 72 家，在上海设有多家办事处。若从经济方式转型和演进来看，南宋至明清，是江南地区现代型市镇率先破土发芽发育和茁壮成长的黄金时代，涌现出了大量商业市镇，这些市镇有一个鲜明特点，就是以专业为特色。例如：

丝业：南浔、乌镇、菱湖、震泽。

绸业：盛泽、双林、濮院、王江。

棉布业：罗店、七宝、朱家角、天元。

纱业：魏塘、南翔、三林塘、浒山、硖石。

刺绣业：光福、太湖。

榨油业：桐乡、石门。

砖瓦窑业：千家窑、陈墓（锦溪）、陆墓。

酿酒业：西塘、安昌、木渎、柯桥。

花果业：东山、西山（金庭）。

粮油业：同里、新市、平望、枫桥。

碾米业：虎丘、枫桥、甫里（角直）、王店。

石灰业：陈墓（锦溪）。

草编业：虎丘、浒墅、甫里（角直）。

制笔业：善琏。

茶叶业：平水、章家埠。

花边业：虞山、坎山。

织袜业：硖石。

草帽业：长河、周巷。

……

位于南太湖旁、以丝业闻名中外的南浔镇，家家养蚕，户户缫丝，所产辑里丝“水重丝韧”，用辑里丝织成的水绸、纺绸、花锦绸、斜纹绸、兼丝绸、棉经丝纬绸、光丝绸、花丝绸、官绢、小绢、生绢、包头绢、五色绢、直绢、银条纱、葵纱、软纱、绉纱、夹织纱、漆纱、包头纱、素罗、帽罗、绮罗等远销大江南北及海外。每当新丝上市，南浔镇上“商贾辐辏，而苏杭两织造皆比比收焉”。有诗描绘当时镇市一片繁忙的景象：

闾阎填噎駔侩忙，一榜大书丝经行，就中分立京广庄，毕集南粤金陵商。

南浔街上丝行林立，各地商客纷至沓来，为此还专门设立了南浔商会、丝业公所和其他行商组织，以便接待、洽谈、商业、联络、协调等事务的开展。

近代农村工业和市镇的勃兴，庶几为两个同时出现的重要现象，具有一定的内在逻辑联系。一方面，市镇中具备工业生产能力的，部分发展成上述专业市镇或专业市场；另一方面，市镇又普遍承担着农村工业产品加工和集散的角色，市镇工业往往被视为农村工业的延伸。从原料来源和市场看，市镇的碾米业、榨油业、酿酒业、草编业等使用的稻谷、油菜籽、大豆、席草等原料大部分来自本地区乡村，所生产的商品也有相当部分供给四乡村镇。如果仅此而言，村与镇之间的工业并无多大质的区别。然至清代，江南地区原料输出地与加工生产地开始出现分离状况。如苏州虎丘织席业所需席草在明末即从吴江等地输入，后因生产扩大，席草数量要求骤增。迨及康熙时，虎

① 《帝王世纪·击壤之歌》。

丘镇已有席草行专司其事，所产席草远销各地，“南津、北津、通安等席市，每日千万成群，凡四方商贾皆贩于此，而宾旅过（浒墅）关者必买焉”。四方商贾皆贩于此，都要在市镇上购买“浒墅席”。①由此可见，虎丘镇织席业已是原料和市场均在外埠的工业模式了。就专业化程度而言，市镇工业生产专业化程度往往要高于乡村。

总之，市镇和乡村的工业或手工业关系如上述列举体现了以下若干特点。首先，市镇的核心或底色在于汇聚和交易，在于其商业职能，自身的工业或手工业比重有限；其次，在有限的工业或手工业中，市镇工业的重点在于手工业生产后期的加工，而生产主体则主要分布或“下放”在农村；再次，市镇工业生产的主体系由四周千家万户的乡村所提供或支撑，包括人群及技艺等，因此农村经济的兴衰直接关系到市镇经济的荣枯。这也是村镇经济的结构和模式所决定的，即市镇经济的核心功能主要是维持农村经济。

尽管部分江南市镇经济在对外贸易、生产工艺和设备更新等方面颇有作为，例如湖丝出口、棉布出口、机器缫制生丝替代手工缫丝等，使村镇经济得到持续兴盛。但是，随着民国时期经济结构重大的演变，传统经济逐渐与国际经济关联性的增加，市镇区域中心结构的调整和周边上海等工业都市的崛起等，使江南村镇经济结构和模式发生显著变化。在历史急剧变迁的过程中，一方面积极适应市场和发展之需及时调整，另一方面，又由于经济基础并无实质性或根本改变，加之较为良好的基础、交通运输条件和优越的地理区位，仍然维持了江南村镇的持续性发展。②

与近代江南村镇暨专业化市镇注重工业或手工业产品生产、加工、交换、贸易和村镇一体化联动而获得持续发展的经济模式有所不同，明清时期山东、苏北大运河沿线也曾因河而盛、因市而旺，经济、商业和村镇建设发展一度臻于历史的高潮。在明清山东境内运河贯通前，鲁西地区偏僻闭塞，村镇农民均业农稼穑，经济生活清贫。运河贯通后，沿河城镇面貌逐渐发生变化，生产结构和方式随之得以改变，依附于商贸交易的手工业和服务业迅速兴起，诸如铜器、金银器、食品、家庭器用生产，以及烟草加工、羊皮绒毡制品等手工业遍布临清、济宁等城镇，船行、车行、脚行、牙行、标行等服务业渗透于沿河市镇中，一些为适应外来商贾和其他流动人口所需的饭店、酒肆、茶馆、旅店等大量涌现。及至明隆、万时期，临清城内店铺林立，商贾如云，人口麇集。计有布店 73 家，缎店 32 家，杂货店 65 家，典当铺 100 余家，瓷器店 20 余家，纸店 24 家，辽东货店 13 家，大小客店数百家，盐行除公店外，还有个体盐店 10 余家，此外，还有粮店、茶叶店、羊皮店等。如果加上各类作坊店铺和市集商贩，全盛时期临清的大小店铺当超过千家。③俨然而为运河沿岸的地方市场中心，而且与全国众多区域市场具有密切关系。大运河交通的畅达和商品流通的发展，使沿线中心城镇的经济中心功能得以凸现。这些城镇的主体是商人、手工业者、搬运服务业人员和城镇居民，显示出纯粹的经济和商业性城镇特质，主要承担经济集散功能，在一定区域范围内起到了经济辐射作用，成为对外商贸的枢纽和运河经济网络中的环节，承负着维系区域内村镇、扩展经济区域地理范围的作用。后黄河北徙冲毁运河与漕粮折征，山东、苏北运河区域内的经济发展渐趋停滞，政治、经济、文化地位迅速下滑，临清、淮阴等经历了从荒僻到繁盛，旋趋沉寂的社会兴衰过程，未能像江南村镇那样持续发展，反映了运河类城镇经济模式的瓶颈所在，发展繁荣并非明清江南模式——以自身社会经济的高度发展为基本动力，而是借助于客观地理条件的改善和国家政策的调控，缺乏自主产品及技术含量，以及专业性和生产型市镇支撑，加上原先就存在的大至区域、小至县城内村镇经济的不平衡性和明显差异性等结构性矛盾，最终未能进入经济良性和持续发展的行列。

从上述江南和运河沿线经济的盛衰看，乡村自然经济的长期发展促进了村镇小商品贸易市场的发展与繁荣，因而，城镇和乡村之间具有多种互补关系。德国城市地理学家沃尔特·克里斯塔勒（Walter Christaller）在《德国南部中心地理原理》一书中指出，城镇是区域的核心，城镇应建在位于广大乡村中心的地点，起到周围乡村中心的作用；中心依赖于收集输送地方产品，向周围乡村人口提供所需货物和服务而存在。中心理论认为不管人类经济活动的地理单元小到何种程度，它总是处于不平衡状态，在空间分布上永远存在中心地和外围区的差异。每个经济地理单元的中心地，都承载着向外围区域提供商品和服务的职能。1970 年代，美国施坚雅在德国克里斯塔勒中心地理论、美国社会学家罗兹曼（Glbert Rozman）的城市空间网络学说和美国地理学家济弗（George K. Zipf）的等级·规模学说研究成果基础上，创立了区域体系理论。他指出，

① 李伯重：“工业发展与城市变化：明中叶至清中叶的苏州”，《江南的城市工业与地方文化（960～1850）》，清华大学出版社，2004 年版，第 41、42、43 页。

② 参阅陈晓燕，包伟民著：《江南市镇——传统历史文化聚焦》，同济大学出版社，2003 年版，第六章。

③ 王云著：《明清山东运河区域社会变迁》人民出版社，2006 年版，第 109 页。

区域体系理论的基本模式显示了一种区域结构，即它包含着以镇和市连结点的本地和区域体系的层级。基于四川的田野调查与研究，他提出了关于中国19世纪晚期八个层次的经济等级结构的假设。八个级差假设中，基层的三个级差，即第六、七、八级分别是中心市场（镇）、中间市场（镇）和基层市场（镇），也就是村镇市场。标准市镇的初始形态是农村墟市类的基层集市。依据中心地理论，中国传统村镇中的基层市场可以认为是最小经济地理单元的中心地，呈现形式既可能是定期集市，也可能是村市，仅供四乡农户交换一般生产生活资料所需的乡村小市场。比集市村市高一级的中间市场是中小型市镇，通常介于基层市场和县邑市场之间；江南地区市镇对四周乡村的辐射大致在30里左右，是乡村至县邑市场相联系的商业中心。在中间市场的上面，即再高一级的经济地理单元的中心地，称作中心市场，一般是府县城邑市场。集市体系以集镇、市镇为中心，构成经济层级和商业的网络及基本单位。①

县城、市镇和村落，其商业网络似乎正好对应施坚雅的六、七、八级级差层次结构。基层市场、中间市场和中心市场形成了中国传统乡镇的三级层次或三级网络体系。镇和市居于中心位置，起着连接周边乡村集贸和整合的作用。在区域中，耕地、人口、资本等关键性资源集合于一个经济体系中心，此中心通常近河低地（具有结构上的规律性），越靠近边缘（大部分是山地）资源越稀缺。交通运输的便利性，呈现从经济区域中心到远离中心的边缘地急剧下降的趋势，农业生产的强度与城市化程度成正比：核心区最高，边缘区最低；从核心向边缘推移，农业商品化水平和家庭对市场的依附程度出现由强转弱的变化。

区域结构暨富有规律性的模式至少有以下两个特点：即城镇间的平均距离，中心地区小于边缘区；市场规模和商业服务水平，中心地区也大于高于边缘地区。一些规模较大、辐射力较强的商业市镇，如浙江嘉兴乌镇、湖州南浔镇，山东聊城阳谷县张秋镇等，其能量往往超过一般县城，部分商业市镇承担着中心市场的功能和角色。如前面谈到的南浔镇到明末已是“万家灯火”② 的巨镇，所谓“湖州整个城，不及南浔半个镇”③ 的谚语，即反映了大镇的鼎盛规模；作为江南第一巨镇的乌青镇，疆域范围已越嘉、湖二地府域，远超县治桐乡而具“府城气象”。④行政管理上曾一度设有高于县官的通判和同知。⑤不过，也有一些市镇因其规模较小，辐射能力有限，其市场约略等同于乡村基层市场。

事实上，不同时期、不同区域的城镇集市基于形态、功能及密度差异，其辐射范围也不同。如清中叶华北平原的集市密度约为1～2个/100平方公里，平均交易半径4～6公里，农民赶集一般半日可往返，开市频率从明代的每旬1～2次至清代的每旬2～4次，乃至隔日市。⑥而在经济发达的江南、珠江三角洲地区早在明代中后期已达到这一密度。⑦清代长江上游每个市场平均服务范围在40～100公里之间，表明人们平均活动半径在3～5公里。江南平原区大多数州县市镇清中期的平均贸易范围在14～152公里间；山区贸易范围在77～274公里之间；在以市镇为圆心的初级市场贸易范围内，乡民距市场的最大贸易半径在平原地区仅为2～7公里左右，山区也只有5～9公里左右。⑧至于长三角地区，镇与镇间的间距以12～36里为常见模式，江南各市镇平均距离为10多里水路。⑨概而言之，无论何种市镇或差异性的功能，其四周都有一定范围的乡邑村落为固定乡脚。

---

① 施坚雅认为明清时中国存在9个具有城市化和经济史意义的区域，即岭南、东南沿海、长江下游、长江中游、长江上游、西北、西南、华北、东北；其市场体系包括8个等级的区域经济中心模式，从上至下依次为：中央首府、地域首府、地域城市、大城市、地方城市、中心市镇、中间市镇、标准市镇。比集市高一级的市镇（中间市镇）是基层集市（标准市镇）呈六角形所围绕的经济中心。作为大区域经济的大都市，位于中心地层级的最高层。层次越高，社会经济体系越复杂，中心地具有连接点的作用，通过复杂的互相叠合的网络，每一层次的社会经济体系又与更高（低）层次的体系相连。大区域的核心—边缘结构，实际上是由最中心到最边缘的共中心的连续区域。参阅［美］施坚雅主编，叶光庭等译，陈桥驿校：《中华帝国晚期的城市》，中华书局，2000年；施坚雅著，史建云、徐秀丽译，虞和平校：《中国农村的市场和社会结构》，中国社会科学出版社，1998年版。

② 清·同治《南浔镇志》，卷一引潘尔夔《浔溪文献》。

③ 刘大钧：《吴兴农村经济》，上海文瑞印书馆，1938年，122页。

④ 清·乾隆《乌青镇志·建置》。

⑤ 陈学文编：《湖州府城镇经济史料类纂》，浙江省社会科学院，1989年印行，12页。另外，清代许多县级机构常弃县治而移驻县中大镇。如乾隆五年吴江县丞移驻盛泽，嘉善县县丞驻西塘镇，县主薄驻凤泾镇（今上海枫泾镇），等等。

⑥ 许檀指出，经济发达的江南、珠三角地区早在明中晚期已达到这一密度，清代有过之而无不及。见许檀“明清时期农村集市的发展及其意义”，《中国经济史研究》，1996年第2期。

⑦ 许檀：“明清时期农村集市的发展及其意义”，《中国经济史研究》，1996年第2期。

⑧ 张海英：“明清时期江南地区商品市场功能与社会效果分析”，《学术界》，1990年第3期。

⑨ 樊树志：“明清长江三角洲的市镇网络”，《复旦学报》，1987年第2期。

因此，一定程度上，乡村墟集和市镇的生命力，维系于广大农民的购买力，农民的消费需求直接影响市镇经济的兴衰荣枯。

自宋代宵禁制解体和草市全面开禁和坊市制度松弛，草市向两个方向发展：一是草市为城镇的新区域所在，二是草市提升为镇市。邻近乡野商旅往来懋迁，原初的定期市逐渐演化成商业性聚落（Commercial Settlement）——拥有固定地名、固定场所的“市”于焉形成。①这样，传统村镇中的集市开始分化成两大类：一类是由众多商店街道等构成的相对固定的商业街区；另一类是具有季节性或时间限定的集市商贸活动，即民间所谓集、圩、场和墟之类集贸市场。传统商业市场上的墟、市概念多有不同：南方的墟与北方的集市较为相近，规模大，经营专业，服务对象覆盖面广泛，其选址等较为讲究；墟，作为一种相对固定的商贸交易活动，时间上少则三五日，多则五六日举行一次。②从这个概念看，各地传统的集、市、场、墟、草市、药市、蚕市等都可归为墟；市则规模小，数量多，随地可设，主要服务对象为周边乡邑，市虽小但往往拥有固定店铺。各地各不相同的街市庙会，既是四乡民众采购物品、商品交易的场所，也是自娱自乐的盛大集会。浙江嘉兴乌镇四乡农村家庭大多养蚕为业，蚕丝收入在家庭经济生活中占有重要地位。为了祈求蚕茧丰收，蚕花利市，因而每年都要到乌镇进香，相沿成俗。据《乌青镇志》载：清明前后男女赴静市烧香，今名香市。其时有洋片摊、马戏、髦儿戏、傀儡戏诸娱乐场所，游人甚众。乌镇香市一般从清明开始，前后约延续半月余。四乡八邻的农民赶来，也有携带自己生产的蚕具、竹器等到香市出售，商贾们则在寺庙前的空地上，布满用芦席搭建的茶棚、吃食摊、日用杂货摊等，把香市变成了名副其实的集市。如果我们从村镇的空间形态观照和解析其商业网络和格局特征，即将村镇的主要街道、商业建筑和公共建筑与村镇整体结合度空间结构叠加在一起，不难发现，主街道、商业建筑等与空间核心具有较高重合度，商店、市场和各类商业或服务性设施也大都集中在此两者之中的重合地段。据王浩锋调查，即便是宗法社会气息浓郁的徽州部分乡镇如宏村、唐模、瞻淇和渔梁的店铺等商业空间聚集程度似乎还要超过各类祠堂③，更遑论以各地移民麇集者如湖北洪湖瞿家湾镇、重庆江津区中山镇、四川泸州福宝镇，抑或得力于交通和市场的广西南宁杨美镇、湖南怀化洪江镇和陕西商洛龙驹寨等。上述店铺及商业设施在村镇中的分布大都呈现程度不一的外向型特征。也就是说，店铺和商业设施的服务对象一方面是本村镇居民，另一方面，也面向外来访问者或商旅宾客。由于村镇商业服务半径的广大和外向型商业设施的布局契合于交通限制及商业发展要求，遂使该类村镇无论对内还是向外的联系都较方便，外来者的相对可达性较高。

二、商业街区景观

从形式和格局看，商业街区的形成和发展有赖于城市市镇的扩张和演进，但从其内质衍变轨迹看，主要还在于经济发展和商贸繁荣的强力助推。古代的商业交易市场一直由政府统辖，设有专门的管理机构。自汉末始，商贾定居市场，“又为方市阓门，周环列肆，商贾居之，都商亭在其外”。④隋唐长安市场设东市局、西市局、东平淮局、西平淮局等，均隶属太府寺。两寺还有市署令，“掌财或交易，度量器物，辨其真伪、轻重”。“凡市日中击鼓三百以会众，日入前七刻击钲三百而散。有果毅巡迣。平货物为三等之直，十日为簿”。⑤北宋时开封府设都提举世易司，职在“掌提点贸易货物，其上下界即诸州市易务、杂买务、杂卖物皆隶焉”。从文献和图画（如《清明上河图》）中可知，北宋时市场已开始沿街布设。明清时期，政府对市场管理和征税的制度更趋细密，税利作为政府财政收入重要来源的比例更加凸显，与此相对应，城镇中的商业街区所占比重及位置愈来愈突显或加大。

例如苏州所辖唯亭镇在明中叶前尚为“民贫俗朴，人皆散处村庄”。迨至明末业已成为有一定规模的市镇，及清已是“聚庐而居，人烟稠密，比屋万家”的大镇⑥，拥有上塘、下塘的东市、中市和西市的商业街区；昆山周庄镇，明末还是“迁肆于后港，镇西多坟墓，鲜民居”。至康熙时，“东西二栅俱成阛阓”，后成为四乡之集镇，“东西南北四栅，市街长达3里，宽2里”。⑦至清中期鼎盛时，镇上居民近5 000人，“户口、赋役之数，足当西北一小县”。⑧清代浒墅镇，“比屋连甍，街衢阗噎，杂贿云屯，

① 刘石吉：“明清时代江南市镇之数量分析”，《思与言》，1978年6卷第2期。

② 傅筑夫著：《中国封建社会经济史》（第三卷）北京人民出版社，1984年，第363页。

③ 王浩锋：“徽州传统村落的空间规划——公共建筑的聚集现象”，《建筑学报》，2008年第4期。

④ 《太平御览》卷八二七引《三辅黄图》。

⑤ 《新唐书·百官志三》。

⑥ 清·道光《元和唯亭志》，卷一，“风俗”。

⑦ 清·光绪《周庄镇志》，卷一，“界域”。

⑧ 陶煦：《贞丰里庚申见闻录》，卷上。

浙江仙居蟠滩古商业街

湖北洪湖瞿家湾古商业街

阛阓鳞次”。①西郊的枫桥镇“在城外，离治数里，与阊门相属”，至清康年间，已俨然“为储积贩贸之所会归”，“为水陆孔道，贩贸所集，有豆米市，设有千总驻防”②，是为闻名遐迩的粮食贸易中心。

再看京杭大运河山东境内的张秋镇和安山镇，前者今属聊城市阳谷县，位处运河与大清河之交。因地利引南北商贾纷纷来此商贸，其“北二百里为清源（临清），而得商贾之十二；南二百里而为任城（济宁），而得其贾之十五；东三百里为泺口，而盐荚之贾于东兖者十而出其六七”③。张秋虽为一市镇，但城市规模、商业繁华程度已超过普通的县级中心城市，镇城有 9 门、72 条街、82 条胡同，街道多以经营的商品命名，如南北米市街、糖市街、柴市街、果市街、锅市街、盐店街、皮袄街、纸店街、牲口市、棉花市等。“作为东昌府南部的一个地方贸易中心，张秋镇的商品分销和集散范围大致在济宁与临清之间的兖州府北部、泰安府西部的七八个县。”④ 今属泰安市东平县的安山镇，元末前仅为一舟楫停泊之湖村河湾，大运河贯通后成为重要的交易码头，“在昔漕运畅行之时，商务发达，帆樯林立……”⑤ 清中叶全盛时期，河北岸六七百户多系手工作坊、商家、客栈和各种行会，车行、船行、秤行、牙行、斗行俱全，八作为粉坊、面坊、油坊、曲坊、纸坊、香坊、豆腐坊、宰坊等手工业齐备，为南来北往的商旅和居民提供服务。⑥上述所举共同点在于，由经济生产的发达、加工服务业配套及因交通应运而生的商贸贩运交易等的兴盛，刺激了城镇乡村的迅速崛起和发展，构成了由经济生产或商贸服务带动城镇发展的运行轨迹，促成了商业街区在城镇社区空间格局中的重要地位和形态。

---

① 清·道光《浒墅关志》，卷首文祥序。
② 清·康熙《长洲县志》卷八“市镇”，民国《吴县志》卷二一，“乡镇”。
③ 顾炎武：《天下郡国利病书》，卷一八。
④ 王云著：《明清山东运河区域社会变迁》，人民出版社，2006 年版，第 117 页。
⑤ 民国《东平县志·交通·运河航线》。
⑥ 王云著：《明清山东运河区域社会变迁》，人民出版社，2006 年版，第 120、121 页。

明清时期传统城市大致上已形成较为固定的空间模式：方位多在中间或偏北的衙署、文庙等建筑构成的行政社区踞于城市空间核心，其他居住类社区分布城市东南西北；商业和服务性社区通常也散居于居住社区等处，较少单独形成商业街区。倘若单独形成商业街区和服务性社区，那么，该城镇的经济结构、模式、商业市场的网络体系及位置，以及所在地的交通区位等与其他城市肯定有所不同，京杭运河旁的城市即较具典型性。

京杭运河城市的空间划分与传统政治中心城市中行政区多居于旧城、商业区多居于新城的形式不同，王云列举临清城从传统政治中心城市到商业城市空间结构的衍化和变迁，说明运河城市（山东段）如临清、济宁等基于经济功能的凸现，畅达的交通和商品流通的发展及集散和辐射作用的放大等，使城市内行政社区中的行政功能失色，商肆店铺急剧扩张使新城区成为以商业为主体的经济社区。①类如明清临清城商业经济社区的衍化、变迁虽然并不具普遍性，却也折射出这样一个事实，即商业经济的强势发展，势必极大影响城镇的空间划分和形态肌理，这在市镇空间结构中表现尤为明显。

传统村镇县治中商业街区的形态向来模糊，一如传统店铺与作坊工场、住宅畛域难清相似，商业街与住宅、其他建筑共生。我们认为，街道中店铺数量具有一定规模庶几可以商业街论。这种界定的模糊性和有机性，自有其历史和现实的条件因素：我们现在所能见到的传统商业街，多是明清和民国时期遗存下来的，元及之前的商业街寥若晨星，或旧貌新颜，无复当年原形真态，这是其一；其二，村、镇、城规模不一，所谓商业街的店铺数量、面积、规模等也各不相同。假如设定传统城镇街道中以店铺面积占50%以上才算商业街，那么，传统商业街的数量极其有限。因此，较合适的界定是，店铺最集中的街道即应视为该村镇的商业街。

太湖流域吴江同里的新填街、昆山周庄的中市街、嘉善西塘的西街、苏州吴中甪直的中市上塘街、中市下塘街、苏州阊门外的山塘街、上海青浦朱家角的北大街、南汇新场的北、南市街等都是较典型的江南商业街道，店铺林立，商肆密布。其分布格局往往以河道为骨架。绍兴的柯桥镇、安昌镇，吴江的黎里镇，湖州的南浔镇等，在两街夹一河的布局中，临街店铺通常伸出檐廊，进一步扩大包括商业交易在内的空间属性，这在嘉善西塘和绍兴安昌镇的商业街中尤其醒目。安昌镇沿市河的檐廊、廊棚不仅数量多，而且伸挑跨度大，几与道路等宽，窄狭者三四米，宽者七八米，夏季时店家往往将经营场所外移至廊棚河埠处，消费、观景休闲两便。如果街道处于河道一侧而两旁为店铺，如青浦朱家角北大街等，街衢宽度仅在2～4米，二层的窗牖对开因二层立面向外凸出，街道上空二层窗间距离近者仅1.5米左右，屋檐对接——天际形成“一线天”。江南水镇商业街多以前店后坊或仓库为主，店面临街，作坊靠水，楼上人居，充分利用水上运输之便，是一种节约用地的高密度的店宅街坊平面组合法。在与河道垂直的弄巷里，大户人家宅院重叠，栉比鳞次，深幽的巷道与市镇形成迥然相异的宁静环境。与其他地区商业街明显不同，江南水镇的货物运输主要通过舟楫进行，因此，街道并不负担主要交通功能。通常街道的尺度较小（窄）。正如日本建筑师黑川纪章所说：街道没有明确限定的空间领域，在一天24小时内，有时私用，有时公用，它是具有多种交织着复杂意义的空间。因此，商业街市既是私生活的延伸区域，又是公共活动场所。白天，店铺的排门板卸下来时，这些空间一方面成为吸引街道人流驻足交往或入内活动的场所，另一方面又促使店户室内活动向外扩张，街道空间意义产生增值。夜幕降临、华灯初放之际，空间意义开始萎缩，街道又成了纯粹的步行交通空间。

位于长江中游的湖北省江汉平原，河湖纵横，港汊纷织，滨湖临河的地理条件赋予商业街显著的地域风貌。在洪湖市与监利县交界的瞿家湾镇老街区间，店铺林立，肌理丰富。老街的主要功能是商业和居住，大部分住宅兼有商住两种功能，往纵深延伸，临街为店，后面居住，形成前店后宅的形式；向空间拓展，底层经商，楼上住人，构成下店上宅的模式。商住合一的功能和格局，决定了街道两侧建筑功能的复合性。纵观沿街店铺建筑的形制，大体整齐统一，即临街建筑与街道相邻的空间为敞口厅；底层临街为店铺，中部为作坊工厂，厢房后面布置厢房。瞿家湾老街商业街两侧以一二层建筑为主，两侧山墙高4～6米左右，高宽比约1:0.7，人处街道中观看两边建筑的竖向角度为30°～45°，小尺度的街道空间虽略狭但并不压抑，气氛相对亲切，有较强的领域感。而且心情松弛愉悦，绝无紧张焦灼之虞。房屋间山墙大多共用，且都超出店铺向街道一侧外挖0.5～1米②，远观层层外挖山墙立

① 王云著：《明清山东运河区域社会变迁》，人民出版社，2006年版，第92、93页。

② 李百浩、张莉：“因地而兴的湖北古镇——瞿家湾”，《华中建筑》，2005年6期。

面侧面，逶迤曲折；素白色山墙与褐色店铺木板和其他木构件及黛瓦、街道青石板等，在形态和色彩上形成强烈而有序的对比效果。进（山墙）退（店铺），浅（山墙）深（店铺、街道铺面、屋面）等构成深浅两组对比共置的肌理，富有韵律感和变化。同为湖北省的红安县七里坪镇商业街，较之于瞿家湾、程集、周老嘴商业街的开敞，闭合性明显强得多。市镇主要商业街长胜街全长约400余米，街宽4～5米，两侧为一二层建筑，建筑高度在5～6米。街道中前店后宅为店铺的主要格局形式，临街建筑面宽有限，多以单开间和双开间为主，少量三开间，原红四方面军指挥部旧址为仅有的五开间店铺。临街店铺，上下两层以大梁分界——下层经商，设置排门，卸下后内为柜台，上层木板封闭。除原红四方面军指挥部旧址等店铺建筑是临街大面积排门外，临街店铺以库门式为主，这与瞿家湾商业街形成了最大区别，如原鄂豫皖特区苏维埃银行、中西药局等。商业街建筑外墙多为清水空灌斗墙为主，立顺砌和立丁砌交插形成空斗，外墙平立砌法造成丰富的变化和肌理，山墙顶墀头外挓出翘而颇具动态。长胜街中建筑平面进退不一，街道空间逶迤曲折。与瞿家湾相同，但山墙虽外挓，曲率及深度却不如瞿家湾，不同的是长胜街山墙七屏、五屏山墙形式变化较多，形态丰富。

江汉平原市镇大多沿河湖港汊顺势集成，以蜿蜒自然状较为普遍。街道的曲折多变也构成了街巷空间的丰富性。阳新县龙港镇老街长约800米，宽5米，街道两旁店铺全为漆髹排门板，二层楼建筑，青石板路面，店铺前砌筑两级石级，连续性较强。与之相近似的重庆市江津区中山镇扼古川黔水陆交通要冲，为两省江津、綦江、合江和习水四县边贸极尽昌盛之地。商业街依山临河而建，自南而北沿笋溪河线状延拓，共分8节：即江家码头、观音阁、万寿宫、水巷子、一人巷、卷洞桥、月亮坝、盐店头；线型的商业街长1 132米，店铺307间，底界面以青石板铺设为轴，东西两排相向蜿蜒，在宽3～5米的街巷空间中，巧妙利用山水地形灵活而经济地做成高低错落的台状地基。

明清时期商业活动孑遗的景观，尤以会馆建筑最为典型。自明中叶起，商贾的行会组织朝着会馆方向拓展。会馆也就演变成了同一区域商人之间结成的行业同盟，其内部再按行业分为若干行帮。会馆行业组织为保护自身利益，共同协商价格，相互借贷，调剂资金。迨至清代，商业会馆、行帮的组织和机构更趋普遍。

三、社会文化和风尚习俗

农业社会时期一定区域人群的社会文化和风尚习俗，一方面具有历史变迁的传承性和变异性，另一方面充盈着地方性或民族性，两者既存在相当的恒定性，也具备了因碰撞、交流、沟通、借鉴的融通性。古代胡、汉文化质的非相容性在文化冲突中逐渐有所改变，原有的文化心理结构，“从对方吸收于己有用的文化质，从而在调整、适应的过程中趋于一体化”，显示出胡文化的“汉化”和汉文化的“胡化”倾向。①游牧民族中普遍使用的交机、马扎等也为汉民族广泛使用，北魏孝文帝元宏率众实现社会体制的汉化与人的观念的汉化，都城洛阳的坊里、道路、城市空间结构及布局等便昭示着汉文化已极大改造了胡文化。

导致文化归属转型的原因十分复杂，其内里本质既与

孝弟力田，浙江龙门镇一瞥

① 冯天瑜、何晓明、周积民著：《中华文化史》，上海人民出版社，1990年版，第543页。

节庆耍龙舞

文化高低势能的状况密切相关，又与行政和文化地位等畛域难清。张伟然在梳理古代荆、襄、鄂等荆楚地域性中心的演变转移时指出，秦代以降江汉间以江陵为中心，汉末始襄阳崛起，三国时孙吴一度以武昌（今鄂州市）为都城，至唐，荆、襄、鄂三足鼎立，迨至元明清，武昌（今武汉武昌）已稳居包括湖南在内的整个长江中游的中心地位。①在文化区域的形成和体认中，共同或相似的心理认同基础是不可或缺的一个基本因子，一如章潢所言："今之天下四海九州，特山川所隔有声音之殊，土地所生有饮食之异，小小习尚不同，谓之土俗可也。"② 文中"山川所隔"为自然区域，"土地所生"为自然景观；"声音之殊"指方言，"习尚不同"为风俗，三者构成了地域文化、风尚的主干条件。③如浙江嘉兴濮院镇，自古以丝绸享誉大江南北，其风俗多与蚕桑丝织有关。例如在正月里街巷聚资举办"田柴之会"，祭祀祖先、蚕花诸神。入夜放爆竹、花筒、夜阑送神，焚烧田柴，名日照田蚕。每年三月三，还有迎神赛会。明代李日华在《味水轩日记》中记述了万历三十八年（1610）该镇的赛神会情景：

结缀罗绮，攒簇珠翠，为抬阁数十座，阁上率用民间娟秀幼稚扮故事人物，备极巧丽，迎于市中。远近士女走集，一国若欢。

与此相连的还有佑圣会，至于划船会则往来如织，士女棹舟往观者甚众，谓之闹清明，等等，具有浓郁江南水乡市镇的地域文化特色。

作为人类社会的普遍要素之一，不断变迁的文化因素伴随人类的产生而发展，文化内容或结构的变迁表现为新文化的增加和旧文化的变易。这种变易既有新陈代谢、环境决定论的解释，也有心理因素、文化传播因素和技术决定论等的论证观点。而社会、文化现象的地域分异，又在一定程度上作为自然现象地域分异的继续。对此，古代早已朴素地有所认识。譬如《礼记·王制》中"广谷大川异制，民生其间者异俗"，汉代班固的《汉书·地理志》中

① 参阅张伟然，《湖北历史文化地理研究》，湖北教育出版社，2000 年，第 222～242 页。

② 《图书编·总论九州风土》。

③ 引自张伟然：《湖北历史文化地理研究》，湖北教育出版社，2000 年，第 256 页。

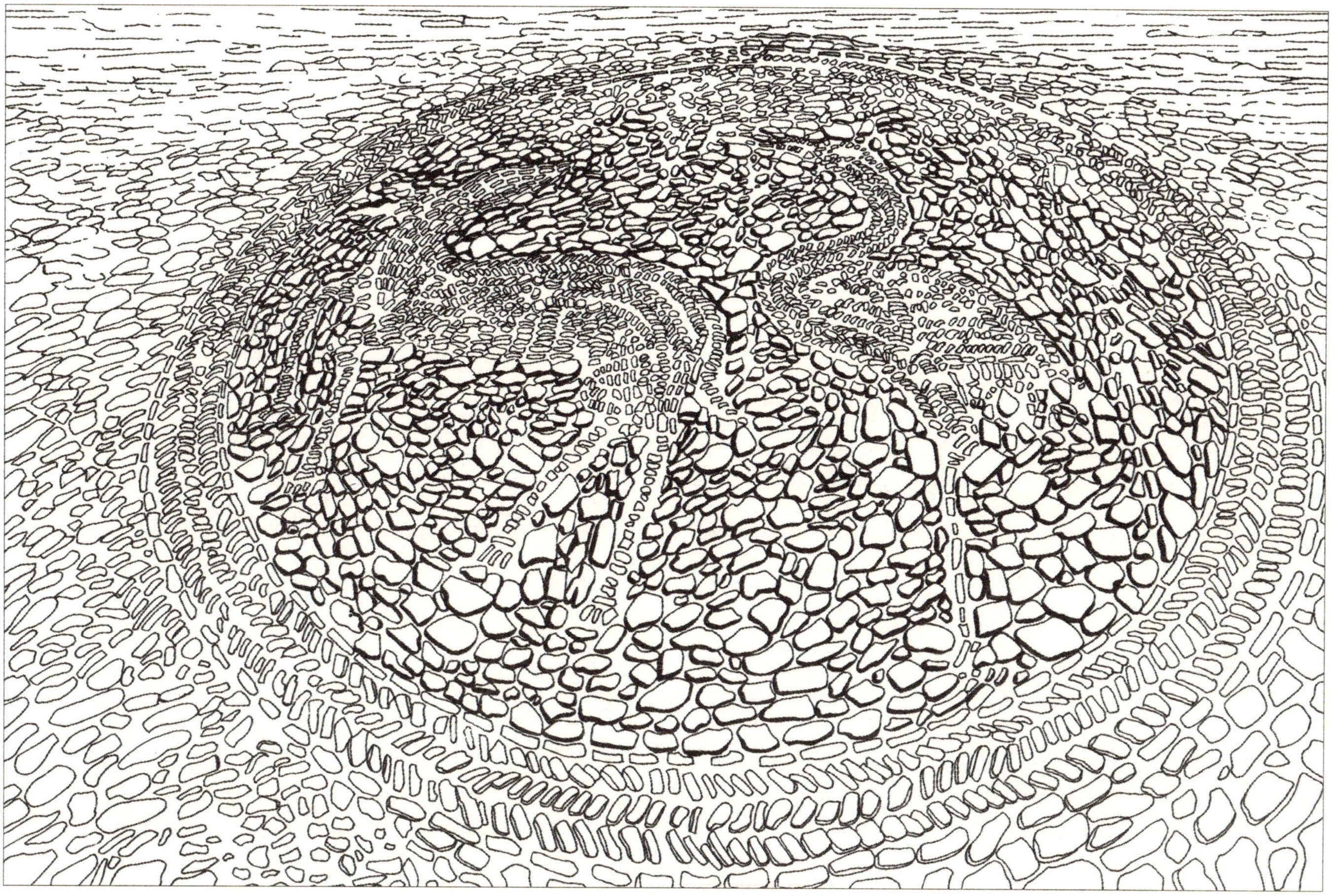

用河卵石铺筑的“鹤鹿同春”

“凡民函五常之胜，而其刚柔缓急，声音不同，系水土风气”和明清谢肇淛、王士性、顾炎武等在不同方面对此均有类似的考察和论述。所谓“一方水土养一方人”就是对不同地域人群生活方式和社会结构分异性等特征所作模糊而总体的概括。不过，社会、文化和风尚习俗等的迁变往往繁复漫长，有时又激烈悲壮。17 世纪中叶，当清朝下令改换明服、剃发梳辫并提出“留头不留发，留发不留头”的口号时，为了捍卫、保守自己的生活方式，长江下游地区遂掀起了壮烈的反剃发起义，在“头可断，发不可剃”的誓言中殊死反抗，“江阴保卫战”、“嘉定三屠”等战争使几十万江南人牺牲在清兵屠刀下。意大利耶稣会士卫匡国（1616 ～ 1661）在《鞑靼战记》中以目击者的亲历和外来者的眼光告诉我们：满人未遇抵抗，轻易占领了杭州。但当他们宣布了剃发换服令后，兵民们都拿起了武器，为保卫头发，不但将鞑靼人赶出了杭城，打到钱塘江，而且杀死了很多。卫匡国深刻感悟到民众基于保发留服的斗争，要比为皇帝和国家战斗得更英勇。江南人反清的本质仅仅在于按照自己原来熟悉和喜爱的生活方式和生活习俗，比如街市、土地、善会、社集、宴饮、诗赋、学问、服饰和发型等，这一系列或一整套的生活方式、社会、文化和习俗等不容轻易改变，需要坚守。

如此看来，历史上移风易俗确实比我们想象或理解的要复杂，它使我们进一步认识到，人、生活环境、方式、社会结构、风尚习俗及自然条件等确是很难截然分开的整体，这个整体虽然时刻充满着生生不息的变异。我们知道，历史间的人、社会、文化等与赖以生存的空间环境及其变化相消长，这个历史过程也慢慢具备或形成了富有地域特色的社会、文化和习俗。①以此观察中国各地区的社会结构，如东南地区、华北地区和巴蜀地区的家族家庭结构和规模，以及

① 苏秉琦在谈及中国新石器文化多元汇合而生时指出：“人们活动的地域的自然条件不同，获取生活资料的方法不同，人们的生活方式也就多有特色。这样，他们的产品，即我们今天接触到的生产工具、生活用器以至其他遗制所表现出的差异也就可以理解了。……不同的人群共同体所遗留的物质文化的遗存有其独特的特征也是必然的。”苏秉琦：“关于考古学文化的区系类型问题”，《苏秉琦考古学论述选集》，文物出版社，1984 年。

村镇形态和人群构成，不难看到三者间存在明显的差异。由于特定的自然生态原因，华北农村呈现内向封闭型聚居式，四川盆地农村聚落多为散居式，江南农村聚落仍保持聚居式村落的基本特征，介于四川盆地与华北平原乡村之间。江南村落的规模和形态大体是：“高地乡村一般是小村或散村，低地乡村一般是集村。”①而且，即使在同一村落中，村民居住也没有华北平原村落那样集中。

近代东南地区的苏、沪、浙、皖、赣、闽、粤、台、港等省区的宗族组织普遍且严密，尤其在皖南徽州、闽西南龙岩、粤东梅州等区域，在宗法观念规范下组成的“社会群体”，具有宗法社会的典型形态。如徽州的宗法社会具体体现在聚族而居、坚持等级制度和主仆名分、重视修墓建祠编谱和注意恤族等四方面，这种以血缘为纽带集聚组合的聚落，总体上表现了集聚性和自给性，秩序性和礼俗性，稳定性与封闭性等特征。②在村落平面布置和形态组织上，血缘村落无一不以宗祠、家祠等崇祀建筑为核心，建构以宗法制度为背景的生活秩序及其相应的空间结构。自古以来中国人就异乎寻常地注重“追根溯源”，“慎终追远”，对祖先格外尊崇，讲求聚族而居，所以尊尊亲亲。可以说，上述聚落群体中的祭祖更是必不可少的重要内容和仪式，祀事维严。然而，明末到中国传教的欧洲传教士却反对中国人的祭祖活动，基督徒对自己祖先的尊敬置放在较低层次上，而从属于对上帝的崇拜。③同样是尊祖，不同国家、民族或教义等的心理或情绪又是如此不同。

“相沿成风，相习成俗”，作为一种持久、稳定的具有约束力的规范体系，民风习俗功能的发生，对文化景观的形成和发展产生不可低估的影响。在婚嫁礼俗方面，家庭观念之重可谓一大特色。家的建构，自然受到极大重视，始终贯穿着“和合”精神，希望婚姻能“永结同心”，其缘由在于婚姻是一个旧家庭的延续和两个旧家庭的联结。《礼记·昏义》曰：“婚礼者，将合二姓之好，上以事宗庙，而下以继后世也，故君子重之。”反映了农业社会中稳定的家族传承的重要性——婚嫁礼俗、尊崇祖先在一定程度上也是中国农业文明的一种体现。尊崇祖先除了建祠编谱外，也将祖先的陵墓作为纪念、追怀的场所，也有干脆将祠庙建在陵墓旁，如广东东莞南社村，形成聚落内外特殊的景观。传统观念和习俗中，对祖茔的重视往往胜过居者的房舍。墓茔选址事至关重大，堪舆风水中无不考虑龙、砂、穴、水、土壤、明堂、近案、远朝等一系列相互关系。在葬地上建立墓上建筑，如坟丘、墓旁建筑空间及石刻装饰等，四周栽槐植柳，形成独特景观。

又如传统的节庆活动，多源于岁时农事，且多以家庭为节日活动范围。至于竞技游艺事项，也只是从家庭扩大到村社单位。节庆活动中的农事节日，最能体现中国农业文明的特征。岁时节庆的时间安排也反映了农业生产的季节性变化。譬如秋天收获季节多酬神接福，夏天农事繁忙则节庆较少。

---

① ［日］滨岛敦俊：“旧中国江南三角洲农村的聚落和社区”，《历史地理》第10辑，上海人民出版社，1991年，第100页。

② 李晓峰编著：《乡土建筑——跨学科研究理论与方法》，中国建筑工业出版社，2005年，第27页。

③ 1645年，梵蒂冈的宗教裁判所决定禁止中国天主教徒参加祭祖礼仪，康熙既支持耶稣会士，又反对罗马教廷干预中国人的信仰生活，给了耶稣会士两条出路：留在中国者，立誓不回欧洲，可继续传教；不愿遵守中国传统礼仪者，驱逐至澳门。参阅［英］托马斯·阿罗姆绘画，李天纲编：《大清帝国城市印象——19世纪英国铜版画》，上海古籍出版社，2002年。

第二章

村落市镇景观的形成、多样性与结构图式

从人居环境历史发展的角度看，任何人群聚居单元都会经历由微而宏、由初始至成熟、从弱小到壮大，进而自盛而衰的历史循环或“生命周期”。这种变迁存亡暨事物发展过程中的周期性问题也贯穿在村镇物态环境的变迁过程中。作为人工物态环境主体部分的村镇聚落，无疑是地球表面最重要、对人类文化反映最直接的景观之一，自然也无一例外存在着起源、生长、发展、衰微乃至消亡这一周期历程的普世规律，经历由简而丰、从低级到高级的发展过程[①]；在绵邈的衍化演进中也肯定会受到多种内外因素的影响和制约。同样，不同聚落的形态构成、功能、规模巨微和速度质量等也产生着共时性的差异和区别。显然，对村镇聚落的生存、发展的周期过程进行简要的说明和描述，有助于我们进一步认识和理解村镇聚落形态和景观自身的动态性、变异性、脆弱性和不平衡性。

村镇聚落呈现的各种景观丰富的多样性，根植和生发于不同的民族、民系（族群）、自然、宗教、文化、社会和风尚习俗中，凝冻在赖以聚居的村镇物态环境和自然环境中，与当地民众的观念、信仰、心态、生产、行为及技术体系等无可分离，从中也映射出对自然、生命和生活方式等的思考、践行和智慧及运思模式的逻辑结果，因地制宜地不同再现。如果说不同民族、地区因自然条件和发展历程的不同而呈现一体多元的景观具有逻辑因果，那么，即便同一区域、同一民族的景观环境也存在着明显差异。

本章共四节。第一节为村镇聚落的发生基础和村镇聚落的演进和演化。首先从依托要素和发生两方面进行描述和阐释，侧重于村镇外部条件、内在因素的初步探讨；同时也着眼于村镇聚落的变化，包括能动因素、演进和衍化的模式和路径。

第二节主要借助各种历史资料，描述古代自然化的地貌环境和人居景观。从其变迁中仍能辨析出绵延至今的一些基因或概貌，这一点在乡村集镇中表现得相对清晰。

第三节通过参与体验和调查实例，借助案例昭示这种多样性和差异性，观察和分析自然条件对其生成的作用力和人群主观能动的选择。这种选择既反映了人们对自然条件强大的适应性，又映射出不同地域人群聚居的独特性。它们各成体系，各有自己独到的风格和工艺技术，以及对聚落的不同理解方式。这种“因地制宜”式的安排，贯穿了从现实选择和实际需求出发的运思轨迹与建构历程。

第四节着力于村镇的整体构图样式和空间结构分析，认为向心型或离散型这两极空间图式既来自人类初始本能的需要，也勃兴于宗教、礼制等“规划”的泛滥，两者代表了不同聚居模式的历史演化路径，显示出丰富的历史信息、物态肌理和“心路历程”；图式中的几何、边界、秩序、叠加、领域、形状、构造、尺度、材料、色彩、距离、角度等既定因素、处理方式，以及表里、强弱、高低、圣俗、内外等二律背反的结构因子，共同作用、生成于图式中，互相关联，叠合作用，且清晰与混沌同在，二极与多极并存。

第一节　村落市镇的发生与演进

一、发生和形成

早期人类聚集的成因和方式各有不同。一般地说，不同自然地理环境孕育了迥然不同的聚落基因和底色。自然地理环境中如历史时期水系与水体、海岸线、气候、动植物、自然灾害、垦殖农业等要素及其变迁，显隐不一地影响和制约着聚落的发生和形成，也印证了环境由自然化向社会化演进或人类与自然不断亲近或斗争的历程。在此，我们姑且将这些视为聚落发生的依托要素之一，这也是黑格尔曾提出的“历史的地理基础”的概念，认为这是“助长民族精神的产生的那种自然的联系”②。历史曾经告诉我们，忽视对地理环境的考察，有可能会遮蔽我们对其真相的深刻体认。另一方面正如道萨迪亚斯所说：“聚居是不断变化的过程，是不断的人口增长、技术发展、自然环境的变化以及相应的社会、政治、文化机构等的变化所产生的巨大影响做出反应的系统……对人类聚居的分析也就不可能脱离时间因素。”③因此，我们的着眼点也就落在了村镇的发生和形成上。

各地地质、地形、气候、土壤、作物、水文、水利、交通和人口乃至职业、商品经济的不同往往和人类初期聚居形态和方式的联系最为紧密：在地质结构上，分布在山西高原、豫西山前高地、渭北平原和陕甘陇等广阔高原上的老黄土是黄土高原构造的主体，因其土层厚度大，力学性能好，遂成为人类挖窑掘洞的理想层位；新黄土分布广泛而土层较薄，土质均匀，呈垂直节理，大孔发育，含有一定的湿陷性。基于地质构造及特点，黄土高原区中的下沉式窑洞聚落多分布在此层位中。在地貌类型上，长江中游区域类型多样：湖北省境东、西、北三面山地环绕，山前丘陵冈地广布，中南部为江汉平原，其南端为洞庭湖平原——两湖平原以荆江为界——前者由长江和汉江冲积而成，后者为长江泥沙冲积形成，地势均匀低平，水网密布，土壤肥沃；东南向江西的地貌大体上属江南丘陵，湘东山地已然而为湘赣两大水系的分水岭，其隘口为湘赣两省孔道。赣省山脉走向以东北—西南状为主，控制了境内主要水系和盆地发育；省内东、西、南三面环山，北部由赣、抚、信等河流冲淤而成鄱阳湖及冲积平原。长江中游区域的聚落多以小、散型为主。湖北黄州、南漳，江西“三南”等地历史上也曾兴起过普遍修寨筑堡的高潮，不过前者以军堡为主，后者为客家人聚族而居的寨围。至于湘西凤凰、张家界、永顺、保靖、古丈等地，则以依山临水、踞险而居的苗寨最具特色。

再看水系与聚落的发生关系。在已发现的千余处新石器遗址中，原始聚居点一般均位于土地肥沃、水源丰富的区段，高踞阳坡且靠近湖泊河流，从中不难看出先民们业已自发地将近山傍水之地作为选址择居的首要条件。同样，早期的聚落、城市多依山傍水而建。如济南龙山文化城址位处武源河畔“城子崖”的台地上；郑州王城岗古城位于土岗之上，颍水从南流淌而过，五流河自其东南注入颍水。史载“夏桀之居，左河、济，右泰华，伊阙在其南，羊肠在其北”④的夏后期都城在伊、洛二水汇流处，如果说山与大多数城市聚落有着不解之缘，那么，充足的水源则是所有聚落都必须考虑的必备条件之一。初期的聚居规模虽然很小，但从其松散布局看，大抵已有沿河发展的倾向，暨已有生成轴线的雏形。

除了地质、地貌和地形基础等地表因素外，气候类别、土壤特性和植物等也是制约经济作物和发展模式的关键因素、村镇聚落地域风格和地表景象的前提条件之一，在亚技术水平的早期农业社会中，土壤、气候条件等客观因素或外在条件对经济和人类各方面的影响是至关重要和休戚相关的。《尚书·禹贡》中就将九州各地的土壤界分为九级，而以雍州的黄壤为上等，从中似可窥见古时对土壤的极端重视。属温暖多雨亚热带季风气候的长江下游三角洲冲积平原暨江南地区，四季分明，雨热同季，光照充足，热量丰富。如此的气候和光照条件当然有利于主要农作物生长，尤其有利于满足双季稻对热量的要求。该地土壤多属泥沙冲积而成，土质肥沃，田亩丰腴，耕性良好，是最佳的农耕土壤之一。因此历来为农业的高产区域而素有“苏湖熟，天下足”之美誉。⑤明以后江南成为全国首屈一指的财赋重地。⑥如此自然条件也具备了浓郁的地域

① 关于城市聚落的生命周期，可参见［美］詹姆斯·特拉菲尔：《未来城》，中国社会科学出版社，2000年；［美］刘易斯·芒福德：《城市发展史》，中国建筑工业出版社，1989年。詹姆斯·特拉菲尔曾将城市比作“像一座森林似的生态系统……需要外来能量的维持功能……有生命循环——有诞生期、成熟期，也都会死亡”，这是用能量守恒和生态系统的观点审视城市聚落生命周期的新观点。芒福德则认为，城市的发展，从其胚盘时期的社会核心到它成熟期的复杂形式，以及衰老期的分崩离析，总之，发展阶段应有尽有，很难用一种解释来说明。虽然作者感叹的是城市形式的复杂性，以至于难以用一种定义进行概括，但也明确指出了城市所具有的孕育、产生、发展和衰退的周期性过程。

② ［德］黑格尔著，王造时译：《历史哲学》，商务印书馆，1963年，第123页。

③ 吴良镛：《人居环境科学导论》，中国建筑工业出版社，2002年，第222页。

④ 《史记·孙子吴起列传》。

⑤ 宋·范成大：《吴郡志》，卷五十。

⑥ 据《大明一统志》载各府税粮总量，苏州府2 502 900石，松江府959 000石，常州府764 000石，嘉兴府618 000石，湖州府470 000石，杭州府234 200石，与全国总税粮26 560 220石比较，苏州一府税粮占全国近十分之一，苏、松、常、嘉、湖、杭六府税粮占全国五分之一至四分之一，苏、松分列全国第一、第二位。

初期的聚落大多接近江河湖泊，沿河发展形成了轴线的雏形

特色。江南平原聚落主要分布在河流沿岸，部分散布于渡口、港口、汇口和洲岛处，通常以河、湖、港、渎、泾、桥、渡、汇、溇、荡、葑、埠、浦、江、池、潭、湾、川等命名。平原上河网纵横，港汊分歧，湖泊棋布，基于水利修治和交通便捷等因素和条件，使聚落不断增加和扩大，且密度较高，大中型聚落还逐渐发展为集镇、市镇和城市。

农业生产和生活方式是人的主观能动性的重要体现。始于唐、成熟于宋的水稻插秧技术为扩大其种植提供了先决条件，南宋时北方人口大量南徙，进一步促进了稻麦两熟制的实行和小麦种植范围的扩大，使小麦的种植范围逐渐从江北移向江南，从旱地冈阜转向平原地带①；近古时期的赣、浙、皖、闽诸省“经过两宋三百多年的开发，东南丘陵地区的农业生产获得了前所未有的发展，突出表现在劳动人口的增加、耕作方式的改善、多种经营的展开、垦田面积的扩大以及梯田的出现”②。华中的江汉平原地区，从新石器时代原始稻作农业的产生，经过楚人开荒和汉唐垦殖，直至近古垸田兴筑的开发等持续化的努力，使江汉平原农田面积不断扩大，农业生产呈总体上升态势。

人口因素、土地利用的转换也是聚落功能特征转变的原因。③前者为所有聚落形成的最初始动力，制约或促进生长与发展的关键前提之一。盛唐时期及之前，北方黄河流域的人口增长一直位居首位，唐开元、天宝之际，南北人口大致相当。安史之乱后，黄河中下游让位于长江中下游，汴河两岸让位于江汉襄鄂等州，沿海港市人口骤增，江南人口密度跃居诸道第一，古代的人口分布重心自此由黄河流域移位到了江南，所有江南府州都有数量颇重的北方移民。其中建康（今南京）以东、钱塘江以南的建康、平江（现苏州）、临安（现杭州）、镇江四府为中心的平原地区成为移民密集分布区。

还有，不同历史时期形成的交通地理及线路如著名的陆上丝路（天山南北道）、草原之路、吐谷浑道、唐蕃古道、滇缅道、南方陆上丝路、茶马古道、川滇五尺道、灵关道等，无一不对固有的地理格局、经济贸易、文化艺术等产生重要影响。发展交通是地区发展的先决条件，交通线路的开辟或变迁，与城市、集镇、村落等的布局、形成、演变、发展乃至衰微具有直接的因果关系。古为邗国的名城扬州在公元前由吴王开凿邗沟，联通江淮，长达150公里，又在运河西面筑邗城，此亦为扬州建城的滥觞。由此可见，扬州筑城所依据者即为交通之便。后世京杭运河的凿通，扬州又恰好位于大运河与长江水道交汇处，遂奠定了扬州经济文化繁盛的牢固根基。此外，水文、水利、职业、风尚习俗和商品经济等的发展状况等，也是村镇聚落发生的基本要素、依托的本原和人文背景。对此，下面章节中还将有所详论。从上述简要回顾中可以看到，村镇聚落的生发条件及依托要素是多方面的，当这些依托要素逐渐显示其作用，具有一定规模化或内在结构和外部条件趋于稳定时，便形成了村镇聚落形态的生成机制。

初期聚落具有较大脆弱性，或者说受自然和环境影响十分明显，其脆弱性往往还会因之而可能“断裂”。按照一般的发展规律，人类文明经历着山林—山麓—河谷等三个连续序列，也就是说从山区走向平原是聚落产生与发展的普遍规律。以古代绍兴为例，部族原始聚落率先滥觞于会稽山地。昔时，此处山地间拥有丰富的森林和动物资源，盆地、河谷等相对平坦的土地可供刀耕火种。随着生产力的提高和人口增加，聚落分布局限逐渐开始发生变化。在《越绝书》卷八中就载有会稽山上城、木客、苦竹城等若干初始聚落的简况。④苦竹城聚落系今漓渚南向4公里绍兴、诸暨两县交界的苦竹村，其地为娄宫江上游的一处山间盆地，比较适合人居和生产。⑤绍兴部族原始聚落变化的标志是从会稽山地向山北的山麓冲积扇地段集结，因为山麓冲积扇地高燥可免受咸潮威胁，有利于定居

---

① 韩茂莉：“论宋代小麦种植范围在江南地区的扩展”，《中国科学史研究》，1992年第4期。
② 韩茂莉：“宋代东南丘陵地区的农业开发”，《农业考古》1993年第3期。
③ 吴必虎，张晶：“乡村聚落社会的形成、扩展与整合”，《农村经济与社会》，1988年第5期。
④ 《嘉泰会稽志》卷一所引。
⑤ 车越乔、陈桥驿著：《绍兴历史地理》，上海书店出版社，2001年，第84页。

向阳山麓的聚落，清·康熙《杏花村志》

农业的发展，又因每一冲积扇地段中有流入平原的河流，故交通十分便利。定居农业在山麓冲积扇地区的发展有力提高了农业生产力，并积极向水土资源更丰富的北部冲积平原推进。经围堤筑塘、蓄淡拒咸和垦殖沼泽，于是，《越绝书》中记载的富中大塘、吴塘和练塘之类聚集点等便纷纷出现。①同时由于垦殖和涵闸管理的方便，堤塘一带也相继出现了聚落。至后汉鉴湖工程完成后，沿湖堤已然而为高燥之地，聚落密集。嗣后，北部杭州湾沿岸的沿海聚落也相继形成。至此，绍兴地区历史时期中的山地、山麓冲积扇、孤丘、沿湖、沿海和平原聚落六大类相继正式形成。其中尽管平原聚落在各类聚落中形成最晚，但发展却最为普遍和迅捷，后劲十足且数量独大。②

从古绍兴部族原始聚落的滥觞到勃兴似可得出这样一个结论，即水土丰腴、水系附近及交通便捷处，往往率先获得形成和生成的前提和基础。倘若加以不断开掘、整理，进行水利建设等基础性工程，那么，成型和发展的步伐可能更好、更快。比如绍兴的马山、东浦、华舍等小集镇，其中尤以柯桥、安昌为典型。柯桥镇基于运河修凿和运道塘工程的建设，安昌赖于钱塘江道北迁、南沙形成适宜种植棉花之地，前者成为绍兴西北隅交通枢纽和兴旺的市镇，后者演变成棉花和农副产品的一大集散中心。

再来看华中湖北的城镇分布。受自然条件、人口和经济水平等综合因素影响，该地区的聚落呈现“东密西稀”的格局：大多数城镇沿交通干道而发展。③其中沿水路发展者恰如章学诚在《湖北通志检存稿》中所说：“湖北地连七部，襟带江汉，好称泽国，民居多濒水，资舟楫之利，通商贾之财，东西上下绵亘千八百里，虽山川形势而成都会，随都会而大小镇市启焉。”至于华南广西的圩镇集场，选址建设则大都紧靠西江流域沿岸，圩镇的布局与西江水系网构造相一致，大致呈扇状分布。④

此外，村镇聚落的形成与独特的资源或产品也会有一定联系，这在物资、技艺等交流传播有限的古代尤其明显。比如黔川两省接壤的贵州仁怀茅台镇，具有特殊的地质、水源、气候、温度、湿度等自然条件，赤水河谷的紫色砂页岩土壤，有利于水源的渗透过滤和溶解岩层中的有益成分；流经茅台区段的赤水河水质无色透明，无臭无味，微甜爽口，酸碱适度和含有多种对人体有益的微量元素；加之此地气候冬暖夏凉，雨量适中，日照丰富，非常适宜酿酒微生物的生成和繁衍。还有普遍产盐的西部地区，井盐、海盐产量丰富。有清一代，因盐而盛的场镇不胜枚举，比如明清时赋税占云南全省一半左右的楚雄州禄丰县黑井镇，春秋战国时就有先民逐盐而居的重庆大宁镇，以及清光绪年间就已有盐井1 500余眼的四川资中县罗泉镇等。

二、演进和演化

在前面有关聚落依托要素和生长机制的叙述中，我们分析了村镇聚落在胚胎时期的各种外部条件和因素。综合起来看，一在于自然条件，二在于血缘氏族关系的扩张和人的主观能动性。伴随着聚落的生长演进，人们生产劳动

① 《越绝书》卷八。

② 在清代官方有关登记中，山阴、会稽两县1 353个聚落中，平原聚落占73.5%的绝对多数。见车越乔，陈桥驿著：《绍兴历史地理》，上海书店出版社，2001年，第87页。

③ 万家佩等：“试论湖北镇体系结构特征及其发展”，《湖北大学学报》，1986年第1期。

④ 雷翔主编：《广西民居》，广西民族出版社，2005年，第87页。

经验不断积累逐渐丰富之际，对自然的认识也逐渐趋于全面和深刻，体现在适应、改造自然环境的活动中，就是更多地展现出人的多样性的选择和创造。

在西南地区的高原、山地、盆地和丘陵中，不同民族、民系（族群）基于生产生活方式的差异和各种因素，其聚居场所也呈现出鲜明的地域性。在广西壮族自治区境内，汉、壮族主要聚集在平原、山麓的肥沃阡陌中耕作；侗族大多在山麓下耕作生息；苗族在山腰；瑶族在山顶，如此便形成了“垂直”状的等高分布格局。在云南东南部，也往往是瑶、哈尼、彝族等聚居于山顶，苗、侗、壮族等居于山腰山麓，少数傣族则居住在坪坝河谷等地。除了“垂直”型的空间分布特征外，而且在地理空间分布上也有明确的选择取向。如广西侗族主要集合于桂北，与黔东南从江、黎平、锦屏、玉屏和榕江县，湘西南的通道、靖州等形成侗族聚集区域；区内的苗族主要分布在桂北、桂西北和桂西，从桂北的资源、龙胜、三江、融水、罗城、环江至桂林西北的南丹、隆林、石林、田林，以及桂西那坡、靖西等形成了一个地理大弧形，与湘、黔、滇三省区苗族分布区连成一片；瑶族分布于桂北、桂东和桂西的崇山峻岭中，聚寨而居，移徙频繁。这些“垂直”等高和地理区域上的聚集现象，固然有其深远复杂的深层原因，这里暂不赘述。不过，不同的“生长”区段对聚集区域的演化确乎是深刻的。广东乳源、连南、连山，广西富川、恭城、金秀等瑶族聚集地，海拔多在1 000米上下的高山层峦区，以农或以林为主，或以“刀耕火种”的原始耕作方式，或为畲耕，生产方式落后，住居多为“茅寮”，十分简陋。村寨分布较稀疏，规模小，生活条件十分艰辛，村寨聚落“生长”颇为缓慢。

相对而言，由于古代汉民族注重血缘群体凝聚而形成的聚族而居方式，广大乡村聚族而居的形态一方面形成了鲜明特点，另一方面也使之具备了封闭性和地方性。①这种聚居方式在聚落的生长期比瑶族类更利于形成和演进。由聚族而居而成村落，乃至发展成市镇，其初始或生长期成因多元，内外部条件不一，其聚居结果和形态，或有经营与偶然之别。

经营类主事者往往有一定身份、背景、实力或阅历，在择址、觅向、相地、便生、安全乃至布置、格局等方面都经过一番筹划，包括人地容量关系、人口规模与环境承载力等十分宏观、涉及持续发展的重要内容。广东东莞茶山镇南社村是一座以谢氏家族为主的血缘村落。自河南南阳经建康（今南京）、会稽（今属绍兴）、东阳郡（今属金华）、赣州，辗转迁移至广东韶关、广州，谢氏子弟谢尚仁于南宋迁至南社。谢氏在南社约二十八世、历时720余年岁月，励精图治，耕植为业，迄今子孙已达八千余众。②经过谢氏族人长期经营，至清代逐渐形成了完整的村落格局。村落平面形态和空间格局大致为东西向长条形水塘，村落建筑以水塘为中心向两岸的南北两个方向布置，各有五条和六条南北竖向街巷通向住宅区，水塘两岸布置各类祠堂16座，村周建有围墙和城楼以御乱抗暴。村周水塘点点，稻田阡陌纵横，丘陵坡地上果树成林，实为可耕、可樵、宜居、宜读的理想之所。与此形成反差对比的是自然型聚族而居者，随岁月而生齿日众，遂成乡邑。据湖北《瞿家湾志》载明弘治九年（1496），江陵瞿文暹于洪湖旁造田而为瞿家湾的拓荒者。明嘉靖年间其子瞿胜祥、瞿胜禄在此以农渔业为生始建村落，逐渐扩展为上湾、中湾和下湾三个自然村落。至清乾隆四十年（1775），其家族已繁衍约800余人，占当地人口总数八成，并更名瞿家湾，俨然成为当地一望姓。③

经营和偶然型聚落的生长，代表了两种成长和演进模式，并无优劣之别，与后世发展或衰微也无多少显著对应关系。如果细疏的话，还有一类姑且可称之为隐避型聚落。此类村落规模小，分布散，择址隐蔽。如果说前面二者主要由于生产力水平和耕作经济所决定的话，那么，后者的隐则在于刻意隐匿在山水阡陌中，与自然山川一体。隐避的成因无外乎两种：一种是消极的，一种是积极的。消极者或因仕途险恶，或人生遭遇变故，或躲避繁难。总之，遇到挫折后转投偏僻幽谧之所以求安宁；积极者出于生计和发展，深入荒山野林之地垦殖，如湖南岳阳张谷英村（参阅第六章第一节）。

经过胚胎期的形成和生长期后，不同的内部结构因素和外在条件便逐渐显现其作用。传统血缘组织和家族结构一般五代之内生活在一起，也就是五服制和“五世则迁”——五世之内为同一家族，延续五代便析产分居；出了五世便为同宗，析产分立后再从基业开始，另觅场所环境生存发展，如斯循环往复。其根柢在于生齿日繁与土地

---

① 方明、王颖：《观察社会的视角：社区新论》，知识出版社，1991年。

② 见谢氏大宗祠楹联：卜筑自大宗至今，朝代已经五易，瓜瓞绵绵，枝传二八，礼乐衣冠缘厚德；聚居于南社之后，宗祠现又三修，门庭奕奕，子孙八千，春尝秋祀纪崇恩。

③ 李百浩、张莉：“因族而兴的湖北古镇——瞿家湾”，《华中建筑》，2005年第3期，第159、160页。

因交通和市场而兴的重庆中山镇

局狭之间不可调和的矛盾所致。相比较看，近古时期的村镇聚落发展力度较大。我们现在见到的各种古村镇，其物态环境大都是明清时期所孑遗。从中可以看出交通、商业、贸易、产品、资源等在相当程度上已成为村镇快速发展的催化剂和助推器。以北通秦晋、南通吴楚的“秦楚分界”的陕西省商洛市丹凤县龙驹寨为例。该寨曾是历史上享有盛名的水旱码头和交通要冲，其形成与左右前后的交通网络有着密切关系：陆路一是东行，沿资峪河北上，从峦庄通往伏牛山，形成东西两个龙驹寨（东为河南卢氏县龙驹寨，西为陕西丹凤县龙驹寨）两点一线，沟通豫陕两省；二是西行，北通潼（关）、华（华阴，华县）；水路航运方面，丹凤县境内主要河流为“一江三河”——丹江、银花河、武关河和老君河，如此优越的运输条件，极大地促进了龙驹寨聚落的快速形成。有清一代，龙驹寨犹“康衢数里，巨屋千家，鸡鸣多未寝之人，午夜有可求之市，是以百艇联樯，千蹄接踵，熙熙攘攘”。①因具备水陆两便的立体运输条件，至清鼎盛时骡马驮运日逾千头。②这还仅仅是两条陆路中的一条——老君峪驮运的景象。清人王时叙曾有《咏龙驹寨》诗云：

寨号龙驹殖货财，长街十里市门开。

江边蚱蜢来又去，峪里轮蹄去还来。

第三句“江边蚱蜢来又去”指的就是水路航运，也是龙驹寨的主要运力所在。丹凤县内主要河流均属长江水系的汉江支流，其中丹江全长 443 公里，总流域面积达16 812平方公里，为汉江最长支流，穿越龙驹寨全境；大峪沟、老君河水流注入丹江，至龙驹寨水势剧增，河面宽阔，民国时河面曾宽达千米。历史上东南地区的丝、茶、糖、瓷器等多沿长江、溯汉江进入丹江汇集于龙驹寨，复经驭运、肩挑至西安，达晋、陇、豫、蒙、疆诸内地省区，

①② 屈大宝、侯勇坚、童正家著：《水旱码头——龙驹寨》，三秦出版社，2003 年，第 46 页、56 页、60 页。

而陇之绿丝烟、晋之食盐等运抵龙驹寨，兼及本埠所产桐油、漆油、漆、药材、桃仁、牛皮等山货土产，盖由航船顺流而下畅达长江流域各集散中心。①

显然，由市而兴的村镇通常均具有良好的交通运输条件和较强市场辐射力，能够集聚周边四乡资源、产品、交通和人气，形成地区的中心贸易交换集市或商品集散地。位处长江支流的重庆龙潭镇凭借运输之便利，凡周边山区坪坝所产桐、茶、漆、原砂、水银等都需要借助其码头中转。此外，还有因产品而盛的。这种模式往往与当地独特的资源有关，一如茅台镇的赤水、景德镇的高岭土，加之当地工厂作坊独特而精湛的技艺，进而畅销各地而闻名遐迩，从而带动了市镇聚落发展。古代绍兴酿造业发轫甚早，不过早期的酒多是一种酒精含量较低的饮料，随着宋朝南徙和北人麇集，“山阴甜酒”型的绍兴酒逐渐向黄酒型过渡。产量骤增后致使南宋初绍兴糯米价格一路飙升。②明代绍兴黄酒倾力发展，仅万历《绍兴府志》卷十一记载的品种就有豆酒、薏苡酒、地黄酒、鲫鱼酒等。据清雍正《山阴县志》卷七载豆酒：“一名花露，甲于天下。”嗣后，广泛流行的名酒有状元红酒、加饭酒和双加饭酒等。绍兴地区暨东浦、柯桥等市镇黄酒业的发展，既依赖于品质优异的鉴湖水和优良的绍兴糯米，又离不开精湛熟稔的酿造技术工艺，就地取材则降低了生产成本。至于“东浦十里吹酒湾”③的东浦在绍兴黄酒的鼎盛时代，年产量已高达30万缸，每缸可灌10坛。④每年大量外销北至京、津，南至广东，出现了“越酒行天下”⑤的兴旺局面，极大促进了市镇的演化和发展。近代社会经济和村镇的发展，大成于经济（商业）、交通和区位优势。以河南朱仙镇、山东周村镇、江西景德镇、广东佛山镇、湖北汉口镇等为代表的新兴城镇的崛起，无不证明商业、交通和区位优势对村镇推波助澜的协力作用。村镇商业、交通及职业的变更或发展，亦往往与赖以生存的环境成正比。前述龙驹寨、茅台镇、东浦镇和安昌镇等均因上述各类而扩展，村镇形态和空间随之变化。

从微观层面考察，村镇聚落扩展的空间结构形式与当地的地理环境和文化传统也有着密切关系。以江南为例，随着清代市镇的日新月异，万户大镇已不在少数。如盛泽镇，明嘉靖时尚为“居民百家”一小市，清初时已发展为“居民万有余家”的大镇。至乾隆时仍然保持“万家烟火”的盛况，“四方大贾辇金至者无虚日”，“每日中为市，舟楫塞港，街道肩摩，盖其繁喧盛实为邑中诸镇之第一”。⑥双林镇——明末三千余户，清嘉道以来增至万户，镇区已是“津梁环亘，里角骈镇”。⑦法华镇——乾嘉时“桑麻接壤，烟户万家”。⑧唯亭镇——原“人皆散处村庄”，自明至清中叶的二百余年间，“天平翔洽，聚庐而居，人烟稠密，比屋万家”。⑨此外，尚有乌青、南浔、濮院、塘栖、王江泾、硖石等巨镇，均“居民日增，市镇日扩”，等等。⑩这些水乡市镇的扩展演化，大多顺沿河道而成。苏州黎里镇的平面格局和空间演化呈现出不同时期市镇变化和扩展的路径和肌理。镇区以贯穿镇区的东西向市河为主轴，河道呈“T”形，东界小官荡，西止太浦河，全长2 500余米，南北向无明显边界，宽约800余米，东西向市河将镇区分隔成南北两条狭长的带状。古镇沿东西向河道

---

① 从清末《直隶商州乡土志》记载看，彼时水运货物吞吐量不可小觑，如核桃：由龙驹寨水运至襄樊、武汉者，每岁约十余万斤。漆油：由龙驹寨水运至襄樊、武汉者，岁约二万余斤。木耳：由龙驹寨水运至襄樊、武汉者，岁约四五万斤。五倍子：由龙驹寨水运至襄樊、武汉者，岁约四五万斤。苍术：由龙驹寨水运至襄樊、武汉者，岁约数十万斤。布匹：自汉口水运至龙驹寨者，岁约两千余尺。火柴：自汉口水运至龙驹寨者，岁约千余箱。红白糖：自汉口水运至龙驹寨者，岁约万余斤。烟草：自均州水运至龙驹寨者，岁约万余斤。苏木：自汉口水运至龙驹寨者，岁约五百余斤。如此繁忙的水旱码头，自然“殖货财，市门开”，各类行、栈、店、铺密布五里长街，鳞次栉比，市场一片繁荣，也使税收一路飙升。据清康熙《续修商志》载，早在明代朝廷即在龙驹寨设税司，“置税官一员，皆藩司（布政使）首领”——派省级大员坐寨收税，可谓兹事体大。清光绪年间代“厘金”岁额高达15万两白银，居“全陕之冠”；宣统年间再度跃居“全陕之冠”。转引自屈大宝、侯甬坚、童正家著：《水旱码头——龙驹寨》，三秦出版社，2003年，第46页、60页、56页。

② 南宋初，绍兴的糯米价格比粳米高出一倍。见《宋会要辑稿》第一百二十六册载“糯米一斗为钱八百，粳米为钱四百”。

③ 陶元藻：《广会稽风俗赋》。

④ 《绍兴史迹风土丛谈》钞本第十五册。

⑤ 明·万历《会稽县志》（钞本）卷三。

⑥ 清·乾隆《吴江县志》卷四，镇市村。乾隆《盛湖志》卷上，沿革。

⑦ 民国《双林镇志》卷十八，户口。

⑧ 民国《法华乡志》卷一，沿革。

⑨ 清·道光《元和唯亭志》卷三，风俗。

⑩ 明·嘉庆《同里志》卷一，沿革。

演进，从现存平面结构看，东向以汝河桥始，西至南北向北栅河和南栅河两岸的东西狭长区间为古镇核心区域，呈现出早期明显的带状平面，近代镇区的演化仍依附于东西市河。东向扩展至九龙湾与桥后底河交汇处，以东风桥为临界点，西向顺北栅河西岸，南栅河西岸和东西向的西河延展，整体上依然呈现出带状平面布置模式。元明、清、民国三个历史阶段的街区格局和发育阶段仍清晰可辨。

从黎里镇沿水道水系演化的空间序列中或可归纳为沿河岸线—沿水系街市—普通街道—巷类这一序列空间形态，这样的序列结构也产生了开敞、半开敞、封闭或公共、半公共、半私密和私密的渐变关系，由显而隐，并促成和造就了特色空间与空间等级的形成。因水形成滨水形态的水镇沿河而建，构成线型空间肌理，街随河走，房顺河建，产生一种顺应河道的线型动势。此类空间动势强于镇区其他的线型空间——街巷，其特征是基于河、街、房三种空间构成要素沿同一轴线的并行重复。

山西晋中，灵石县静升村的演进则呈现出不同于江南水镇的平面格局和空间演化，从中可以看到村镇多向的演变发展模式和途径。

静升村是山西高原中的一个大村，其地势主要由北部的黄土台塬和南部的河滩区域组成。黄土台塬顶部平坦，土层深厚，塬边因自然侵蚀而沟壑纵横。静升河从东往西经镇南注入汾河，也在中下游处形成了地势平坦、土壤肥沃的河滩地，丰富的水源和较宜人的气候，使静升成为晋中地区较理想的栖居地。村落自北向南大致可分为茔地区、居住区、社会生活区和农耕区。其中的九沟自西向东依序为：富足沟、西沟、东沟、肥家沟、道左沟、阎家沟、孙家沟、十字瓮门沟和杨树沟；八堡从西往东为：恒泰堡、崇宁堡、凝固堡、恒贞堡、视履堡、拱极堡、朝阳堡与和义堡；十八巷自西向东顺序是：里仁巷、蔺家巷、锁瑞巷、钟灵巷、拱秀巷、阎家巷、程家巷、孙家巷、孕秀巷、仁厚巷、田家巷及敬阳巷。①九沟八堡十八巷构成了村落的基本框架。从村落变迁看，元中期至元末东、西王氏的迁入可视为静升村的初创或雏形阶段，空间范围大致为现在村西的两座大庙间。当时村内尚有肥、南和阎姓等居住在今张家巷一带。明代后村中原先的南、肥、阎等姓逐渐式微，王姓崛起，静升也进入了成形的规模时期。王姓尤其是西王氏一支在此时获得了快速发展。到明晚期天启五年(1625)，西王氏的人口总数已达四百以上，俨然而成村中人群主体。西王氏在扩建拥翠巷的同时，又相继在如今的锁瑞、里仁、拱秀和钟灵等巷建起了住宅区。直至清初，遍布村西的西王氏聚居区成为静升村的构成主体。

清初至清中叶是静升村发展的黄金时期。其中尤以西王氏的独大繁盛对村落格局变化最明显，其标志便是西王氏下属的金木水火土五支房派中的部分纷纷另择吉地，大规模建堡构院。如木派建崇宁堡，土派构凝固堡，水派筑和义堡，火派修恒贞堡和视履堡，火土两派合建拱极堡，也有部分继续扩建和完善里巷，如金派修筑里仁巷等。静升村的东西两向曾各有一个核心，大致到清嘉庆中期，在经历了大规模营造和融合后，村落便形成了现今的格局和模式，即村西大部分区域由西王氏所占据，九沟八堡十八巷的空间格局业已奠定。清中叶至民国，静升村的营造扩展活动已趋于式微，道咸间的太平军起义、民国时期的日军侵华战争、土改等，使包括西王氏在内的宗族从此再也无力回天，村落整体已由繁盛迈向没落。不过，清初后不断迁入的外姓移民却为静升的商业发展带来了一线生机。横贯全村的东西大街两边店铺林立，计有钱庄、当铺、百货、药店、粮店、古玩、织造、糕点、酿造、木器等数十家店铺，热闹非凡。大约清中叶始，村子已开始拥有较发达的商业。清末民国初便逐步向商业集镇方向靠拢，乃至成为周边诸村的物资交流中心。从静升村七百余年平面组织和空间格局风貌的演化中可以看出，该村嬗变的主要因素在于宗族势力不断扩张，经历了窑、巷、堡等居住建筑演化的模式，与江南黎里镇等从沿河岸线、沿水系街市到街巷序列的扩展蔓延明显不同。如果说黎里镇的演化始终贴水、近水并呈现出平面拓展的话，那么，基于河滩地的高差，静升村住居群的竖向空间格局显得愈加明显。②

历史上还有相当数量的村镇由于各种因素制约长期处于停滞或并不显明的发展状态。在以人、畜力和自然力为主要动力运输工具和方式为主的农业时期，运量少、速度慢，对村镇影响相对较弱。然而一旦交通线路变更，尤其是近代公路、铁路的崛起则对村镇包括大中型市镇的兴衰产生重大影响。以江苏淮阴和四川昭化为例。前者在隋唐已为“淮、扬、苏、杭”四城之一。近代津浦铁路通车后，京杭大运河的漕运功能遂为大运量、低价格、快速度的铁路取代；1855年黄河改道山东入海而弃徐淮，而淮河因黄河河床升高亦远离淮阴。如此，原先为黄、淮、运三

①② 张昕、陈捷著：《画说王家大院》，山西经济出版社，2007年，第18，19页。

河交会的淮阴，交通运输功能骤然萎缩，自此，淮阴人口减少，商业凋敝，建筑衰败。四川昭化位于广元城西南嘉陵江与白龙江交汇处西岸，自古便得交通之利和区位之优，三面环山，一面临水，北枕秦陇，西仰剑关，素为蜀中咽喉，川北锁钥。从军事防御方面看，东为广元橘柏渡可拒之，南为苍（溪）、阆（中）梅岭关可间之，西出剑阁有天险可镇之，北渡阴平有白水关可守之，因而，虽为弹丸之地但为兵家所倚重，历史上曾历经不断发展之实，成为兵家之重地，经济繁荣、商业活跃的蜀道大镇。1930年代，民国政府新修川陕公路因故由剑门关经宝轮至广元而避开了昭化，从此，昭化逐渐沦为偏处一隅的死角，至今仍为一经济欠发达、人口稀少的偏僻古镇。

近代由农业社会向工业社会转型的历程中，部分村落市镇出现的不同程度的停滞、衰微和颓败，其间既与外力的冲击关系密切，又与内因的变化相关联，且程度、表现、分布又是不平衡的。从内部因素看，缺乏可持续发展的经济结构和实体，一旦遭遇外在条件的变故便骤然停滞不前。河南开封北缘的朱仙镇是历史上著名的“四大镇”之一，清中叶鼎盛时期人口约二十余万人。人群中除本地人和河南其他地方的人之外，主要是来自晋、陕、陇、徽、闽等省区的外埠商人。来此经营的外商几乎垄断了朱仙镇的金融、山货、皮毛、典当、茶、粮、糖等利润高、销售额大的行业，本省商人多经营餐饮饭店业之类，镇区本地人则主要从事搬运、推车、挑夫等苦力伙计。总之，占主导地位的商人和手工业者“皆是他州别县浮浪无根着之徒”，追逐利润是他们来市镇的原本目的所在，一旦在此无利可图时便“复又投一处”，寻找新的发展机遇。当朱仙镇失去水陆码头原有的优势之际，外籍客商便四散消弭，商业骤然萎缩，人口急剧减少。镇区面积也仅剩西大街、估衣街、京货街、河东街等有限街区，其余皆为荒地。①

停滞和衰败的直接动因，仍与经济、交通和区位因素的变化难分畛域，可谓成也斯，败也斯，与赖以生存的居处环境成正比，传统村镇聚落的经济、交通和区位，实为一而二、二而一的连贯性反应，互相关联，荣枯共存。村镇的本质系于聚集，聚集离不开对内对外的交通联系。河南南阳城因处于中原通往长江中游孔道的咽喉，很早就成为地区性中心。明初重修宛城设东西南北四门，街道坊巷整齐，城内三分之一面积为唐王府所踞，此外尚有其他7座王府，几乎成了一座王府城。嘉靖后加快了向四关扩展的速度，因东关紧靠水陆要冲，又是南北使节的官驿住所，故商业发达，庐舍密集，人口麇集，成为南阳城关最繁华的所在。后又发展了南关，一派南船北马、商旅骈集的热闹景象。但终因偏居内陆堂奥，直至20世纪中叶，城区面积仅三四平方公里，五万余人。

第二节　历史时期的聚落景观

一、外部环境

到目前为止，有关历史时期村镇聚落景观艺术的探讨尚处于起步阶段，在建筑学和环境艺术设计领域中尚无论著涉及。在历史地理学领域中，部分学者已关注此项并在区域的历史地理文化研究中有所展开。②由于文献资料的稀缺和零散，完整地“复原”历史时期聚落的景观环境实非易事，本节尝试粗略地概述，力求避免失之粗浅。

我国历史上的文人素有寄情山水自然的传统。苏轼、黄庭坚、欧阳修、陆游、范成大等的诗篇文辞从不同角度记叙和描述了地貌环境、植被环境和人文环境，到了明中晚期，涌现出了一批酷爱山水、勇于涉险临远甚至不惜“以躯命游”自然的文士，如果说陆游辈与宦游、求道或避世隐居相关联的话，那么，以徐霞客、陈第等为代表的旅行家则性好山水、毕生身体力行，“揽胜之情”与“济胜之具”兼备，各地的方志等也给我们留下了弥足珍贵的一手材料。

在自然化的古代聚落环境中，依山止水、顺应自然的村镇环境十分普遍。如川北阆中“阆中有渝水，其人多居

① 朱和平：“朱仙镇的衰落原因与复兴途径试探”，《许昌师专学报》，2000年第1期。

② 历史地理学中相关成果有：司徒尚纪，《广东文化地理》，广东人民出版社，1993年；张伟然，《湖北历史文化地理研究》，湖北教育出版社，2000年；蓝勇，《西南历史文化地理》，西南师范大学出版社，1997年等。

浙江楠溪江流域的古村落街景

水左右”①，川东重庆“郡治江州……地势侧险，皆重屋累居，数有火害，又不相容，结舫水居，五百余家”②。城镇选址上如大昌镇“诸山萦绕峭壁如画”③；又《云阳镇志》称云阳城区“依山临江，地无寻丈之平，阛阓栉比，皆因势高卑，得架楼居，牵萝诛茅，僦基附构，接密无罅”，等等。从中大致可以看出，川渝地区早期聚居环境的特点，选址在临江处，多背山面水；建筑比邻相生，紧密衔接，顺应地形。至于居住建筑的形态特征，一如杜甫的诗句，“峡人鸟兽居，其室附层颠”④。这在明人描述归州的诗句中也大体如此：“岭半一人家，如鸟巢阿阁。”⑤ 说明了川、渝及鄂西等长江中上游峡谷山地因高程悬殊，导致民居聚落垂直分布的异样景观，反映了先民在特殊环境中选择生存聚落的技术路线。“客路寻常随竹影，人家大底傍山岚”⑥ 的诗句大致描绘了江南丘陵中聚落外部环境的意向。而处于盆地间的城池环境，则又是一番面貌。如荆楚涢水旁的安陆，据《舆地纪胜》卷七七德安府“风俗形胜”录北宋宣和中郑昂所作《跨鳌堂记》称：“平沙回岸，萦带城郭，商帆渔舟，出没烟际。”相对平旷的田亩，使农耕依然，商业繁荣。康熙《钟祥县志·建置志》“乡市”称：“昔郢民重本力农，村落鳞次，桑麻遍野，鸡犬声闻。入市则熙攘往来，肩摩毂击，称和乐也。”

在自然条件较优越的南方，聚落环境具备了景观意义。江南丘陵山水明丽，竹林桑田，风景如画。长期寓居嘉定的徽州休宁文士程嘉燧于明万历十九年（1591）从余杭至临安，耳目所接咸为早春二月自然的生机和天籁声韵：“……右平田，左陂泽，泽中多莲芰茎，陂皆临溪，田亦带山。沿陂多深松美篆，远山色若翠羽，时出送杪。……几十余里，径折竹穷……多桑，多乌臼。溪左毕平沙广隰，松竹深秀，桃柳始华，时见人家隐林间。”⑦ 有关此类，在明徐霞客和清代青浦王昶的笔下亦有总括性的记叙，例如：

大寨诸村，山回谷转，夹坞成塘，溪木连云，堤篁夹翠，鸡犬声皆碧映室庐，杳出人间，分墟隔陇，宛然避秦处也。⑧

山色四面，冈岭回合，竹树分布如画……其间土田衍沃，陂塘澹沱，又有长溪亙之，家家背山临流，安徽、湖北风景多如此，洵可卜居也。⑨

南方自然条件尽管略优于北地，然唐宋时期湖南乡村聚落分布则颇为稀疏，规模也十分有限，常建称“湖南无村落，山舍多黄茆，淳朴如太古，其人居鸟巢”⑩，“大乡无十家，大族命单赢”⑪。住宅建筑多以竹木构成，以茅覆顶。也就是元稹所谓：“楚俗不理居，居人尽茅舍；茅苫竹梁栋，茅疏竹仍罅，边缘堤岸斜，诘屈檐楹亚，篱落不蔽肩，街衢不容驾。”⑫

基于地形地貌、气候降水量等的区别，南北方聚落的外部环境大相径庭。以所辖疆域兼有南北的陕西为例，北部为绵延不断的黄土高原，中部是广袤肥沃的关中平原，南部以高大险峻的秦巴山地为主。陕北黄土高原沟壑纵横，植被稀疏，半干旱的温带气候使当地形成了半穴居的窑洞式居住景观；受地形制约，聚落为沿冲沟式分布，带状延伸。在垂直向度上高低错落排布，甚或呈重叠退台式挖掘多层，“或数窑错综排列，庭阶落落，亦不失为高尚房屋也”。⑬通常陕地以 800 米等高线为界，北部为黄土高原区，南端为自然地理意义上的关中平原，其海拔平均在 300 ～ 600 米，渭河自西向东从中穿过，两岸平畴沃野。此处虽亦间有窑洞，但瓦屋渐多。至于陕南区域，已过渡为“居多茅”的亚热带民

① 《后汉书·板盾蛮传》。
② 《华阳国志·巴志》。
③ 《夔州府志》。
④ 唐·杜甫《赠李十五丈别》。
⑤ 明·钟惺《隐秀轩集》卷二，《雨发九湾至归州》。
⑥ 《全唐诗》卷二四八，郎士元《盖少府新除江南尉问风俗》。
⑦ 明·程嘉燧《余杭至临安山水记》，《晚明二十家小品》。
⑧ 《徐霞客游记》，粤西游日记二，华夏出版社，2006 年，第 386 页。
⑨ 清·王昶《使楚丛谭》，《小方壶斋舆地丛钞》，第六帙。
⑩ 《全唐诗》卷一四四，《空灵山应田叟》。
⑪ 《全唐诗》卷二四一，《春陵行》。
⑫ 《全唐诗》卷三九八，《茅舍》。
⑬ 民国《洛川县志》卷一八《风俗》。

居聚落形式，商南一带“山腰坡脚茅屋落落缀之”。“远山丛薄中隐隐露灯火，崖上流萤万点，如撒沙，风景绝佳”。①

在顺应和改造自然环境的历史进程中，人居环境的地域性也显示了相应的观念和技术手段，从而形成了聚落外部环境浓郁的人文特色。以上述陕西平原、高原、山地三大区域而言，关中平原“山川环带，风俗淳古，渠水甚多，地宜杭稻，缘山柿栗，岁供租课”。②因地近畿辅，受政局动荡影响明显。不过，毕竟素称富庶，直至战乱纷扰的清代，省城西安依旧为一方中心，“汉城街道极宽，南省各物俱全，颇繁华”。③半牧半耕的陕北地区，多保持“务本业，多畜牧”的特点。虽然明时已有农田，“臣自永宁州渡河西入延绥，所至皆高山峭壁，横亘数百里，士人耕牧锄山为田，虽悬崖偏陂，天地不废”。但总体规模较小。④此地尚武民悍，“性朴少文，俗尚俭约”⑤，较淳朴的民风，大多安于贫困。近年来，一些地理研究者针对该地的区位特征指出，陕北黄土丘陵区乡村聚落具有趋向水源、向阳分布和局限于地貌部位等特点。认为一些地表水和地下水都较丰富的河谷川道、河流交汇处或沟谷相连处，往往成为乡村聚落最集中的地区。⑥也有认为，陕北乡村聚落总体上具有规模小、密度低、分布不均匀和沿树枝状水系递减的特征，可将其分划为河谷平原型、坡麓台地型、支峁构型、梁峁坡型四种类型，空间分布上主要体现向阳、向路、向沟分布的特征。⑦

在陕南汉江与丹江山间盆地的亚热带气候区域内，自然与人文景观颇似江南：“溯沔水西上，沿路渔庄小艇，稻苗方始作花，香气满畦。回首望汉中，相去仅一舍耳，川原间邑风清佳。”⑧迨有清一代，土地大多已开发，此时该地的生产方式和经济发展水平与川楚已相颉颃，文献中也屡有记载，如“至雒南城，清晓出州南门，沿城水由如方卦，稻初熟，黄云千顷，叶叶带风露，皆有香气”。“沟塍树木极似荆襄间风景”⑨。“西乡在汉江南，沃野千里，良田千顷，汉中之华腴也”⑩。总之，陕南汉中一带“平川数百里中，梁逮城。诸山拱其间屏翰，汉褒诸水做其襟带，人烟村落橘柚参差，稻田高下，风土物产近于江南，气候暄寒迥异北土”⑪。基于不同自然条件和生产方式，不同地区对土地的利用方式也颇多区别，构成了一定地域内聚落的特性和风貌。长江三峡地界山高河深，巫山县城“市井胜归、峡二郡”，但因处于峡谷之中，“三面皆荒山”⑫，南面临江，然而景观却十分奇特壮观。相对地，丘陵山区地块则较单调，张耒在黄州写道：“萧萧茅屋土山前，翁媪关门去获田；朝日满檐鸡犬静，荻篱深处有炊烟。”⑬因其土地利用系以耕作为主，以至于在收获季节务农者均以此为中心早晚忙碌。丘陵地形中的梯田兴建由来已久。南宋范成大在《骖鸾录》中除记述南方水路、陆路交通状况和集贸盛况外，还首次记录了“梯田”：“至仰山（今江西宜春境内），绿山腹乔松之磴，甚危。岭阪之上，皆禾田层层而上至顶，名梯田。”在描述浙西衢州乡村时，赞誉其“无村不梅”，景观优美异常：

常山多清溪，玉山富乔木。行色郁苍然，颇亦慰愁目。

梅花隔篱见，珑璁照茅屋。晚来风刮地，想见飘香玉。⑭

平原地区虽也以耕作为主，但地表景观和人文色彩却趋以丰富。太湖旁的吴江县城景色旖旎，烟水旷远，“中流回望长桥层塔，烟波渺然，真若图画”。⑮平原上的经营也呈现多样化模式，“多陆种菽粟，或灌木丛筱”。⑯至于北方关中平原的咸阳，则“地在平原，土宜二麦，平川之地凿井灌田，高埠之处悉赖雨雪。惟南乡地近终南，所辖有峪五处，峪内山水流行，共开渠十九道，引水灌田三万六千亩，土宜稻禾”。富平“地处平原，田多膏腴，兼有遇泉河绕城而东，石川河绕境而南，有渠四十五，灌田一万七千余亩，郡旱地亦称沃壤”。⑰由此可

---

① 王昶：《商洛行程记》，《小方壶斋舆地丛钞》，第六帙。

② 卢坤：《秦疆治略》，“长安县”。

③ 倭仁：《莎车行记》，《小方壶斋舆地丛钞》，第二帙。

④ 庞尚鹏：《清理延绥屯田疏》，《明经世文编》卷五。

⑤ 弘治《延安府志》，卷一。

⑥ 参阅李雅丽，陈宗兴，“陕北乡村聚落地理的初步研究”，载《干旱地理》，1994年第1期。

⑦ 参阅甘枝茂，岳大鹏等，“陕北黄土丘陵沟壑区乡村聚落分布及其用地特征”，载《陕西师范大学学报（自然科学版）》，2004年第3期。

⑧ 陶澍：《蜀辅日记》，《小方壶斋舆地丛钞》，第七帙。

⑨ 王昶：《商洛行程记》，《小方壶斋舆地丛钞》，第六帙。

⑩ 严如熤：《三省山内风土杂识》，《丛书集成》本。

⑪ 陈奕禧：《益州于役记》，《小方壶斋舆地丛钞》，第七帙。

⑫ 《陆游集》，中华书局点校本，1976年，第5册，第2458页。

⑬ 《张耒集》卷三二《柯山杂咏》四首之二。

⑭ 《范石湖集》卷十三《玉山道中》，第160页。

⑮ 《陆游集》中华书局点校本，1976年，第5册，第2409页。

⑯ 《陆游集》中华书局点校本，1976年，第5册，第2410页。

⑰ 《秦疆治略》“富平县”，张晓虹：《文化区域的分异与整合——陕西历史文化地理研究》，上海书店出版社，2004年，第275页。

见，即使在平原，因水源有异也会导致地表景观直接的差异。

如果说上述山地、丘陵、平原等地带以耕作或半牧半耕的土地利用方式广义上是对植物的获取的话，那么，江河湖海环境中对鱼类的捕捉，则是以渔业的方式赋予了聚落另一类的人文环境。南宋陆游宦游夔州（重庆奉节）任通判，自山阴出发，记录了沿途渔市聚落。如秀州（浙江嘉兴）长河堰一带主产鱼蟹，街市上多贩卖鱼蟹的商贾；八尺镇常有小舟敲打船帮卖鱼；江州（江西九江）马当上下，“忽有大鱼正绿，腹下赤如丹”①，“黄州赤壁矶江岸，也是冈阜延袤，竹树葱倩，渔家相映”②。西向的小夹港沌水镜内的纲步村，有二十多户人家，在夕阳高柳映照下，“短篱晒罾，小艇往来，正如图画所见”③。

总体上看，在村落市镇的演化发展等历史进程中，既有择佳处长期居停生活于此间，也会有离弃原址、另图它址的迁徙行为。其中原因较复杂，有些是原先择址失当，也有是为了适应新的需求；有些是缺少自然条件如水源等的支持，也有些是受大自然或人类暴力侵袭；还有相当一部分则是为了争取更有利的地理条件，使聚落得到更好更大的发展。北方黄土高原上许多聚落的荒芜，咸因水土流失、沟冲舍毁而废弃，如陕西洛川县东北的旧县治、山西荣河县治等。不过，停滞与发展在同一聚落的实例也不在少数。如10世纪就以鸡毛山为城址的今安徽省芜湖县，自近代始城区就主要沿青弋江向长江口岸发展，形成了所谓十里长街的带状城市。19世纪中叶后，芜湖城外沿长江一带划为租界区，使芜湖城区由青弋江岸快速转移至长江边，从而形成新的市区，鸡毛山老城区则回力乏天，长期处于停滞状态。

二、空间形态

血缘聚族素为居处和聚落之大宗。苏轼的“废城犹带井，古姓聚成村”④ 就生动描绘了荆州血缘乡村聚落的空间意向。本书中曾多处述及此类聚居形式，旨在说明血缘聚落曾是全国性聚居的普遍形式和现象。正如公安派袁宗道声称的“吾族数百家聚村内”，⑤ 其弟袁宏道也有“一湾茶枣市，合族木云村”⑥ 的诗句，至于徽州赵吉士“新安各姓族聚而居，绝无一姓搀入者，其风最为近古”，庶几可与该地现今依旧完整的空间单元相坐实。

滨江而居，湖南凤凰县沱江镇

地缘的居处形态指的是不同姓氏、经济独立的家庭长期聚居一处而组成的聚居地。如明洪武年间，在“迁山西泽潞二州民之无田者往彰德真定”⑦ 的朝廷移民政策中，河北地区接纳了来自山西诸地（今长治、晋城两市）的大量移民，形成许多地缘型村落。⑧历史上基于保疆、御敌和避难的各类堡屯聚落至今仍有大量遗存。据统计，仅山西省以堡、寨、坞、屯、营等命名的村镇共达713个，占村镇总数近1/6。⑨在明《徐霞客游记》和清初顾炎武《天下郡国利病书》所载含有堡寨类地名的聚落分布也颇为广泛。这些寨堡多以地缘形式构成为主，血缘形式为辅，或前者为后者扩张的结果。

业缘群体系以职业类别或就业圈为主体的、超越血缘和地缘的一种组织形态，多分布在物产资源及加工生产地、商品经济与贸易较兴盛的镇市，“所在坊场去处，工作之家聚百牟利，皆四方来集，旧未属保伍，往来自如”⑩。重庆云阳县的云安古镇是一个有着千年历史的产盐古镇，在其辉煌时期曾汇聚了来自甘、陕、渝、川、鄂、

① 《陆游集》中华书局点校本，1976年，第5册，第2430页。
② 同上，第2440页。
③ 同上，第2445页。
④ 《苏东坡全集·续集》卷九《荆州十首》。
⑤ 《白苏斋类集》卷九《唐医序》。
⑥ 《袁宏道集笺校》卷二九《……登高孟溪剧饮》。
⑦ 清·赵吉士:《寄园寄所寄》卷十一，《故老杂记》。
⑧ 唐军，《蛰伏与绵延，当代华北村落家族的生长历程》，中国社会科学出版社，2001年，第39页。
⑨ 李严、张玉坤，“明长城军堡与明、清村堡的比较研究”，《新建筑》，2006年第1期，第36页。
⑩ 《省斋集》卷五，《（论保伍札子）又小帖子》。

湘、赣等地的6万余人口，南腔北调的人群麇集在小镇上，使聚居地呈现多元化态势，不同的居住形式和地域文化在此碰撞和交融，形成了独具特色的、以业缘群体为主构成的市镇聚居区和产业区。

以上三种聚落组织方式在空间形态上自然呈现出明显区别。血缘聚族而居的聚落常以各级祠堂为中心，建构起以宗法制度为背景的生活秩序及相应的空间结构，将在第四、六章中有详述。地缘性村镇为多族群、多姓氏组合的社会单元，其聚居形式往往是各姓氏族群各据空间一隅，形成较集中的街区，呈现多中心格局或模糊中心的态势和特征，区段分明，邻里单位明确。业缘性村镇则以人群所从事的职业生计为核心分布、聚集。如连通川鄂交通水驿的重庆西沱镇，清时移民涌入，商贾如云。著名的"云梯街"两侧密布的民居和店铺，就是当时客栈和店铺经营者为招徕往来客商，尤其是盐商而在长江边修建的山道商街，这里既无血缘性的中心感，也无地域性的集中式住区，而是相互交叉、以地利为择居之要。

因血缘、地缘和业缘发展起来的聚落，其围合边界也各具特色。其一是以植株、藩篱为界。宋代范成大在成都担任封疆大吏两年，每至一处，必有诗文，如记川西聚落："郫邑屋极盛，家家有流水修竹。"① 同期的陆游也曾南北宦游，《入蜀记》中除了记载长江沿途的山峦形胜外，还对一路的物产资源、环境生态、聚落景观进行了记叙描绘。比如六合县夹港地段："沿岸园畴衍沃，庐舍竹数极盛。"蕲州（治今湖北蕲春）境内刘官矶一段，湖光山色，引人入胜，"陂湖渺然，莲芰甚富。沿湖多木芙蓉，芦藩茅舍，宛有幽致，而寂然无人声"，往西的小巷港沌水和百里荒过后的下郡，有住户二十余家，"芦藩茅屋，宛有幽致"，白臼庄家数家，"门外皆高柳"。至于地势开阔的毕家池，茅屋点缀其上，"窗户整洁，藩篱坚壮，舍旁有果园甚盛"。②从上述记载看，长江中游沿途村落，规模普遍较小，大都因材施艺，设篱围合。徐弘祖在游历江西宜黄县时，见人家"随沙岸，丛竹夹道，乔松拂云，江流稚堞右映，深树密箐左护，是曰中州"。③"西南上岭，又二里而逾上西岭，岭东复得坪焉。有数家在深竹中。"④从中可以看到南方草木普遍茂盛，以树林、竹枝、藩篱结扎围合，当是十分普泛的边界模式和景观。在亚热带气候中的秦巴山地中的汉中盆地，也有类似景观。如："几家同住一孤村，绿树团阴半掩门，莫道野人生事少，晓晴篱落散鸡豚。"⑤

其二是山峦形式。徐霞客在记述山峦隔界时写道："路由下埔南而西，逾一岭，五里为黄舍。又西南逾二岭，五里至章村，山始大开，始有聚落阛阓。"⑥"其岭升陡共十里而遥，登岭时，西望寺后山巅，双重骈立，峰若侧耳语然。越岭北下，山复成坞，水由东峡破山去，坞中居室鳞比，是名铁径。复从北越一岭而下，五里，再得平畴，是名严堂。"⑦"盖武功之东垂，其山乃一脊排支分派；武功之西垂，其山乃众峰耸石攒崖，土石之势既殊，故燥润之分亦异也。夹溪四五家，俱环堵离立。"⑧ 上述例举虽皆为江西境内，但在第三、第四和第五章相关内容中，也有聚落择址及地形地貌与村聚构图演进的讨论，可以看出，传统农业社会中村镇聚落以山为屏、以峦作界的边界围合是一种普遍化的选择和呈现。

其三为河湖江岸。如地势低洼、港汊密布的江南地区，湖圩水面成为天然的聚落边界，河旁江岸人家亦以高堤为界。陆游写长江中游湖北东场景色："并江水茂竹高林，堤净如扫，鸡犬闲暇，凫鸭浮没，人往来林越间，亦有临渡唤船者，使人恍然如造异境。"⑨ 此外，还有第五章所举大量山环水绕的、以水口作边界的村落。

上述主要借助于宋、明、清不同历史时期的资料和部分实例遗存来观照近古阶段村镇聚落的空间形态，总体上聚落的自然氛围浓郁，村镇规模普遍较小，其中较多涉及景观及其形态的变迁。美国加州大学伯克利分校索尔教授提倡的景观变迁理论，旨在关注某些地域的景观或特色在不断消失或延续，但文化内涵却日臻丰富。由时间而空间，宋、明等时期的村镇空间形态大多已今非昔比，不过我们仍能辨析潜藏绵延至今的一些"基因"或缘由。比如村镇的小型化，公共用地的局促、俭省，以及相对的粗放、土地类型的安排缺乏统一规划及由此导致房屋民居建筑设置的随意性，尤其是乡村内部用地与外部环境空间界限的模糊性，等等。

---

① 《范成大笔记六种·吴船录》。

② 《陆游集》中华书局点校本，1976年，第5册，1976年，第2437、2446页。

③ 《徐霞客游记》江右游日记，华夏出版社，2006，第137页。

④ 同上，第268页。

⑤ 明·童轩《清风亭稿》卷六《凤西草堂一首为邹义官赋》。

⑥ 《徐霞客游记》江右游日记，华夏出版社，2006，第268页。

⑦ 同上，第157页。

⑧ 同上，第161页。

⑨ 《陆游集》中华书局点校本，1976年，第5册，第2446页。

第三节　村落市镇的结构与景观图式

一、向心型村落市镇

向心型村镇中具有中心概念，这个中心或是单数，也可能是复数。如果说欧洲信奉基督教的村镇形态和空间中心是教堂，那么，中国大部分传统村落则以宗祠为中心，两者都具有精神层面上的中心概念和象征。体现在实体物质环境的排列组合和空间构造图式中，中心通过各种手段或方法予以强化。不同的是，教堂通常在高度上表征中心，宗祠虽然也有一定的高度，但更多体现在聚落区位和总平面布置上——聚居住区的中心部位，并通过建筑的进深、开间、面积、材质和藻饰等的差异，彰显其无可撼动的中心地位。另外在阶级等级鲜明的地区，统治者居住和办公的场所常常也是村镇中的中心，譬如以纳楼土司衙署为中心的云南建水坡头乡回新村中，衙署背山面田，纵深三进院，入口大门前有纵横数十米的演习场，三面围合状的空间彰显衙署的威壮气势；村落四周筑墙设门，彝居土掌房大体依山坡等高线成排布置成环状，分布于衙署东、南、西三面。每排土掌房之间仅剩狭窄通道，各排房屋首尾相连。以土司楼宇为中心和同心圆，逐层围合。这种近似同心圆的构图和空间图式在湘、桂、黔省区的侗族聚居村镇中也有类似呈现，不过侗族聚居的中心不在于统治者居住的宫殿楼宇，而是高矗庞大的鼓楼。另外，村寨中也可设置多个鼓楼，也就是可以同时存在多个中心，以复数的形式形成多中心。

中心感明确的贵州黎平县肇兴侗寨

贵州黔东南苗族侗族自治州黎平县肇兴乡肇兴寨内共有五个陆姓房族分别聚集在“仁”、“义”、“礼”、“智”、“信”五个自然片区中，以五座飞阁重檐的鼓楼为中心，片区间并无明显边界。直至1980年代，全寨五个组团共计650多户、3 000多人口。共同聚居在溪涧两旁的山坡上。虽然片区间无明确边界，但大寨边界却是明确的，即具有清晰的空间属性和领域感。对于这种由单数或复数中心所构成的变化和范围，藤井明解释道：“任何一种类型都是中心附近的电势强，随着离中心距离的加大，电势呈逐渐减弱的趋势，在此产生了中心和边缘这样一组相对的概念。”①

古代中原汉民族聚集的都会城郦、镇市村落蕴含的“构图法则”大致相当，这就如同家国一体一样，都会和村落的区别，在于人口与幅员的差异：皇城都会以宫殿为中心，村落以祠堂为核心，同样的左祖右社，一脉相承的伦常礼制，极大地规范和限定了大小宏微聚落的平面和空间图式——皇城围绕宫殿，都城环拥王府、衙署等贵胄或统治机构，村落的祠堂为精神象征和符号，簇拥环绕祠堂，向心而居，这不仅使村民在精神和心理上有所依凭和慰藉，而且也符合传统伦常的价值标准。另一方面，都会和村落的区别某种程度上也可理解为“家国同构”的自相似性，即内在结构相似性。或如《空间·符号·城市》一书中谈到的中国古代城市形态可以认为是“国、城、院”同构。②如果房派支系众多，也以团块片状式聚居，每一单元奉自己支系的祖宗为主，但总体上必有总祠统领。在浙江兰溪诸葛村、徽州黟县西递村和广东东莞茶山镇南社村等村中，均以祠堂或祖屋为中心周围簇拥着本房派的住户，形成一团，总祠又居于至高无上的地位，显示出严密

① ［日］藤井明著，宁晶译：《聚落探访》，中国建筑工业出版社，2003年，第28页。

② 朱文一著：《空间·符号·城市》，中国建筑工业出版社，1993年，第34页。

象征性、中心性浓郁清晰的福建书洋塔下村张氏家庙

的宗法组织关系。

这种向心型村镇的平面构图和空间图式也许并非全部如皇城或血缘村落般如此明显或整齐，有时，也有看似繁杂无序的组合，但其肌理和历史信息却明白无误传递着曾经的“过程”，以及围绕中心的努力。在长江及其支流江边的场镇中，其码头、街衢旁矗立的各类禹王宫、三抚庙等周围簇拥着不同地区的移民集群和从事不同行业的人群。藏族聚居的雪域高原村镇中，则以寺庙建筑为核心，四周散布低矮和疏密不一的聚落。以公共活动场所为中心的如丽江四方街广场、大理喜州镇四方街广场等商贸集会之处，苗寨的芦笙坪，侗寨的鼓楼坪等苗、侗族群众在节庆日载歌欢舞的场所等，空间均较开阔，四周辅以若干公共性和标志性建筑或构筑物，在周围较齐整的建筑轮廓线上高标卓立，构成制高点；村镇中街巷也以此为中心辐射。总之，向心性村镇聚落中心往往具有权力、统治、等级等精神层面的象征或符号，是聚落人群心理深层结构中的依赖和归宿，村镇结构的标志，使村镇聚落呈现出较为有序的格局和风貌。

本书第六章第六节中将着重分析村镇中水井涝池和水塘等水利工程的功能、模式和风貌，如果我们换一个视域观察，不难发现村镇中的水塘水池设置多经过精心规划和认真安排。比如本书多处提及的黟县宏村中半圆形的“月塘”水圳，以水塘替代广场，汪氏宗祠居于月塘北面轴线处，其余立面高直状围合，形成一个以月塘为中心、宽阔又静谧的空间；浙江永康县厚吴村中大小近15座水塘，或于村口，或于庐舍麇集处。其中屏山精舍和吴仪庭公祠门前面朝水塘，前者方形，后者圆形，三开间建筑正立面及高大体量和对称比例的建筑造型与水塘构成了一条清晰轴线，环拥水塘为普通而低矮的民居店铺，使空间结构呈较明显的向心性和中心感。这种虚实相生、水塘与实体房屋互相映衬而赋有向心聚合意向的实例在闽南、闽西南、粤东、粤北、粤中和五邑的众多客家人、闽南人等聚居的村镇和方圆形聚集性的土楼中更是获得了淋漓尽致的表达，呈现出不同的、多样化的阐释和践行的样本。

意匠，以物态结构及图式的方式最大可能彰显和充盈着向心性和中心感，蕴含着的浓郁象征意味，并与兴宁、梅县等处的围垅屋大同小异——围垅屋前的禾坪和池塘一为长方，一为半圆，布置在建筑前方，半圆状池塘平面形式又涵泳着环拥建筑的归属感和向度，整体的圆形图式，宛如阴阳两仪的太极图。①

基于上述种种，我们有理由相信这样一种事实，即向心型村镇或建筑的空间结构及图式是生息于斯的人群内心心理结构的需要和形式的外化，也是等级、尊卑等礼制桎梏或控制体系的物化形式，也与血缘群体中尊祖睦宗等的观念息息相关。因为“自古以来，当人们面对无法收拾的混沌状态时，就会积极寻求破除这一状态的新方法，这就是秩序的初源”。原广司以为，倘若称没有秩序的状态为混沌的话，那么，事物的状态表现出的混沌状态比建立秩序更困难，因为秩序化并不复杂。②不过，我们也看到，这种向心型村镇既有如上述宏村、塔下村之类严谨规整的平面组织和空间秩序，也有如渝西龙潭镇之类并不明显，但确实存在着中心。向心型村镇的空间图式因地、因势、因业或因人群而不同，是千家万色的组合或呈现。

二、离散型村落市镇

相对于具有中心概念或核心物的向心型村镇而言，离散型村镇构成的图式显然要分散得多，而且缺乏中心或核心。对此，藤井明将离散型聚落形成的动因归于人的生存机制，即着眼于安全防御，应该说这是颇有见地的。他说：“离散型聚落是通过消除中心实现的体系化。草食动物群受到肉食动物群袭击的时候会四处逃散，这是为了通过分散攻击目标，将损失降低到最小限度的智慧，离散型的配置与此异曲同工。”③ 作者借中南美印第安人的聚落为例，认定离散型绝不是偶尔为之，而是能明显感到这种空间构图的立意，基于此，作者称之为离散型聚落，而不是散居聚落。

区分两者的差异至关重要，它其实代表了两种不同聚居模式的历史演化路径。散居聚落可以说遍布世界，而离散型就不同了。它是经过构思和计划的产物。而且，往往产生在生产力较原始低下的地区。离散型聚落一般分布在人口稀少的山区、高原和牧区。如新疆北部阿勒泰地区喀纳斯湖旁的图瓦人，长期居住在毡包和井干式房屋中，相互间似乎没有关联。若登高俯瞰，房屋星星点点，成片成群，住居之间的空隙至少十倍于房屋。也就是说，虚体空间的面积远远超过实体房屋。这些房屋布置形式似乎很随意，不太讲求方位和朝向，相互间的组合也十分漫漶，大片分布在高山草甸上，长宽可达数公里，颇为壮观。游牧基因传承的力量支配着聚落的分布形式，形式上虽随意，但并不妨碍民系或人群之间存在着的凝聚力和同一性。因此，离散式的聚落与人群间的认同恰好成反比。

又如分布于湘、桂、黔、粤、滇等省区的瑶族在长期辗转迁徙中不断与汉、壮等民族交往、融化，由于落后的生产力和刀耕火种的原始农猎生产和生活方式致使他们的住居十分简陋。为了避免历史上汉族等的挤压、歧视和欺负，往往选择山深林密的隐匿场所卜居，布置方式也以“大分散、小集中”为特点。在粤北乳源县茶树村还可看到，瑶族民居依山顺势布置，层层叠叠，二三十户人家布满了大半个山坡。在海拔近800米的群峰层峦间，弯曲的小道逶迤其间，旁侧垦有梯田，河溪交错，林木葱茏。茶树村布局基本依照山坡等高线，自下而上，虽非整齐但却有序排列布置，以横向三或五开间为主，平房、楼居不一，房屋之间间隙不大，但排与排之间则视等高线的不同不规则布置，高差之间有的相隔二三米，有的六七米不等。粮仓等与房屋分开设置，有些依附于房屋旁，有的距房屋数十米之遥，这样，也增添了构图的变化感和丰富性。总之，瑶族村寨虽无明确中心，缺乏明确边界，但对生息于此的瑶人而言，其心目中的领域感是明晰的。另外，山坡前后、上下和左右依稀可辨的山间小道，也可以视作瑶民规避灾难的逃匿路径。西南边陲的云南基诺族和西藏藏族聚居区也呈现出离散型空间图式的特征。在平面布置和构图上，基诺族村寨则显得更富计划性。西双版纳州中部景洪县域内的基诺族村寨多沿山坡布置，房屋顺地形沿主要道路零散布置，朝向也较随意，且房屋之间的空间较宽敞，房屋之间似乎并不存在密切关系，而是星星点点分散在山坡上，平面布置以带状条形居多。不过从房屋间的间隔距离看大多又接近和整齐，很少有毗连或过于远离的状态，这使村寨构成具有了规划的内蕴。而在西藏林芝鲁朗镇西岗村的藏居群落布置中，则显示了完全不同的样式。西岗村中数十户住户无规律地散布于高山草甸中，

---

① 参阅刘森林著：《中华民居——传统住宅建筑分析》，同济大学出版社，2009年，第154、155、156、157页。

② 参阅［日］原广司著，于天祎等译，王昀校：《世界聚落的教示100》，中国建筑工业出版社，2003年，24、25页。

③ ［日］藤井明著，宁晶译：《聚落探访》，中国建筑工业出版社，2003年，第28页。

房屋间或聚或散，朝向不一。由于等高线相对接近，相互间有田埂小道联系，边界模糊，全无中心概念，与拉萨八廓街环绕大昭寺等具有明确向心性和同心圆状的空间图式大异其趣。

假若我们将南方瑶族的山居视为因历史而形成的一种习俗、将图瓦人的离散型住居看作安全本能的一种物化外显的话，那么，至少还有一些是着眼于生产和生存之道的策略性选择而成就的散居型村落：农耕有作业半径的限制，在耕地分散或水网地区，人们多就耕地附近卜居，或二三庐舍，或三五余户，规模不大但便于生产。譬如桂北龙胜，山区丘陵间梯田耕地的规模大小与村寨成正比：梯田耕地大者如平安寨，田多、人稠、寨大，小者如金竹寨。壮族村寨多选择在山坡或山腰处建造，顺山势等高线呈台阶式布置。至于山坡、山腰、山麓处的散居小村，更是星如棋布，相对应地，其田亩、山林也颇为有限，生产或生存上的限制，在某种程度上也成就了散居村落的生成和蔓延。

广泛散布于粤东、粤北、闽西、闽南和赣南三省交界、客家人和闽南人居住的家庭性、集体性和集聚性的大型内庭式住宅，从单体建筑的平面布置、中轴对称、空间形态等方面颇为完整。若从楼与楼之间、楼与聚居区之间、楼与村落之间看，尤其是以同心圆层层向心的圆楼和内廊方正均齐的方楼，其庞大体量与周边道路、溪河、河埠、台阶、田亩、作物和植株等，几成对比；楼际之间庶几并不存在关联性，单体建筑的完整性没有转换成楼际间的整体性。或许，我们可以这样认为，大多数的内庭式方、圆土楼，在聚居村落的结构中更多呈现的是离散型的点状图式和构图。它所表现和诉求的可能，是每一幢单体建筑咸以自身为中心，星星点点，离散独立。

较之东南地区大型内庭式家庭性楼居更能展现离散型空间图式的结构特征和景观风貌的，当数岭南五邑近代以来修建的各种碉楼建筑。

分布于珠江三角洲与粤西丘陵山地间的开平、新会、台山、鹤山和恩平“五邑”，乡土建筑文化具有浓郁的地域特征，“无侨不成村，无村无侨眷”的特殊群体构成特质，使其村落、市镇及民居建筑突破了岭南地域建筑的窠臼，融外来不同时空的建筑语汇和技术文化于碉楼，成为传统村镇和民居建筑大观园中的奇葩。总数逾千计的高耸碉楼多由旅加、旅美侨眷建造，造型合璧中西。一些脱离原先村落空间范围的碉楼，通常坐落在村外平坦开阔的阡陌田亩处，平地起高楼，卓然独立，与其他建筑群体等并无关联。四周田亩广袤，阡陌坦荡，与中国传统建筑组合或村镇建筑群的聚居区域大相径庭，却弥漫着些许欧美庄园景观建筑的意向和特征。

与所有离散型村落形成的原始动因一样，碉楼的兴建同样滥觞于安全防御，对家族家庭中远居海外的青壮年而言，这种安全心理可能比闽赣粤地区家族性土楼人群更趋迫切和强烈。虽然五邑许多村镇中的碉楼因不同方位有不同称谓，比如村外田冈，路旁为灯楼，村口为门楼，村后为众人楼或居楼。但从村镇的平面布置、建筑之间的空间距离和功能而言，幢幢突兀而矗的高楼相互间缺乏建筑群体和组合之间的有机联系。尽管在使用上，由于不同的功能而赋予其不同的职能，比如灯楼职在值班、放哨、报警和阻敌，门楼近似村门，由村民检查进出人员、晨开暮闭，依时报更，等等。

除了山区、牧区和丘陵等处，离散型聚落也分布于地势平坦的平原地区。不过这些聚落分布较均匀，主要依据耕地的面积广狭而定，规模普遍较小，这在长江流域尤其是中游地区较为常见。

第四节　村落市镇景观的多样性

一、多样性

传统村镇聚落景观的多样性可能来自多方面的作用力，既有自然条件的区别和制约，也有不同文化、宗教或习俗的沾溉和濡染，以及生产力和工艺技术水平方面的影响。在一定意义上，景观的多样性是聚落构成的真实映现，它全面反映了地域人居环境、空间与文化的原生态和独特性。通常意义上，每一所聚落都存在其固有和既定的空间图式。当然，同一民族、同一地域及相同或近似的自然条件及人群构成可能更容易趋于均质化或相似性。虽然传统村镇的空间图式并未被类如阴阳五行、堪舆风水等传统文化和习俗全部覆盖和沾溉，以及明确地被“规范化”。

黄土高原中的窑居景观

藤井明在谈到世界各地聚落的多样性时说："在聚落和住居当中所表现出的多样性是共同体自身追求同一性的流露，是自我约束的体现。人们已经熟悉了传统聚落与自然环境融和为一体的景观，但这种景观决不是一开始就是如此。"① 而且，往往越是在残酷的自然条件下，他们的创造力发挥得越是淋漓尽致，所建造出来的聚落和住居空间组合就越巧妙无比，在表现形式上具有无限可能性。作者进一步总结道："风土对于人类的生存本来就是一种过酷的存在，往往看似顺从的自然界其实蕴藏着瞬间毁灭人类的力量。因此人类如果没有自己的创意和管理，也就根本无法与自然共生。"② 他的意思是说人们在构筑聚落的初期所考虑的往往是最根本、最重要的要素和着眼点，比如安全和生产、共同体的可持续性等，其间凝聚着厚重的历史底蕴和先民的抉择要义。而现在我们观览到的，可能大都是已经修饰过了的、与自然或融为一体，或独立相对甚至对立紧张的景观。显然，讨论聚落景观的多样性时，选取具有原始意义的"样本"进行解析，避免后世修缮后而篡改了历史真实的，或恣意地"增其旧制"式的环境而遮掩可能的真实，就显得特别有意义和说服力。这里，我们不妨撷取新疆喀什的土城聚落、山西运城平陆县张店镇的穴居聚落、四川茂县黑虎寨和江西省婺源县理坑村等形态比较完整、历史层叠性依稀可辨的若干村镇聚落，即代表着不同地域、不同民族、不同自然条件和同中有异的具有浓郁的历史文化气息和原生态的人居聚落，尽可能多向度地比较和分析"原生态"聚落景观的多样性。

南疆喀什城中吐曼河畔尚存有两片古老的维族聚居区：平地聚落和高台聚落。高台聚落分布于吐曼河的二级台地上，依托起伏的地势，密集的房屋鳞次栉比，重重叠叠，犹如城堡。聚落平行于等高线布局，建筑物走向依地形变化呈弯曲状。因而，大多取外凸弯曲的形式布局。这种高密度的布置样式无疑受到或来自宗教影响，伊斯兰教礼拜和聚礼的要求使得聚落呈团状聚集型。一般由若干户住宅及街巷中的清真寺为中心集聚，形成邻里片区，再由片区组团以中心清真寺为集合点，形成更大的聚落。这样，整个高台聚落的

① ［日］藤井明著，宁晶译：《聚落探访》，中国建筑工业出版社，2003年，第77页。

② 同上，第195、196页。

平面组织就呈现出团状块体，邻里或片区间的界线混沌模糊。不过，对聚居于此的维族居民而言，重要的是聚居组团范围边界的关键是必须能听到阿訇在邦克楼上的呼叫，换句话说，就是阿訇声音及传播距离是聚居组团勘定的边界。这与北非阿尔及利亚摩托比依托（Mozabite）聚落中所有的住居必须能看到伊斯兰教清真寺的尖塔可谓异曲同工。而且，无论是北非阿尔及利亚姆扎卜山谷下的城市，还是西亚伊朗中部高原的聚落，与新疆喀什高台聚落中具有历史年份的住宅一样，大多为土坯构筑而成，其优长是容易生产、隔热性能好。因为干燥的气候，建筑物又添加了作为堡垒的防御功能。外闭合、内通透的形态使墙壁构成了坚固边界。或者如原广司所说，干燥地区的房屋边界明确、区域意义定义明白，且无暧昧的含义。①

四川岷江上游的汶川、茂县、理县、黑水、松潘、丹巴和北川县境内分布和生活着古老的羌族，他们长期居住在青藏高原东部边缘。这里山势陡峭，河谷深邃，岭谷高差可达3 000余米，气候温差变化十分显著。在这方特殊的、生态条件极其脆弱和并不适宜人居的山地峡谷中，构筑在高山、半山谷地形上的羌族山寨以其雄壮、朴质的居住方式和形态呈现了独特的聚落景观，由于山地空间的多向切割，致使山寨间“大分散、小聚集”的状态十分普遍，如占地约13平方公里的阿坝州茂县黑虎乡，在海拔2 000余米的山地中数十个聚落散布在陡峭的山崖上，高耸的碉楼庶几成了每一个聚落的标志，狞厉而峭拔。其中，鹰嘴河黑虎将军碉楼群暨黑虎寨聚落布置在悬崖及山脊上，石砌碉楼俨然成为村寨防御的“武器”或依凭。同时，这些碉楼也是羌民的住所，踞险而居、隔绝外界、防御紧密成了黑虎乡羌寨聚落的基本特征。相对地，同为高山聚落的汶川县雁门乡萝卜寨由于建于岷江右岸的谷肩台地上，虽未设碉楼但房屋却出奇地集中，整体构图上属于集团状街区式聚落，户户毗连，家家屋顶相通。山寨背依山脊，面朝岷江。由于地势高耸，且进出山寨的村道崎岖不平，这就可以明显感觉到羌人在充分利用地形山势的条件中构成了天然的防卫聚落，具有鲜明的防御性。上述两处同一民族，且相距并不遥远的高山聚落的异同，反映了不同的选择态度和对聚落集合的不同理解和践行结果。

枕山、环水、面屏的婺源晓起村入口

选择高山悬崖筑碉构房，当然有裨于安全防御，但在生产（如耕地面积少）、生活（相对封闭）等方面毕竟不便，如此，河谷类羌寨便突显安全防御和生产生活双赢的优势。理县桃坪乡为岷江上游干旱河谷区的一个典型聚落，依山建于距杂谷脑河面约50余米处。寨中碉楼成片，高低错落的民居、碉楼相映成景，地下水网完备，防御设施齐全，功能完善。尤其值得称道的是，这里还拥有较充足的河坝耕地资源。显然，羌人在定居时已充分考虑到了地利、安全和生产生活等多方面的、本质的因素。

与上述聚落看起来大相径庭的陕西渭北和山西晋南等广袤的黄土高原丘陵地区中，分布着众多以下沉式窑院为主的隐潜型村落。村落所在地区的自然条件基本相似：老黄土层位丰厚，气候干旱，夏热冬寒，年降水量在400 ～ 700毫米之间，雨量稀少。这里因地形平缓，并无崖壁可供挖窑掘洞。所以长期以来的下沉式窑院便成为居处的常态模式——深浅隐匿于黄土原层内的“地下村落”，村落暨房舍等高线普遍低于黄土表层10 ～ 20余米不等。如从高处俯视，便可一览无遗观赏到一座座下沉式院落，宛如一个个硕大的凹陷式“地下方坑”，村落景象和地表景观十分奇异，可谓别树一帜。

与西北喀什土城、华北黄土高原穴居和川西羌族山寨等聚落形态和景观有较大区别，东南地区丘陵平原区的村镇聚落形态则呈现较严密的组织形式和有序的空间结构。虽然自然条件、民族、文化或地域的不同是多样化的一个重要因素，但对秩序、组合和生产等方面不同的理解或思考，无论如何都是聚落景观多样化及其成因不可忽视的内容和观察要素之一。

以婺源县沱川乡理坑村为例。该村四周重峦叠嶂，东、西、北三面皆为峰峦围合，一湾溪水自东北迤逦于西南。在村落选址和布置上充分考虑聚风藏气、趋吉避凶等风水术要义和山清水秀、土肥地沃等聚族耕读的要求，在

① ［日］原广司著，于天祎等译，王昀校：《世界聚落的教示100》，中国建筑工业出版社，2003年，74、75页。

"枕山、环水、面屏"的地表模式中生息和繁衍。因聚落建在山麓开阔的河湾处，阳光充沛，有利于开田垦地。驼峰山屏蔽了西来的寒流，面迎汩汩不止的理源溪，不仅领生产灌溉之便，而且满足了村民物质生产生活的需求，氤氲着桃源般的审美气息。村内外交通便利，建有完善、统一规划的排水系统和消防系统，体现出较自觉的规划意识。作为余姓聚居的血缘村落，总祠衍庆堂位于村西北地势最高处，整个村落演进以衍庆堂为参照渐次往溪边发展。总祠不仅在高度上高标于村落，而且它的象征和符号在精神上牢牢控制着余氏家族。在清光绪年间修纂的《沱川余氏宗谱》中，村落图景里的族众宅院往两侧分散布局，环拥高矗的衍庆堂，彰显了强烈的尊卑等级的宗族观念和家族血缘意识，也构成了不同于喀什土城、黄土高原下沉式窑院村落和川西北羌寨等的聚落景观和风貌特色，从而生动而典型地诠释着村镇聚落多样性的历史真实，以及闭合环境中血缘单元的持续化及其内蕴所在。

二、差异性

农业时期无以复加的村镇聚落景观充满了种种差异性。这种差异性不仅浸透在村镇的历史演化过程中，而且也呈现在村镇的空间结构和形态肌理中。我们可以将这些无处不在的差异性归结为不同的自然条件，比如西高东低的阶梯式地形，山地、高原、丘陵、盆地和平原等不同的地势，以及温带、亚热带等的气候，不同的年降水量、季风和风力，不同的资源，等等，也可以综合在经济生产的方式上，比如耕织自然经济模式，游牧生计模式，刀耕火种的轮歇游耕游猎模式等，当然，还可以和宗教、习俗、风尚、民族、民系等联系起来考虑。总之，上述种种在不同的历史时段、不同方面和不同的方式，共同作用于聚落的差异性。因而可以说，每一处村镇聚落的景观，都有其自身的独特之处，即使是自然条件相似、经济技术水平相近或同一地域的人群及其聚落，都有着区别于其他的特征和差异性。用藤井明的话说就是："'差异性'是共同体得以成立的最为重要的概念之一。共同体表现出的不同于其他集团的样态，是衡量它是否属于这个集团的标准……差异性体现在聚落各个方面……在视觉上表现出的独特性强调集团的同一性。创造聚落就是在空间上表现出差异性。"①

虽然我们还不能确证"创造聚落就是在空间上表现出

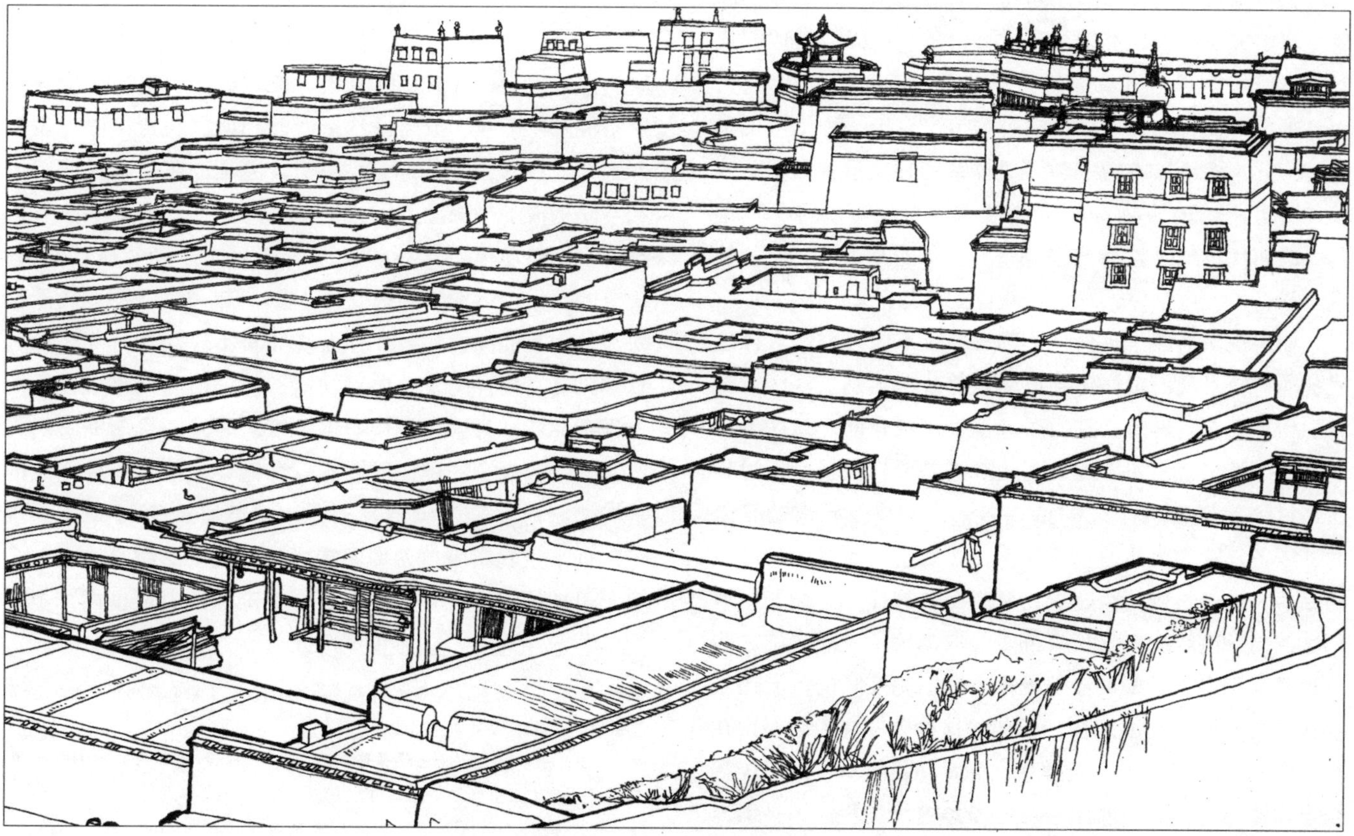

平顶夯土建成的甘南夏河县民居和村景

差异性”这一定义的合适性，不过，此处的“差异性”明显包含了“经营”和“规划”的内涵。聚落的形成和凝淀缺少不了“经营”和“规划”，但也并非唯独特而“差异”，非“经营”和“规划”不能。根据观察和调查，更多的原生态共同体聚落呈示的往往是一种集体无意识，一种趋同性。只不过此“趋同”与彼“趋同”不同罢了，由无意中的“差异性”而成就的独特性，在数量上可能更多。在前一小节中，通过对新疆喀什土城聚落、黄土高原地坑院穴居聚落、岷江上游黑虎乡碉楼、桃坪羌族聚落，以及婺源县理坑村的叙述和比较中，可以清晰看到，不同地域、不同民族、不同自然条件和不同文化、宗教、生产、技术等的人群截然不同的聚居模式和观念，不同的组织和选择理念、态度，以及不同的聚居结构和集合形式。可以说，它们各成体系、各有自己独特的风格和工艺技术，以及对聚落的不同理解方式。他们生息的聚落其实是一个较严密、周全的人居体系，至少创造者们是如此思考或周密安排的。似乎很少故意制造“差异”，而是比较真实地结合聚居地的实际需要，进行专心安排，这种“因地制宜”式的安排，很有可能就衍变成了所谓的“匠心独运”。确实，聚落贯穿了从现实选择和实际需求着眼出发的运思轨迹和建设历程。以前面列举渭北和晋南等黄土高原丘陵山区中下沉式窑院与隐潜型村落，这样的居住方式对生息劳作在这一方水土的人群而言，不仅适宜和廉价，而且是一种长期以来形成的一种型范，属于一种土生土长的、十分自然地形成的一种人居体系和环境景观。毫无疑问，这里所谓的规划经营或无意识、自发等，均一一消弭，取而代之地是综合与模糊——传承、基因、材料、技术，甚至是无可奈何，总之，兼有多向度含义。

如果说由地域、风土、自然条件及不同人群的多样性成就的村镇景观的多样化系更多地着眼于区别宏观区域分异的话，那么，聚落景观的差异性也可视作同一地区不同景观的个性呈现；如果说聚落景观的差异性主要是通过异质的村镇形态得以呈现的话，那么，这种差异性是有限的，或者是较为表面的。事实上，即使是同质或同一地域的聚落，也各不相同。这里，可能存在这样一个命题，即同质或同一地域的聚落虽有许多相同的因子，或者称之为一种基本模式，但如果仔细观察，它们相互间的差异还是存在的。在原广司的表述中，他将这种差异视为诸要素在基本模式上的“变形”所致。②唯此，我们就可以比较顺畅地读解为什么同为岷江河谷的理县桃坪寨和汶川县绵池镇羌峰寨这两座羌族村寨种种不同方面的区别，尽管两村寨的土壤类型、气候、降水量、植被类型、耕地坡度等自然条件基本一致，虽然自然条件的相似性决定了农业生产方式和经济社会特征的相似性③，但是，在村寨平面组织和空间构成上却明显不同：羌峰寨遗存有众多双层垒石建筑群，围护墙体用片石加黄泥构筑而成，房舍相互勾联，狭窄巷弄依山嘴形式曲折变化，寨中仅一座11层八角形碉楼，是山寨的标志和象征；而桃坪寨不仅碉楼林立，狞厉森然，具有极强的安全防御功能，而且街巷网络成型，地下水系完备，村寨边界较明确，依山而建的聚落完整而具有清晰的层次。同样，经过比较和勘察，就会发现相同的下沉式窑院与隐潜型村落，晋南平陆县槐下村等以“规范”的下沉式窑院单元集聚在一处处集中的村邑中，每个单元保持约定俗成和地质土塬所限定的距离尺度内，个体

徽州婺源乡村的街巷景观

① ［日］藤井明著，宁晶译：《聚落探访》，中国建筑工业出版社，2003年，第38页。

② ［日］原广司著，于天祎等译，王昀校：《世界聚落的教示100》，中国建筑工业出版社，2003年，10页。

③ 沈茂英：“中国山区聚落持续发展与管理研究以岷江上游为例”，2005年，中国科学院博士论文，第202页。

窑居的独立性异常强烈。而在甘肃宁县早胜乡北街村窦家壕子下沉式聚居区中，数十户人家在离地表高度约十数米的地下，联系拼接组合，构成了真正意义上的“地下村落”：村中有统一和唯一的公共通道，街道东西两侧分别设置院墙院门，每单元人家除院落外，住居空间向垂直土壁中掘进——这是一种利用土塬高差、再向纵深挖掘和组合地下聚落的环境村落格局。

又比如，同为福建漳浦县湖西畲族乡诒安堡和赵家堡这两座相距仅2公里许、建造时间前后相差仅数百年的家族式堡寨，在城堡的平面布置、空间格局等方面又显示出同中存异、同质异构的形态和风貌。进一步看，即便同为江南水镇，太湖流域暨苏州地区的同里、周庄，湖州地区的南浔、震泽等镇区，人家枕河，傍河而居，园林、寺庙雅致，屋舍俨然，然至绍兴地区的柯桥、安昌和嘉兴地区的西塘等镇区，沿河顺街的出檐廊棚就成为水镇十分突显的构件和景观，在同一性和均质化中尽显差异化的特征。这大概也就是我们常说的“大同小异”吧。准此，对于村镇景观，我们可以这样认为，即“异”可能是绝对的，“同”则有可能是相对的。或者说，在多方面因素较相似或近似的区域中，“同”可能呈现得较为充分，此间的“异”常常“退居求次”，以内隐状态存在于其间；反过来，若多方面因素差异较大或区域间的共同前提存在明显区别时，这时的“异”可能更加引人关注，而其内在“同”往往又容易被人们所忽略。

第三章

村落市镇的平面组织和空间形态分析

人类聚居的群落总是以一定的平面组织形式和空间形态组成，也无一例外地由物质形态要素与非物质形态要素组合而成。物质形态作为村镇的有形形态或物态构成，是社会经济、建筑技术等物质载体的表现形式和呈现方式；历史、哲学、宗教、语言、艺术、技艺、风尚等思想、文化、观念等形而上的非物质要素，则是聚落与特定地域的社会结构与组织、地域或民族及其区域聚落特性和人文景观之所在，其平面组织与空间形态可以说是物质形态要素和非物质形态要素集聚组合的外化和映现。自然条件中气候、地理地貌、地质地形、区位物产等作用力在早期阶段已大体作用于村镇各类界面的组合中。生产经济、社会结构和生活方式及观念也初步铸就了聚落的基调；生产经济、社会组织和结构则主要体现在村镇空间的结构和规模、档次、内容和形态上，构成村镇物态环境的组合格局和形式风貌。

本章关注的是传统村镇在地理学上形成的一定程度的稳定性。这种稳定性的首要可能在于一种平衡，“如果将平衡状态的物理原因称为结构的话，那么也可以说平衡就是结构的延续”。①对于村镇的结构形态而言，读解其平面的组织形式和空间形态不可或缺。本章第一节主要叙述村镇的平面组织与结构形式。根据平面组织形式的基本特点，可划分为带型、点型、网格型、棋盘型、组团型、墨渍型和有机型等七种，对不同组合形式的分离、拼接、连续一一进行分析。第二节就不同地形地貌等自然条件下成就的村镇空间结构和景观，依据其地理特征及属性分山地型、丘陵型、高原型、盆地型、平原型和滨海型共六种。需要申明，六种类型的划分并非地理学意义上的地形地质和地貌构造上的分类，而是基于自然地理暨一定地形地貌中因村镇生长、发展所呈现的、与不同地理环境相契合的结构和景观。

山地和高原占全国国土面积的最大比例。以海拔高度计算，500 米以上的地区占全国总面积的 75%。该区域内地貌类型多样，既有山地、高原、丘陵、盆地和平原，也有山岳冰川、冻土、黄土和岩溶地貌等。根据现代地理学对地面主要形态的量化指标和定义，本书中山地的标准是绝对高度大于 500 米、顶面较平缓的高地；丘陵标准是海拔 500 米以下、相对高度不超过 200 米，坡度较缓、连绵不断的低矮山丘；平原标准是绝大部分为低平的、海拔 200 米以下的地区。

对传统村镇聚落不同的平面组织结构和空间形态特征的分类概述，并进行差异性和共通性比较，旨在阐明村镇景观艺术赖以存在的实体环境和空间风貌的基本条件和形势格局，以及均质化与差异性的本源所在，以裨进一步深刻体认先民们在因地制宜和宜居等方面的不懈努力和创造性，以及蕴含其间的思绪、智慧、技艺和精神。

第一节　村落市镇的平面组织和结构形式

一、带型

带型村落市镇既是传统村镇最初始的状态，也是一种十分普遍的平面形态和组织结构。其基本特征是凭借自然地理的环境和状态，因势就形，较少（小）对自然状态进行大规模和人工化的改造或修建。

带型村落市镇中最为常见的是濒江临河的村镇，因靠近水源而沿河岸呈条状线型延伸，或沿河谷阶地，或顺沟壑溪涧。其中既有近水、生产生活方面的考虑，又得交通

① ［日］原广司著，于天祎等译，王昀校：《世界聚落的教示 100》，中国建筑工业出版社，2003 年，第 211 页。

舟楫之便，可谓“顺理成章”。此类村镇择址和滥觞的一个重要考察指标就是距耕作区域浅近，更方便安排生产和生活。另外，临河处可资利用的资源和空间（如坡地、河滩地等）也相对丰富和多样，质量也会有所提高。基于建构水陆延展的前提，河道、溪涧、湖泊、海滩及道路的形状、走向等在很大程度上也成为村镇演化和展开的依据、核心、骨架和边界，此时聚居区逐渐开始沿主生长轴线扩张。若规模继续扩张，则伴随产生一条或多条次生长轴线。

当然，不同地区的河湖溪涧不同，各地濒河村镇的布置和形态自然也就有所不同，有的差异还十分明显。表现在北方黄土高原地区，带型村镇多依山谷、冲沟阶地伸展；平原地区则以主要道路为中轴展开；南方水网密集区域，往往据河岸湖提扩展，或夹河而建，等等，各在在不同。

北方黄土高原地区的村镇聚落普遍小而散，这与当地的地形、土质和生态环境密切相关。也就是说，黄土高原独特的地理地貌、生土条件和气候等生态环境模塑和成就了其独特的村落形态和平面布置形式。据侯继尧等调查，此地的带型村落多集中在丘陵沟壑区段的冲沟地形中，特点是顺沿“V”字形冲沟的河岸往纵深向铺展，因而建址筑第时较多的是确保耕地和聚落可持续发展，一般建在不宜耕种、沟坡陡峭的阳面隙地中；由于沟壑纵横、较少平坦辽阔的平地，如此，陕北米脂县、佳县、绥德县和延长县，山西临县、岚县和临汾市汾西、永和县及隰县等地的冲沟村落往往以家庭窑院为单位，以避风向阳的四五孔靠山窑作为主体建筑，或辅以牲口圈舍、厕所、院墙及门楼；实力雄厚的也在窑前修建院落式住宅，从而构成窑院一体的住居形式，组成一个个基本单元。①处于太行山南端山谷之间的晋东南阳城县郭峪村的地形与晋陕峡谷和黄土高原冲沟地形中零散却又联成线型特征的地形略有不同，村子前端的樊溪河谷从北向东南蜿蜒长达5公里，村落就坐落在河谷中游最宽处。在平面布置上，该村东西方向狭窄，最宽处约350米，最狭处约100米；南北方向长约1 000米，短约300米。樊溪河自东北往西南宛如一条玉带从村落飘过，村落沿河而生而为带型。显然，较平缓的山水地势给予了村落平面构图更多的整体性和聚合性。倘若站在山巅处俯视，可以看到黄土高原地区弯曲的冲沟聚落宛如一条条曲折连绵的带（线）状图式，其中住居单元虽各自为营，但基于沿冲沟组接，整体上仍为具有一定规律性的狭长型，且靠近溪涧水流。这类带型村落的选址和形态明显优势在于避风御寒，用水方便。

以水为定位轴线的江南水镇布局

在温湿度和光照、降水量等与北方黄土高原大相径庭的长江中游区域内，湖泊密布，溪河纵横，散布着众多沿河濒水的村落市镇。地势平坦的监利县周老嘴镇南缘为东西流向的西荆河，集镇依河形成老正街与沿河街。老正街为主街，西自红军桥，东至龙行桥，全长600多米，店铺、民居面向街道排列布置；主街南面并行有一长300余米的次街——沿河街，两条街道形成了镇区清晰而鲜明的带状平面模式。相对于水网密集的江汉平原，同为濒江临河的村镇，巴蜀暨长江上游及支流的众多带型场镇的平面组织囿于地形地貌和内向的江河流向而赋予其自身独特的风貌和形式。一般地说，山地的单位环境容量小于平原地区，所承载人口自然少于后者。如巫溪县北大宁河与后溪河交汇处的宁厂镇整体沿后溪河南缘顺势布置，呈狭长形密密匝匝展开。据陈明早在《夔行纪程》中的描述，镇区“自溪口至灶所，沿河山坡俱居民铺户连六七里未断”。清人王尚彬在《大宁场题壁》中对宁厂这一产盐场镇的带状格

① 参阅侯继尧、王军著：《中国窑洞》，河南科学技术出版社，1999年，第38页。

局这样叙述：岩疆断续四五里，石筑屋居人稠。后溪河两岸崇山峻岭，陡坡高崖。聚落初始阶段先围绕山谷河边的盐泉，后逐渐沿河南岸延展，并垂直向利用坎坡、台地等不规则地形层层叠叠地布置和演进，遂成数千米长的带状山麓型场镇。与重庆宁厂大致无二的云南楚雄彝族自治州禄丰县黑井镇坐落于龙川江两侧狭长的山谷中，镇区沿江成型于两山夹峙中：龙川江自南而北穿镇而过，使黑井镇一分为二呈两片组合的带状平面格局与组织形式；带状中的群落在2 000余米高的峡谷中连绵起伏，石阶联通着各处高低错落的街巷和建筑群。它如四川资中县的罗泉镇，建筑和街巷依山傍水绵延5里，带状镇区街道空间数度转折收放，平面格局变化颇为丰富。

中西部山地市镇的延伸往往也沿着等高山道推展，这样，镇区格局和平面便构成了“山转水流”式的带状平面，湘西的王村镇就是该模式的典型。

历史上王村与里耶、茶洞、浦市号称湘西四镇，坐落在永顺县东南部，与宽阔的酉水河成T形。其地势自东北向西南倾斜，南北两侧层峦叠嶂，绵延横亘，山谷间营盘溪自东北流向西南方的酉水中。古镇街区自营盘溪的酉水入河口自西往东向山区纵深绵延，与营盘溪大致平行，形成了一条繁荣了数百年历史的五里商街；临溪而建的古镇由埠而市，由市而盛，以山、镇（街）、水一体的构建模式呈现了带状村镇的不同组织形式和结构特色。与此相似的还有重庆江津中山镇和石柱西沱镇，前者沿笋溪河依次延展，后者与长江垂直形成带状形态。

如果说北方黄土高原和川渝鄂湘省区濒江的带型村镇基于地形地质呈现的是垂直向高程生成模式的话，那么，长江下游暨太湖冲积平原和宁绍平原的江南水乡无疑铺展了水平向扩张的结构图式，苏州地区的沙溪镇、黎里镇、芦墟镇，上海的朱家角镇、新场镇，绍兴的安昌镇、东浦镇和斗门镇等，其平面几与河湖水面近乎等高，人们沿水而居，镇区带状蜿蜒。又如始于李唐时期沿檀溪而建的安徽歙县唐模村，蜿蜒数公里，且段落明显，富有节奏。自村外、村口至村中的槐荫树、沙堤亭、同胞翰林牌坊、檀干园、许氏宗祠、长明灯、千年古银杏、高阳桥及一溪夹两岸的水街，秩序井然。直至今日，其格局完整如初。

综上所述，我们似乎可以得出这样一个结论，就是河流在相当程度上可以左右聚落存在的方式，具有不能忽视的功效。用原广司的话说就是：“在水集中的地方，会有一些以水为定位轴线，聚落的整体布局与其相关连的现象，并在此基础上形成聚落的排列。”①

二、点型

点型又称为团型、簇团型，是一种用地紧凑、空间集聚性较强的平面组织方式。相对于带型、网络型村镇的平面组织形式，点型趋于集中和聚合：平面紧凑、整齐，南北轴与东西轴相近似，边界较清晰。如果说带型和网络型的成因主要于在水陆通道，那么，点型村镇似更具复合性和多样性：既有因水陆通道交叉汇集构成的核心化特征，又有沿通道延展的自然化表征；既有带型的延伸性，又比带型更集中，近似于网络型而无网络的规整。

江苏昆山周庄镇可谓典型的点型市镇结构：北依白蚬湖（急水港），南缘南湖，东、西向亦为湖荡，镇区恰似河湖中的孤岛土丘。1990年代前的周庄平面为纵长状，镇区内河道呈“井”字形，以纵向北市河、南市河，横向后港市河和前港市河等构成骨架，形成南北市河街、蚬江

镇区河道呈“井”字形、平面布局和组织趋于集聚点型的周庄镇

① ［日］原广司著，于天祎等译，王昀校：《世界聚落的教示100》，中国建筑工业出版社，2003年，第96页。

西双版纳景洪市勐罕镇傣居村落平面布置经纬有序，平面方形

街、城隍塌南湖街（以上纵向市街）和福洪街、中市街和西湾街（以上横向市街）的两纵三横主要街道。两纵街道沿南北市河而生，三横街道依前后港而成，河道、街道交叉处为古镇中心聚焦处和空间交会点，如北市河与银子浜交汇处的双桥，北市河与后港交汇处的太平桥、南市河与前港交叉处的富安桥、梯云桥及茶馆和沈厅等，前港及两岸的中市街、西湾街与蚬园弄交会处（蚬园桥）、普庆桥（澄虚道院）和西侧的贞丰桥（迷楼），以及后港、福洪街与蚬园弄连接的青龙桥及怪楼等。

总的说来，平面组织趋于集聚的点型村镇数量相对较少，缘由可能是村镇在演化中往往突破意向或规划设定的藩篱界限，除非资源有限（如田亩耕地）、空间有限和自然条件的制约。周庄之所以能长期保持点型平面和格局，主要是1980年代中期前四周均为湖面，边界的蔓延或拓展存在无法逾越的制约。1990年代急水港大桥通车后，新镇区得到快速发展，周庄镇的平面格局自此有所改变，但老镇区仍大致如斯，这种情况与西部贵州赤水的丙安镇颇为相似。该镇也是一处受自然条件制约的点型场镇，不过其点型制约不在于水平向的“障碍”而在于垂直向的“高度”，该镇踞于赤水河与山地溪涧交汇处一个外突高台上，自东北向绵延而至的陡峭山地至河岸戛然而止，场镇位于赤水河北岸，高台距河面三四十米，突兀而高直，形态完整而闭合。在距下场口不远处的赤水河上新建有丙安铁索桥，赤水河与溪涧交汇处的上场口有一清晚期的青石板平桥。在下场口至上场口呈东西向长条点状的高台岩坎上，密布着150余户人家，从赤水河谷滩地向上仰望，民居依山而建，层层叠叠，蔚为大观。下场口至上场口东西向的街道，狭窄处仅2米余，两岸房屋二三层甚至四层不等，近下场口宽敞处约4.5米，密度颇高。

一路往西，倘从云南腾冲来凤山国家森林公园朝西往下俯视村落，可以十分清楚地看到和顺村的平面形式和格局形态，村落依南部的黑龙山而建，坐南朝北，乡前坝子呈星月形，与大盈江相融合，水、镇相连。一条环村通道沿古镇边缘与和顺河相邻并行，环绕全村。一派居山而不登高埠、临水而不陷泽国的点型坪坝村镇的平面组织和结构形式。

少数民族聚居村寨以点型平面组织和结构为特征的当数西双版纳州的傣族聚落。景洪市勐罕镇（橄榄坝）的曼听、曼苏曼、曼戛、曼乍等村寨相距仅50～100余米，以三五十户较普遍。佛寺耸立在村寨主要入口处，如曼听寨前空地及入口处，矗立着金碧辉煌的佛寺，在相对低矮的竹楼中如鹤立鸡群，鲜艳夺目，极大丰富了村寨的立体轮廓。佛寺前村寨道口旁椰树和槟榔树高耸入云，佛塔秀出云表，景色旖旎，满目葱茏的阴翳中蕴含丰富的变化；曼听寨经纬有序，村寨房屋方向一致，排列基本规整，每户竹楼外围低矮护栏绿篱，平面近方形，一块块方形相互独立，三五十个方块形成纵长方形点型村寨平面，规整而无呆板之虞。

三、网络型

网络型村镇的平面组织中南北轴和东西轴的面积长短基本相近，或大致呈长方形，系一种较有规则、存秩序的模块状组合式聚落，常伴有方格或网络状平面构成和结构实体。从发育过程看，其基本形态以带型为基础，逐渐添建平行于前面的中部和后部（条状），或源自十字交叉形逐渐拓展和演化而成。该类村镇多分布于地势较平坦、人口较稠密的地区①，或择址于耕作区域的中心地带，或靠近中心并有裨于建村筑镇的各种自然条件。如此，亦往往成为所在区域的中心村镇，是大中型村镇中有一定代表性的平面形态和格局形式。广东东莞茶山镇的南社村就是一座由带状聚落逐渐扩展成网络型聚落的典型实例。

① 网络型村镇主要分布在黄淮海平原、华北平原、关中平原、长江中下游平原、四川盆地平原、两湖平原和珠江三角洲平原。现保存较完好者多集中在长江中下游平原、四川盆地平原和珠江三角洲平原地区。

如果将明末南社村围墙作为边界划分依据，可以清楚地看到村落初期的团状平面：东西宽约320余米（西门—东门），南北长约300余米。居中自西门至东部祖茔前有一长条形水塘，自西往东分别由庆丰桥、四通桥、新桥将长条形水塘分隔为西门塘、百岁塘、祠堂塘和肚蔗塘等四座水塘，村邑中公共建筑和民居等环绕水塘两岸分别向南北两向纵深递进拓展；将长条形水塘西门至北门四座水塘的南北面东西向的两条街道作为最重要的主轴干道：水塘北缘南北向的六条巷道和水塘南缘的五条巷道（均以连接塘边干道为准），与主干道构成了东西和南北垂直的里坊布置形式，网络型骨架清晰可辨。从水塘旁初建于明嘉靖三十四年（1555）的谢氏大宗祠、建于万历二十年（1592）的百岁坊，可以初步推断村邑最初沿河塘作带状布置的时间约为明中期，随着家族的“瓜瓞绵绵，门庭奕奕”，遂向南北两向延伸，终成网络型村落平面。从南社村的村落平面组织形态看，西坊村迤北、北门塘迤北、北门迤东、东门以东的区域在清中后期至民国间已形成聚居群落，整体平面布置已渐失村墙内聚落清晰的平面网络图式和结构，唯东坊村、东门暨樟岗岭以东、卫星塘以西区域纵横分明，坊弄整齐。

与南社村平面规整有所不同，一些商业市街由于地理因素和等高差异，市镇的网络型平面结构还趋以多样化的组织安排。广西壮族自治区南宁市西部的杨美古镇地处左江、右江、邕江交汇处上游，因水运便利而发展，至清代臻于鼎盛阶段，遂成为南宁周边方圆数百里的商埠市镇和货物集散中心。与众多网络型村镇一样，杨美镇也经历了从带状至网格型发育、转型、拓展的阶段性发展期。初期的古镇顺和平衡于左江东西向延展，共设八个码头。这条300多米长的临江街道素为镇区最重要的商埠商市之所在，举凡店铺、庄园、府邸、街门等鳞次栉比，永宁街等往北开拓平行于临江街，南北向垂直于临江街的中山街、金马街等与中轴交互成网格状，呈现较完整的网络型古镇的平面组织系统和结构形态。

四、棋盘型

棋盘型方格网式布置以城邑居多，村镇次之。这是一种体现等级制度自上而下的、礼制范式的外化，一种“规范化”的平面组织与结构形式。在充满浓郁传统城镇格局和氛围的鲁西聊城可以看到，方形古城区每边均为1 000米，总面积1平方公里，十字街把城区划分成了相等的四个亚区，每亚区内面积大小均等，都为0.25平方公里，方正齐整。自聊城往西150余公里的广府古城，西周时已见于史籍。从唐至清末，素为府治所在，现为河北邯郸市永年县广府镇所辖。略呈正方形的古城面积约175公顷，城内四条大街通向东西南北四个城门。其中，东西两门相通，南北大街与东西大街呈丁字形交叉；城内街巷路网呈棋盘方格网状。除四大街外，还有八小街和数十条弯曲巷道，尺度和空间格局基本保持了原初状态，城内公共空间的体系也基本维持了传统风貌。

中国历史上的城市平面布置和空间结构之所以多取棋盘状网格型，一是传承和延续了三代及秦汉都城的形态格局，或可看作秦始皇及汉代等在全国普遍推行郡县制、并使之制度化和均质化的“物化形式”①，权力、等级、内外、高低、朝野、尊卑、城郭等在“方格”中呈现的需要。二是安全防御的功能特征使然。对于边陲城市而言，保持安定、控制大局尤显重要。比如位于云南大理白族自治州的巍山古城，自公元前109年西汉时期始便为滇西北地区的政治、经济和文化中心之一，近古时期素为西南边陲重镇，连接蜀、黔、缅、印等地茶马古道和古丝路的重要走廊要冲。古城总占地88公顷，城北以左氏土知府府衙为主，占地约30公顷，城南为明洪武年间建的约58公顷的卫城。卫城内呈棋盘状平面布置，以东、西、南、北大街为骨架，经纬清晰，纵横了然，城市的平面和空间结构洋溢着浓郁的防御和军镇气息。

棋盘型村镇多处于地势相对较平坦的区域，也许地势平坦是该类型生长产生的前提之一。比如陕西渭南平原的关中地区，受周代井田制和都城规制的影响，村落布置多以十字为中轴，辅以井字形分割，互相依存，界墙相连。村落以共同的主街为限，从十字中轴两边排列，房屋相连，户户相连，平面运思和构图注重平衡、整齐、统一和协调。华北平原地区村镇街道多取纵平横直，排列整齐，形如方阵，街巷间以直角相交居多，民居及基址“镶嵌”在既定的“棋盘”中。如山西晋中襄汾县的丁村东西长350米、南北宽370米的近似方格的村落基地中，一条东西向主街自东门至西缘三义庙，将之划为两北两大块；南北向道路两条：北面一条从北门到主街（十字街）止，将北块又界分为西北院和北院两小块组团。这样，一条东西主街和两条南北道路便将丁村分割成四

---

① 参阅冯庆余、卞直甫：“秦代郡县制及其历史地位”，《松辽学刊》，1987年第1期。

个居住组团。在三条主要街道外，也有若干巷道，有的与主街相垂直，成为丁字路。原先村落寨墙内侧有环村通道，与村中各巷道联通，形成街巷网络，大多也是横平竖直而较少纡余委曲。

南方棋盘型实例较少，徽州绩溪县石家村可谓丘陵地区中的异数。该村南倚旺山，北临桃花溪，村落以状似棋盘的经纬线规划布置，故又称棋盘村。三条经线贯穿全村，五条纬线与之相交构成村道网络，经纬线之间庐舍有序排列组合，街巷道路均用花岗石铺筑：纬道横铺，长150余米，宽1.5米；经线直砌，长100余米，宽1米许。道路两旁均挖沟掘圳，使流水常年不腐，且无水患。

广东五邑地区的部分古村落平面系统整齐而统一，最具典型性的是恩平市那吉镇云礼村。始建于明朝洪武年间的云礼村北倚云礼山，东濒良皮河，占地约200亩。村落南、北、西三面闭合，坐西向东设一门楼，为村落出入通道。东门楼里一条东西向村道与五条南北纵巷垂直相交将聚落区界分南北两大集群：巷南21户，巷北57户。纵巷的巷弄每巷分12踏单元。纵巷东、西两端每巷各10踏单元。巷弄口均建弄门，以保巷弄住户安全。每踏单元房屋均为粤中普通的“三间两廊式”布置。村落平面与其说是棋盘式，倒不如说更近乎梳背式，一横（东西）多纵（南北）。如此布置对于节省耕地、通风顺畅和良好采光而言具有明显优长。此外，在粤东沿海村落中也有若干棋盘式布置的遗存。如潮州市潮安县古象区古一乡的象埔寨，寨长162.4米，宽（深）154.4米，近乎正方形。寨内格局为“三街六巷七十二厝”，因村寨坐西向东偏北22.5°，所以中轴线自东北向西南向，平行于中轴通道两侧各有三条街巷，长达157米。其余西北至东南向有数条小巷，街巷通道直角相交，经纬分明，棋盘网格内布置一二层院落住宅，平正而严密。

除了上述村镇整体呈棋盘型方格网布置和组织外，有些古村局部也体现了这种型范。浙中缙云新建镇河阳村八士门街区与云礼村可谓异曲同工，宋元时期的河阳村从西南至东西45°向筑河阳街为中轴，两侧巷弄垂直于街道布置，街道总长150余米，横巷五条，约30余间店铺布置于街道两旁，横巷内均为住宅，包括明、清、民国时期四座庄园建筑群、六座朱氏祠堂等，横巷长短距离、深度不一，如三朝巷（明、清、民国三朝）长70米，安排住宅院落数十户不等。横巷内住户入口大门以面向横巷为主，横巷街口处原设闾门，开阖有致。内里也有纵巷，呈经纬棋盘状扩展和延伸。

五、组团型

组团型村镇聚落平面形式指的是若干具有相对独立性的聚居区在整体上共同组合成一个较完整的、多中心的村镇聚落，在黔、桂、湘等省区的苗、侗等少数民族聚居的村寨中迄今仍有大量遗存实例。

侗族村寨沿河串联，风雨桥居前

黔东南州雷山县西江苗寨处于群山环抱中，源于雷公坪的白水河逶迤而过，将苗寨一分为二。全寨由平寨、东引、也通、羊排、副堤、南贵、也薅、乌嘎、两岔河、皆王、掌卡、乌仰等12个自然寨组成，世居有侯、李、宋、杨、蒋、陈、唐、龙、毛、王、陆、梁、董、顾、吴等姓共计1 000多户人家。寨中苗居以歇山式干栏房屋为主，兼有平房、楼居，部分傍山依势呈半山型干栏屋。全寨民居组合成若干紧凑型构图，依山次第升高，蔚为大观。广西北部位处云贵高原边缘，在东经109°～111°、北纬25°～26°的大丘陵地貌中地势高峻，群山连绵，桂北三江侗族自治县的程阳八寨（平铺寨、吉昌寨、大寨、东寨、平坦寨、岩寨、平寨和马安寨）各以其鼓楼、戏台等为中心，形成沿河串联的总体平面布置关系。

晋中南丁村的平面构图相较于黔桂湘等少数民居聚落独立性较强的组织结构和平面形式，更趋紧密和整体——无论在空间距离上，还是房屋庐舍样式的均质化方面。这是一座位于晋南北缘襄汾县汾河东岸黄土台地上的杂姓村落。村子有确定的规划，在东南高西北低的地势中，分布有北院、西北院、中院和南院四个模块，东西向主街又将其分为北块（西北院、北院）和南块（南院、中院）两大组团，组团间除了东西向主街界分外，纵向分别依南北向呈直线分割。以血缘立基的浙江兰溪诸葛村，组团型平面组织和结构形式顺沿冈阜延伸拓展，并以支系房派祠堂为中心簇拥繁衍集聚，全村组团复以丞相祠堂（总祠）和大公堂为最大的礼制中心，其余支系中心均围绕总祠四周而建。在总祠下又分孟、仲、季，各有分祠（分别为崇信堂、雍睦堂和尚礼堂），相应地，村中住宅区也分为三块集群或片区；孟分在大公堂前中塘为中心；仲分雍睦路和下塘路，以雍睦堂为中心；季分北接滋树堂一带，南连尚礼堂及周围，以尚礼堂为核心。三个片区下再细分房派，环拥支系小祠，好比大树的主干和枝丫。（参阅第六章第二节）

六、墨渍型

墨渍，系移民研究中的一个名词，指“外来的移民有时候并不占领成片的广大地区，而只是选择其中的一些地点定居下来，然后慢慢地对周围的地区有所浸润，好像在一张大白纸上滴上若干滴墨汁一样”。①从这个角度看，“墨渍型”人群构成在不同历史时期几乎都普遍存在，而在自然条件优越、交通较便捷的区域更是如此。人群不断流动、定居必然会对原先的村镇平面组织与结构产生变化和影响：新生的聚居点逐渐扩展，一方面使村镇聚落形态始终处于动态发展的过程中，另一方面，原初村镇平面组织和图式犹如墨渍般化开增殖，或逐渐靠拢弥合，或于近处另择新址辟疆拓蛮，以为新区域并构成多点状复合化的平面系统和组织结构。

侗寨的“墨渍”化过程在鼓楼的大小高低中呈现出的肌理和信息

英国现代地理学家哈格特（Haggett）在其空间结构模式论的后期研究中特别关注“空间扩散”问题，认为聚落空间扩散通常是由一个或若干开始形成“生长点”，然后顺着某种路径向外扩散，形成聚落发展的趋势。一般来看，先期聚居点与后期聚居点的区别还是比较明显的：先期聚居点通常建立在相对区位优质、良好地理环境等的各类考察勘定基础之上，这些“优势区域”率先形成村镇的雏形及核心，而后来者往往受到来自多方面的制约，只能另辟蹊径，或依附其边缘，或距一定空间另图他谋，墨渍般渗透和伸展。②或许，我们可以从以下三方面观照墨渍

① 周振鹤、游汝杰著:《方言与中国文化》，上海人民出版社，2006年，第30页。

② 从宏观的历史方面看，在人类群体、部落、民族、民系或国家的竞争过程中，具有某种优势的部分往往优先占据和开发环境、资源良好的区域，弱小或落后的部分通常逃匿或被驱赶至环境较恶劣的高原或山区。

型村镇：一是从形成原因方面梳理和分析；二是从村镇历史进程暨村镇演化的历时性层面予以“复原式”的比较和探究；三是从墨渍型村镇平面形式和空间结构方面，也就是以相对静态的视角对其“结果”的呈现特征进行共时性的归纳和解析。

一般概念上，墨渍型村镇的形成与发展过程是一长段漫长的自发性“演绎”过程，过程的起点和终点基本上是模糊的。不过，人、自然条件、经济和社会因素这些要素却是肯定的，其作用力也是明晰重要的。有关历史时期人口数量的增减、分布、流向和移民等在相关研究中已有详细分析。如从中原到赣、闽、粤、台等地的移民，直接促进了该地区村镇数量和密度的扩张，清代数次“湖广填四川”大大扩大和加速了川、渝地区场镇和村落的规模和发展，等等。同时，又因各地不同的自然条件，而呈现出不同的村镇平面组织形式和空间结构特征。其中，土地的制约作用尤其明显。一个无可置疑的事实是，村镇臻于一定规模时，由于耕地面积的制约，即人口与耕地比例失调时，后来者必定会另觅他处再图计议，抑或析产分居，甚至械斗，争夺土地、水源等资源。

如果说土地田亩的广狭巨微在一定程度上反映了村镇聚落的数量和规模，那么，一些并不完全从事农耕本业的群体如交通航运业等往往集聚在运输动脉孔道处。川、渝、鄂等省区在长江及其支流处场镇的滥觞和勃兴，大抵都与航运及相关行业相联。而且，占据沿江河码头最近的地方通常是先到者，后来者往往向纵深墨渍式蔓延。再有，一些移民集聚地还呈现出家族或地缘的组合状，形成不同姓氏或地缘的组团式聚居形式，如资中县铁佛镇的江西籍移民。若进一步探究，可以看到任何村镇从形成到成型、演进和演化，其实也可视为墨渍型变化的历史过程，这在第二章中已有叙述。问题是，村镇平面、形态和肌理不断的“墨渍”化合过程，使新旧“墨渍”叠加，其历史肌理和边界趋于畛域难清的境地，这样无疑会增加以相对静态的视角审视其平面组织形式和空间形态特征的难度和盲点。不过在西南侗族的一些聚落中，先来后到的前后顺序和空间分布通过“鼓楼”的尺度大小高低予以分别。例如贵州从江高增村，对外是一个整体，内部则由三个小寨组成，三小寨各自建有家族标志性的鼓楼。最早在此定居的杨姓家族住在上寨，位置佳，鼓楼最高，称作“父”；晚来的吴姓住在下寨，方位略次，楼略低，称为“母”。坝寨是上、下寨分化而出的新寨，鼓楼低于“父”和“母”，为“子”——其间的先后、主次、高低等一目了然。①

类似高增寨之类借助鼓楼高低等判断先后主次等尚属少数，大多数村镇演进衍化的痕迹未必清晰。这里试图通过苏州黎里镇变迁的平面和空间，大致分辨其“墨渍”的化合过程。元代时黎里镇沿东西向市河由西向东发展，平面形式为带状，明清时进一步自西沿南北向南北栅河和西栅河拓展，东部则顺市河延伸，此时平面渐从带形向T形演绎。20世纪初至中叶，带状两侧扩展，东部进一步向小官荡方向蔓延，市河北部因靠近沪青平公路而迅速扩张，北向已失明确的边界。从街坊房屋的密度看，东至梯云街、西迄黎花街的古镇中心仍为最密集的中心区域。从市镇平面和空间结构变化看，东部和北部是墨渍渗化的主要区段。

黎里的“墨渍”化过程提示了这样一个现象：“墨渍”渗透或沿拓的方向大抵以便于生产生活或商贸等为准，一旦无立锥之地，则另辟疆域，这在湖北新店镇新旧街区的发展中也可印证。赤壁市新店镇在其建镇400余年的历程中经历了点、线、面的拓展蔓延：明初雏形期是沿着新溪河东侧呈若干点状，明末清初时点状连成带状，仍以河为凭，借助水运贸易扩展码头、增设商街。迨至清和民国时期，市镇得以向垂直于河流的街道向东延展，尤其是粤汉铁路通车后，水运优势一落千丈，镇区遂向东部民主街、建设街一带转移、扩展并成为新的中心区段，其平面也由带状逐渐向点块状演进和漫漶。

由此可见，村镇的“墨渍”化并非无目的、无方向地偶尔为之，而是有所选择、经过“规划”和经营的一种策略行为。

七、有机型

有机型的村镇平面组织和空间结构在一定意义上往往意味着不拘成规，不拘一格，形式变化丰富，表征着因地制宜、视具体条件相机而成的基本风格。同时，有机型也并非一种“定型”的范式，而更多呈现浓郁地方特色的一种组合形式，这在自然条件相对特殊的地区表现尤为明显。

川渝两地的犍为罗城镇、渝中磁器口镇、雅安望鱼镇、酉阳龚滩镇、龙潭镇、合川涞滩镇等，平面组织均可

① 参阅刘宝明，“侗族鼓楼的文化分析”，《民族论坛》，1989年第1期。

视为有机型的不同表现形式。磁器口镇的有机性在于磁正街和横街一纵一横分别向马鞍山脊和溪沟边缘伸展，串联起嘉陵江水运码头等外围通道；特色在于主街纵贯江边码头与山脊，山环水绕，相互契合；雅安望鱼镇街区建在高于河面50余米的巨岩上，曾是古驿道的东西向一字长街构成小镇骨架，入口临周公河处，130余级石梯层叠而上，上得石梯，方至场镇：该镇的不拘成规在于街区建筑群落簇集在山岩上，虽濒河而建，却因高悬而远距河面；长街高低不一，蜿蜒曲折，巷弄旁逸伸展。底部及街道界面均为石板，具有较好的防水和排水功效。

相对于带型、点型、网格型、棋盘型、组团型而言，有机型既没有恒定、统一的平面形式和结构，也不同于墨渍型近乎自由状、边界或领域感模糊、散漫的形态和图景，而是看似漫漶，实质却趋于整体和赋有一定象征比附特征的平面组织与结构形态。这种平面布置形式也集中于村镇的某个部位，而且往往是中心单元，具有代表性的是安徽黟县宏村和四川犍为罗城镇。

南宋前宏村还是一片“幽谷茂林”之处，且“蹊径茅塞”。绍兴元年（1131）汪彦济举家迁来“卜筑数椽于雷冈山下”，延请地理师“遍阅山川，详审脉络”，规划村落总体平面为牛形。“牛形村”的建设经历了漫长的时段：先在村西虞山溪（西溪河）拦河筑坝，引水入村，坝名堨石头，状似侧首饮水的牛舌。明永乐年间村中发现一泉眼，遂扩掘成半月形的月沼（月塘）视作“牛胃”，并开凿千米渠圳，比作“牛肠”，使圳、沼相通。还相继在绕村的西溪河上架起四座木桥作为“牛蹄”。后又掘建南湖作为“牛肚”，加之雷冈山的“牛头”，山顶古树为“牛角”，山下居民庐舍为“牛身”，形成了“牛形”村落。无独有偶，四川犍为罗城镇中心犹如梭形的米市场平面布置，东西向两头尖细收窄，中间略宽敞的细长状集市格局，东面收尾处与南北向横街交会形成T形，西部尖端连接上节街直至栅门。梭形市场和街巷总长约90余米，其中西端中心设戏楼和牌坊，东部对景于戏楼的是坐东朝西的灵官庙，形成完整的东西横轴贯穿梭形街，使空间张弛有度，收放自然，呈现完整的内向性闭合状态。长期以来，当地人更愿意认同其船形，认为其形含有同舟共济之寓意。

船形村落平面尚有黟县西递古村，一如村中楹联曰：“裕厥嘉猷，梯山航海”，点明了船形的象征意蕴。其余更多的是以物的形状或数字、姓氏比附在民居建筑的平面构图或造型中，不一而足。将村镇局部或大部的平面布置比附于某种象征意味的形式，是中国传统文化中的一个普遍现象，也是无类比附思维的外化之一，具有农业文明时期的特征。①就其本体而言，宏村月沼的价值在于蓄水引渠，形态构成上有机地围合成一个以水池为中心的界面空间（广场）；同理，罗城镇梭形空间在于使之具备了明确的透视或聚焦点，通过曲弧状较为自如地限定了中心领域，以及给予行人十分明确的方向感或标志性。除了象征性比附等的平面组织外，还有众多看似不规则的平面和空间形态组合。如重庆合川涞滩镇因船运贸易而盛，复因军事防御而筑城。总体分为上下（大小）两个场镇（单元）：下涞滩位于渠江两岸，江边若干民居簇合成街区；上涞滩位于距下涞滩半里的鹫峰山间，系寨堡特质较明显的场镇形态。上下涞滩虽相距500余米，却在空间关系如道路、高低等方面彼此呼应，虽分犹合，成就了颇为特殊的有机型村镇的组织形态和簇群结构。

无论如何，有机型村镇的平面组织和结构的构想及设施，需要众人共同协力，这样一种“公共工程”，行为、步调要一致或统一才能完成无论是梭形、船形，抑或是牛胃、牛肚的平面组织和形态，这对疏于公共事业、公共建筑建设传统的的中国而言，颇为难得。

有机型村镇平面的组织形式和空间结构特征是前述各类平面和形态类型中变化较丰富、样式较多元的一种，盖因不存在固定的“格式”或范型，形成的初始原因也不尽相同，人群组合与构成的多种多样，遂成就了其“一体多元”的面貌。当然，如果据此或勘察结果，认为有机形是一种率意而为的终端呈现，显然又不符合事物本身演化的实态。结合文献资料和贴地调查后，我们认为，有机型的村镇往往经过一定的经营和设计，至少在形成的前期时段有一个比较、考察、权衡和规划的过程，这样的过程亦即筹划、构思阶段，所考虑的因素确实比较全面和有一定深度，主要着眼点主要在于人地关系、山川形胜等方面。由于大多以实用为圭臬，注重实际效能，因而也就具有了各不相同的平面和形态特征。

---

① 舒尔茨在谈到场所的形象化时，认为人要使自然结构更精确，亦即人想将自己对自然的了解加以形象化，“表达”其所获得的存在的立足点。必须将其对自然（也包含本身）的理解象征化。象征化意味着一种经验的意义被“转换”成另一种媒介，目的在于从目前的情境中解放出来，使之成为“文化客体”，可成为更复杂的情境要素，使场所成为存在的“中心”，并指出，形象化/象征化等是安顿生活的普遍观点，建筑物的形象化以及集结，同时可以使环境成为一个统一整体。参阅舒尔茨著，施植明译：《场所精神——迈向建筑现象学》，田园城市文化事业有限公司，2002年，第17、18页。

第二节　村落市镇的空间形态与景观特征

一、山地型

在我国陆地国土面积中，山地占总面积 33.33%，为五大地形所占比例首位。就空间分布和数量看，山地型村镇无疑是最广泛和最大量的村镇类型。

本节中将要列举的黑虎寨、布瓦寨、爨底下村等聚落堪为独辟蹊径的典型，在地理环境条件非理想的状态中阐发了令人瞠目的想象力，“孕育出了今天仍令人难以置信的聚落景观。由此可见，想象力与技术是密切相关的，想象力是产生技术性思考，以及从技术性角度来思考的力量的源泉”。原广司在谈到聚落的有关技术构想时认为，“正是因为有了这些思考与行动，人类才能够生存下来”，并提出：“大的空间依赖于大的构想，大的构想则依赖于细小的部分，空有大的构想而无细节，聚落将乏味无趣。”① 作者在考察了遍布世界的聚落景观后得出的这个结论，无疑是极具洞察力和一定规律性的。我们不妨将视线移到川西北、北京西郊和重庆的山地村镇中，一窥三地充满想象力、技术性思考的独特聚落及宏观构思与细微处理融会一体的佳构。

生息于川西北岷江上游及其支流广大山地的羌族多聚居在高半山和山腰处。因处于青藏高原的边缘和过渡地带，唯山顶和缓坡台地间有牧场和耕地，又因历史上械斗不断，于是，天然的高度无疑“转换”成了易守难攻的地理屏障。高半山处的羌寨如黑水河流域的黑虎寨坐落于半山脊端突显的台地上，一侧临崖，一翼为耕地，人踞其上视野颇为开阔。村寨平面布置因地形和等高线差异而变化：沿山体脊背即西南—东北向断断续续联成线状，其间高低错综，穿插组合但无明确中心和村寨边界，唯纵向空间高度因若干碉楼秀出云表而成中心聚焦；择址于高半山缓冲之地的布瓦山上的布瓦寨在斜坡上分台布置住居。村寨踞高向阳，面临岷江河谷，宽阔而壮观；山体等高线上民居鳞次栉比，层层叠叠，三座遗存的碉楼高矗其间，彰显村寨清晰的空间层次和壮丽浑穆的环境风貌。

布置在坡地和台地间的山村聚落

众所周知，山地型村镇聚落空间形态和特征较多受制于赖以生存的山地环境，包括山地坡度、山位、山势等，大至村镇的空间和风貌，小至建筑的形式、形体表现和空间形态等。与平原、盆地、海岸乃至小丘陵聚落环境有所不同的是，山地的生态敏感性较强，因此，在尽量维护山体构造特征、自然地貌和山地景观肌理的前提下，因势利导构筑村镇人工聚落，充分利用山地垂直向的错落布置和组合，形成富有纵向层次感、与山体山势环境协调的聚居空间就尤为重要。此外，山地型村镇由于可耕地较少，交通障碍性强，以及动植物和矿产资源相对丰富等特性，也使其生产与消费的自给性得以增强，建筑与人居环境文化在空间上具有一定封闭性，通常变化也较缓慢。

位处太行山余脉西山绵亘的北京门头沟区斋堂镇爨底下村依山而建，层层错落，在京西深山峡谷中延绵存世已越百年。村民居险凭隘，因地制宜巧构人居环境，使之具有了普遍的山地村居的经验价值。在村落择址上，爨底下聚集于山势蜿蜒起伏、群山环抱的向阳面南坡地上，地理环境闭合回环，气势壮观。依传统风水堪舆观看，村庄背枕绵延圆润的龙头山，左右（东西）各有或高耸、或低峙的山峦环列护峙，前（南）有宛如冠带的泉源和翠微欲滴的锦屏山对应，形成负阴抱阳、藏风聚气的理想格局，使

① ［日］原广司著，于天祎等译，王昀校：《世界聚落的教示100》，中国建筑工业出版社，2003 年，第 28 页。

冬季有效规避滚滚寒流，四季接纳南向光照；在山地环境与房屋庐舍的建设布局上，发挥山体形态和自然环境特点，随坡开田，依山构屋，将总计70余幢合院房舍随山势高低分为上下两层，放射形布置于坡地和台地间，尽可能运用院落高差，使房屋大都能获得充足光照、良好通风和寥廓视野。而密集中心式的布置显然是为了节约有限的耕地。在工程和道路等方面，山地落差和村落两侧谷地中构筑涵洞和排水沟等以有效防涝泄洪。另外，在山体高端处还建有观察口、天梯、通道、暗道等防御系统；村内小巷顺乎地形环境，高低弯曲，蜿蜒延伸，形成生动多变的山道路径及其空间，地面铺紫、青、灰等色泽斑斓的山石和原木，高低错落相间的山地建筑勾画出丰富多变的山村立体轮廓；最大限度利用地方材料如青石、紫石等，石墙石路成为村落景观的明显特征。尤其是上层聚居区，坐落在人工台地上，台地坡道的护墙陡直高耸，均为不规则石块砌筑而成，坚固粗硕，自然凝重，灰色屋顶随山势起伏有致，极具变化之美，显示出华北山地村居淳朴而壮阔的气象。同样是山地环境，重庆地区的山地场镇则显示出既不同于川西北岷江上游的羌居山寨，也有别于京西峡谷驿道旁的古老山村，其空间形态和景观特征更多呈现为以下两方面：一是依山傍水，灵活布局。巴渝地区山峦连绵，水系尤为发达。无数场镇因交通、商贸、生活或军事诸原因在此聚居集簇。从早期的逐水而居到商民骈集之所，有相当部分场镇选择和布置在山水相夹的带状阶地处，既得背山面水、便利用水之长，又借水道得交通商贸之便，山环水抱的空间格局无疑又为场镇提供了天然屏障，龚滩、塘河和安居镇等均为此类。基于山地丘陵缺乏平稳或具规模的用地，也为了最大可能适应地形地貌，镇区在布局上常常以妥协或调和之法尽可能因势而形，从而形成了各种灵活自由的场镇空间形态。二是陡峭的山势和狭仄的用地条件，使巴渝众多场镇形成了高度集约化及内敛性。先天自然条件促使古镇在演进中形成较紧凑的结构形态，“上”、“下”两个向度的拓展及高密度的聚集和集约使其呈现出密集、逼仄、高低交错和规模中小化的种种特征。也许正如上述种种，成就了巴渝场镇的另一特色，就是空间层次丰富，景观系统完备。

南方山地型村落市镇的空间形态与结构组合还可以广西龙胜壮族村寨为例。桂林市西北缘的龙胜县山区，分布着众多壮族村寨，这些村寨依山就势，布局自由，形态丰富，路径随地势起伏而富有变化。金竹壮寨位于山区陡坡区段，道路随地形自下而上，纵向连贯全寨，民居建筑沿等高线布置在道路两侧层层叠叠，寨中溪涧水流奔腾回转逶迤而下，与路径相契合，在高山、绿水、高大茂密的林木映衬下，层次十分丰富，与层层梯田的曲线形成和谐相向的韵律。基于我国山地地形的宽泛化，我们一般也将之细分为山地型和缓坡形两大类别。山地型指的是坡度大于5%的山地中，其平面和空间多按平行或垂直于山地等高线布局，纵深空间有限。前述黑虎寨、布瓦寨及重庆龚滩镇等均属此类；缓坡型村镇如本节中提到的爨底下、广西龙胜金竹寨等坡度小于5%的水系、道路与山体的过渡阶地。

二、高原型

按地形分，高原在我国陆地国土面积中排行第二，占总面积的26.04%。在广义上高原亦可属山地。将其单列，旨在较细致地叙述和分析高原型村镇聚落的空间形态和景观特征。

青藏、云贵、内蒙古和黄土高原在我国的地形高度上大致呈两级阶梯状，第一级阶梯为青藏高原，第二级阶梯指云贵、内蒙古和黄土高原。位于北纬36.5°、东经101.5°的河湟地区湟中县鲁沙尔镇虽处于青藏高原的庞大板块中，然而镇区和周际地貌却十分多样。整个城镇四面环山，坐落在莲花台五条沟内，沟壑纵横；地势西南高、东北低，相对高度在50～200米，起伏的地形使城镇因势而形，主要街巷分布于各沟谷中。另外，鲁沙尔镇所在湟中县也是黄土高原的西极，是青藏和黄土两大高原的过渡地带，地形地貌兼有两处的特色。镇区地质属祁连地槽褶皱系西宁中新生代断陷盆地，近代地质活动依然活跃。境内一脉湟水由西向东横贯中部，滨河两边形成多级河谷阶地。若站在东拉山顶俯瞰鲁沙尔全镇，但见四向山峦连绵

黄土高原南麓的河南林州山村

向中心围拢，形似莲花，东南隅格鲁派丛林塔尔寺依山而建，高低错落；北面庐舍集聚，河涌街与后街长500余米，商铺、手工业作坊聚集，道路依山坡上下，颇具变化。

陕北、晋西等黄河中游地区的地貌是黄土广泛覆盖的高原，地貌类型较复杂，总体上海拔高度自北而南逐渐降低，大部分海拔在1000米以上。以西部的吕梁山为主体包括云中山、芦芽山及迤西连绵的山西高原地形高差变化大。高原区内沟壑纵横，塬畔交错，众多村镇常随山、塬、沟、滩的地形山势而成。而在陕北地区，还往往以沟、坡、梁、峁、砭、畔、台、滩、坪、岔、塬、铺、墕、疙瘩、圪堵等与定性风貌相关的词汇称谓村镇，可见地质、地貌和黄土高原对村镇在平面布置、聚落形态和景观风貌方面深刻而普遍的影响。从黄土高原最初由河谷阶地聚集到向黄土丘陵山区的逐渐扩散——这种扩散反映了传统农业社会人口增长、劳作半径和土地承载力的限制和社会生产力发展等多种因素共同作用的结果。伴随着乡村聚落的空间扩散，其聚落村镇的区位也趋复杂化和多样化，空间分布也日益分散。晋西临县的碛口镇西临黄河，南濒湫水，海拔650余米，自清乾隆年间至1930年代的200余年间号称秦晋峡谷沿岸700里第一商镇。镇区主街道从镇东开始，沿湫水河西去，复逆黄河北上，一路曲直不定。其后街虽仅有200余米，却蜿蜒数十道。古镇各类建筑依势而筑，形成了梯形格局，形态多样，高低错落。山坡建筑与主街间均用石板铺筑。悬殊的等高线既有利于防洪泄洪，又使街巷道路具有高程变化之感。

距碛口镇1公里的西湾村，坐东北朝西南，依山傍水，陈氏家族群落建筑坐落在总长约250余米、宽约120余米的狭长坡面上。总面积约3万余平方米的村落，以五条小街巷将村邑围合起来，有明确的拱洞作为总出入口，整体布置严谨而处处可见匠心。无论街巷、涵洞、台阶、房屋

青藏高原东南向的羌族碉楼

和朝向、高低等，均以实用、便利为圭臬；尤其在街巷道路的组织安排上，虽曲折蜿蜒或上下层叠，终究“柳暗花明”而殊途同归。院落与院落间大都有小径门扉相通，合理而通畅。

同样位于黄土山坡下，豫西巩义市邙山脚下的康店村康百万庄园则又展现了与之不同的高原村落空间形态和景观。庄园北濒黄河、西临洛水，南缘为黑石关，地势险要。全园因地就势，既借助高原地势的特质挖掘靠山窑洞，又以窑洞为中心轴线在其南向拓展经营院落式住居，形成了有33座庭院、53座楼房、97间平房和73孔窑洞、规模庞大的建筑组群。平面组织安排上，多进院与毗连院有机相接，在窄长的空间中运用“分割”手法，使之产生富有节奏感的变化；在空间处理上，竖向的层次感丰富而多姿，高低错落。若从庄园北端仰视，但见黄土峭壁断崖若垂直状竖切，面南处上下壁立窑洞。俯视则满目青砖灰瓦、院落连绵。在高大、壮硕的寨墙堡门、黄褐色山峦和坡地的住居景观意象中，庭院间伞盖如张的绿阴植株、竹石光影则又赋予了黄土高原性格的另一秀美侧影。

三、平原型

平原地形占我国陆地面积11.98%，主要有东北平原、华北平原、长江中下游平原、珠江三角洲平原等。在第二章中我们曾以古代浙江绍兴（会稽、山阴）为例叙述了部族原始聚落从山地向山麓冲积扇地区、冲积平原、沿湖、沿海地区逐渐推进的历程，距此不足百里之遥便是著名的河姆渡遗址。平原是中国城镇聚落的摇篮。古人很早就认识到了平原的种种优长：地形坦荡，水源丰富，物产丰盈，交通方便。除关中平原和成都平原外，其他平原都在东经110°迤东。《史记·货殖列传》和《汉书·地理志》、《货殖传》中以“都会”称名的13个城市如长安、洛阳、临淄等均设于平原之上。正如范蠡对勾践所说：“今大王欲立国树都，并敌国之境，不处平易之都，四达之地，将焉立霸王之业。”[①] 说明平原农业、物产、交通、土地等资源能为城市的崛起奠定和提供一切必要条件和基础。

平原型村镇聚落基于不同“平原”而呈现出“同质异构”的表层景观。地处江南的原松江府青浦县（现上海市青浦区）的乡村聚落有794个，多以浜、泾、桥、港、湾、圩、浦、溇、荡、堰、塘等命名，反映了江南水乡水网纵

① 《越绝书》卷八。

平原村落尤其是江南水网交错，形成小桥、流水、人家的聚落形态

横交错的生态环境特点，民众利用、改造自然环境的活动痕迹。①江南水乡尤其是低洼地带由于水网分隔限制，房屋多傍水而建，大型村镇往往择址于河道汇集交岔口，水系为当地自然生态景观的主体，村落内通过水路、桥梁、村道等与市镇相连接，形成小桥、流水、人家的聚落空间形态和特征。苏南太仓市的沙溪镇地处长三角泥沙冲积平原中，其演进历史具有江南水网城镇发展的普遍性，即初始阶段沿河道聚集，形成基本沿河网展开的带形聚居点。从 1034 年至 1906 年的 800 余年间，镇区戚浦河共疏浚了 38 次，平均 21 年疏浚一次。戚浦河的疏浚、修通，赋予沙溪古镇以持续的发展后劲和活力，成为苏州至上海、常熟至上海的通衢中转，苏州至长江水路的要冲。随着生产、商贸、集镇的衍化，沿河带状居民点逐渐完型，形成了“一河、二街、三桥、一岛”的镇区格局。所谓“东南十八镇，沙溪第一镇”，就是晚清前古镇鼎盛时的写照。东西横贯镇区的戚浦河南北两岸，分布有独具特色的临水建筑。为着通舟、取水、浣洗、装卸货物或乘凉观景的需要，滨河建筑还建有河棚间，棚下是水桥和泊船处。河棚造型各异，条石石砌和干栏吊脚不一，历史风貌浓郁。与戚浦塘平行的还有一条三里古街，沿街建筑以二层为主，飞檐桃梁的二层屋檐尽显昔时商业的繁华，店铺连绵，宅院深深，拱桥坚致，一派绰约浓郁的水乡风姿。

与江南平原较为近似的长江中游江汉平原，境内河湖港汊众多，气候湿润，雨量充沛，物产丰饶。洪湖边缘监利县的周老嘴镇区旧时有小荆河、西荆河、内荆河、龙潭河、脂河五条古河自南而北、由西向东在此汇流入洪湖。历史上周老嘴凭舟楫之便、运输之利，依河而居，遂成自然聚落市镇。古镇区南缘的小荆河，依水系水道形成老正街与沿河街并排的格局，镇外四周均为大片农田，呈现为水、镇、田的聚落空间形态和意向。②

在岭南粤中三角洲平原区域，分布有无数经过规划的族居村落。佛山市三水区乐平镇大旗头村与其他粤中乡村近似，民居皆为标准的三间两廊式，42 幢房屋在平面、规模、大小、造型等大致无二。村落坐西向东，呈疏式布局，房屋横向分成四列，每列 10 余栋，纵向列间巷宽 2.2 米，端部有闸门楼；全村占地约 5 公顷余，村前（东）有晒坪和池塘，村北有文塔如笔。在有序的组合排列、有机的村落入口和池塘水面、晒坪空间的结合上颇具意匠，高低穿插，软质与硬质要素的层次纵横，碧绿高大的细叶榕浓阴如盖，视觉效果甚为强烈。同时，该村的排水功能系统亦十分完善，西高东低的地势，使天井、巷弄中的雨水经“渗井”排入暗渠，径达村前的池塘，从而形成雨水收集和有效利用的循环系统。

与大旗头村平面有序布置、泮池、塘基、古榕、闸楼等公共活动场所和象征符号一应俱全的村镇在粤中和五邑地区十分普遍。三水乐平镇南向 100 公里许的开平市百合镇马降龙村，进一步呈现了岭南地区的地域风采和聚居景观的典型性。马降龙村由永安、南安、东安、联安、河东、庆临、龙江、龙溪等八个自然聚居区组成，位于潭江与百足山之间。弯曲的潭江冲击形成了山前小平原，八个聚居区大抵取东西朝向，即南迎潭江，背枕百足山。各聚居区内房屋布置横平竖直，规整严谨，其样式一律为三间两廊式。或许是处于“差异识别”的考虑，村落前首排房屋的两廊上兼有女儿墙和博古横脊下藻饰鲜丽的浮雕图案和额联；后排庐舍装饰则聚焦在门楣上。空间层次上严格恪守前低后高的准则，形成强烈的节律感。村中的规整与村前、村周聚落环境的自然赋予了一定对比性：除了村前半圆形泮池、大小不一的塘基、婆娑摇曳的细叶古榕和前后闸楼等公共设施和标志外，村后咸为密集的簕竹林，尖刺的竹叶兼有防卫作用。村周由大面积龙眼、香蕉和杨桃果园簇拥，生态指数颇高，林园中小径蜿蜒，浓浓绿意沁人心脾，为村居环境增绿添色。

① ［日］滨岛敦俊、片山刚、高桥正编：《长江、珠江三角洲农村调查报告书》，大阪大学文学部纪要第 34 卷，转引自江沛、王先明主编：《近代华北区域社会史研究》，天津古籍出版社，2005 年，第 362 页。

② 参阅易伯、董争俊、刘炜：“因渡而兴的湖北古镇——监利周老嘴”，《华中建筑》，2005 年第 3 期，第 155，156 页。

从江南水乡平原、华中江汉平原到粤中五邑平原三处村镇空间形态和景观风貌看，粤中五邑平原的村落景象更偏重关注传统人居历史经验在实践中的灵活运用。江南水乡则彰显人与自然环境的共生共荣，和谐一体。江汉平原集镇则趋于率性和自然，各具地域风貌和韵味。

四、盆地型

相对于山地而言，盆地是指四周或边缘大部分地区为上坡所围合成环绕横亘，其中部分区域虽有明显高低落差，但总体上较平缓。四周的山地给盆地与外界交流形成了一定屏蔽。从四川盆地和赣中盆地看，对外交流和会通主要借助于水上交通。不过，相对于绵延的山地而言，盆地内毕竟是平原，显然其生态环境、地理条件等要远优于山区。

我国的盆地地形以四川盆地最著名。四川省西部山地高低隆起，川西北高原、川西南山地面积广阔、唯有东部盆地相对低下。盆地总面积广约 20 万平方公里，海拔 300 ～ 600 米。盆地中众多传统村镇聚落具有浓郁地方特色和浓厚生活气息。内江市资中县西端 50 余公里的罗泉小镇，依山沿球溪河而建。镇区长约 5 公里，因地形狭窄瘦长，街道颇为逼仄，两侧大多为两层楼房，防火山墙高耸，檐廊深远，街道蜿蜒逶迤。场镇平面结构随河岸转折，形式富有变化，并合、转折和疏朗闭合兼备，使街道与球溪河总体呈 S 形，民居和其他公共建筑等因之而成不同的形态。又如江西省吉安市青原区富水河南岸的渼陂村，始建于南宋绍兴年间，为梁氏族人聚居所在。全村占地广约 1 平方公里，赣江支流富水河流经；村周翠峰耸峙，芗峰东立，象峰西护，瑶山南耸，一派天然形胜之貌。池塘与河流穿村绕户，水气淋漓。古池塘由砖石砌成互相贯通，星如棋布于村中，长型的村落平面沿富水河依序伸展。元末明初村中商业街于河畔滥觞，明宣德年间街市日趋完善。昔时河运便捷，人口麇集，店铺鳞次栉比。及至晚清，商业街已长达 900 余米且沿用至今。除经营传统棉布土产、竹木粮油外，还有海货、洋布等外域商品食物。现保存完整的商业街尚有 600 余米，店铺百余家，夹街对峙。北端一侧店铺后门临河，以裨货船停泊和装卸。渼陂村路径宽窄不一，路面铺材有鹅卵石路、青石板路、泥土路等之分。主要街道为卵石铺筑，形成环路。村中民居众多，府第堂皇，宗祠雄伟，其建筑结构多为穿斗构架，以两侧山墙承托梁枋和檩条，大门凹入式或立贴式，体量较大，山墙有硬山、五叠风火等，小而疏的外立面窗户具有防御性。红砂岩材料主要用于柱子、门斗、房屋转角石、窗框等处，墙体由青砖砌筑，形成青砖白缝、黑瓦红边的建筑景观，红色、玄色和豆青色相映成趣，明艳精丽。

江西盆地中河流穿村入户，村落水气淋漓

与渼陂村池塘密布庶几相似、与之毗邻的吉水县燕坊村樟树林环布全村，且果园处处，景色自然，风物清嘉，一派恬静安逸的田园风光。村落南北长约 2 公里，东西长约 1 公里，地形西高东低，依地势呈带状分布、组合。由于大小池塘众多，所以略具规模的院落住宅门前大都正对池塘。村内街道高低起伏，屋宇整齐，林木阴翳掩映，生态环境自然良好。

五、丘陵型

丘陵地形有坡度平缓、谷底宽阔、土地深厚及较理想的光照条件，自古以来就是人类聚居、生产活动频繁的区间，且村镇数量多、密度高，规模也较为可观。在浙江省 10 万余平方公里的面积中，约有 7 万平方公里为丘陵低山。金（华）衢（州）盆地东南缘的武义县俞源村北接金华、武义，南通松阳、缙云，东接永康、东阳，地形上为盆地和山区的交界处。群山环拥的村庄地势由东南向西北缓降，溪流穿过村庄后折向西北口。古人对其形胜颇为推崇："宣邑山水惟俞源为最，自九龙山发脉，如屏、如障、如堂、如防，六峰耸其南，双涧绕其北，回环秀丽如绘也。"① 同为浙中丘陵地形的皤滩镇位于仙居县中部的河谷平原上，是台州灵江流域和浙西丘陵山地的水陆交汇

① 清·《宣平县志》，引自邹伟平编著：《走进俞源》，中国文联出版公司，2002 年，第 33 页。

处。因航运和古道交汇之利，渐为古代浙东南山乡的著名商埠和重要中转站。镇中店铺林立，商贾云集。弯曲的上街和下街全长约1.5公里，曲折多变，后路街约750余米，两侧排列着高二层的百余户前店后坊或前店后埠式的店铺。店铺门面多木质双开门，旁侧店面设石板柜台，柜台上为排门板，平时收掉门板，柜台上陈列商品营业，夜晚打烊装上门板。街面宽3～3.5米，蛮石铺筑，居中一列拼有图案，颇具动态。因盐路、贸易和商埠而盛不仅使古镇较早获得生长发育机会，而且五方杂处、万千气象集于镇市中，丰富多样而功能完备。街区中既保存了桐江书院、丽正义塾、何氏私塾、胡公殿、陈氏祠堂和大量四合围院住宅等传统村镇的基本单位和象征元素，又有酒店、布庄、药材店、杂货店等不同经营内容的店铺。

受堪舆风水观影响，中国丘陵地带传统村镇主要分布在山岭间的田峒、谷底边缘的山脚或与盆地交接的连接处，总之，需有较平缓开阔的地势暨较多耕地、充沛的水源溪流等。基于上述择址条件，丘陵型聚落往往富有较理想的地理和景观艺术特色：山体、聚集地、田亩，水塘、阡陌、植株等高低错落，组合多样且较易获得宜人的空间和层次感。福建漳州西部南靖县西缘的书洋乡，山高林密，溪流急遄，张氏祖居的石桥村位于大寮岽山脚约7公顷大小的肥沃坪田中，一湾清澈的三团溪流自东南向西北而来，从西向东转弯向北，两次连转90°弯曲后在第一个内凹侧形成约3公顷河滩地，与三团溪反弓水处的坪田共同成为山环水绕、高山绿水的河谷盆地。村庄的房屋庐舍散聚不一分布在溪流两翼。

与其他村镇聚落连接或划分单元聚居区以街巷为载体

浙江以丘陵地形为主，乐清城北乡黄檀硐村俯视

不同，石桥村的单元借助山地起伏和沟壑溪涧自然物态自发分隔，穿村而过的三团溪将石桥分为两片，溪北岸东山麓坪田处为门口坪，南岸三面环水的滩地渭溪背坪，三团溪两侧南岸称作长篮，长篮西侧山谷中叫洪坑坝。此外，三团溪下游处尚有望前村。四个聚居单元的建筑概况和空间形态大致是：门口坪是张氏族人初始定居、最早开发的地段，作为祖地，各支系纷纷仿效大宗祠在此兴建支祠，居住的楼房和祠堂大都避开坪田，以维护有限的耕地资源。

溪背坪地势平坦，三面临溪，地段虽佳但常受溪河泛滥之累。张氏四世祖约在16世纪中叶在此兴建四层方形封闭性土楼——永安楼，直至20世纪前中叶前，张氏建楼盖房多离开河滩，以规避水患和保护耕地。三团溪西岸的长篮系一长条平缓坡地，张氏族人先后在此兴建方楼和长方形土楼，皆顺势因形而建，高低相间，错落相间，南面溪涧汩汩，此面山峦叠翠，层次饱满而丰富，宛如一幅优雅幽谧的山居图景。

洪坑坝是石桥村最大的住宅区，聚集于洪坑溪上游的坡地间。村舍顺山谷呈台阶形布置，溪岸石阶重叠，坡间楼宇错落，山上翠微沟壑，意趣盎然。离石阶约1公里的望前村，沿溪南岸边分置，朴实自然。石桥村聚落，尤其是长篮居住区，背山面水，沿等高线自三团溪走坡起坎分别为长源楼、逢源楼、振德楼和十间房楼，其间山道蜿蜒，竹树掩映，卵石墙基、黄土墙身及临溪木、木构门户窗牖与黛瓦，在旭日或夕阳映射下和湛蓝清澈的溪涧河水、河滩巷石、飞架石虹等一起，形成美不胜收、富有诗意的栖居环境。①

位处江南丘陵和浙闽丘陵之间的赣东北区域，低丘绵延，山清水秀，众多古村镇自中古时期中原望族南迁至此即已开始村邑建设。婺源县秋口镇李坑村就是其中的典型之一。村庄傍溪而建，溪河蜿蜒曲折绕山而后合流，260余户李氏族众沿水溪两侧依序排列。大夫第、铜绿坊、春靄堂、李知诚宅、李翼高宅等均白墙黑瓦，村中双溪合流处，有通济桥和街亭。亭初为村长聚众申明道义、惩办违规者所盖，故为“申明亭”。现已成为村民和游客休憩场所。村中建筑的紧凑与村口村外的旷达和疏朗形成有机整体。村口设牌坊、文昌阁，溪河上架有中书桥，石板道旁一片碧绿稻田，树木葱茏，青山如黛，一派沁人心脾的田园美景，山水和人居融为一体。历史上婺源与北面的休

① 参阅李秋香著：《中国村居》，天津百花出版社，2002年。

宁、歙县、黟县、绩溪等长期同辖于徽州府，相似的地貌和地形使其乡村空间景观具有多方面的类似或趋同性。就空间形态与景观特征的共同性而言，宗法社会浸染中的徽州村落中宗祠支祠或家庙等以其高大宽敞的体量聚集和矗立在村中的空间核心位置，祠堂向村落空间核心的聚集趋势无疑也印证了它们在形成村落整体空间结构方面的重要性，比如黟县的西递、宏村，歙县的呈坎村等。如此空间格局既使这些村落形态呈现明显的内向型布局特征，同时，又使村落中心场所或祠堂较集中的街区组织相对规整或具有一定的“规划”意味。

沿海村落沿海岸地形灵活布置，相对高度落差在数十米至百米之间

六、滨海型

顾名思义，所谓滨海型村镇是相对内陆山地、高原、丘陵、盆地、平原等地理形态和地貌特征而言滨海而居的聚落组织形式。它既指濒临海岸的集镇乡村，也包括各类岛屿（群岛、半岛、孤岛、离岛）中的渔村聚落。我国岛屿岸线长度达14 000公里，仅次于大陆岸线长度，是传统村镇人居环境的重要组成部分。相对而言，北方胶东半岛东端荣成市成山镇、俚岛镇、宁津街道、斥山街道、港湾街道、藤家镇、港西镇、崖头镇等镇区及所辖沿黄海的渔村，建村年代大致在明洪武至嘉靖年间，成员中既有来自毗连的乳山市，也有中原河南及西南四川、云南边陲省区的移民。初始职能以戍边卫疆为主，后渐演化为以渔业为生、核心家庭为主的渔民。这样的人口构成反映在村落形态中，明显与内地不同：很少血缘性村落，也鲜见多进院落式的大中型宅院。

胶东海岸地形虽曲折多样，但海拔不高，地势较平缓，渔村平面布置趋于简略，结构介于自发和后天自觉调节中。所谓自发，是指民居组团较随意，缺乏清晰的结构或层次序列。另一方面在成山镇卧龙庄等处又显示出一定计划性，主要体现在民居成排紧连，中间隔以道路，房前为巷道，泾渭分明，主次了然。其格局近似于棋盘或兵营状。通常，横向4～6户住宅相连，纵向隔以主通道，如此重复。虽然机械却也整齐。渔村均面向大海，为适应海洋性气候，房屋进深浅近，屋面陡峭。整体风貌上，高耸陡峭的屋面用海草铺敷，形成了渔村鲜明的景观地域特色。

海岸线中部的浙江省是境内岛屿最多的省区，浙东近海山脉沉入海中露出海面的山峰、冷脊形成岛屿，还有部分与大陆体连接伸向海中。如地窄人稠的温岭市石塘镇主体东突于海面，其东为环海，西为隘顽湾，海拔200余米。三面环海、地表高低起伏的滨海地形中由于村落多沿海岸或自然地形灵活布置，且相对高度落差在数十米至数百米之间，大部分村落在利用山坡、台地地形的利用上不拘一格，颇有独到之处。各民居组团间有山路或石阶相联系，或层层向上（下），或迂回绕曲，或起伏逶迤，空间组合形式多样，竖向空间变化丰富，赋予该镇奇特美妙的人居景观和海滨风貌。

石塘镇流水坑村、前红村、花香村、里箬村等均隐匿内凹在海边弯月处，内凹形的海湾、滩涂作为渔船入港停泊及修船处，村落则沿崎岖的坡地扩展。与胶东半岛渔村形成鲜明区别。总观其村镇、民居组合及其手法，大致可归纳为以下三方面：首先，地势较平缓即山前缓坡处往往较为集中地顺应地表变化组合、排列，在平面布置上趋于灵活，形式及构成上较自由，较少定式窠臼的制约，常有住宅处于两三个地基标高的“上下排列式”，渔村整体形态层次分明，参差错落。其次，在陡峻交相穿插的地段中，常以一幢或若干幢矗立于陡峻突处，其他则成组布置其上下或左右，不同标高的两层或多层台地呈现高低错落、变化有序的渔村外形轮廓，如里箬村内弯月形台地旁即为此例，上下竟达三四层标高，上下曲折，紧凑却无壅塞之感。再次，受地形高低坡度等地表和不规则用地影响，渔村聚落较少顾忌朝向、纳阳等要求，其街道巷弄往往蜿蜒迤逦，千回百绕，且上下高差明显，如大黄泥村至花香村一带。此外，类如福建惠安崇武古城、澳门大堂巷、大三巴街和花王堂街等滨海型村落、城镇和街道，其形态和空间等也大体相似。

第四章

村落市镇的景观构成和处理手法

本章是全书重点之一，也是篇幅分量最重的单元之一。全章根据村镇的景观构成及其处理手法，分七节分类叙述。第一节，重点讨论村镇景观的空间层次，从序列—递进式（时间）和竖向形态（空间）两方面比较景观的多维构成及其呈现方式。第二节叙述村镇的边沿性景观、聚居区景观。两种涉及边界和集合的形态和景观是聚落领地结构明晰或含混的地理、社会规则的具体化及秩序形成的实体所在。第三节对遗存数量和形态较集中或较完整的浙、皖、赣、闽、粤、湘、桂、黔部分省区的水口和园林景观，在勘察和参与体验基础上读解。水口的象征性、控制性和界面形势中的围合性及人群心理结构认同的家园意向，还有村镇园林景观中的公共性、开敞性和自然化，使其成为村镇景观内容的重要组成部分。第四节，将传统村镇中的古树、古桥、亭台楼阁、塔幢和牌坊单列，旨在描述这些标志物在聚落中的地标作用，解析传统地域社会中标志物的功能、蕴含和承载的历史文化信息，以及富有中国特色、民族风格和地域色彩的标志景观与人的情感、心理结构之间的关系。第五节，从特点、要素两方面厘清交通骨架和支线的共同结构和可能存在的内在“规律”，指出不同的街道巷弄各司其职、因地而异的基本形态特征和面貌，以及功能、结构与聚落的关系和处理手法。第六、第七节都是侧重于探索街巷空间和景观的部分：第六节就街道的高差与变化、连续性与开合、入口与广场等三方面展开细致的比较和探讨，排列了若干常规常见的处理手法、富有特色的变异设计，对照域外设计理念及其理论模型比较中国村镇中的“广场”，希望较清晰地认识和理解传统村镇广场的一些基本特点和生成背景；第七节是第六节的延伸，就街巷中的节点、标志物和景观构成等予以阐述和分析，这些分析参照和借鉴了部分现代西方建筑及理论家的观点、观察角度及视域和分析手段，注意到人群、行为、空间和尺度等技术层面的计量和定量比较。

第一节　村落市镇景观的空间层次

一、序列与递进式的围合层次

对观察和浏览者而言，对村镇景观的感受、认知、体验和识别多来自以下两方面的组合：一，由系列的单一印象叠加而成，在经历多次感受后逐渐形成；二，印象和感受，主要通过观览村镇的景观特质和独特环境形象而获得。诺伯格·舒尔茨认为所谓“存在的空间”，就是比较稳定的知觉图式体系，即环境的“形象”。因此，景观的层次和形象也构成了村镇景观特质中的前奏和重点。心理学研究成果表明，人们最初认识空间是以自身为中心的。空间的概念基于各个单一活动“诸空间”的集合体，赋予这些诸空间秩序的拓扑学所反映的是近接、分离、继续、闭合、连续等关系，结构化的整体由连续性和闭合性为特征。如果把知觉心理学的研究成果用常用词汇表达，就是对空间认识的初期组织化图式是依靠中心、方向和领域等概念确定。美国凯文·林奇（Kevin lynch）还认为：人们并不是直接对物质环境作出反应，而是根据他对空间环境的意象采取行动的。不同的观察者在对同一确定状况观览时，有着明显不同的意象，由此导致不同的行为；在广泛调查和运用认知心理学方法研究基础上，他提出了城市意象的五项基本元素——道路、边界、区域、节点和标志物。

综观村落市镇的景观层次，我们可以从两方面来理解和分析：第一个方面为时间—递进关系，即随着时间的推衍，人们在行进中逐目渐次观察和体验，在不断地运动、观赏、体验等一系列过程中逐渐对聚落产生了一个总体印象、感觉、判断和认识，村镇景观的面貌和特征开始逐渐呈现出比较清晰和完整的构架。反过来，具有良好空间序列感的村落，其景观又往往是一一渐次呈现的，通常富有强烈的节奏感和整体性。第二个方面即空间—竖向界面关系。村镇地形山势等的高程差异，或层层叠叠，或上下迂回曲折，或蜿蜒迤逦展现景观风貌——观赏者往往需要仰视、俯视和持续不断或上或下地“运动”。一般地看，时间—递进式的景观铺陈在平原、山麓、盆地等地势平坦处较为常见，空间—竖向界面的景观大多构建在山地、高原和丘陵处，以地表高差明显的村镇最为普遍。

既然村镇景观形象具有多重性、复合化的特点，或分散或集中于不同处所，那么，作为一个整体结构或集合体，观览村镇风貌也就不可能一览无余或一目了然，而更多地分层次、有秩序地渐次展开呈现。毫无疑问，村镇的景观层次首先或主要表现在其周围的形态环境和山川风貌、村镇的边沿性公共建筑、广场、重要建筑或构筑物，聚居区内独特的节点等多个层次上。这些层次具有一定的时间前后和行为的递进关系，是一种由宏而微、由整体而局部的大小形态的观察和认知关系。因此，我们也将其空间序列大致分为三个部分：空间起始部分、空间主体部分和空间结束或收尾部分。

蓊郁大树旁的古村入口——江苏苏州金庭镇明月湾村

结构化的整体以连续性和闭合性为特征

东南丘陵地区如徽、宣等地的村落多依山傍水，山川村落外围和进村道路周边往往成为观者第一印象的景观形象来源。从环境与建筑的实体关系看，村落外的水口及其建筑物构成了景观的第一道层次：水口旁的建筑物或构筑物既是村落与外域空间的界定标志，也作为村落领域的边界。外部空间的这种界面态势无疑进一步强化了周边自然环境的闭合性和防御性，使之具有了“关卡”功能的双重内涵：对外锁钥闭合、对内开放。因此，在一定意义上，“入口的重点处理在心理上具有多方面的意义：它标明了领域的界限，反映了领域的人格与占有者的身份，具有象征意义且给人以强烈的起始刺激。这些使入口成为识别整个环境的标志物和起始点”。①以宣城市旌德县白地镇江村为

① ［美］凯文·林奇著，项秉仁译：《城市的印象》，中国建筑工业出版社，1998年，第73页。

山麓下的入口、道路凸现了村头的空间序列

例。该村东南北三面环山，西面无屏呈开放状。附近的聚秀湖半径约45米，为不规则半圆形，总面积达6 500余平方米。它既是江村水口之所在，又为村落蓄水之地；水口处由狮、象两山左右把守环抱：狮山处古庙，象山鼻上文昌塔屹立。湖面入口前后分置一排四座贞节坊和世科坊，再度对外部环境作进一步界定，并以其标志性强化和凸现了村头的空间序列。桥、庙、塔、坊等建筑或构筑物宛如点睛之笔，令人游目骋怀而心旷神怡。如此之景、之势、之态、之物，我们似可将之看成是观览赏析村景的序曲和第一道层次。

无疑，如此这般的序曲或第一道景观层次含有人可以感知的方向性——正是这种方向性在导引或暗示人的行进，依照原广司的说法："方向性是除了均质空间之外给空间以秩序的最基本的因素，方向性的基础是方位。……聚落井井有条的原因之一，都在于有共同的方向性。"①因为具备了明确的方位感，所以一俟行至村镇水口或边界处，村镇的整体形象便逐渐明朗和清晰起来。传统聚落通常在出入村镇的主要道路旁依序设有公共建筑物或构筑物，具有明显的公共村镇景观特色、形态识别性、开放性和标志性。这些公共建筑物往往还具有一定的均质性和同一性。如黄山市黟县唐模村村口以一系列公共建筑、构筑物等烘托气氛，村口边界至村中赋有强烈的空间序列感：村口外路旁是一座双层沙堤亭，旁侧古樟葱茏如盖；沿进村道路前行，一侧为檀干溪，一侧为阡陌绿畴，道中横空"同胞翰林"石坊。这里的石坊宛如村落大门：一旦穿越此门，便会感到从自然空间渐次进入了村落空间，接着便是高阳廊桥和缘溪而生的水街，唐模村的景观有序而富有节奏地展现在面前。

岭南五邑地区的景观序列另有一番风味。乡村聚落往往倚山立村，既得朝向、通风和御寒之利，又可集约田亩。广布于丘陵、山地处的村落通常以近河与湖泊为要。若无水源可资利用，便在村前开池挖塘、掘井取水，于是

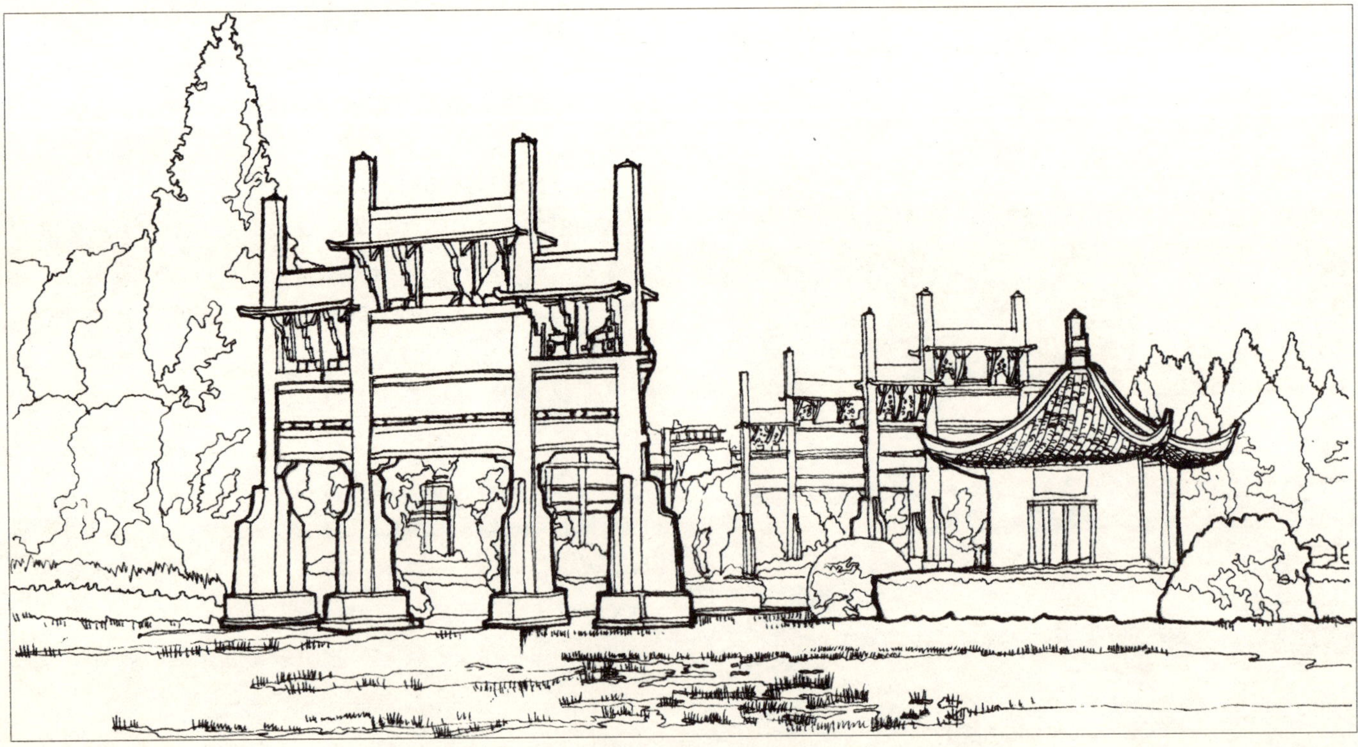

清晰的入口空间序列

因势赋形使村镇含有别具一格的艺术风采

等高线落差明显的村镇景观往往得力于自然形胜和地理条件

村前半圆形的池塘遍布五邑和粤中，成为两地村落景观一种普遍的图景符号。另外，也在村前村口两侧池塘边建有二三层炮楼或门闸，昼启夜闭，乡勇轮流当值；村前集中布置公共和崇祀建筑，按“左祖右社”制规划实施，若干高大茂密的细叶榕树生根于村前右侧的社稷坛和炮楼闸口附近，庶几为其组合的“常规模式”，乡土景观特色颇为浓郁。新会市古井镇五福里村、恩平县那吉镇云礼村、东莞市石排镇塘尾村和佛山市三水区大旗头村等，都以近似形态或界面展现了村镇景观的重点和第二道层次。

在村落市镇中穿街绕巷、迤逦而行，我们经常可以看到在村镇中心或枢纽位置上有一两块由公共建筑或构筑物略事围合、空间较宽敞的空地，其空间边界比较模糊，功能也有所不同。比如黄山市歙县南乡昌溪村中的“坦”，就是村中的空地。坦上的主体建筑是“社稷坛龙关庙（又称汪王庙、忠烈庙）”——供奉威名隆盛的汪华和他的第八子。忠烈庙规模不大但格局谨严：前方有人工土墩，两棵姿态各异的梓树直径 3 米许，高 40 余米，树冠近 1 000 平方米；庙后土丘上也有一棵千年银杏，干围达 8 米，高 40 余米，植于略高于前坦约 3 米处，形成了北高南低的前后对比；庙前的坦广约 500 多平方米，平整宽敞。坦面上用不同色泽的石块和卵石砌铺成“鹿鹤同寿”、“丹凤朝阳”等吉祥图案。庙坦下是昌溪古街，街侧是绕庙坦半圆的石栏杆围合，栏杆下即为大塘坑、小塘坑两脉清溪的交汇处，溪流绕街心花园一湾呈优美的“S”形注入昌溪河而去——此处的庙坦，既是村中“广场”，沟通街巷的交通节点和枢纽，同时也是村中水口（水口在村中，殊为特例）之所在。庙宇建筑、樟杏大树及溪流、栏杆和地面铺装等，将广场高低不一、疏密有异、错落有致地围合构筑成村民进行娱乐休闲等多种公共活动的场所，也与封闭高矗的街巷形成了明显的空间对比，从而形成了村镇景观的第三道层次或高潮。

乡邑村落的景观层次一方面依凭于大自然界面和形态的作用力，另一方面也有人为建设努力的因素，两者相糅融成合力。比如同属歙县的瞻淇村也有若干大小不一的坦，形状各异。②后村坦是一村后水塘的“小广场”，妇女们常在此洗衣浣纱，四周景色旖旎，自然而朴实；村口庙坦旁侧有一组公共性礼制建筑，整个氛围庄重得多——这里的功能在于村民来此祭拜、瞻仰祖先。总之，这些坦往往处于村落中心或较重要的地方，如宗教活动或村民日常交往集中的场所，常给外人留下较深印象。反过来，外

① ［日］原广司著，于天祎等译，王昀校：《世界聚落的教示 100》，中国建筑工业出版社，2003 年，第 90 页。

② 徽州称“晒坦”，推测昔时可能建房修屋时特意辟出用以晒谷，时间既久，便逐渐赋予了其一定功能。

岩石上的山西阳泉银圆山庄，上行坡道弯曲至庄门

来者也往往能迅速通过这些坦来把握村落的布局形态和秩序。也就是说，坦使聚落形态增加了定向性和可识别性。

也有一些村落整体构图明确，层次分明。譬如云南腾冲县和顺村，第一层次为村庄西、北面蜿蜒清澈的三合河。河的北、西两面为田畴阡陌，远处青山连绵如黛，南面为鳞次栉比的村落民居，湖光、山色、田亩、人家，是为村落的第一道景观层次和底景；第二道景观层次为村头双虹桥、闾门和连续的建筑群，入口闾门以其优美形态构成了村落主要入口和内外边界。进入闾门，迎面一组气势宏伟、灵动而宏伟的建筑群，沿中轴线而上，院落重重，此为村邑图书馆和文昌宫；第三层景观是巷弄与环村道路相交处丁字路口的半圆形月台小广场，月台周围环以栏杆，辅以树木及桌凳，以及横巷与大石巷交会的十字路广场集市等，构成了村落的纵深式景观层次；其余散布在村边的洗衣亭、桥亭、文笔亭、魁阁、闾坊巷门等均可看作村民们日常活动的场所和次要中心，为村落景观的尾声和第四个层次。上述空间序列或景观层次的划分界定和组合并非严格意义上的分界，在实际中较为灵活或穿插重叠而各不相同。不过，具有良好空间序列感和层次感的村镇，其构成结构大体上体现着前面所说的渐进、序列、延续、递变、过渡等空间结构或组景特征。

二、竖向式的空间层次

在山地高原相对高差悬殊的村镇中，景观形态往往得力于自然形胜与地理条件，通过对竖向地表的经营自发地慢慢积聚而成，其态、其格往往或因势而形，因地制宜；或险中求胜。总之，形式多样，形态各异。在有效组织空间的层次上塑造和创建了各具地方特色的空间结构和景观层次。仍以昌溪古村为例。村北的沧山源聚落位于福金山山腰上，从山脚沿石板小路上山进村约五里，当地人俗称“千级云梯”。行进在“云梯”上，沿路树影婆娑，荫翳蓊郁，村口亭阁，适人心怀，一如徽州其他古村的美妙景致。沿石阶行至众家坦之处，有一顺势呈竖向跌落状修筑的“组合式”沧山源水塘，广约200余平方米，上下两层台阁，每层设池2～4个，横向三条石板建构在基础上，纵向2条为上下台级，纵横相连；水池以方形为主，上、中、下“三级”水池供村民饮用和洗濯。亭阁与水塘、平台、石阶等以别样高程的组合方式呈现出村落空间竖向的景观层次。

从村镇建设的营构工程等方面看，若在坡度大于5%的地形上构筑建设，包括各类建筑、街巷道路等，耗费远远超过平原、山麓和盆地地区。仅以道路长度看，在平均坡度为5%的地形时路长为1，而在5%～10%坡度下，每增加一个百分点，道路长度增加1.2倍。①不过对于山地、丘陵等等高差明显的村镇而言，不利因素的另一面或反面也可能恰恰就是这些村镇的“优势”或“特殊性”之所在：山地村镇具有平原、盆地聚落等所缺乏的竖向高差景观与丰富的空间层次。比如，依托或借助天然坡度将道路的台阶与平地结合，进行若干单元组合，充分考虑到行者的生理特点和脚力，且行且停，使道路富有变化；或依据地势灵活组织街巷走向。四川、重庆、云南、贵州等许多沿江山地场镇的“树干树枝型”街巷就是因地势而赋以变通的大好例证。有些村镇高筑于基地坡度大于60%、70%甚至更陡的山脊山崖上，由于较好处理了生产生活的基础

① 黄耀志：《山地城市生态特点及发展模式研究》，重庆建筑大学硕士论文，第8页。卢济威、王海松著：《山地建筑设计》，中国建筑工业出版社，2001年，第58页。

性设施难题如水源等，往往使村镇风采别具一格。

通常，竖向高差景观的空间、层次和形态集中分布于中西部山区——山区地貌中地形坡度相当程度上影响、成就了村镇竖向结构的框架或基本体态。重庆磁器口古镇区内地面高差大于60米（175～235米），街区结构以自然山水为基础，依山就势，街道与建筑沿嘉陵江几溪沟环绕马鞍山山脊呈台梯形分布，形成了三维立体空间的结构形态，有机地附丽于自然环境中。主干道磁正街灵活适应地形，或随高就低，或随弯就势，不拘一格，表现出对山脊地势的依附性和适应性。由于马鞍山山脊在镇区中具有一定导向性和标志性，对其两侧空间也有一定分隔作用，恰磁正街镶嵌其中，遂使其高点具有两或三个方向的景观，人居其间视野开阔：向下俯视，街衢逶迤，透视感颇强；往上仰视，但见层层石级和平台，以及两侧层叠起伏、绵延不绝的民居、店铺及其檐廊，纵深感异常强烈。

在华北高原和山地丘陵中也有为数众多依山势集聚的村镇。如晋东阳泉市平潭镇管沟村的银圆山庄坐落于莱山下30米高、75%坡度的石岩上，山庄占地约24 000平方米，建筑组群间相对高度（落差）达50余米，层层叠叠呈“八”字形伸展；从下端至上部有上下巷两级通道，沿山筑就的上行坡道弯曲至庄门。但见上巷为三级式四合院，下巷为六级式四合院，总计窑洞125孔、房屋185余间。10余层建筑雄踞西北向东南的山坡上，随形生变，错落有致，层层叠叠，构成了雄浑别致的竖向景观和黄土高坡的壮丽风貌。坡度约为30%，但略小于银圆山庄的临县碛口镇西湾村，总长约250余米，宽约120米，村庄入口地势较平坦，进入村门后随着大小弯曲不一、忽明忽暗的巷道而渐次升高，以石块砌筑或铺敷的竖界面和底界面的5条街巷，将村落全部连通和围合起来。行进在弯曲和高低变化多端的街巷中，能够切实感受到竖向高差和空间层次多向度的机巧和精致。同时，这些坚固耐用的街巷也是村落防洪泄水的网络孔道。

第二节　村落市镇的边沿性和聚居区景观

一、边沿性

所谓边沿，是指两个界面的交线或两个空间的交界面，如平面与竖向之间的交界面，这样的边沿呈现为平滑连续中的线性突破。在原广司有关聚落边界的论述中，认为边界是空间秩序的主要决定因素，是制度被日常化了的系统的显著体现。在大多数情势下起到了门槛作用。对于外人和宗教信仰不同的人来说，边界具有阻拦他们进入领地的作用。也就是说，人们设定边界，旨在将自己的领地和周围的领地相区别，同时又要保持一定限度的交通。因此，边界的复杂性也就是聚落的基础。①相比较看，最强烈的边沿界面效果是指视觉明确、形式连续而且不可穿透的群体组合。②

边沿界面的清晰与漫漶、完整与零星、连续与分散，往往取决于村落市镇形态的封闭性或开放性程度及地理、自然条件的契合度。高大完整的城堞墉壕、护城河和绿化植栽等，使平面与竖向的边界整齐清晰，连续而完整。河北蔚县古城现存西、北段总长约2 200米的城垣通高12米，苍莽雄浑，巍然壁立于黄土原上。无论近观还是远眺，城垣轮廓都十分挺拔，边界鲜明而清晰；又如晋东南沁水县湘峪村的三都古城，城墙南北长近300米、东西宽约100米，因修建在石壁与陡坡上，其形态自低而高层层叠叠，城墙与作为护城河的湘峪河形成醒目、明确的竖向与横向的边沿界面，层次清晰，轮廓刚直，一静一动，刚柔相济，令观者印象强烈。

这种边沿性景观在众多濒江沿河村镇中常见的是依河沿堤岸修筑房舍，构成前街后河的线型平面。倘若河岸地基高耸、房舍排列密集，也会构成醒目的边沿性景观。比如湘西凤凰县沱江镇江边，宽阔清冽的沱江水穿镇而过，在沱江北岸看南岸——自东面回龙阁、准提庵、凤凰桥和东城门一直到北门和碇步，蜿蜒江岸旁鳞次栉比的干栏民居及马头墙等构成了连续、密实的竖界面，市镇及沿江建筑的轮廓可谓丰富而明确。与沱江南岸连续排比的竖界面略有差异，在巴蜀等地的山城场镇岸边连续的竖界面中往往又有若干条从码头拾级而上的石阶“缝隙”，使连续性界面形成“断裂”或分割，虽然石阶道路弯曲无定或逶迤变异，但在黛瓦素墙映衬下也颇为醒目，赋予了连续性界面律动感和丰

① ［日］原广司著，于天祎等译，王昀校：《世界聚落的教示100》，中国建筑工业出版社，2003年，第134、135页。

② ［美］凯文·林奇著，项秉仁译：《城市的印象》，中国建筑出版社，1990年，第56页。

高大城堞使平面与竖面边界整齐而清晰，连续而完整，荆州大北门朝宗楼

富性。比如江津市中山镇自西北向东南的笋溪河北岸密密匝匝排列着近千米长、倚坎而立的干栏房舍，连续性极强。中间的石阶孔道在房舍中穿出，越津跨河形成交通走廊，不过在整体上并未影响连续性“界面”。巴蜀场镇明确的岸线边沿和天际边沿赋予了其风貌景观的一大特色，一些处于长江支流河岸的古镇如塘河镇因水流量较小，驳岸趋于自由，街区与水体间以土质缓坡为主，两者因距离渐近，凸显了亲水性。场镇中的民居等建筑形式也多样和活泼；还有些场镇濒临长江或主要支流，因水流湍急且量大，其岸线以直线型居多，驳岸以石质为主。如乌江段岸线的龚滩镇，场镇高耸，地形陡峭。总之，巴蜀场镇因山势起伏所产生的天际线充分呈现出山城空间的三维性构成——借助较开阔的水面、一定的空间距离或视域更能窥其全貌——无论镇区的建筑轮廓，还是相生其间或作为背景的山体，均具有层次丰富、形态自由的基本特点和生动的景观风貌。

平原、盆地和相对高度较低的丘陵地形中，一些经过经营规划、形态规整的村落也具有明显边界。浙江永嘉芙蓉村和苍坡村四周均以大卵石砌筑 1.5 ～ 2 米高的墙垣并予以围合，村民由东南西北四个村门（洞）出入。复因村中并无体量庞大和高矗的建筑物或构筑物，遂使环境诸要素得以平面延伸展开为主。于是，村墙边界水平与竖向的对比虽无高大或宏伟的尺度或体形，却在意向感知上格外明显。而在与此较近似的地形中，广东东莞市逆水流龟村（水围）、塘尾村等则舍弃了上述围合方式，而是采取村墙高筑和分布水塘相结合的手段。以虎门镇逆水流龟村为例，其堡墙长、宽各 83 米，高 6 米，四边开挖了一条长近 400 米、宽 18 米的围河，中设吊桥一座，宽阔的水面与高矗的堡墙构成了底界面和竖界面明确的边界；相距不远的石排镇塘尾村村前长方形水塘 3 000 多平方米，村南水塘 1 000 多平方米，村落围墙长 900 米，高 5 米，东、西、南、北各设门楼一座，村落既处于围墙包绕中，也依附在宽阔水面的对比中。水塘宽阔的水面（宽度与村落宽度大致相当）与村邑边界凸现。概而言之，形成上述村落边界明显、轮廓可辨的共同缘由，可能还在于周边的底景衬托——四周阡陌良田，田畴绿野，间以宽阔水面和绿树低丘，自然环境与人群集聚区环境形成了鲜明反差，及至形状、色彩、体量质感等的差异则更强化了两者对比。

蜚声中外的黟县宏村前形似弯月的南湖中有径桥跨湖

沿河岸的巴蜀场镇因地势起伏明显，层次丰富

水圳边的民居界面清晰

如观赏距离为边沿景观立面高度2倍以上，可获取较为完整的边沿景观和立面空间层次

连接南北，站在南岸际泗桥看北岸，望湖阁、南湖书院、余味书屋和高低错落、黛瓦素壁的古民居，以及两翼飞翘的封火山墙等，序列化地呈线状沿弧形湖面连续展开，形成村落最主要和最具审美意趣的立面。但见峰倒池面，波光旖旎，古树虬曲，栋宇鳞次，一派完美宁静的山水风貌、园林景观和聚落边沿胜迹。鉴于湖面广阔，因此，虽然沿湖建筑物并不高大，却具备了清晰边界的特质。

相对于宏村连续而又清晰的边沿性界面景观，村镇边沿还有大量模糊性实例，如滇南一些山地民族聚居村寨，虽有边界线但未形成边沿层次，且边界线低矮、漫漶和非规则性，其作用仅在于确立村寨的物理界面范围并指代村民的心理意象所属空间。显然，此类边界主要在于心理层面和象征意义上的领域感。鉴于边界线与四周环境的一体化，且体量单薄而稀松，遂使边界丧失层次而趋于模糊。这在西双版纳景洪县迤东基诺山的基诺族村寨、普洱市澜沧县的拉祜族等聚居村寨中较为普遍。

基诺族村寨沿山坡布置，干栏房随意而自由地顺势分布在路径两侧。通常每个村舍的土地均有严格边界。村寨之间一般以树林、山脊或河谷为界，设低矮竹制界桩为标志，外人很难分辨这种独特而又颇具神秘感的界限。低矮竹桩与四周树木青竹浑然一体，唯在行进中才可能有所察觉，在视觉上也就未形成两个界面或两个空间的交界，界桩融会在阴翳掩映的山地风貌和聚居环境中。当然，这些对于当地人来说是不会无故出现“跨界越疆”行为的。与基诺族山寨有边界但未构成底界面和竖界面交接边沿同中有异的是澜沧县的拉祜族村寨，寨周用竹、木编织串联成高0.6～1.5米的篱笆围栏，形态随意，扎结松懈，却标志了领域的边界——篱笆围栏内即为村寨内部领地。另外，村寨入口也用细树枝构成象征性寨门。由于围栏和寨门很难起到实际的防护屏障作用，其形式上更偏于象征性和领域界定，故在界面交界上并不明显。与上述聚落近似但又具有一定界面交界和边沿性的可以佤族村寨为代表。阿佤山中心区西盟县佤族村寨有着明确的地界范围，寨内外边界四周以丛密的荆棘作寨墙，“寨墙”内有木桩、竹篱，种植刺藤绕缠其上，形成隔断屏障。外侧则有壕沟环绕，防御性十分明显。

村落市镇边沿性景观的重要性，一在于观察游览者的初步感觉、印象，或者说第一印象，往往来自对边沿性景观的接受和认识。二在于边沿性景观通常具有层次感。层次感的获得基于人与聚落边沿的距离而产生：如果以观赏距离为边沿景观立面高度的2倍及以上计算，视域接受的聚落整体立面的最佳位置唯以边沿附近为宜，如此似可获取较丰富和完整的边沿景观和立面空间层次。边沿性景观的重要性、观览边沿景观和立面空间层次的完整性，不仅在村落市镇实体形态景观中有所呈现和展示，而且在中国传统山水画的经营布局中也有相似的经验体现，仔细比较，不难发现其间映射出一定的同构性，比如重整体，讲构图，有层次，宜迂回，重均衡……诸如山居图之类往往通过前后上下的山峦峰壑映衬小径、树木、茅屋、溪流、亭间、木桥等，映带左右，掩映穿插，组接成背山临流的恬美幽雅的山水村居图卷。

二、聚居区

海德格尔之所以将聚居点界定为“定居”（dwelling）概念，其内涵除了庇护所外，可能还指向其生活发生的空间性。按照舒尔茨的解释，这个空间也就

文昌阁和石坊使空间产生了限定和张弛收放的变化

是场所。而且，场所往往具有清晰的空间特性。①在这样“清晰”的空间中，聚居区往往呈现显隐不一的秩序或组合性。

中国古代城市中的居民区由一个个独立的“坊”所组成，每个坊均有高垣围绕，坊内居民不得随意设门，行动上也有严格的时间限制。两宋后传统的坊市分区制渐趋崩溃，代之以新型的坊巷聚居制，一些城市还出现了厢坊二级社区的分划。县城一般不设厢的区划，径以坊为主，形成较集中的聚居区。如浙江湖州府的安吉县城设13坊，长兴县城13坊，德清县城7坊；台州府黄岩县城21坊，天台县城10坊，临安府富阳县城14坊，盐官县城10坊，等等，县城中的坊与大中城市中的坊在形态和本质上并无二致。但在广大的乡村市镇聚落中形式则较为多样。即既有近似县城的坊巷格局，也有各不相同、因地制宜的布置。明清时期江南市镇的聚居区经过发展逐步形成了类似县城乃至府州城市的街、坊、巷、市的社区格局和较清晰的镇区、镇郊的划分模式，镇区形态颇为完整。著名的乌、青两镇隔河相望，其中乌镇纵7里，横4里；青镇纵4里，横2里。乌镇自北而南有3条商业大街，大街之间分布有众多街巷。全镇共有50坊，坊内再细分巷弄；青镇的北门到南门有一硕长商业街，沿街设13巷。街东有东街，沿街5巷。至清中叶后众多村镇聚居区的分划、联结、限定和规划具有相当的意匠水准。我们不妨以山西沁水土沃乡的西文兴村为例，其聚居区入口可谓张弛有度，富有节奏。从东南村口魁星阁下入村后，迎面可见相距约30米处的二层文昌阁。自阁下拱券洞口往西，便是一条东西向横街，横街的30余米处（自文昌阁起）和55米处当街分别横跨石坊，两牌坊中间北向沿街处竖有呈八字状的永庆门，门内呈南北向的街巷，将居住区分为东西两大片组团。也就是说，从村口进入聚居区，须自南而北，折西前行复转北向，经魁星阁、文昌阁和横街入永庆门。空间节奏上，依序为放（魁星阁至文昌阁）、收（文昌阁折西）、放（横街）、收（永庆门）的张弛变化，永庆门两旁的牌坊无疑增加了聚居区景观空间的限定作用。

村落聚居区与自然地形相耦合有机融合于环境中。表现在山地环境中常常是依据山地形状的起伏程度和走向趋势，如果是地形较陡峭、相对高差较大的山地环境，为避免较多的土方工程量和节省人力，往往以退台或错层式建构方式处理和安排住居。山西临县碛口镇李家山村山坡上的层层窑院住居和合院、汾西县城东师家沟村聚居区等在10%～40%坡度的山地高差中，巧妙组织了山地聚落的空间形态，又恰到好处地适应了山地的倾斜，合理安排聚居区中的建筑单元位置；民居建筑与山地等高线的正交、斜交等的处理，大多建立在具有良好日照、朝向的基础上，最大可能保证视线的开阔。同时，又因基地的高差，使聚居区具有别样的景观趣味。譬如坐落于黄土丘陵半腰处的汾西县师家沟聚居区大致以纵向三条轴线依山势形成台阶式（错叠式）四合院群落。聚居区共25座院落，1～3层不等。二三层的建筑利用底层屋面上部作为上一层的前廊，建筑周围有1 500余米的坡形人行道，大都为长1米、宽0.5米的石条，分4至10行并排铺筑在底界面上，且与排水道相隔。整个聚居区布局合理得体，单元间衔接自然，聚落与山势、环境浑然一体，远观层层叠叠，整体而有气势，在黄土高原的聚落中颇具代表性。

从规模上看，城镇聚居区通常联片成区，完整的里坊如山西灵石静升镇王家大院中的西堡院——恒贞堡，该堡始建于清乾嘉时期，占地25 000平方米，东西宽139米，

① 参阅舒尔茨著，施植明译：《场所精神——迈向建筑现象学》，田园城市文化事业有限公司，2002年，第5页。

侗族村寨以鼓楼为中心，贵州从江县高增寨

南北长 180 米，88 座院落组接成一个纵长方形的“里坊”。四周环绕砖砌堡墙，坐北朝南，堡墙南向居中为砖砌拱券瓮门，自瓮门由南而北是一条次第抬高的中轴主干道——直街。与其交叉的是四条东西向的横巷，横巷东西各布置三四户院落，“一径四纬”，构成了“王”字形路网，组成了城堡纵长方形完整的平面格局。每户院落中的主要房屋均有良好的采光和朝向，以二三进四合院为主。全部院落进出者唯先通过横巷方能转出。底界面处理也相应昭示着两者区别：硕大卵石砌筑者为直街，青石板铺砌者是横巷，一清二楚。

与王家大院恒贞堡外部界面闭合、内部经纬分明的空间意向殊途同归的，可以广东潮州潮安县古巷区古一乡的象埔寨为例。该案为潮汕地区聚居式方形寨区中最具规模者，其地理方位和条件大致是：位处北回归线、北纬 23.5°，太阳辐射量大，日照平均是 1 996.6 小时，年平均降水量为 1 668.3 毫米，平均湿度为 80%。象埔寨长 162.4 米，纵 154.4 米，近乎正方形，坐西向东偏北 22.5°。寨内有“三街六巷”，即在中轴通道两侧各有三条街巷，长 157 米，宽度自南向北分别为 2.7 米、3.7 米、1.5 米。其中民居共有 72 幢，由 8 种不同类型的平面布局组成，一二层均有。①房屋组合建立在模数基础上，统一中见变化，整个象埔寨规划平正，格局严谨；背山依水，寨前南广场濒临池塘，聚落整体与近邻的兴、梅地区择址环境颇为相似。

东南浙江缙云河阳村西南端的八士门内贯通的古街长约 150 余米，宽 2.5 至 3 米不等，店铺、住宅错落其间。古街素为朱氏聚落的中轴线，与之垂直错位相交各（左右）5 条横巷。横向布置院落及出入口，通常横向巷弄自古街起 30 ～ 80 米处形成丁字路，复垂直走向，抑或再横行，如此不断重复。街巷主次清晰，经纬分明，院落布置有序，街巷宽度以街、巷、支巷主次等第渐次收缩。巷道虽转折多变，然纵横有序，更兼延绵不辍的形体特征、近似的围合界面材质、色彩和处理手段，以及相似的坊弄、门头、窗牖、山墙和宽窄尺度、开合关系等，这些具有同一性的构成要素和母题的重复形成了富有地域特色和整体性颇强的聚居区景观。黄山市歙县县治中的斗山街南北向全长 500 余米，曲径幽深，两侧深宅重院鳞次栉比，高高低低的马头墙错落有致。街巷以许、汪、杨、王四家住居为代表，许家旧宅建于清初，三开间堂屋；汪氏老宅成于清末，五开间，左右敞廊，前廊以木雕隔屏成厢房，后屋三间建于民国初，由三进房串联而成；王宅建于民国初，院落、回廊、花厅一应俱全，优雅精丽。有意味的是这里的部分重院大屋入口往往后退街巷界面三五米，复由券门、台阶限定标示，比较委婉地构成了私家支巷的意象、层次和奥曲，从而愈增深邃幽谧之感。整座街区格局完整，住区清晰，建筑及环境性格相同，且风貌如初。再如呈坎村内保存着 32 处明代建筑、144 处清代建筑。南北流贯的潨溪和几十条小巷纵横交错，聚居街坊布局灵活、经纬有序。3 条水渠引潨溪水顺 3 条主街自村北往南流经全村，确保罗氏族众生产生活和消防用水之无虞。整个村落依山傍水，古民居鳞次栉比，公共建筑（如环秀桥、钟英楼）和崇祀建筑（如宝纶阁、长春社）及人文景观密集而丰赡。理学家朱熹曾称誉其为“呈坎双贤里，江南第一村”。

既然是聚居区，当然系由若干组团或子单元组成，即若干子单元组成母单元，形成群体居区。譬如分布于黔、桂、湘三省区的侗族村寨中，一个村寨有一个或数个大姓，大寨可达五六百户人家。大型侗寨——贵州黎平肇兴侗寨坐落于群山环拥的山间坝子中，村寨皆为陆姓，分五大房族五个自然片区。片区间没有明显分界线，寨中一条主要街道由东而西，民居、戏楼、歌坪、禾晾、谷仓等建筑或设施疏密有致，布局紧凑，寨中五个家族各自建有一座鼓楼和一座花桥。五座鼓楼楼恰似五朵映日荷花耸立于五个自然寨中。凉亭、石板路、寨门、水井亭、木楼、鼓楼、风雨桥等建筑或设施构成了侗居村寨浓郁的特色。从山腰处俯视村寨，五个自然寨组接成一个硕大村寨，唯见五座鼓楼高标突兀于歇山顶小青瓦屋面的侗居木楼群中，昭示着五个组团和五个向心单元。不过也有相当部分聚居

① 许焯权：“潮安古巷区象埔寨新民居设计方案”，《中国传统民居与文化》，第四辑，中国建筑工业出版社，1996 年，第 154 页。

区的区域构成并非侗寨类或聚族而居模式的村镇组团方式，如果纯粹从建筑密度和人口密度的角度结合对其平面肌理进行划分，那么，在这一有机整体中，聚居区的概念也就相等于村镇中心区、填充区、边缘区三种区域中的中心区。中心区大小视村镇规模而异。如果是大型村镇，通常中心区中还存有核心地段，它往往是该区域区位最优、人流最密集的区段。

聚族共居的村镇组团通常以共同的始祖为中心，抑或以析产后各分支为核心另行组团。黟县西部的汪氏关麓古村中，承德堂派有昭文、昭敦兄弟二人，昭文生七子，昭敦生八子，形成七家、八家等支派。因八家支派经营有方，家族兴旺，主要生息聚居于村中堑下区内。这里室庐整齐，屋舍俨然，建筑群体壮观华丽，是关麓村的主体。八家的组团以位于堑下中段偏东的春满庭旧宅为核心，分布于堑下中部、南部，如武亭山房、双桂书屋、吾爱吾庐等。村中住宅以中型规模偏多，三四合院式为主，形制趋同于徽派风格，二层楼居，素壁黑瓦，马头山墙。住宅大门多为砖雕门楼，垂花门式和字牌式是门楼的两种主要形式，装饰颇为考究。从现场格局看，最初关麓村寨内各派住宅均围拥本派支（家）祠，构成三家、七家、六家、八家等支派团块聚集片，后因他支衰微而八家独盛并大兴土木，从而突破了堑下片区内诸团块单元的格局，从若干单元并立到一个单元独大扩张，从汪氏宗族组团转为汪氏八家家族支系单元的繁盛，既反映了聚居区结构与建筑组群的变迁，一定程度上又与封建社会末期宗族关系漫漶、家族网格紧密的变化态势相契合。

第三节　村落市镇的水口园林景观

一、水口

堪舆中水口的定义简明扼要，即流水的总出口。明代缪希雍在《葬经翼·水口篇》中指出："夫水口者，一方众水所总出处也。"又云："盖水口乃地之门户。"① 中国自然地形中山地、高原、丘陵等占三分之二，山抱水环的地形和地理景象十分普遍。聚居群落中水的总出口及由水口所滥觞的环境意象和象征系统，自古以来备受农耕人群异乎寻常的关切。皖、闽、浙、湘等东南省区中的水口源头大抵夹峙在山峦之隙、群峰涧谷之间，一如唐岱在《绘画发微》"水口"一节中所述形势。②山区水口距村镇远者有数十里之遥，近者咫尺一二里。一些血缘聚落通常将水口、村镇水系、道路房舍等包孕在一个整体网格中，以水口为契机和载体，营建宜居、宜耕、宜读的生活环境。如黄山市休宁县古林水口，流水汩汩，清涧徐徐，上架水口桥以作锁钥，复修亭造阁仍扼要冲。又沿水筑堤遍植古松，草木华滋，水口环境尽显静谧和秀美之幽；江西婺源考川仁里水口，双峰对峙，流水汇聚，支流纵横，绕村环邑；河侧堤岸绵亘，曲径通幽，花木丛生，绿意盎然。两岸石桥横卧，桥上有亭翼然。若凭栏远眺，但见文昌阁耸立，绿水青山，庐舍栉比，田土膏腴，堪为人间福地。又如浙江武义郭洞村水口，宽阔的一湾碧水奔泻争流，其上高亘回龙桥，巍峨壮观。桥上有阁名回龙，桥阁一体。旁侧龙山上古木森森，绿阴蔽日。山前流水不息，形态闭合性极强，与边翼隐僻古雅的村口门扉形成动静对比，更兼极具精蕴、雅致的山居聚落幽美风貌和生态文化的深厚内涵。一如清乾隆时人吴梅颠《徽城竹枝词》中所述："祠堂社屋旧人家，竹树亭台水口遮。世阀门楣重变改，遥遥华胄每相夸。"③

依堪舆风水理想模式，水口宜于山脉转折或两山夹峙中，溪流左环右绕之所，如此方能构成围合封闭的景观：以水口山为障景，使村基边界里外有所分离，形成不同的领域和空间，或村邑之咽喉，行人进入水口后大多有豁然敞朗的视觉感受和先抑后扬的空间体验和景观功效。群体众生普遍重视和经营水口，使之呈现一派宜人葱茏的情境

① 清·陈梦雷总纂：《古今图书集成·博物汇编，艺术典》，卷六七〇《堪舆部》。

② 清·唐岱：夫水口者，两山相交，乱石重叠。水从窄狭中环绕湾转而泻，是为水口。巉岩峻岭，一水如匹练，从上直垂于万仞之下，怒涛腾沸者，瀑泉也。山麓之下，回互缓流，伏而复出，滩泥纵横，沙脚穿插，碎石滚滚者溪水也。若溪水澜漫，其中则有沙汀烟渚，芦草茸茸，凫雁水禽，栖飞其上，小艇荡漾其中，有水阔天空之状。《绘画发微》"水口"。

③ 清·吴梅颠，《徽州文献与〈著述叙录〉》，《徽学》2000年卷，第380页。

水口上桥为镇物

和氛围。南宋朱熹曾在《水口行舟》中赋诗赞曰:"郁郁层峦夹岸青,青山绿水去无声。烟波一棹知何许?题鴂两山相对鸣。"朱熹祖籍婺源正是重视水口建设之乡,普遍将水视为择址相地、人丁兴旺和财源茂盛之标志。与婺源同属徽州的黟县宏村,背倚青山雷冈,南临邕溪、羊栈河二水(西溪),是为天然水口:西溪位于村西,地形略高,其水自西向东汩汩悠悠流入宏村,构成一条狭长弯曲的白练环绕古村。据《汪氏家谱·月沼记实》载:"引西溪以凿圳绕村屋,其长川久曲,流经十弯,串于人工池塘(月沼)。"若登临村西北雷冈山上鸟瞰,但见鳞次栉比、黛瓦白墙的庐舍有机地镶嵌在水口系统中,溪水汇集处的河流水圳,或飞溅激荡,或回旋聚散,其态其姿,令人驻足。无可否认,水口的苦心经营和倾力维护,有其积极的一面,有力拓展了村落建筑的空间意向和环境距离形态,使之成为村落建筑优美外部空间和环境格局和谐美妙的有机体。

明代徐弘祖一生探幽履险,也记录了众多水口实例。这里仅以江西为例择录数条,一睹徐氏笔下的水口地理景象:

……又北二里,水入山夹中,两山逼束甚隘,而长水倾底,路萦山半,山有凹凸,路亦随之,名曰十八排,即七里坑也。已而下坑渡涧,复得平坞,始有人居,已明月在中流矣。又北二里,水复破峡而出,又一里,出峡,是为枫林内村。

……北溯一小水,三里。上栏寨门,平行岭上,为李家岭。又一里,始下,下一里,则磁龟在焉。磁龟者,罗圭峰玘之所居在,在南城西南九十里,据李文正《东阳记》,北阻芙蓉,西扼连珠峰,南望军峰,东则灵峰迤逦。有石在溪桥之下,而不甚肖;其溪亦不甚大;自西而东,夹溪而宅,甚富,皆罗氏也。①

复逾岭西下一里,更循岭而登二里,直蹑峰头,名曰揭烛尖。(又名避暑营。)

从尖西南下二里,是为南坑。有涧自东南来,四山环绕,中开一壑,水口紧束,湾环北去。又潘、吴二姓绾水口而居,独一高门背水朝尖,雄撮一坞之胜。②

与江西山地丘陵地形大致仿佛的皖南山地丘陵地形使村邑布置大多分散零落,地理形势封闭性颇强的山谷山麓等,客观上较易构成闭合而完整的空间格局,水口庶几等同于村邑的入口起点和边界,家族血缘村落中并以此作为划分族权空间的标志性载体。如婺源县与休宁县交界处的沱川乡理坑村水口,借助五行相生观构筑和营造,水口位于村西南狮、象两山间的谷涧中以为扼关锁钥。昔日在两山上树木广植,溪流上横架"藏风聚气"的理源桥,溪流侧畔修筑文笔、文昌阁、水碓等建筑设施,形成完整的五行格局。如此,水口关锁严密,景观建筑齐全,空间序列

① 《徐霞客游记》江右游日记,华夏出版社,2006年,第136页。
② 同上,第139页。

清晰。

传统村落聚居地暨水口处的着力规划与经营，不但使其氤氲着“绿树村边合，青山郭外斜”的村落环境风貌，而且还具备了村野园景的特征。从形态和类别看，水口景观基于水口、河湖溪涧等借势利导、因水而园者，如黟县宏村南湖、楠溪江岩头村、歙县西溪南村等；二是凭借流水系统营构园林景观，成为乡邑形胜之所在，如歙县唐模村檀干园等。而在村镇空间的景观形态上又都具有天然图画般的雅韵和意境。宏村南端的南湖始建于明万历丁未年（1607），占地2公顷的湖面呈大弓形。弓背部分的湖堤分上下两层：上层石板卵石铺地，下层栽柳植杨；弓弦处为南湖北岸，建有“南湖书院”、“一府六苑”、“清余味书屋”及其他疏密有致、黛瓦素壁的民居建筑。湖中堤坝上建有石质“画桥”一座，有堤径南北勾连，东西行可泛舟行船。南湖四季可人，春季“玻璃三百顷，隔岸袅村烟”，夏季“清风徐徐来，芙蓉婷婷立，”秋日“老树交加怪石堆，朱栏粉墙绕亭台”。及至严冬时节，又为“断桥驴背客，踏雪耸吟肩”的景象。可谓四季皆景。村民傍水而居，人在景中画里。是为朝可观跳跃之云雀，暮宜听琤琤泉涌，抑或濯足流水，或弄稼圃园，或闲话桑麻，或放牧山野，怡静而幽闲。清代邑人王丹雯在《南湖春晓》诗中曾赞诵春日南湖旖旎的无限风光曰：“无边细雨湿春泥，隔雾时闻水鸟啼。杨柳含颦桃带笑，一鞭吟过画桥西。”

相比较南湖的恬美平静，温州永嘉岩头村则呈现出宋元山水长卷的旨趣。该村是楠溪江流域唯一以水利设施为圭臬布局的古村落。格局坐西朝东、背山面垟、三面石城开四门，全村“水如棋局分街陌，山丝屏帏绕画楼”，形成“护城湖中植荷花，绿树丛中掩古塔。杨柳紫薇满湖堤，上下花园红间绿。横苍直街行方便，三进两院大住宅。房前屋后清泉水，亭台楼阁巧安排”的美景佳构。村中丽水湖暨村落水利设施于嘉靖三十五年（1556）完成，集饮用、灌溉、洗涤、养殖、消防和造景于一体。在长堤春晓、石桥观荷、曲流环碧、琴屿鸟莺、清沼赏鱼、文峰耸翠、水亭秋月、塔湖印月、南麓锦鹃、苍山积雪等十景中，花亭、梁桥、塔湖庙、戏台、河埠、民居等古朴典雅，相映成景。更兼湖畔丽水长廊迤逦回婉，湖水清澄见底，远观苍山险峰翠微欲滴，水中画影依稀可见。再看皖南宣城市旌德县白地镇江村，村中楹联简要精炼概括了该村的水口地理景象：

前陈玉案，后枕金鳌，溪水环流，千古钟灵秀；

左拱黄山，右朝白岳，烟鬟远峙，万载毓英华。

江村双溪环绕，汇集于村口聚秀湖，水口距村两里许，树木茂盛，两翼狮、象两山分踞左右；水口上有桥、庙、塔为镇物。溪水自东而西入湖，聚秀湖堤上垂柳依依，湖中菡萏亭亭，文昌塔高矗湖边，一排四座贞节牌坊和世科坊沿径而立，使入村暨水口处建筑空间序列上高低错落，收放有致，可谓村在画卷里，人行诗意中。完备的村落水口系统如树障防风、湖塘蓄水、疏溪防洪、寨墙防卫、文昌招运等，显示了水口功能的多样化，增润了村落景观的艺术风采。

如果说南湖、丽水湖和江村山色湖光园景因人工而成的话，那么，歙县西溪南村和唐模檀干园则可视为“宛自天开”的水口园林。

西溪南位于新安江上游的丰乐河畔，村落总体为东西走向，坐北朝南。因盆地而成方圆数十里的平川。该村突出的特点是水系丰沛，溪泉众多，农田灌溉水系条件十分优越；村落以三条水系为动脉，或绕村，或穿村，明末邑人赞叹的田园美景至今仍依稀可鉴。①西溪南“水浸深广”而“良田千亩”，现外河与西溪南村之间的中河区段沿村北蜿蜒而过，其间树木交错，影曳水中；溪边街在青山依凭中散落一片粉墙黛瓦，两岸人家以若干单孔、青石板相连跨溪。街旁有成片修竹茂林。东南隅近水田处有旧园名曲水。王道昆《太函集》“曲水园”曰：“……修广不啻十亩，疏甽为涧道，经垣内外如隍，其中凿池，圻南北入天堑。甽入涧道，涧道入池，句如规、折如磬……曲水以水胜闻，斯善用奇也已。”历史上西溪南村有十座园林，如坐落于后街北段的西园，野径堆土为山，其上丛篁密布，坡下一池聚潴，水气空蒙，鸟鸣竹间，水禽游栖，野趣盎然。其景其态，一如明末构园家计成所说：“古之乐田园者，居于畎亩之中；今耽丘壑者，选村庄之胜，团团篱落，处处桑麻；凿水为濠，桃堤种柳；掇石莫知山假，到桥若谓津通。桃李成蹊，

① 明末邑人吴士奇在《丰南溪山记》中赞曰：乐水出黟山而东渐海，是为新安名川。其上两山含沓而中流，游者隘焉。入吾里而辟山之半，以瀼水之环。……夹水为径，广可方轨……折而东出为柳州阁……溪形如带，中成广莫。汙泥为桑田，积石为沙洲，芦花袅袅，网者钓者、刍者茹者、浴者风者、洴澼洸者、折柳而赠者、班荆而饮者、击微波而戏者，不知凡几，若都市焉。沙中白鹭千群，时喙时饮，其海上之狎鸥欤。……隔岸曲堤，桃李千章，春华时红白间错如绣。……其东堤修且广，与石梁相接。杨柳成阴，桃李无言，花下成蹊，人与花争艳，修丽逮前，而幽雅不啻过之。

楼台入画……"①

与之相距不远的唐模村檀干园始建于清初，增修于清乾隆年间。园内多檀花，复有一湾绿溪环绕，园名取《诗经·伐檀》中"坎坎伐檀兮，置之河之干兮"之诗意。内有仿杭州西湖的白堤、苏堤、玉带桥、湖心亭、三潭印月等景。正门内两厅甬道以白素鹅卵石砌铺，尽端神龛供唐臣张巡、许远牌位；拾级而上为园林主体建筑"确皋精舍"，建筑宏大，气宇轩昂，下廊各室明窗。长廊深处丹桂笼荫，馨香四溢。中部有水榭亭亭玉立于荷塘。出"花香洞呈天"往北即为湖堤卧波、拱桥横亘的苏堤与白堤。在湖心亭壁的大理石上，镶嵌着宋苏轼、黄庭坚、米芾、蔡襄和明文徵明、祝枝山、董其昌等书家碑刻十八方。外亭立柱上有本县翰林许承尧所撰长联，上联描述了园景的四季花妍，下联勾画了古村的地理形胜：

喜桃露春秾，荷花夏净，桂花秋馥，梅花冬妍，地僻历俱忘，四序且凭花事告；

看紫霞西耸，飞瀑东横，天马南驰，灵金北倚，山深人不觉，全村同在画中居。

园内遍植红花绿树：湖北白堤上碧桃垂柳，外湖两岸缘檀干溪，是为紫荆、檀树。迨至阳春三月，檀、荆竞放。路旁建双棱形连环状凉亭，额题"环中"，西行有石桥灵官，其南有百年古树连绵掩翠，阴翳蔽日；相隔数百米，便是荡漾着一半湖面的唐模古村。总体上看，园得山水之胜，并巧借自然，而园景疏朗，风物宜人，幽情古意。复春艳秋辉，映带左右，无高垣樊篱而敞虚。园虽私家，然内外一体，景园同在，一派野逸清簇的胜地佳境。

综上所述，水口的经营除了功能层面的实际用途外，也在于村镇自然环境的构筑和意匠，在于夯实村民乡邑时聚居地的认同感。在"认同感是归属感的基础"② 的前提中，则水口景观的经营具有了普遍性的基础。

二、园林

正如上节所谈到的，一些村落市镇中的园林景观与水口源系存有关联，一利水中构园，二裨园中借水，水园一体。不过也有众多村镇园林与水口并无直接联系。浙江湖州南浔古镇南隅的万古桥西有一处疏朗雅致的私家园林，此系刘镛建于1885 ～ 1924 年的小莲庄，占地广二十余亩，由园林、家庙和义庄三部分组成。分外、内园两部分；外园以莲花池为中心，亭、廊、阁、楼绕池布置，石径弯曲，花木扶疏，池水清澈，建筑多元；两岸有长廊，内壁嵌"紫藤花馆藏帖"碑刻。内园位于东南隅，以假山为中心布局，北有墙垣与外园相隔，山体玲珑，山径盘旋，顶有小亭，登临远眺，视野宽广。小莲庄园林之于周围镇区庐舍人寰，突出之处在于以溪河为隔，两岸一体：北、西、南皆为市河或溪流，河渠清澈，松柳扶疏，田畴平整，小径深幽，与房舍、阡陌联为一体，于郛郭、市廛所会的镇区中取静，情景开敞，增辉南栅。

如果小莲庄的园景集自然和开放于一体并兼具明确的边界和设施，那么，云南和顺村、广西黄姚镇的园林则呈现纯粹的生态景象和自然浑成的湖光山色，绚烂如画，不是园林胜似园林，与小莲庄大异其趣。边陲极地的腾冲县和顺村坐落于青山环抱的坪坝之地，其地东为来凤山，南是黑龙山，西谓马鞍山，北称鼓顶山，村落于南缘黑龙山北麓的坡陀之地上，依山顺水，既得地利，又无水患；四周植物丰茂，资源丰盈，环境优美，所谓"其山之峙也如砺，其水之流也如带。且四时和熙之气，洋溢于郊圻……"③ 村北沿三合河是一条环村干道，构成了和顺风景园林的主体。民谚中"乡顺河、河顺乡，河往乡前过"指的就是如斯。有诗赞曰：

远山径雨翠重重，叠水声喧万树风。路转双桥通胜地，村环一水似长虹。

短堤杨柳含烟绿，隔岸荷花映日红。行过坡陀回首望，人家尽在画图中。④

其中最为称道者，便是双虹桥及其四周景致。双虹桥为村之门户：门外平畴阡陌，绿野仙踪，远黛翠微，清流潺潺；门内院落重叠，沿中轴线而上便是声名远播的和顺图书馆。双虹桥古朴典雅，越石桥为白色闾门。门头一高两低，两翼生起，居中券门，屋脊飞张，秀丽挺拔。门后建筑空间序列清晰而明确；环村干道与巷道丁字路口的座座半圆形月台，村周清澈池塘和洗衣池、凉亭及石桥等，均以青石小径相勾连。虬枝劲干的古树斜插掩映于河面中，枝条恣意伸展盘郁，静谧幽深。此景此意，不啻《后

① 明·计成：《园冶》。

② 舒尔茨著，施植明译：《场所精神——建筑现象学》，田园城市文化事业有限公司，2002 年，第 22 页。

③ 《和顺刘氏宗谱》，引自蒋高宸著：《和顺》，北京三联书店，2003 年，第 105 页。

④ 黄绮襄诗，引自蒋高宸著：《和顺》，北京三联书店，2003 年，第 105 页。

汉书·仲长统传》中所转世再现的卜居佳地和人间桃源："……使居有良田广宅，背山临流，沟池环匝，竹木周布，场圃筑前，果园树后。……蹰躇畦苑，游戏平林，濯清水，追凉风，钓游鲤，弋高鸿。讽于舞雩之下，咏归高堂之上。"

与前述西溪南村位处盆地中的小平原自然园景不同，广西昭平黄姚镇地处喀斯特地貌层层环抱中，山重水复，景象大异：姚江穿镇而过，溪流纵横，镇区集簇在喀斯特地貌中，四面奇峰耸立，联袂不绝，山下清流如带，溶洞幽深；镇内古榕参天盘郁，修篁茂阴；溪涧上石质拱桥、梁桥造型优美。桥上、桥侧有亭翼然，辅以楹联匾额，东西门楼、三星楼、太平门、守望楼和永安门等旧制尚存，民居有序，一派天然浑成、山清水秀的山水人居园林。

从整体形态看，上述村镇公共与私家园林的区别和差异主要还在于地形地貌、构园手法、布局经营和宛自天开等传统山水园林范畴中，以岭南五邑开平市塘口镇赓华村立园为代表的欧陆式园林，则可视为近世村镇园林风景中的一个另类。立园为旅美华侨谢维立以其名字题额的私家园林，坐落于赓华村别墅住宅区的西面，竹林分隔。大园林坐北朝南，对称布局，以居中的轴线为经，依序为牌坊、花圃石路的硫培别墅、左路的"鸟巢"、花亭等。园中人工运河自西向东沿住宅区和大花园南侧流淌：小花园处于河南，晚香亭上的桥亭跨河可连接大小花园。立园的造园理念和布局特征明显受西方园林影响，几何形花圃、中轴线贯穿、仿罗马和拜占庭建筑样式的"鸟巢"及英式花亭，使之成为综合了欧陆不同时空建筑和园林在岭南乡村中的复制和组合。尽管其间多有中国传统形式的亭台楼阁，但两者主从清晰，倒是园中的对联泄露出中华文化的原色流韵。比如："立身在山水之间，此地后耸罗汉，前绕潭溪，西望蔚奇观，倦堪容膝；园景离尘氛以外，尔时春挹翠亭，雅载宝树，一方留纪念，殊洽娱情。"

从对联中获悉，立园虽属私家，却欢迎乡党邻里游园赏景。园中广植榕、樟、桂、梅、竹、凤凰、木棉、棕、桐等，绿阴翳然，南山碧江，水木瑟然，源于自然复与自然环境和谐相处，亦可扩大生产，正如联语所云："立身为齐家之本，注重庄修，提倡息游，欢迎梓里，同遍府观智水文澜，无限怡情真适意；园林乃救国之基，振兴种植，增加生产，利便乡邻，共乐仰望灵山秀岭，多余美景可聘怀。"以西式造园理念、手法统摄，并将植栽与生产相结合，并彰显出可贵的公共性，立园可谓前无古人。

第四节　村落市镇的标志性景观

一、大树

所谓标志性景观或标志物，指的是在物态环境中具有统领空间和标志作用的物体。其特征具有单一性、突显性，乃至唯一性，在环境和空间中具有点睛醒目的功效。凯文·林奇以为："标志物是另一类型的点状参照物，观察者只是位于其外部，而未进入其中。标志物通常是一个定义简单的有形物体，比如建筑、标志、店铺或山峦，也就是许多可能元素中挑选出一个突出元素。"① 在此，我们将大树、古桥、亭台楼阁、塔幢、牌坊等五项元素列为村落市镇中具有典型意义的标志性景观。

一般地看，传统聚落中间或四周通常散布若干孤植、群植古树乔木，这类树木冠径、高度并非绝对突兀，端赖其方位、节点的特殊性、重要性或历史意味，或于村口通途，或山阜土丘、江渚滩林一组，或依亭桥路径一侧，村中镇心一隅，以竖向直矗、虬枝旁逸或横卧铺展的姿态形状，兼与山体、水势、庐舍、田畴相结合照应，成为聚落中的聚焦、村镇的标志性景观。明代袁中道曾就故里大槐树这样写道："长安里居左有园，多老松。门内亘以清溪，修竹丛生水涯。过桥槐一株，上参天，孙枝皆可为他山乔木。其余桃李枣栗之属，郁然茂盛。"作者将家乡湖北公安孟家溪镇的环境交待得清晰可人，越溪桥后的参天古槐乃家乡故里最重要的识别标志和景观。基于槐树的独特和庞大，"乃于溪之上，槐之下，筑一台。台为清槐所覆，

① ［美］凯文·林奇：《城市意象》，华夏出版社，2001年，第36页。

要津或入口处的大树既是竖向制高点，又是标志物

日影不能至，因名之曰‘清荫’，而招客以乐之”。伫立在青槐下极目远眺，四周“虽无奇峰大壑，而远冈近阜，郁郁然攒浓松而布绿竹”，可以听“松风”、“鸟音”，可以闻荷香，也可“视鱼戏”。①从文中看，参天古槐不但是环境标志，而且也是作者与友朋雅聚的场所，可谓物态、情态、心意俱佳。相近似的是自清光绪年间（1875 ～ 1908）形成现有村落布局的广东东莞石排镇塘尾村，在南、北两处门楼前，各有若干巨大细叶榕矗立，浓翳匝地，具有鲜明的标志性；安徽绩溪县湖村村口土阜的千年古楮，树径直径约 1.5 米，高 30 余米，树冠如盖，广达 40 米——枝繁叶茂的楮树具有明显的标志性。

除了入口标志，古树往往还是村落的竖向制高点。歙县唐模古村东端入口处一株高 30 米的巨槐巍然挺立，蓊郁繁荣，与边侧沙堤亭、檀干溪水口和石桥一道，在平旷田畴中竖向构筑起一道瞩目的入口标志性景观，穿过古槐，便意味进（出）了唐模村。

古村要津或入口处的大树除了鲜明清晰的识别性外，也含有象征性的功能和意蕴。福建福安廉村穆水溪旁的硕大古榕盘郁在溪边码头石阶旁，伞盖浓阴，阴翳蔽日，为典型的象征物；北京西郊门头沟区斋堂镇灵水古村北村口山路旁，兀然高矗一株高大虬劲的巨型侧柏，柏树植根于土丘高点上，比路基高出七八米，树高 20 米，树径 1.3 米左右，形态略向东（道路向）倾斜，枝壮干硕。站在大树下往南瞭望，村子北半片人家尽收眼帘；往北巡视，但见燕山群峰绵亘横列，青山如黛，一条山道逶迤绵延而来。从村中远远望去，侧柏傲然挺立，高标于村头高地，成为村中无可替代的标志物。此中侧柏，业由标志而为村民心中的村落象征：树村同义，树在村在，树、村、人合一。因此，侧柏的方位、距离也是村中人群的心理尺度，迎送宾客或邑人咸以此为界。

如果说上述多为村口孤植大树以为标志的话，那么，浙江武义俞源和郭洞古村前的成片大树，则可为群植大树景观的代表。前者入口位于外水口下游的丛蓬，丛蓬古树成林，巨樟森森，总数约计四十余株，树龄多四五百年，高大参天，浓阴匝地，散布于村口广约十亩余旷地上，犹如一道绿色屏障扼守村落与外部联系的咽喉之处，使全村浸润在祥和与绿阴蔽日的青景瑞气中；后者入口前数十株明清之际栽种的楮、樟、松、楠等大树锁钥，绿树蓊郁，翠微阴翳，不啻林海一片，将原本临阜濒水的村口小径和村门掩映得若隐若现，深幽叠翠，颇有桃源胜境之意。

二、古桥

村镇的实体形态往往通过桥梁与外部自然相联，历史上阴阳学说和五行八卦术数的影响，以及民俗风尚中诸如藏风聚气等的企盼和憧憬，造桥修路等被视为积德修行的善行仁举，使架桥修路以造福乡梓的物化形式成为普遍的社会公共行为。部分桥梁在村镇主要道路的组织安排上，景观的层次和序列上，咸因其不同功能的突显，往往成为传统村落市镇中典型的标志性景观。

苏州阊门外的枫桥横跨运河枫桥湾，桥为单孔石拱，东接铁岭关，下桥即进关，旁侧与寒山寺毗连，寺前江村桥与枫桥遥相呼应，一派如画的江南水乡美景。唐宋以降，此地备极繁盛，枫桥素为该区域的典型标志。若以古桥横亘高卧形态为标志者，则推上海青浦区朱家角的放生桥。该桥长 70.80 米，宽 5.8 米，五孔，为上海地区最大石拱桥：全桥中孔最大，两边桥孔依次对称递减，形成一个自然纵坡。基座的薄孔桥墩既照顾到桥下水运繁忙和泄洪的需要，也考虑到桥梁形成的一个缓舒纵坡和低洼的河岸自然衔接契合。如此处理，既裨于行人上下，又使桥梁突显秀丽精巧。作为珠里十景之一的“并带长虹”，放生桥已然成为古镇最负盛名的标志物和景观。

东南丘陵地区重峦叠嶂，溪涧纵横。浙南泰顺县自古便广建桥梁，是国内最负盛名的廊桥之乡。泗溪镇溪东桥位于村西 200 余米的东溪上，桥构建于明隆庆四年（1570），清道光七年（1827）重修，全长 41.7 米，宽

① 明·袁中道《清荫台记》，载《珂雪斋集》，上海古籍出版社，1989 年。

桥塔成景，四川雅安上里镇二仙桥

4.86米，高10.35米，跨径25.7米，桥上设廊，翼角飞翘，一桥飞架，气势如虹；该镇的北涧桥桥头古槠、古樟和古榕树枝繁叶茂，浓阴如盖。桥头民居、店铺、街巷台阶和台地有机组合，峰回路转，高低错落，空间形态转折跌落。北涧桥一跨29米，全长51.7米，桥屋29间，88根木柱，居中重檐楼阁，优美劲挺。它不仅是村落标志之经典，而且被公认为是中国最美丽的廊桥。

婺源清华镇婺水河上的彩虹桥，因唐诗“两水夹明镜，双桥落彩虹”得名。桥长140余米，宽6.5米，4墩5孔，青石木梁廊桥，桥上缘瓦结顶为廊，错落形成11座相连的亭阁。廊桥两侧有围栏和美人靠，桥内设有桌凳、神龛等，供人憩息或瞻拜。人处两岸堤坝远眺斯桥，但见玄黑桥墩、红色桥身与清澈婺水组接，使彩虹桥分外妖娆。相对于开放、敞朗的彩虹桥，歙县北岸村棉溪河上的北溪桥形象闭合，2墩3洞的石拱桥，桥长33米，宽近5米，高6米，桥长廊高约5米，桥南、桥北两头各有拱形门洞出入，桥上建有美人靠以供憩坐眺望；桥身内共有12列11间，中间2列供奉佛龛。桥之东西两侧粉墙上，分别开设8个风洞窗，窗形各异，有满月、弓月、花瓶、葫芦、刀币、桂叶等形状。由各式风洞窗口向外眺望，乡村质朴自然，清新宜人。由于该村位于村落水陆主干之冲，溪桥又在村口位置上，更兼桥古、形美，故为北岸村第一标志。

因山抱水环的择址观而成村镇标志性景观的西南桂黔湘地区廊桥，大多坐落于村寨前的溪涧上，干栏楼居建筑群、村寨门楼、鼓楼等布置其后，桥梁将分散的村寨串联成富有整体感的聚落，氤氲着优美的形式力量，使村寨环境充满了勃勃生机。在侗民的传统观念中，桥梁不仅具有“灵性”，可以消灾降福，而且具有超凡的生命力量。故此，当地人又称之为“福桥”，希望“福桥”能赐予人幸福和吉祥，将之视为侗族社会每位成员的“生命之桥”。从外在功能看，桥上架廊、亭、屋，有负重、防腐和提供休憩等效能；文化内涵上，“福桥”诠释和宣泄了其深层意义，以此“阻风水、拦村寨”，是为民族心灵危机感的平衡物，侗家的“护宅符”。三江侗族自治县独峒乡巴团培龙桥，功能先进，结构严谨。廊桥依山就势，典雅的入口牌楼倚身悬崖峭壁，勾连环山古道，盈抱古松簇拥桥头；桥梁入口与桥身呈80°，节奏富有变化而气韵贯通。远望培龙桥，令人有化外蓬瀛之感。

滇南重镇建水古城的重要性之一，就是位处人货集散枢纽和文化交流碰撞交融之所，附近各式古桥因覆载深厚的历史文化及桥梁特色而成为古城方位的景观标志。西门外的双龙桥横卧卢江河和塌冲河的交汇处，总长150余米，17孔洞券大小主次不一，孔孔相连富有节律美；居中高起的石台墩上承三层楼阁。楼阁矩形平面，阁顶界分三座歇山顶，立面颇具变化；桥两堍分设八角攒尖亭，桥两堍的亭与桥中的楼阁既平衡了桥梁的平面

禹迹桥和塔，震泽古镇的第一标志

侗寨中的风雨桥大多坐落于村前

歇山顶造型的苏州吾爱亭

构图，又增润了石桥的艺术风韵，在江流、远山和阡陌平畴间彰显奇异瑰丽的桥梁艺术。复有城东的天缘桥，总平面呈S形，状似蛟龙；桥中重檐亭阁二层八角攒尖式，高矗挺拔，其景态之美，或可参桥头碑文所记："……每当天空雨霁，状若长虹之下饮，而首尾之蜿蜒，则础牙鳞集，雁齿横施，矫若游龙。其形式之奇特，又为临郡增一大观。"①

三、亭台楼阁

以公共建筑、公共设施的性质、功能和面貌矗立于村镇中的亭台楼阁，或因其地理方位的突显、空间体量的对比、形体的个性化，抑或赋有重要功能和丰富的文化内蕴及深厚的历史肌理，而形成聚落的象征性和标志性景观。

亭，中国古代建筑类型中的小品形式，平面形态以几何形态为普遍样式：正方形、圆形、矩形、六边形、八边形、十字形、凸形等，特殊形式则有三角形、五角形、九角形，以及部分变形，如圭角形、扇面形、梅花形、海棠形、扁六角形等。基地宽绰者，亦有两种及以上的形式组合以增体量，如方形、双环形；至若空间逼仄或不规则地基，往往出现非常规的平面、形态和结构处理手法，彰显其所具备的适应性。

亭的顶部造型荟萃了古代建筑屋顶的多样化形式；既有正脊屋顶——歇山顶、悬山顶、硬山顶、十字顶和盝顶，也有无脊顶——卷棚顶、元宝脊等。其中，又以各式攒尖顶居多，如圆攒尖、方攒尖、三角攒尖、五角攒尖、六角攒尖、盔顶等，不一而足。缤纷多姿的造型，在于平面形式与屋顶样式的精妙组合。在长期的营造实践中，逐渐形成了一定的相对稳定模式和常态，如正多边形、圆形平面与攒尖顶组合，长方形平面辅以歇山、硬山顶等。亭于城镇乡邑的街巷阡陌、寺观庙宇和园苑庭院中，或旁枕清流，或依林翳浓阴，或处街衢之要，或田畴山石之翼。无非竹木砖石瓦草之材，一、二、三层不等，单、重、多层檐之异，辄使亭形隽美丰赡，复与草木形胜、庐舍屋宇相契合，极大地提升了空间环境的艺术氛围。若按类型，通常以亭的形式而非功能确定，在数量上，则首推凉亭。

---

① 宾慧中、张婕著：《云南建水》，中国旅游出版社，2005年，第54页。

水池中的芙蓉亭，歇山顶翼角飞张，出檐深远，柱脚处设美人靠围合，柔和优美

《释名》曰：“亭，停也，人所亭集也。”顾名思义，亭主要供行旅劳作者憩息、眺望、遮阳和避雨。因此，乡镇中的亭多位于村头、路旁、河津或形胜绝佳处。浙江永嘉楠溪江中游的村落中分布着数以百计的路亭、凉亭，如蓬溪村康乐亭、坦下村谯亭、岩头村花亭等。亭的面积不大，方形居多，歇山顶为主，道路阡陌横亘亭前或穿亭而过。唯岩头村明嘉靖年间的花亭为重檐攒尖顶，芙蓉村芙蓉亭为两层楼阁歇山式，以及水云村赤水亭相背组合式戏台，进一步彰显了亭台的休憩娱乐功能。上述亭子出檐深远，攒尖顶、歇山顶翼角飞张，舒展洒脱，柱脚处设美人靠围合，柔和优美，富有美学意义上的审美意味和价值。

歙县唐模古村入口处的沙堤亭，平面近方形，两层，三重檐歇山顶。梁柱间饰飞罩雀替，飞翘脊端有鳌鱼，雕斫精丽，装饰华美。一层两重檐间墙体围合三面开拱券式门洞，因亭处檀干溪侧，旁翼巨樟垂阴，与亭耦合，可谓相得益彰。复溪上石桥，古意盎然，构成了序列清晰、入口完整而富有诗情画意的村落标志；同为歙县的许村大观亭，亭高两层，三重檐，造型古朴灵动，因踞村口要冲，兼牌坊、廊桥毗邻，形成村落中最主要的标志性建筑群。再如广西贺州昭平县黄姚古村的数十座亭阁，单、重檐不一，四面洞敞，柱子以石、砖为材，庶几每个柱上均有楹联，且踞于古桥溪涧旁，或依桥而立，或与榕树为伍，以喀斯特地貌的翠微奇峰为屏，清涧环绕，古树蓊郁，亭桥等镶嵌在天然图画中，别具山水远景之魅；云南西双版纳州景洪市橄榄坝的凉亭，形制具有民族特色。嘎洒路旁凉亭，木构重檐复披檐，上层悬山，脊饰陶制，亭内设竹榻，四面虚空而富干栏遗韵。

村落集镇中的街亭，与凉亭形制无二，处于主干街巷的路口街尾或路径转折处，或于广场、水塘中而为标志者不乏其例。楠溪江中游芙蓉古村如意街中段有芙蓉池，池中有亭，两层楼阁式，翼角飞挺，四面虚空，为村民乡邑聚会、休憩、聊天和调解民事的重要场所，同时，也是妇女们浣纱汲水之处。人居其间，但见绿水清冽，一泓池水上倒映着芙蓉峰，村景疏朗，一派古朴宁静的农耕村落景象。歙县西溪南村的绿绕亭，重建于明景泰七年（1456），是国内罕见的明初实例。平面近正方形，悬山顶，前后设披檐，造型简洁，风格古朴，亭东南濒临一方水塘，意境十分优美。

东南地区村镇水量丰沛，港汊纵横。民间素喜桥上建亭，既裨于路人遮阳避雨，又可眺景观色。歙县呈坎古村的环秀桥、练江的太平桥、婺源甲路的花桥等大抵均为此类。浙江武义县郭洞村回龙桥和回龙亭还兼具镇水锁钥的功能，故形体甚为高大。由于江河视线较宽，竖向桥亭横跨踞高，方圆数里均在人的视线中心。永嘉县苍坡村和方岱村分设望兄亭、望季阁，系苍坡李氏第七世祖李秋山和弟李嘉木析居分家后所建。弟嘉木留居苍坡建亭于1128年，朝南；兄秋山构阁面北，亭阁间田畴绿水分隔，遥相呼应。亭阁造型素朴高古，披檐粗硕，檐飞翘欲展，四面虚空若八面来风。

关于台，汉代刘熙《释名》中有云：台者，持也。言筑土坚高，能自胜持也。意为筑土高峻而坚固，保持自己。台的演化，初与帝王宫苑殿阁有关，楚灵王章华台、项羽戏马台、明清瀛台等莫不如此。至于种类，盖有“测土深，正日景，求地中，验四时”的“测影台”（观象台）、战事烽火台、点将台、文士读书台等。自古名胜以钓鱼台命名者颇多，陕西宝鸡南岸之周吕尚钓台、山东鄄城之庄周钓台，江苏淮安之韩信钓台、宜兴任昉钓台，均不及浙江桐庐严子陵钓台。该钓台分东西，东为严子陵隐居垂钓之处，环境幽谧，一派如练碧波，天光云影。

明清文士对台的形式颇有见解。明代苏州文震亨以为：“筑台忌六角，随地大小为之。若筑于土冈之上，四周用粗木作朱栏亦雅。”① 文氏讲求合乎自然，因地制宜。明末造园家计成则指出：“园林之台，或缀石而高上平者，或木架高而版平无屋者，或楼阁前出一步而敞者，俱为台。”② 认为凡顶上无屋、敞开的都可视作台，可见台的形制并无严格定式。清代李斗则进一步阐释了台的特征：“两边起土为台，可以外望者为阳榭，今曰‘月台’、‘晒台’。”③ 从浙江永嘉芙蓉村的乐台、云南腾冲和顺村的月台实例看，最初确乎为“起土为台”。浙江东南部楠溪江流域的永嘉县岩头村、芙蓉村东车门内主街一侧，有一方40平方米的土台，高约50厘米，台面卵石铺砌，条石收边，谓之乐台，又称迎宾台。昔时凡大小官宦及宗族代表巡视、访亲问祖时，村邑族众旋安排乐队鼓手在此台上吹鼓击打，以示欢迎。迨至八月中秋，村民们便聚集斯台，赏月话桑麻，享受团圆和谐的天伦之乐。

无独有偶，在边陲极地的云南腾冲和顺古村亦设有多处月台，村中每一巷口及道路旁均有。月台平面呈半圆或扇形，四周用石栏板砌筑，置栏杆，抑或设置照壁，地面石砌，上面布置圆形石桌及长形石凳，构成围合状；月台中植有葱郁大树，尤其是正对“景物和煦”里巷坊门的大月台，作为里坊聚居区的一个微型广场，已成为邑人乡民们休闲、憩坐的聚集佳处：极目观景，远山如黛，田畴新绿，山光水影，温润清丽。人们或闲坐摇扇，纳凉休憩，话语桑麻，互通信息，这里的月台成为古村落中一个不可或缺的公共活动空间和场所。

传统村落市镇中的楼，通常是一种雄伟高大的建筑类型，也是一种颇具艺术感染力的建筑形式，具有广泛的用途和公共属性，如祭祀、司时、宗教、军事防御、商业、娱乐、纪念和游览等功能，具备了无可比拟和独特的标志性。顾名思义，楼由多层房屋叠加而成，是建筑空间与结构技术的竖向结合。高大、宏伟，往往成为汇聚视线的中心。由于古代村镇建筑密度低，大凡市楼、谯楼、钟鼓楼和城楼等在高度上占有绝对优势，统摄村镇空间；楼亭建筑的矗立和出现，冲破了平板低矮的聚落格局和氛围，形成造型丰富的天际轮廓线，从而使楼成为城镇聚落空间组织的界标。譬如山西平遥古城南街上的古市楼，跨街而立，雄踞全城，市楼屋顶为重檐歇山，黄绿色彩琉璃瓦铺盖，花纹南成双喜字，北呈寿纹。底层方形，纵横各三间，逐层收进；中层夹以平座，使楼身更显挺秀高耸。市楼高18.5米，造型挺秀，平座疏朗，装饰精巧，琉璃灿烂，与古城晦暗色调的古民居建筑群构成有机对比，成为南大街上最主要的景观标志和制高点。

近古时期，凡重要城镇均设有钟楼和鼓楼，其位置或于城镇东西南北的通衢大街上，或于寺庙会馆中。④市镇中的钟、鼓楼可以山西临县碛口镇和临汾市东羊村为例。碛口古镇位于卧虎坳上，有古制黑龙庙，正祀龙王，左右分祀风伯、河伯。戏台两翼，分置钟、鼓楼，楼为单檐歇山，四环凌虚，结构紧密，髹色绚丽，因钟、鼓楼暨庙宇地处高坡，尤显壮丽巍峨。临汾市尧都区土门镇东羊村东

---

① 明·文震亨：《长物志》，卷一。

② 明·计成：《园冶》，卷一。

③ 清·李斗：《扬州画舫录》，卷十七。

④ 钟楼大多为重檐歇山式建筑，上悬铸铁大钟，通常黄昏至次日晨敲钟108次，表示一年十二月，二十四气，七十二候。民间相传：敲钟可减烦除恼，钟声长鸣，以示神灵永存，保佑四方，吉庆瑞祥。钟楼原为擒贼捉盗、传递信号而置，是继古代烽火狼烟后的又一创举，后失却原先功用，遂以造型之美供人观赏。鼓楼形式多样，或重檐歇山式，重、单檐悬山式，楼内内置牛皮大鼓一面。文人以“声震天中”、“无远弗届”形容鼓楼。钟鼓报时之制，最早见于汉代史籍。蔡邕《独断》曰：“鼓以动众，钟以止众。夜漏尽，鼓鸣则走，昼漏尽，钟鸣则息。”表明汉时已有“天明击鼓催众起，夜暗鸣钟促人息”的司时制度了，不过，斯时为“晨钟暮鼓”。唐宋时，设钟鼓于城楼、以警昏晓之法得以相沿，今福建莆田谯楼即南宋绍兴六年（1136）创建，元时独立于市井街巷和庙宇寺观。

岳庙（后土庙）中的钟鼓楼建筑，是为数稀少的明制钟鼓楼之一。砖券式混合结构，楼体为单檐悬山顶亭式，居中仪门，重檐叠楼式牌坊，庑殿式屋顶，下层檐下施蝼蜂窠斗拱，样式独特；钟鼓楼与仪门成一字形并列，居中仪门于中轴线上，六级台阶；两翼东西钟鼓楼微向前凸，拱券式门洞下部堡墙围合并高于仪门，在戏台（前）和献殿（后）之间形成围合隔断，大小建筑高低错落，空间组合巧妙有序，两楼彼此相连，在建筑造型和空间组合上达到了很高水准，不啻为一组精美绝伦的建筑佳作和村中最为瞩目的建筑标志。

西南黔桂湘省区侗寨中的鼓楼，无论数量、高度、体量、尺度，还是聚落中的标志性、象征性和控制性，均无出其右。作为侗寨的象征，在贵州黎平、从江、榕江、玉屏，广西龙胜、三江，湖南新晃等侗族地区几乎每一稍具规模的村寨都建有鼓楼，有的甚至几座。现黎平、从江、榕江三县尚有鼓楼两百多座，村寨鼓楼负有多样的社会功能。它既是政治活动中心——如议定条款、缔结盟约、歃血为盟、调解纠纷、执行法规等，均在此击鼓聚众，军事活动中心——击鼓报警、传递情报、施放号炮、召集武装和寻求外援等，又是庆典礼仪的活动中心——每年在此迎接村寨的保护神“萨玛”、男子 15 岁成丁、取名仪式，追悼停棺待葬仪式，以及作为社交活动的场所，如村寨之间集体走访时须在此迎来送往，男女青年在此“行歌坐月”，等等，是名至实归的村寨聚会活动中心。作为侗寨的首位标志物，一在于其空间方位，二在于空间竖向高度，三在于独特的建筑技术和造型艺术。

侗寨鼓楼位置十分讲究，多居于寨心高敞开阔处，即鼓楼坪处，在村寨平面布置中具有明显的向心性；在竖向高度上，通常高出侗居一倍高度，有的甚至数倍高于侗居屋面，加上鼓楼四周较为宽敞，因此，竖向的空间指向性和体量感十分醒目。从建筑本体看，鼓楼系木质塔式高亭形结构的高层建筑。外形平面为偶数，有八、六、四面倒水等样式，外形立面为奇数重檐，三、五、七、九、十一、十三乃至十五层不等，楼体部用杉木建造，金柱、檐柱用材考究。筒架型框架，以四、六或八根巨杉用作承柱，自地面直通楼顶，在柱与柱间以穿枋连接而成一个长筒状内柱环，上下直径均与顶层相同；利用梁枋与四周立柱相连，形成一个扩展的外柱环，并以逐层内收的梁、枋与檐柱、瓜柱支起层层出挑的屋檐，构成一个塔状的外柱环。因内外筒架与梁枋紧密相连，纵横交错，呈柱网排列且上小下大，所以严密紧固。楼内无楼层分隔，底层为一高大宽敞的大厅，厅内设火塘和长椅凳供村民聚会休憩；中段外部为层檐，层距较小，逐级内收；顶部为亭阁状。

鼓楼外观形式大致有干栏式、地楼式和厅堂式三种类型。干栏式的构造方式与干栏房屋较相似，底层架空，主要活动在上层，屋顶由向内收缩的层层屋檐加之攒尖顶组合而成；地楼式可以视为省略了的架空层的干栏式鼓楼，楼身与楼檐的构造也与干栏式大致相当，但平面形状变化较多，楼檐密集、硕长。突出特征是在密檐端部（顶部）连接鼓亭；厅堂式鼓楼较简略，体型近似普通厅堂建筑，穿斗结构，也有重檐形式。①楼柱的柱石厚重，楼檐参差，檐角微翘，似峙欲飞，楼顶雕饰葫芦或白鹤以示吉祥；顶端形式既有歇山式、悬山式，又有多角攒尖式；至于瓦檐则有密檐、疏檐之别。顶阁与楼檐的多样变化丰富了鼓楼的外观造型，增添了艺术感染力和绰约风姿。三江侗族自治县的马胖鼓楼是侗寨雄浑粗壮一格的典型。楼高九层，重檐层叠，楼阁主体由直径五尺的四根杉木直竖顶部组成中心构架，四周配以 12 根副柱，主副柱脚为圆础石，愈加彰显鼓楼的稳重和坚固。每一层檐角的轻盈起翘、精巧雕饰和精美彩绘，与庞大楼体形成了体积和艺术上的对比。

阁，与亭大致仿佛。《说文解字》释曰：“止扉，从门，各声。”郝懿行在《尔雅义疏》称：“阁以长木为之，各施于门两旁，以止其走扇。”阁最初指底层架空、上部为使用空间的建筑，嗣后逐渐与亭、楼趋同而统称为亭阁、楼阁，并衍化了众多不同的功能和用途。

无论居住建筑还是公共建筑中的阁均以眺望为要。山西晋中太谷县北洸村曹家大院内宅楼顶上三层眺阁建于 17 米高的屋顶上，飞阁凌空，三面虚渺，凭栏处数里之外皆可入目；安徽黟县西递村胡氏大夫第正屋旁，建有临街二层楼阁，飞檐翘角，玲珑典雅。从正屋厅堂右侧有楼梯可登楼，凭栏观景，远山近邑尽收眼帘。公共建筑中的阁，功能、形式多样。军事防御的山东蓬莱阁、贮典奉籍的宁波天一阁、扬文培风的陕西党家村文昌阁，以及揽景观光的南昌滕王阁等。外观形态重在竖向空间组织和轮廓塑造，屋顶和檐口处理尤为重要。若论阁与环境的契合或对比，当首推重庆忠县石宝寨。石宝寨魁星阁倚玉印崖而

① 参阅杨昌鸣著：《东南亚与中国西南少数民族建筑文化探析》，天津大学出版社，2005 年，第 137、138 页。

建，濒长江，目列岫，重楼飞阁层叠凌空，宛如壁间镶嵌，峻极天工，素有“万里长江第一寨”之誉。石宝寨名扬天下，实为阁胜。古徽州绩溪县石家村头水口处的魁星阁建筑，位处南山桥头正对面，魁星阁飞檐开张，南山桥匠心独运，桥下溪流汩汩，村后青山翠微，阁、桥、山、水和村落和谐共生；风景如画，堪为标志。魁星阁内有歌赋颂，可视为阁与环境的耦合与造景之妙：

石家村，石桥梁，桥头有方亭，祠前有方塘，塘旁青松百尺长。看一村人家门楼北向，一横带水，流自西方。前有溪鱼可钓，后有山花自芳，背山面水，绝好风光。如此小桃源，乐无量。难得找一枝妙笔，描述此村庄。

宋代以降，阁的地理方位不仅更趋广泛，如布置于村镇入口道路、桥梁江岸、山巅城堞处，观览、察看、休憩皆宜，而且与宗教、崇祀或防御一体，功能已超越初期的标志景观并趋于多样化。如太行山东麓井陉县南15公里的于家村东口清凉阁，上下三层，形制各异：底层券洞四门（向）；二层四向四室；三层明柱回廊，单门。具体安排是：底层为出入村落的通道；二层东室三皇庙，供尧舜禹；南室三义堂，奉刘关张；西室观音祠，供送子观音等；北室阎王殿，尊阎罗王；三层为玉皇庙，祀玉皇大帝，供奉对象多样，故又有“神仙阁”之称。清凉阁斗拱重檐，建筑风格独特而庄重。除第三层为砖木构造外，一二层均石构，梁柱券壁、阶栏门窗，鼎案榻龛。有稍事錾刻，亦有精雕细刻者。无独有偶，河北蔚州（现蔚县蔚州镇）城北城楼的玉皇阁由前、后两进院落组成：前院为天王殿及东西配殿，后院有玉皇阁、钟鼓二楼及东西配殿。玉皇阁面宽三间，重檐歇山琉璃瓦顶，外三层而内里两层，与附属建筑高低错落，巍峨壮丽。

与亭台楼阁大致仿佛的轩亦往往于形胜环境中得景观之胜。如北宋黄庭坚当年在黔州（今重庆彭水县）休憩的绿阴轩位于彭水县城乌江东岸峭壁之巅的巨石上，四出飞檐，雕花门棣，低栏依凭，伫立轩前可仰坐摩围山，俯视乌江水。《光绪彭水县志》曰：“绿阴轩，县南一里，危崖矗立，涪水绕之，上有榕树，浓荫蔽日，下有盘石，可布几席，为黄山谷游息之处。每盛夏日午，至其下则凉风飒然。游人题咏，石壁皆满……为邑中名胜最。”①

四、塔幢

村镇中矗立的各式塔幢既为环境地标，又以竖向直立的构图秀出云表。通常塔幢位置以甲、巽、丙、丁等方位

村中看楼，陕西韩城市党家村

为理想之处，此向之塔幢常命名为文峰塔、文昌阁、文星楼或魁星楼。堪舆形势家及民俗以为，聚居地之山抱水绕，近处山峦宜有形如毛笔状的山峰，可与人才辈出相契。若无文峰，宜以塔幢楼阁借代弥补。②于是各地的文峰塔幢、文昌楼阁本着崇文风、壮观瞻、补缺陷和乘时运的原则而建，既有单建者，也有与它物共建聚巧形以展

① 《光绪彭水县志》卷四《古迹·纪胜》，引自陈盈洁等著：《宋代文豪与巴蜀旅游》，巴蜀书社，2007年，59、60页。

② 清代高见南撰《相宅经纂》载：“凡都、省、州、县、乡、村，文人不利，不发科甲者，可从甲、巽、丙、丁四字方位上择其吉地，立一文笔尖峰，只要高过别山，即发科甲。或于山上立文笔，或于平地建高塔，皆为文笔峰。”文昌阁与奎星楼，主为文昌帝君和奎星神，传能主文运及利禄而奉祀之。其中，文昌乃道教大神，被视为主宰人世功名利禄之神，是源自上古的星辰信仰，称文昌星或文曲星。文昌星自《史记·天官书》：“斗魁戴匡六星日文昌宫”，为北斗之上六星的总称，因“文者精所聚，昌者扬天纪”，故名。奎星亦作“魁星”，或天豕、封豕，是二十八宿之一，西方白虎七宿的首宿，有星十六颗，以形似胯而得名。东汉时将奎星与文章相连。清初顾炎武称，因以奎为文章之府，故立庙祀之。民间改奎为魁，为读书人崇信最甚的神之一。

四川犍为文庙中的文昌阁

势。贵州织金文昌阁一层为长方形，二层自一层当心间升起，平面呈六角形；第三层复成八角形。滇南建水的文笔塔位于县城西南4公里的拜佛山顶，丁位，塔身分三层：塔基为小八角梯形体，占总高四分之一，外表有曲柔意向，象征笔锋；八角形锥形体从下至上有明显收分，与塔基部分衔接自如，以隐喻笔杆；塔顶上处理成小型细长体，尖端成弧状。远眺外观恰似一枝笔的造型，四周略显平缓的岗坡上突兀直立，蓬勃劲捷向上，气势宏伟。又如位于黄土塬之中的陕西省韩城市党家村东南向的文星阁，塔幢底基高达11台阶，高37.5米，周长19.5米，外观六层六面六角形，因村内民居普遍为二层，又兼有看楼节孝碑等较高建筑物，因此，非高矗不足以为标志。从地理形势看，可以认为是一座“风水阁”——文星阁顶层供奉文曲星。

民间常于山峦处构筑塔幢楼阁，与形势派将山川与人体联系和比附起来统一观照具有密切关系，所谓“相山即相人”是也。《管氏地理指蒙·寻龙经序》载：“因龙首尾以辨肢足爪翳，因臂腕以辨腰脐液乳，因浅深以辨腹肠，因藏露以辨胃腑，因高下以辨额角……盖有坐龙腕，镇龙脚，避龙爪。”如此建塔动因辄基于“镇龙首”，固屏障。浙、皖、赣、闽、粤等省区的文峰塔幢亦往往与村镇水口相关。水口处修建文阁，不仅在于“人文之举，连绵科甲”，而且还能“贮财源”。

塔幢的竖向线性形态，往往与水平状延展的村落市镇产生纵横向度的对比关系，具有丰富视线、使村镇群体景观多样美妙的功效，从而启领标志之风。徽州岩寺镇丰乐河畔水口东侧塔幢，塔下名凤山台，素有“凤山灵境”之誉。河流穿镇而过，绵延数里；两岸庐舍栉比，人烟稠密。岩寺塔卓然矗立，水平韵律与垂直节奏交相辉映，动静两宜，标志性景观融于自然环境中。此外，还有其他名目的塔幢，如浙江海宁盐官镇东南海塘侧竖立的镇海塔，旨在镇山锁水，等等，不一而足。

五、牌坊

作为坊表建筑物的一种，牌坊与牌楼的区别在于，前者在立柱上加额枋等构件而不设屋顶，后者屋顶习用庑殿顶或歇山顶，抑或立柱高出屋顶。从春秋“衡门”，隋唐“乌头门”，“棂星门”，“牌坊……盖自汉代之阙、六朝之标、唐宋之乌头门、棂星门演变形成者也”。①总之，无论何门，原始功能盖在于“门”而存在，为空间界定、划分和控制的一种手段和形式。古时城市实行闾里制，闾里四周都设有围墙，墙内划为里、坊，闾在后世也逐渐衍化为门。里坊内的民居门扉只能开在坊巷中，居住区设坊门供人群出入。坊门晨启暮闭，管理严格。北宋里坊制废弛，坊门渐与里坊分离而单独存在，内中门扉或有或无，象征性含义突显，从而成为里坊的一种标志性建筑。②里坊制消解后以“里”、“坊”等古制命名城镇街区的风尚却并未完全消失。直至20世纪中叶，仍有众多新的“里坊”涌

---

① 《梁思成文集》（三），中国建筑工业出版社，1982年，第257页。

② 坊门的形制，殆由两侧各一望柱上端连接横梁构成门框，居中安装门扉。梁枋上通常悬置里坊名称的牌匾，衙署官府若需表彰人事，也张榜悬牌于其上。安徽歙县郑村的“贞白里坊”，建于元末，是现存最古老的村落坊门的遗存。贞白里坊为仿木结构，两柱一间三层形制，石柱间原设栅门，为郑村的标志性坊门巷口。此坊历元、明、清、民国等凡600余年，多次修缮。二层匾额上镌有元代翰林国史院编修程文等撰写的《贞白里门铭》，详述建坊由来和目的。安徽绩溪的中正坊也是旧时坊门的重要遗存。中正坊始建于宋代，明重修时改重檐亭阁式，清改单檐，现存中正坊为正方形亭阁式，底层四个拱门贯通四方，坊上有四面镂空之阁。

秀出云表的文昌阁，陕西党家村全景

现出来。不过，唐宋时期的坊门至明代，其形式、构造和用途已发生重大变化。首先，坊门中的门扉已失。其次，梁枋上加建斗拱和瓦顶，起脊飞檐。再次，从单层檐到多层檐，单开间到多开间，单座到数座，逐渐形成四面枋、牌坊群——从坊门到牌坊，形式、形制踵事增华，还逐渐扩大了砖、石、木石混合等材质的运用。

除了设于里坊巷口外，牌坊也广布于城镇村落的各节点，如村口、古道、水口、桥前、祠堂前、书院前、墓道前等。正如刘敦桢所云："……离宫、苑囿、寺观、陵墓之前，与桥梁之两侧，亦辄以牌楼陪衬景物……"美国盖洛博士于20世纪初数次游历和考察中国的大江南北，贵阳南郊道路上的牌坊激发起这位地理学家的兴趣，他写道：

我们沿着起始于一座高山山脚下的古州大路向贵阳走去，一路上可以看到壮美的景色。在那条弯弯曲曲地通向城市的路上，我们的眼睛被一连串横跨在这条石板上的牌坊所吸引。每个牌坊都是由三个方顶的门架所组成，那些门架上装饰着人物浮雕和精雕细琢的图案。它很难被称之为拱门，因为它没有厚度，但是很像一座建筑物本身剥离下的门面。石板路从牌坊正中央的那个门架中穿过，没有能挡住阳光或雨水的遮盖物，没有什么低俗的实用价值来贬低匠人们精美技艺的纯美感或被纪念者的功能。①

正如作者所观察到的那样，不唯该道路上"要经过29座这样的建筑"，昔时在道路上布置牌坊确乎普遍。在徽州一府六县众多官署、文庙、书院、祠堂、陵寝前均设有

① [美] 威廉·埃德加·盖洛著，沈弘等译：《中国十八省府》，山东画报出版社，2008年，第129页。

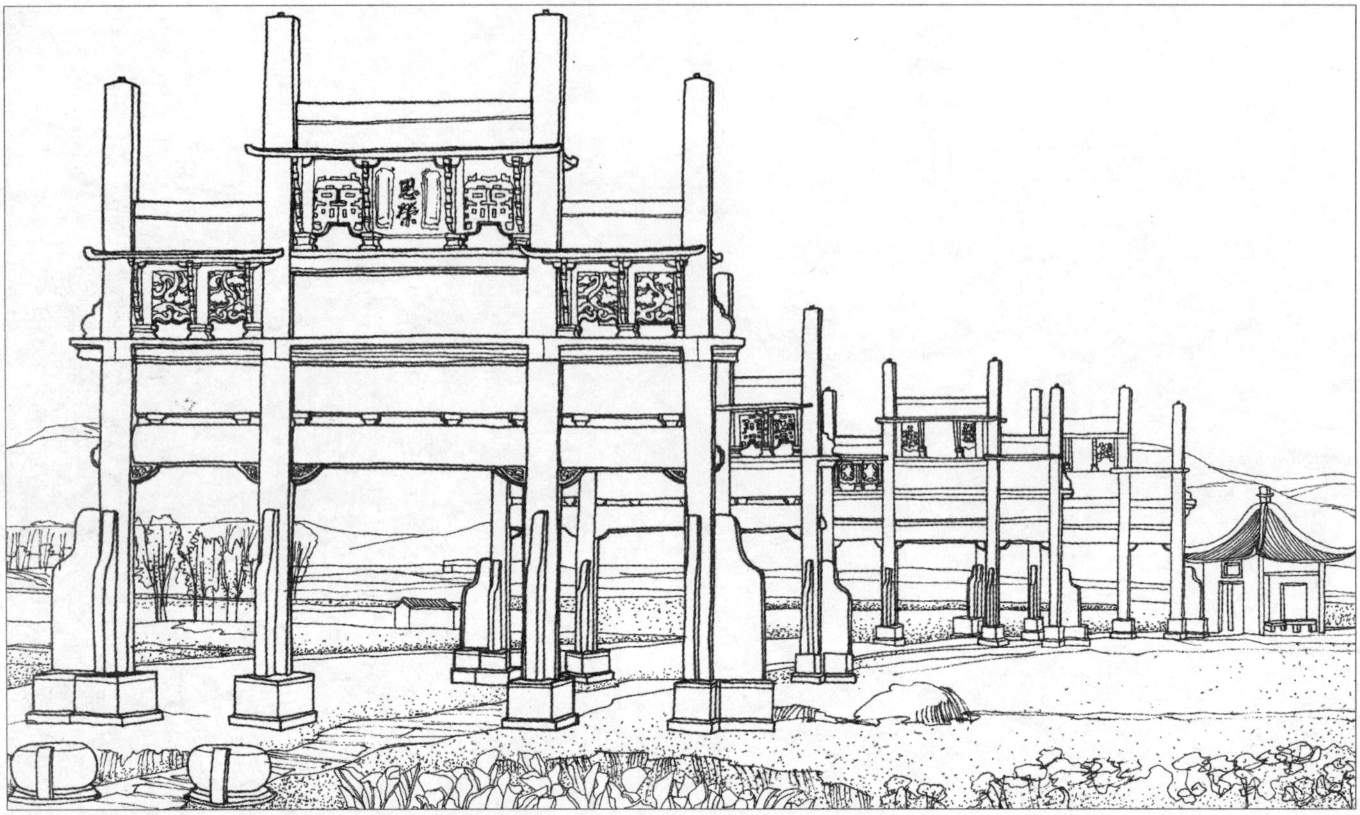

安徽歙县棠樾村牌坊按“忠、孝、节、义”顺序依次排开，呈半弧状展开

牌坊，其位置或设于建筑主体入口左右，或设于建筑群中轴线上，或与照壁组合，使空间赋有节奏和变化。若论村口牌坊，当以歙县棠樾村牌坊群最为著名。棠樾村口东西百余米甬道上共竖有七座牌坊，以“义”字坊为中心，按“忠、孝、节、义”顺序依次排列，呈半弧形状展开。自西向东分别是鲍象贤尚书坊、鲍逢唱孝子坊、鲍义渊妻节孝坊、乐善好施坊、鲍文龄妻汪氏节孝坊、慈孝里坊、鲍灿寺子坊，贯穿矗立于村道中，形成一股肃穆氛围，强化了村落的空间序列，以收“睹绰楔飞檐之美，忘市街平直呆板之弊”之功效，也标志着入口序列的开端。

村镇街巷中设置牌坊，起点如晋中祁县大街口、街巷中段如山东单县市街中的牌坊，均在线型空间中框景、横亘和分割限定空间，从而丰富了街巷的空间形态和审美感。山西沁水土沃乡西文兴村东西向横街永庆门的左右两侧相距25米分别竖有石坊，一为“丹桂传芳”，一为“青云接武”，村中柳氏系唐代柳宗元后裔，明永乐年间“遵训自河东徙沁历”，迄今已500多年。两坊分别旌表西文兴柳氏第三代柳琭、柳琭孙子柳遇春。牌坊皆石质仿木构形式，双柱一开间，左右两根石柱，底部以两块夹杆石前后夹持，夹杆石上前后各雕有一蹲狮。石柱上架有月梁形横枋，两端出自柱上丁头拱支托。横枋上镌刻字牌，上端为攒斗拱承挑坊顶，顶上筒瓦、仰瓦、滴水、屋脊、吻兽均完整无缺，牌坊规整、统一又不失变化和丰富，融分隔空间、教化族众村民和建筑雕镂装饰艺术于一体。相似的还有浙江乐清南阁村村道上，连续五座（原七座）石柱木构牌坊形成空间序列。

牌坊群的组合形式庶几咸为纵式中轴线排列，如棠越牌坊群、章纶牌坊群等，唯有建于明正德初年的歙县郑村西溪忠烈祠牌坊群，呈“一”字形横向排列：居中一座为四柱三间五楼石坊，统高10米，通面阔8.45米，梁坊上书“忠烈祠”三字；两侧各有一座双柱、单间、三楼石坊，一为“直秘阁”坊，一为“司农卿”坊，左拱右卫，主次分明，形成一组器宇不凡、高标空间的群体和村落标志。显然，矗立于路口村头的牌坊在村镇边界中赋有了“导向”含义。借用舒尔茨的话说：“当开口部被引进一个集中的包被时，轴线因而产生，暗示着纵向的运行。”①

① 舒尔茨著，施植明译：《场所精神——建筑现象学》，田园城市文化事业有限公司，2002年，第58、59页。

至于“数道交汇之所”① 的牌坊，当以歙县城中的“许国大学士坊”为最。许国石坊建于明万历二十二年(1594)，系为表彰“少保兼太子保礼部尚书武英殿大学士许国”云南平夷决策有功而敕建。石坊平面突破了横状构图，在歙县丰口村郑绮进士坊——四柱三楼石坊形制基础上，形成纵横轴线布局的立体状“口”字形；南北两面各四根石柱，正向，四柱三间，宽11.54米，东西两面为联结大坊边柱而立，小坊一间宽6.77米。形成两大两小四坊合围的格局，整体为四面八柱。总平面为78.13平方米，中间四柱高度为11.5米，南北脊高10.92米。立柱基座上以形态各异的12只石狮作夹柱石，借以加强基座重量，减降重心，使石柱结构更趋稳定坚固；立柱截面50余厘米，精壮厚实，高7米多，上层另有四米多高连接柱，柱枋相连蔚成一体。石坊最高三层、三间，梁枋、栏板、斗拱、雀替，均为巨石雕琢，上刻锦纹、云纹、珍禽、异兽、奇花、异草图案纹样，浅浮雕为主；楼层石框内多为深雕，题材如凤穿牡丹、瑞鹤翔云、鱼跃龙门、龙庭武鹰等。牌坊四面有明代董其昌题字，上书“恩荣”、“先学后臣”、“大学士”、“少保兼太子太保礼部尚书武英殿大学士许国”、“上台元老”等，貌丰骨劲。

从牌坊形式看，大致分门楼式、冲天柱式和立体式三大类，石牌坊坊顶有悬山、歇山、庑殿四坡盖顶等多种造型样式。遗存空间分布范围和数量上，以安徽、浙江、江西、福建、广东、四川、江苏、上海、湖南、云南、贵州、重庆、湖北、山东、河北、山西、北京、河南等省区较集中。其中，仅歙县一地就遗有历史上各时期的牌坊计82座，堪为全国之最。②牌坊另一功用在于褒扬功名、旌表节烈。古代习用坊门表彰人或事，榜门上者，谓之“表闾”，坊门亦衍化出纪念性功能，悬牌旌表，牌坊之名，盖缘此而生。其上饰以飞檐斗拱等，故又有牌楼之名，至明清臻于鼎盛。

从牌坊内容看，可分为仕科功名、贞孝节烈、义举善行、忠君爱国、里坊标志等五大类，旨在宣扬儒家理学正统观念，弘扬道统思想及其统治，约束民众的思想和行为。

上述古树、古桥、亭台楼阁、塔幢、牌坊等单列独幢而成标志性景观外，还有若干种在空间序列中有机整合的形式，可谓珠联璧合，别具风采 。

舞阳河畔的镇远古城中，东西横亘河上的明代祝圣桥(舞溪桥)长135米，宽8.5米，七孔石质，桥面高于原河床14米，历史上素为湘黔古驿道上的咽喉，在宽阔清澈的河面上异常醒目。桥中有状元楼又名魁星楼，高15米，三层檐八角攒尖顶结构，造型飘逸玲珑。桥、亭在河面上一横一竖，于空间上收宏敞高标之美于一体。亭中楹联颇有名声：“扫净五溪烟，汉使浮槎撑斗出；劈开重驿路，缅人骑象过桥来。”记录了清嘉庆年间缅人骑象赴京朝贡途经镇远和昔时瘴气弥漫的五溪之地的变迁。福建龙岩莒溪镇壁洲村前建于明洪武二十年（1387）的石墩、木伸臂梁的廊桥——永隆桥，桥长100米，宽6米，高4米，5孔，桥端建两层四角门楼，檐角飞张，位处村落外通道。距桥百米许有文昌阁和天后宫，文昌阁建于清康熙三十一年(1692)，塔状与宫殿式相结合，阁高五层，一二层为方形，三层以上八角形，每层塔阁咸设拱门，全阁槛廊连缀，体量壮硕，造型精巧。桥、阁、宫三者蔚成整体，形成村口要道旁的醒目标志。

无论自然环境的古树，还是人工建筑或构筑物的古桥、亭台楼阁、塔幢、牌坊等，或因其位，其形，其势，或因组合，或因形态特征的单一性和唯一性，与环境一体或高标于空间，形成视觉停顿和聚焦之点，在空间上具有统摄全局的作用。如湘南都庞岭东侧的江永县上甘棠村，主要出入口在谢沐河下游，周氏族人于北宋靖康年间(1126)在河上建步瀛桥，村口筑文昌阁（明代）形成组群。步瀛桥，长30米，宽4.5米，三拱，每跨9.5米，拱高5米，薄拱半圆，造型质朴精巧。旁侧文昌阁通高约22米，一二层青砖砌筑，三四层木构；屋面青瓦歇山，三重斗拱飞檐，具有明代建筑气韵。建筑整体为护城墙箭楼状，庄重巍峨，矗立旷野阡陌、河溪田园中，与步瀛桥横竖结合，虚实相生，蔚为壮观。重庆忠县长江北岸边石宝寨由进寨山道、寨门、楼阁、魁星亭、天子殿五个单元依崖而建，凭山耸势，造型奇特而壮观。整组楼阁建筑共12层，高56米，全部木构，三面四角，飞檐翘翼，自下而上逐层缩小，层层相衔，其内有一条迂回曲折的旋梯相通，可达“柑宇凌霄”。寨顶上是一座千余平方米的石坝，举目四顾，游目骋怀，水天苍茫；若从寨下或江面上仰视，山寨楼阁一体，仿如垂直悬空，峻极天工而景象壮阔，堪为融自然山势风貌与楼阁建筑一体、共为绝佳的标志性景观。

---

① 刘敦桢：《牌楼算例》，载《刘敦桢文集》(一)，中国建筑工业出版社，1984年，第195页。

② 罗刚著：《徽州古牌坊》，辽宁人民出版社，2002年9月，第213～217页。

第五节　村落市镇街巷的特点与要素

一、特点

街道和巷弄是传统村镇形态的支撑、串联和分隔，村镇聚落中不可或缺的线型结构和骨架，它不仅具有交通联系作用，而且担负着分隔界定各区段的职能。从结构关系看，街巷是城镇的脉络所系，其组织形式是反映城镇肌理的重要因素。在聚集区域单元中，街巷的位置、走向、宽窄、长短、直曲高低上下等，制约和限定了路径的功能显隐和特点。各司其职的街与巷，也就是人们常说的"大街小巷"，形象点明了两者既有共同点又有差异性的特质：大街，一般指主要街道，长且宽，人流密集，是村镇中的交通主干道；小巷，为次要道路，短窄、人流较少，静谧且数量较多，是村镇中的交通次干道。两者关系好比树干与树枝的树状结构，街道为主干，贯穿村镇；巷弄如同树的枝杈由主干生发向四方伸展，通过它连接千家万户。不过实际状况远非如此简单：在有些市镇城邑中主干街道可能不止一条，平行或垂直相交，或蜿蜒曲折。巷的数量当然更多，有些巷弄中还有分巷或支巷——通过分巷、支巷直抵住居大门入口。当然，还有其他界分街巷主次的实例。譬如河北石家庄井陉县于家村方圆1平方公里内的所有道路，凡东西向一律谓街，南北向统称巷，不通者叫胡同，狭窄者名夹道。全村共6街7巷18胡同12夹道，全部青石铺筑，总长约7里，可谓方向明确，街巷分明，层次清晰。鉴于各地对交通路径称谓的不同，以及各地村落市镇中街巷的差异

街巷是村镇的脉络所系，浙江永嘉县鹤阳村

主干道长且宽，人流密集，安徽黄山屯溪老街

性，本书姑且将大小街巷路径分为主干街道、次干街道、巷弄、次巷弄四级，便于分等和辨识。

一般而言，街巷的平面形态较多受自然制约。相比较，北方平原地区、部分滨海地区和南方部分移民集中的城邑村镇中的街巷往往纵横清晰，骨架横平竖直，近乎古代城市的道路布置形式，表现为规整的几何形态和网格状。北方如山西平遥县城区街巷、灵石县静升镇王家大院恒贞堡街巷、襄汾县丁村街巷、晋城沁水县土沃乡西文兴村街巷、陕西韩城市党家村街巷等，大多经纬分明；滨海地区村镇如山东荣成市俚岛镇马站口村、成山镇卧龙庄、石岛宁津所村等大部分为一纵三横，或若干纵向辅以数条横巷，排列齐整，富有规律性；在南方部分移民南徙的村镇聚落中也以不同组合方式彰显整齐划一的路网系统，如珠海唐家湾村的三纵六横格局，恩平那吉镇云礼村的一横五纵梳背式布置，东莞茶山镇南社村水塘两岸五条六条南北竖向街巷与东西各支巷形成的交通路网，等等。如果说北方平原地区的城邑村镇横平竖直的街巷系统源于古代都城型范和礼制格局的濡染和映射，以及用地相对宽绰、以血缘地缘为主导的居住群体特点而成就的东西南北明确、街巷主次分明的话，那么，同为北方的山东沿海地区整齐如一的布置模式，考虑更多的应是适应濒海地区风急浪涌的海洋潮汐和季风气候等自然条件的特点或要求，采取近乎简一的村落交通布置形式。这在高耸的屋脊、低矮的屋身及浅近的室内空间中，大体可作出上述推断：成排或低

地势变化多端的贵阳青岩镇街巷景观

通向城门的主街，湖南凤凰县沱江镇

矮的房屋可有效规避、消减来自海面大风等的侵袭。至于南方村镇中有序的网格、梳背或棋盘状街巷道路系统，情况可能复杂得多。总的来看大略有以下若干因素：移民集团以血缘宗亲为单元，远近亲疏清晰，在平面布置上多环拥宗祠、支派分祠等有序建设；基于血缘紧密的关系，在村落建设中往往采取一次规划、逐步实施的统一行动，较容易形成经纬分明、便于管理的街巷系统。族长、家长等派别中的尊长具有绝对控制配置权力，其规划或设想较容易转化成现实；族中子嗣的房屋建设等在既定等级辈分中施行，较少出现突兀或别样的体形，包括占地面积，开间进深等，讲求的是和谐和一统。如此，构筑整齐有序的街巷则减少了可能滋生的障碍。

如岭南五邑中恩平县那吉镇云礼村、开平市百合镇马降龙村、台山县台城镇琼林村等，村落有序，巷弄整齐。村落交通等的规划构思立足于节约耕地、保护环境、法天相地、安全防御和便利生活等准则，融山川形势和功利性需求、审美情趣和外来建筑文化为一体。具体形式常表现为，村落公共场所多集合在村前，严格依照左祖右社——宗祠在左、社稷坛、灯寮等位右的规则，住宅呈高密度布置，平面划一。每一户单元均为三间两廊式，门开两侧面朝火巷；前后建筑空间约为 0.5 米；纵向两列间为巷，通称为里、火巷，系聚居群落的交通干道；三五横排之间设一横巷，沟通东西两端。这就形成了纵横巷里的垂直交错，不枝不蔓。村落空间结构处理上，则全部前低后高。如此安排可照顾到后排房屋以迎阳纳新，保持良好通风条件，适合于岭南当地的地理、气候和田土条件。

相对北方平原滨海地区和南方平原部分移民村镇街巷经纬清晰的路网格局，其他地区村镇道路大都顺应自然，因势而形，这在地处西南的川、渝、桂、黔等省区的村镇尤其明显。川、渝因地处山区盆地间，地理环境错综复杂，街巷布置往往别出蹊径。如泸州市合江县福宝场镇顺山脊布置上下垂直高度差达七八十米，纵向街道长度约百余米，陡街上下，重重叠叠。石柱县西沱镇，为长江沿线垂直等高线最显著的场镇之一。小镇上下纵向垂直的主街长度达 5 里，高差 160 余米，其间有两处转折平台，辅以数十处隙地平台。在转折平台出伸发若干左右横向的支巷小街，构成主干道上若干次干道，巧妙而又自然地分解、丰富了主街人流、物流或房屋庐舍的流向或组团布置。这里，庶几可借用刘敦桢先生赞叹灌县（今都江堰市）二郎庙山势与建筑相互关系的耦合时所说的那样：“利用山势，随宜布置，甚富变化，故远望若仙山楼阁。”① 此处虽未叙述街巷道路，但“利用山势、随宜布置”大致也指出了川渝山地和盆地场镇富有地域特色的街巷特点。

长江中游地区众多传统市镇往往以老街构成镇区的骨架和雏形。如湖北钟祥石牌镇有街道 10 条，巷弄 3 条。其中以东西向地山街、上正街、集街和南北向西街形成十字状主街，并以此为主体骨架延展次干街道，主次街道及巷道形成一种指状的交通网格和空间形态。②位处鄂豫两省接壤的红安县七里坪镇，镇区由长胜街、东后街、解放街、和平街、河西街 5 条街道组成“一主四次”的街道结

① 《刘敦桢文集·三》，中国建筑工业出版社，1992 年。

② 李百浩、叶裕民：“因邑而兴的湖北古镇——钟祥石牌”，《华中建筑》，2006 年第 2 期，136 页。

构。主干街道长胜街，全长约400余米，宽4～5米；次干街道宽3～4.5米。其他的如街道间的甲巷——夹巷宽幅在1～2米之间。总观其街巷构成，街道宽幅大、中、小俱全，功能各异。①再如洪湖市瞿家湾镇的东西向老街，宽3～4.5米，中间南北向各巷道间隔30～50余米，宽1～1.5米。其中，老街为古镇交通和市镇空间的主轴，若干巷道为次轴，两者共同构成了鱼骨状的一街数巷的古街结构和交通网络；与之毗邻的监利县周老嘴镇街巷，结构主次也十分分明：东西向布局的主干街道老正街全长628米，宽约3米；主街南侧并列一条次街，长约300米、宽约3米的沿河街。这两条并列的街道有着明确的功能划分和不同的职能：沿河街近西荆河的区间，主要以农副产品贸易为主。而老正街则为市镇的主轴，除住宅外还设有饭店、茶馆及其他各类店铺。街上共有巷道8条，其中，中段工农巷为主要巷弄，南北贯通；建设巷、英烈巷、复兴巷等也连贯南北，其余的康段巷、龙家巷、茅草巷、崔琪巷等均位于主街南端，平均长约60余米，形成若干丁字形路口的格局。昔时古镇码头在街南，多巷的南缘可方便人们与河道、码头、货物等的各种交易、交通等联系。②

泸州福宝场镇顺山脊布置，纵向街道上下重叠，独具风采

自上而下的巷道，广东东莞南社村

无论是北方的规整经纬，还是南方的曲折蜿蜒，抑或主次干道、巷弄等的界别差异，街道巷弄客观上都存在着侧界面与底界面之间的一个比例关系。这个距离、高度等比例通常是以人的体验、感知为参照的。日本芦原义信曾对之进行过研究，认为以街道的宽度为D，建筑外墙的高度为H，一旦$D/H>1$时，随着比值增大会逐渐产生远离感，超过2时产生宽阔感；反之，当$D/H=1$时，高度与宽度之间就有一种均称感。作者指出，$D/H=1$是街道空间性质的一个转折点，这也是文艺复兴时期达·芬奇比较主张和推崇的一个尺度和关系。不过，这里的D/H只是表示道路与建筑比例的指标。他同时注意到即使是相同的D/H，西欧的街道与日本的街道给人心理和行为上的舒适度也是有区别的。为此他打了一个很有意思的比方：

---

① 李百浩、张莉："因地而兴的湖北古镇——红安七里坪"，《华中建筑》，2005年第5期，150页。

② 参阅易伯、董争俊、刘炜："因渡而兴的湖北古镇——监利周老嘴"，《华中建筑》，2005年第3期，

老街古镇交通和市镇空间的主轴，湖北洪湖瞿家湾镇

这就好像适于美国宽阔道路的美制大型汽车来到日本极不相称，而适于日本狭窄道路的日制小型车辆到了美国却觉得很小巧一样。它意味着，尽管街道与建筑物高度之比很恰当，如果和来到那里的其他物体的大小不均衡，仍会产生上述结果。也就是说，对西欧建筑而言，日本住宅那种极端的低矮狭小，由于同样大小的汽车或电车的出现而明显地表现出来。在日本式房间里坐在榻榻米上的视线降低，日本建筑的内部尺寸全部做得很低，街道也同样，日本的要比西欧的低矮狭窄。

针对西欧和日本街道尺度上的不同，作者接着指出：

道路宽度与建筑高度之比 D/H，适用于巴黎的香榭丽舍大道、罗马的维奈特大街、纽约的第五大街和东京的银座大街等世界各国的街道……它还适用于意大利广场、纽约的许多实例以及下沉式庭院等封闭空间……。①

其实，欧洲各地城镇中狭窄的街巷比比皆是。其比例即便在 $D/H<0.5$ 左右，但也并不感到压抑或局促，原因可能是这些街道主要功能就是供人步行，并不负担车辆通行的功能；另外，芦原义信在比较日本与西欧街道的高宽比时发现了两者明显的差异性，不过对其缘由却语焉未详。在我们看来，人的尺度的差异、功能的单一、纯粹和人机混合，速度和节奏，以及不同的生产关系也值得关注。换言之，在一定意义上，这些可能也是决定或生成如此高宽比的一个重要因素，而且继续在影响着人们对适宜街道尺度关系暨 D/H 之间比例的探讨。

二、要素

通常，街道巷弄的构成取决于以下四个要素：左右两侧的垂直界面；底面；其他构筑物；天空。两侧的垂直界面即建筑的立面直接规定和限定了街巷的空间尺度、大小、宽窄、高低、形状等，形成了空间轮廓线，“建筑物与地面的交界确定了地面的平面形状和大小。这里建筑立面成为街道空间中最具表现力的面”。②建筑或构筑物和天空的底层平面限定了街道空间的平面形状，其他构筑物和天空在一定程度上也影响着街巷空间的构成或形态，尤其是行进其间的人群对街巷空间的体验观赏。如果从宏观和本质方面看物质的构成，无疑，所谓的空间是由界面围合而成的。不论何种空间，其界面属性都是这一空间形态的基本内容。包含街道巷弄在内的外部空间的构成界面主要是侧界面和底界面。底界面概有地形特点、地面材质与铺敷、公共设施等组成，是空间中各种活动的物质承载面；复合型侧界面不仅是外部空间的围合界面，而且也“充当”内部空间界面的角色：一方面作为建筑或构筑物等实体环境中内与外之间物质意义上的分隔线，另一方面也是内与外、建筑空间与村镇空间之间的联系要素。倘若如此理解和观看，则上述四方面的构成要素之间就具有了联动性，它们在某种程度上呈现着相互依存和互相缀合的状态。

建筑物的立面、立面层次和形式对街巷构成、街巷体量产生直接和根本的影响。比如嘉兴西塘镇西街处的石皮弄两侧深宅重院纵深达60余米，封火山墙高十余米，弄宽仅0.8～1米，两侧建筑立面规定了巷弄高、深、窄的体

① ［日］芦原义信著，尹培桐译：《街道的美学》，百花文艺出版社，2006年，第46，50页。

② 梁雪著：《传统村镇实体环境设计》，天津科学技术出版社，2001年，第105页。

量特征，宛如“一线天”。也就是说，建筑的体量限定了街巷的内部轮廓线，高、直、狭的巷弄空间受到两侧建筑物的规定和影响。川渝众多场镇的主街道大抵在2～4.5米，实际宽度有限。但主街道两侧往往“深入”、“延伸”至檐廊中，沿街民居或店铺大多前伸檐廊，以裨遮阳避雨。这样，便形成了街与廊共生同用的格局。檐廊下的空间庶几为街道的“一分子”。有些檐廊的宽度甚至超过主街的宽幅，如涪陵大顺镇下场口主街宽仅约1米，而廊宽则达6米，是为窄街宽廊式主街的空间实例的代表。①两侧建筑物在限定街巷内部轮廓线的同时，其底层平面也在规定着街巷空间的平面形状。该主街底层平面的双重限定，即两侧前凸檐廊立柱和后退的建筑立面确立了其复合的街道平面，街道与檐廊间的根根檐柱布置在街道中央两翼，形成三条纵长形街道平面合一的整体平面。显然，街道整体底界面的差异，如材质构成、等高线及两侧立面与底面的交接处理等“作用力”就显得颇为明显。

从材质构成看，村镇街巷的底界面材质多样。以较普遍、质量较高的石板铺材为例，不同厚度、长度、组合和不同材质石板构成的底面，效果并不相同。湖北赤壁新店镇的民主街、建设街、胜利街等三条主街均铺青石板，呈一横多纵式，因主街居中的下面设有宽0.5～0.8米的排水道，所以上面布置横向石板排列。②监利县程集镇老街路面也以条状青石板铺砌，约0.4米宽、0.9～1.7米长，取五列纵向铺排式，居中一列为街道中心线，两边侧对称纵铺两列；石板街两外侧与竖界面交接处，用石块或砖砌成的台阶或门坎作为街道间的过渡。③街巷底界面和一或两侧竖向界面的连接处，往往以条石砌筑高出路面，形成

建筑物的立面和层次对于街巷的体量和构成产生直接的影响

建筑物的体量限定了街巷的内部轮廓线，拉萨八廓街某巷弄

一定高差，这样在截剖面上便呈现出中间略低、一侧或两侧较高的图式。如重庆巫山大昌镇南大街两侧民居和店铺前，均铺高一级（高约0.25米）、宽约1米的门坎台阶，两家共同的山墙外凸约0.80米，正好收进台阶内。这种交接面的处理方式在苏、沪、浙、皖、赣、湘、鄂、川、渝、桂、黔、滇等地市镇街道中十分普遍。苏浙沪村镇街巷的底界面铺材除了石板外，还以小青砖侧铺成“人”字形等图案。突出例子是苏州木渎山塘老街和东山镇杨湾村直巷。木渎老街的古御道宽约1米，侧铺青砖，两边石条收边；杨湾直巷全长数百米，宽1.5米左右，青砖侧铺“人”字纹和水波纹，色泽深黝。两侧宅邸深院鳞次栉比，幽深而静谧。

芦原义信在《街道的美学》中谈到街道 D/H 在今天的应用性之一就是把建筑当作“图形”观赏时，从建筑到视点的距离 D 与成为对象的建筑高度比。他说道：按照19世纪德国建筑师H. 麦登斯（H. MARTENS）的见解，人看前方时成40°仰角，若考虑在建筑高度 H 之比 $D/H=2$，仰角成27°即能观赏到建筑的整体。根据W. 海吉曼（W. HEGEMANN）与E. 匹兹（E. PEETS）的《美国维特鲁威：城市城划建筑师手册》，若不超过建筑高度（H_1）约2倍的距离（D_1），便不能看到建筑整体。也就是说，

① 参阅季富政著：《巴蜀城镇与民居》，西南交通大学出版社，2000年，第100、101页。

② 易伯、林楠：“因铺而兴的湖北古镇——赤壁新店”，《华中建筑》，2005年第5期，第153、154页。

③ 易伯、闵雷、刘炜：“因集而兴的湖北古镇——监利程集”，《华中建筑》2005年第4期。

底层平面也规定着街巷空间的平面形状，浙江嘉兴乌镇西大街

村镇街巷底界面的材质丰富多样。湖南凤凰县山江镇

当 $\text{tg}\theta_1 = 1/2$，$\theta_1 = 27°$时，才能看到建筑整体，从单体建筑转为看建筑群时，$D_2 = 3H_2$，即 $\text{tg}\theta_2 = 1/3$，$\theta_2 = 18°$。①

在此，我们不妨以实例来探讨街道巷弄的构成暨不同界面的组合对街巷和人的影响。据测，湖北监利县程集镇老街北端的40号宅及前面街道，长约100米，平均宽度 D = 3.8米，高宽比 $D:H$ = 1.08；东面41号宅至69号宅及街道，长约120余米，街道平均宽度 D = 3.1米，高宽比 $D:H$ = 0.89。②再看周老嘴镇的巷道，平均宽度仅1.5米左右，最窄处0.7米，两侧山墙高6.0～8米，宽高比（D/H）约为0.2。前者即街道的高宽比使得建筑物形成的阴影和略显狭窄的街道可以调和、舒缓当地夏季炎热的气候，后者即巷道的高宽比构成了一定防御性和安全感，具有宁静安逸的感受。③毋庸置疑，街道巷弄诸界面的规定在一定程度上对人的行为和视觉等的影响是客观存在的。

第六节　村落市镇街巷的空间特征

一、高差与变化

山地、高原、丘陵和盆地中的村镇建筑处于山坡或坪坝上常沿坡面、垂直等高线组织和布置街巷居住建筑等，街巷在竖剖面上构成了显微不一的高差；基于沿坡面的不同标高而以踏步、坡道等方式串联成街巷序列，同时形成了明显的空间序轴。④这种高差变化明显的街巷特色在于将空间序列的组织和地形的隆起或下降有意融合，因山就势，既符合地形地表的地理特征，又往往具有别开生面的空间感染力。

从形态及空间构成看，街巷中的高差变化具有分隔、组织和丰富空间的作用：上行过程中，经历台阶构成的坡道、平台踏步等富有节奏感的变化，空间的序列感和期待油然而生；下行过程中，所在台阶高程几乎与下一层或若干层建筑的屋面持平，视野开阔，视域宽广。放眼极目，台阶坡道与参差屋顶相交错。显然，忽而等高、忽而下行、忽而身处平坦的台地上或停顿于若干交叉路口。身处于不同标高的街巷底界面中，“对形成不同高度的观赏点

街巷在竖截面上构成了显微不一的垂直登高差异，山西临县碛口镇

陕西韩城市沁阳堡下沉式入口通道

和观赏视线也极有利，由于不同标高使两侧建筑位于不同层次，对丰富街道的轮廓线也极有利，这时竖向踏步成为街道景观中的重要构成要素。高差变化还有导向作用，街道的单纯空间借助高差带来的透视感觉还可以强化空间的导向性”。⑤显然，不断的高低变化、视觉和心理上的变动，较大可能地摒弃了可能滋生的单调感和同一性。

传统山地丘陵等村镇通常依山就势，基于山势地表及等高线布置创建了众多符合当地地形特征、与周围环境和谐共生而极具节奏性的街道景观。因此，非平原地形村镇街巷的底平面高度变化幅度暨隆起、斜坡、平台、抬高、台阶等赋予了底面多样性、丰富性和趣味性。如川东达州市大竹县清河场主街两侧为连续拱廊柱式骑楼建筑，街道底面略低，宽五六米，一至五级略高的两侧台阶伸入檐廊内。台阶咸为条石铺砌，升起五级有数百米之长的一侧台阶布置在檐外，好比跌落式看台，形成了两侧不对等的底界面。又如坐落在卧虎山下湫河与黄河交汇处的山西临县碛口镇主街，东来北拐长达5华里，顺卧虎山坡有11条排洪兼通行巷道连接数以百计的院落；主街、二道街和三道街底界面均用石块铺砌，整齐干净。垂直于主街、平行等高线部分的巷道十分陡峭，相互间多可穿联通向主街。街道和巷道形成复杂而清晰的交通网络，垂直等高线的小巷负载着夏季山洪泄流的重任，密集且均衡。至于长江南岸石柱县西沱镇的“云梯”街更是以沿江边山地垂直等高线修建、顺山势曲折而上的云梯式踏步而为场镇空间的骨架。在江边到街顶上下高差达160余米的山坡上，街道底面的石质踏步总长达2.5公里。2个大的转折平台和80余个小型缓冲平台成为人们休憩和交往的主要空间；在变化梯度上，平台构成了街道的转折所在且连接两侧巷道。踏步两翼的各类建筑因位于不同高程，或筑台为基，或沿坡构屋，或吊脚为楼，或逆坡空构，构筑手法灵活而多样。巧妙利用自然条件和山地特征，呈现了重重叠叠、富有层次感的迷人景象。作为空间主轴的云梯式踏步主街，自然以高差悬殊、方向明确、节奏强烈和层次丰富强烈特征和浓烈个性而成为场镇中最主要的空间景观所在。

另外，高低纬度暨气候、阳光等对街道尺度和比例的形成也有着不可忽视的作用。如寒冷地区村镇的街道尺度

① ［日］芦原义信著，尹培桐译：《街道的美学》，百花文艺出版社，2006年，第50页。

② 易伯、闵雷、刘炜：“因集而兴的湖北古镇——监利程集”，《华中建筑》2005年第4期，

③ 闵雷：“湖北监利程集古镇研究”，武汉理工大学硕士论文，中国知网 www. cnki. net，2005年，第45页。

④ 参阅卢济威、王海松著：《山地建筑设计》，中国建筑工业出版社，2001年，第131页。

⑤ 梁雪著：《传统村镇实体环境设计》，天津科学技术出版社，2001年，第127页。

宽敞，温暖地区街道的尺度狭窄，前者要照顾到纳阳，后者着眼于遮阳，这或许就是北方城镇街道宽敞，南方聚落街巷狭窄的自然力渊薮之所在。

二、连续与开合

形态上的街道空间属于线性空间，街道景观随着人的行进而逐渐展开。传统村镇的主要街道以线型结构和形式较为自然地形成连续性的线性整体，在连续性和闭合性相融合的街道中，连续感、韵律感也往往蕴含其间。

江汉平原的洪湖县瞿家湾老街东西向长约400米、宽3～4.5米，临街两侧为一二层建筑，各房屋间或毗连或共用一道山墙，各山墙均外凸店铺立面向街道延伸约1米，形成了颇具特色的街道界面；邻近的监利县周老嘴古镇的老正街自西往东蜿蜒伸展长达628米，两侧建筑均面向街道排列形成线型带状的街巷空间。其中，主街宽3～4.2米，平均宽度3～4.7米，建筑单开间面宽2～3.6米，檐口高度为3.5～6米，与人体高度比在2:4之间。在街道建筑保存较完好的中部，一二层建筑分别与街道构成了宽高比（D/H）0.67～0.94，0.5～0.61的街道剖面空间关系，建筑单开间面宽与街道宽度比（W/D）约为1。① 前店后坊（寝）式的店铺格局沿主街生长聚集，构成了老正街连续性的街道空间界面。在这里，“道路不仅是统一连续的，而且有方向性，线性方向的正反是很明显的”。②

类似瞿家湾老街单元店铺密集排列、外凸山墙、檐口和台阶等形式有节奏感的连续性街道界面，在鄂东北大别山南麓红安县七里坪镇的长胜街和大悟县双桥镇双桥街上也有近似的连续性韵律：宽四五米的长胜街两侧为一二层建筑，建筑高度在五六米，街道高宽比接近1:1；街道全长约400米。整个街道空间蜿蜒曲折，两侧房屋毗连或共用山墙，山墙外凸一砖或数砖之长，③ 较之瞿家湾老街明显收进了许多，两侧店铺门面也普遍小于瞿家湾，但其明确的底界面、连续不辍的立面和飞扬上翘的砖砌墀头以及高低错落的街道天际线，极大强化了街巷空间的连续感和节奏感。大悟县双桥镇主街全长约350米，宽约5米，两侧多为店宅街屋，三开间居多，以经营杂货、粮油、木材和药材等为主，底界面满铺青石板。沿街立面较统一，底层全开间设置木排门，二层界面设亮窗、木板，外部形象趋于明快；街屋主入口往往选择临街一隅，入口多用宽约1米的穿廊为通道。④

从长江中游上溯至上游看，由于巴蜀场镇多处于地形起伏较大的山地和盆地中，其街巷路网就不同于江汉平原的村镇，而是较好适应了所在复杂地形。街巷反映了地形变化的形态和脉络，更多呈现出不规则形态。例如泸州福宝镇、江津中山镇、资中罗泉镇等的主街基本沿等高线或水平水系走向，如此，街道两侧店铺或民居等建筑自然也呈现连续的带状分布，整个街巷形态趋于完整，具有较好的连续性。

凯文·林奇曾对保证道路连续性的建筑构成要素进行了说明：“规律性可以由一种有节奏的构图，一种重复的空间开口或一种重要建筑或街角杂货铺的重复来构成。”⑤ 上述所举实例大体均具备了有节奏的构图、重复的空间开口及其他重复等保证街道葆有连续性特征和相对闭合界面因之而生的节奏感和韵律。如浙江乌镇东大街两侧店宅建筑排列整齐，平直的街道空间前后沿拓达数公里；两侧多为二层建筑，尺度统一，立面具有一定的构成模式，两楼檐口高约7米，呈连续不断的线型。平均宽约3.5米的街道满铺青石板，直中寓曲，随河道略成曲线，导向性十分明确，也使街道具备了连续性特征以及由此而生的节奏感。

从街道空间构成看，所谓街道的“合”，系指街道两侧界面较闭合的狭长空间，相应地，“开”则指街道围合的一侧或两侧较开敞。开—合的街道空间变化赋予街巷以趣味性和丰富性，如长距离的线型带状空间中插入“开”的处理可避免同一性和单调感，使之具有一定的段落、停顿、缓冲和舒缓的意向。从成型结果看，街道的开合变化或处理既有因自然条件限定制约而成者，也有人工经营规划意匠使然。依山沿球溪河上游而建的四川资中罗泉场因位于县域西缘丘陵地区的盐井而盛，场镇形态受地形限制随河岸曲折，市街长约5里，两侧建筑均为两层。街道构图取三开三合，每隔一段街道空间由闭合狭窄转而疏朗通透，自狭而敞，张弛有度。这种平面上呈曲线型的街道由于方向变化进而产生一定的空间趣味。而且，基于转折，也避免行走于其间的人的视线无限延伸，如此，也使线性空间洋溢着些

① 易伯、董争俊、刘炜：“因渡而兴的湖北古镇——监利周老嘴”，《华中建筑》2005年第3期，第156页。

② 东南大学建筑系、歙县文物管理所编：《渔梁》，东南大学出版社，1998年，第73页。

③ 李百浩、张莉：“因地而兴的湖北古镇——红安七里坪”，《华中建筑》，2005年第5期，第150页。

④ 李百浩、徐宇甦：“因市而兴的湖北古镇——大悟双桥”，《华中建筑》，2006年第5期，126页。

⑤ ［美］凯文·林奇著，项秉仁译：《城市的印象》，中国建筑工业出版社，1990年，第89页。

许亲切感或宜人气氛。大体上，罗泉场的闭合区段呈“双街子状”，开敞区间为临河一边街形，开合之间的转承启合，富有节律，窄中有敞，疏处见狭，颇具变化。当地人乐于将街道形状比喻为龙形，以为开合位置与龙的构造相契合。事实上，街道空间的开与合的处理样式是比较普遍的，由于传统市街以线型为主体模式和结构之一，加上地形高差和建筑平面进退变化等因素，其转折、叉口、交汇等的“开”，就较多出现在各地城镇街道的结构和形态中。

此外，街道及其建筑或围合界面元素若普遍运用通用或近似的材料、细部和相关建筑元素，无疑亦会强化街道的统一感。克里夫·芒福汀特别强调同一条屋顶轮廓线的印象，“以更重复相似的元素以获得连续感”，他将屋顶轮廓线比喻成空间的眼睑。同理，“重复尺寸相近的建筑组群，能够建立起一种韵律，同时建立一种肌理，并形成一个其中能包容和规整变化的有序的框架”。还有街道的连续与开合涉及长度的问题。显然，过于短程的街道很难形成连续和开合效果。按照克里夫·芒福汀的观点，街道连续不间断长度的上限约为 1 500 米，超出这个范围人们会失去尺度感。而且，即使短于 1 500 米的街景，视线的终结也会引起相当难度。①在谈到街道的曲折变化时，他以为：“欣赏曲折街道的不拘一格是一大乐事，或者带着一种持久的兴奋，期待每个角落的展开或是小巷里难以预料的左右拐弯能带来画面般的景象。”② 在实际中，我们发现小尺度的建筑开间和有一定起伏地形的街景中，更易于形成这种“如画”的街景。

三、广场

广场的重要性一在于提供公共生活的场所或空间，这种公共生活赋予广场多样而丰富的形式；二在于作为场所的中心面貌，承载着城镇建筑群或聚居区域中的“焦点”集聚功能。

应该说，中国传统村镇中的广场并非是严格、完整意义上的、有明确边界和围合的空间和概念，而是村镇中乡邑聚会活动的一些中心场所，具有道路连接、人流集中和空间宽敞的基本特点。严格地说，称之为空地也许更合适和准确，其性格是模糊、混沌的。因此，无论是其功能、起源，还是形态、空间及其定义，与公元前古希腊的 Agora 广场不同。今日的广场伴随着城市的发展又被赋予较往昔更丰富、深刻的内涵。基于不同角度，广场的定义也各不相同。《城市规划原理》一书认为：广场是由于城市功能上的要求而设置的，是供人们活动的空间。城市广场通常是城市居民社会活动的中心，广场上可组织集会、供交通集散、组织居民游览休息、组织商业贸易交流等。③显然，这里强调的是广场的功能作用。李泽民在《城市道路广场规划与设计》一书中，把城市广场定义为在城（镇）总平面布置上，一般未被房屋占用而与城市道路相连接的社会公共用地部分——这里注重的是城市中与道路密切相关的城市空地。

欧美的建筑或建筑理论家对广场的形式曾进行过多种分类。在芒福汀的《街道与广场》一书中援引了保罗·朱克的五种原形：“封闭的广场，其空间是独立的；支配型的广场；其空间是直接朝向主要建筑中心的；中心广场，其空间是围绕一个中心形成的；组群广场，其空间单元联合构成了更大的构图；还有无定形的广场，其空间是不受限制的。”④ 在芦原义信的理论中，广场是强调城市中由各类建筑围成的城市空间，是一种空间的构成。在本章第一节中，我们曾从序列与递进景观的层次方面，观察到在中国传统村镇中心或枢纽处往往会有一两个由公共建筑或构筑物略事围合的“空地”或“晒坝”。实际上，这种可称之为“中心空地”的场所在传统村镇中十分普遍，比如安徽歙县昌溪村的“庙坦”，广东佛山三水区大旗头村前的晒坝，云南腾冲和顺村的“月台”，湘桂黔侗寨中的笙鼓坪，贵州雷山县朗德上寨的芦笙场，以及浙江乌镇修真观前的空地等，这些“中心空地”与现代的城市广场相去甚远，也缺乏“有序的围合”或空间构成。不过，它倒是真实反映了传统村镇“广场”的存在形态、形成渊源和发育程度，功能及其作用。从其缘起到生成看，既有生产生活和商业贸易方面的需要，也有文化娱乐消遣和宗教崇祀的精神方面的需要，也时也作为聚居单元的表征和符号。仅就上述而言，其底色与现代广场并无二致。

芦原义信指出，作为名副其实的广场必须具备四个条件：“第一，广场的边界线清楚，能成为‘图形’，此边界线最好是建筑的外墙，而不是单纯遮挡视线的围墙；第二，具有良好的封闭空间的‘阴角’，容易构成‘图形’；

---

① ［英］克里夫·芒福汀著，张永刚，陆卫东译：《街道与广场》，中国建筑工业出版社，2004 年，第 146 页。

② 同上，第 157 页。

③ 参阅同济大学编：《城市规划原理》，中国建筑工业出版社，1991 年。

④ ［英］克里夫·芒福汀著，张永刚，陆卫东译，《街道与广场》，中国建筑工业出版社，2004 年，第 109 页。

第三，铺装面直到边界，空间领域明确，容易构成‘图形’；第四，周围的建筑具有某种统一和协调，D/H 有良好的比例。”① 比较芦氏的“四点”看，中国传统村镇中广场边界线普遍趋于模糊与含混。向心的收敛性、集聚性漫漶而微弱，其空间领域普遍与其他物态或实体相“共生”而畛域难清，向心收敛与离心扩散共存。仅此而言，中国农业社会中的村镇中确乎没有或缺乏严格意义上的广场。不过，作为居民的生活场所，热闹的有生气的空间，而不是单纯的封闭空间这一点而言，倒是和传统村镇的广场形态、性质、用途和状态符合。若从村镇广场的格局和形态分类比较看，则既有依附于寺观等宗教建筑前的宗教性广场，也有联接住宅和商业街市的商业性广场，以及居住群落内的生活广场等，且规模、大小和形式不一。

宏村月沼是村中一座半月形下沉式池塘，道路和建筑环绕在池塘周边构成了一个特殊的“水面”广场。广场东西长约 50 米，南北宽约 30 米，与周围三条街巷路径的连接以拱门界定，四周硬质界面富有连续感，清晰明确；两侧立面高度在 7 米上下，形成 1:4.3 ～ 1:7 的比例，与西方古典广场 1:4 ～ 1:6 的比例较为近似。置身于广场的任一位置或角度都可获得良好的、围合性较强的广场景观。若从南望北，迎面为坐北朝南的汪氏总祠“乐叙堂”，以祠堂前石质栏杆为引导，至月池东侧短边结束，短边居中可看到有递进的梯形平面广场；由梯形广场与半圆形广场的交界处西眺，广场系以四分之一圆的曲线型封闭而成，端部的民居上部和屋面造型等具有一定对称性，而下部立面又具有协调左右的变化性。

江南水镇中的广场多依附于河道、街巷或宗教建筑等而成为其中的一部分，其形态往往是“广场空间或是街巷与建筑的围合空间，或是街巷局部的扩张空间，或是街巷交叉汇集空间，其形成一般是被动的，是因地制宜，利用剩余空间的结果”。②实际上，广场“大多只是自然形成的一些结合交通、集市贸易、宗教活动等的空间空地”③。上海青浦区朱家角镇市河西岸、漕河街旁的城隍庙广场由前后两部分组成，面朝漕河街、市河西岸的前端实为街巷节点和人流汇集交叉处，东西向连接城隍庙桥和城隍庙，南北沟通漕河街和西湖街，以及山门北部的巷弄。作为镇区中重要的干道和公共空间，这里从早至晚人群川流不息；广场后半部位于城隍庙大殿和戏台之间，为一方形大型院落，两边设二层回廊，供观戏之用。从大殿、平台、山门到城隍庙桥，形成一条东西向中轴线，广场前端形状自由，后部方正，共同组成古镇的庙会空间和广场。这种与宗教建筑或崇祀建筑相结合并扩展成集市类的广场在传统村镇中甚为普遍。彭一刚指出：“依附于寺庙、宗祠的广场主要是用来满足宗教祭祀及其他庆典活动的需要，它多少带有一点纪念性广场的性质。这种广场并非完全出于自发形成的，而是在建造寺庙或宗祠时就有考虑，并借助于各种手段来界定广场的空间范围，尽管这种界定有时十分明确，有时比较含混。例如寺庙广场，它一般位于寺庙的山门之前，山门连同其左右两侧的墙垣，便构成为广场一侧的界面。与之相对应的另一面一般没有照壁，也起着界定广场空间的作用。广场的左右两侧则往往设置牌楼，至此，一个广场空间便被明确地界定出来了——它的前后两个界面比较实，左右两个界面比较虚，进入寺庙的人群可自左右两侧进出广场，再自这里经山门进入寺庙。”基于此种平面布置形式和空间围合格局，彭氏以为广场氛围严肃是传统寺庙广场最典型的形式，是寺庙建筑群的延伸，有明确的中轴线，左右对称。④

四川犍为罗城镇和云南剑川沙溪镇寺登街是两处以商品交易为主的集市式广场，面积虽然不大，但地位和作用颇为重要。前者为四周商品交换的汇集处和交易中心，后者为茶马古道的重要组成部分——北连丽江、中甸、西藏、四川乃至西亚，南经缅甸通达南亚、东南亚，是目前古道上唯一幸存的集市。两处广场的共同点是在街道交会

宏村月沼构成了一个特殊性的“水面”广场

① ［日］芦原义信著，尹培桐译：《街道的美学》，百花文艺出版社，2006 年，第 52 页。

② 段进、季松、王海宁著：《城镇空间解析——太湖流域古镇空间结构与形态》，中国建筑工业出版社，2002 年，第 34 页。

③ 邹怡、马清亮：“江南小城镇特征及其演化机制”，载《小城镇的建筑空间与环境》，天津科技出版社，1993 年。

④ 彭一刚著：《传统村镇聚落景观分析》，中国建筑工业出版社，1992 年，第 87 页。

处，经扩展街道空间从而形成广场。在第三章中曾介绍过罗城梭形广场的平面两侧均由弧形的建筑所界定，中间宽敞，两端逐渐聚拢，两端中心处的戏楼和东面收尾处与南北向横街交会处面对灵官庙，东西横轴恰成对景。整个平面布置集中而紧凑，由于两侧檐廊出挑深远，廊内往往也是交易、休憩、聊天、聚会、娱乐的场所，广场功能颇为多样。沙溪四方街所在的寺登街以兴教寺为中心，与对面的戏台相对，底层店铺，二层戏台，三层为魁星阁，在普遍的一二层建筑高度中如鹤立鸡群。围合集市广场的多为二层白族民居店铺，如裁缝铺、杂货铺店，店面均为大块条石铺砌而成。古镇为茶马古道上的一处交易场所，四方街平面为曲尺形广场，其中正街南北长约300米，东西宽约100米，北部街东西长约100米，南北宽约50米，街区底界面用红砂岩铺敷，中心有两株百年槐树；广场之东有一坐东面西的古戏台，相对应的是坐西朝东的兴教寺——两者恰好把四方街界分为南北两片，街场四面二层的店铺排立，依稀阐发出古老集市的流风遗韵。

目前在大理白族自治州和丽江市的部分村镇中还遗存有若干形态尚属完整的小型广场，如大理州喜州镇、周城村，丽江市的大研镇和束河镇等，当地习惯将小广场称为四方街，是当地民众的集市贸易和人群聚集的重要场所。喜州镇位于洱海之西、滇藏路以东，明清和民国时期就享有盛名。古镇平面呈簇团状，四方街位于北栅南端、市户街以北、东西向市上街、市坪街、富春里和大界巷的交会处，以此中心共有7条主街向四周辐射。这里既为镇区交通要冲，又是人群麇集之处。四方街平面方正，横矩形，四周布置有若干商店，为镇区及周围村民提供了从事商贸交易活动和休憩的场所；丽江大研镇四方街位于西河以东、中河以西，广场也呈横矩形，镇区中七条街巷在此会集发散，四周一二层民居环绕布置，尤其是西北面坡地略高，居民庐舍鳞次栉比，层层叠叠，轮廓线十分优美。广场西面有石拱桥横卧西溪上，直对桥堍为三层科贡楼成为广场制高点。广场面积不大但平坦方整、中心聚合，地面满铺五彩石，色泽缤纷。

新疆南部喀什具有典型的伊斯兰城镇的形态特征。古城中寺前广场有两类形式：一类是建于平坦地势中的清真寺广场，一类是建于高台聚落中的清真寺广场。平地清真寺广场以艾提尕尔广场为代表，它也是喀什历史最悠久的广场，因坐落于广场西侧的艾提尕尔清真寺而得名，“艾提尕尔”意为“节日礼拜和集合场所”。面积庞大的广场平时为该城的商业贸易场所，每逢维族节庆佳日便成为广大穆斯林的盛会之所。

建于高台聚落社区中的清真寺广场规模小、数量多，是介于街巷和广场间的一种形态。基于宗教活动与人居建筑的关系，高台聚落往往呈现团状聚集型——由若干户主住宅以某街巷清真寺为中心集聚形成组团，不过由于维居建筑的高密度和曲折多变的街巷，清真寺并非都处于组团的中心位置，常常设置在街巷交会节点和街巷入口处。

第七节　村落市镇街巷中的节点景观与处理手法

一、节点

在街道轴线端点设置视觉焦点、节点，可使线性空间获得收束和呼应；在街道转弯处、连接点和中断点设置标志物予以强调或进行特殊处理，可以较好地使之自然过渡到下一区段，从而保持街道空间的连续和延伸。以线形街巷道路及流动空间而论，其中的节点则是面状的、略显敞朗的停留空间。它可以是街巷的交叉路口——街巷空间发生交会、转折、过渡的场所，标志着一种结构单元的转换；也可以是道路旁的平台、隙地、水井、祠堂前的庙坦或空地等，这些局部放大的空间，因三面或多面围合，基于围合边界呈不规则几何形而往往出现较丰富的的透视效果。对于在相对闭合的线形空间中行进的人而言，步行在此通常会产生豁然开朗的感觉。显然，节点具有多方面的意义和作用。

凯文·林奇在《城市意象》一书中将节点视为城市意象构成的五大要素之一，认为节点是人们感觉、识别、制定方向的重要参照物，也是人流聚焦的核心。对于四川阿坝州理县桃坪羌寨这样一座临近河谷、建在冲积坡地上民居密集、碉楼丛生的山麓型村寨而言，在封闭和狭窄的街巷空间中，身处其间往往会产生单调、压抑甚至狞厉之感。然而由于空间中错综迂回的道路与水渠同步共线，水

数条巷弄在此会集，寿康井因之成为重要节点，江西南昌安义县罗四村

渠或明或暗，时隐时现，或在开放处设置磨房、洗衣和汲水处等，在一定程度上又消弭了这种单一性；街巷宛如镶嵌于闭合式民居间的通道，呈现出十字或三岔路口的街巷节点，虽然类似天井般道路的枢纽空间缘起于防御的空间聚散，但因街巷的过街楼、门洞式过道及街巷的转折与多向——控制民居及巷街往左右伸展等，使街巷节点表情骤然丰富起来。与桃坪羌寨大体相似的是，老木卡寨街巷节点的特点在于集街巷道路、过街楼和水渠三位一体。山寨中部形成的庭院天井般的四方形，四条街巷暨四个过街楼恰好会集于斯，相互错开，空间聚散收放明暗集中在此，从而巧妙构成了街巷可控制中心节点，也形成了相对宽敞和狭窄之间的转换节点。

对于基本保留宋代“水陆平行、河街相临”格局的江苏昆山周庄镇南北市河两岸而言，这里既是纵向街河线型空间的所在，又是镇区中节点空间的聚合荟萃之处。以南北市河的东侧街巷为例，在北起双桥、南至隆兴桥这一约200米长的区段中，集中了世德桥、永安桥、张厅、迮厅、富安桥、沈厅、隆兴桥等市镇中几乎半数景点。其中永安桥南缘隙地、张厅门口隙地、富安桥桥堍、沈厅的河埠及过街楼横跨北市街、南市街等空间节点，平均30余米一个，节点空间密集度颇高，这些节点成为人们聚集的场所、识别环境的参照。由于南北市河两侧总体形态紧密，街巷组织结构清晰，以及较狭窄的河道和两岸街市在空间和视线上的紧密联系，使两岸桥、街、码头、水埠、民居、过街楼等建筑风格清新雅致，统一中富有变化。上述节点自然也成为人们观赏、驻足、交流、等候、休息、摄影等活动的集合场所。从空间变化看，双桥的凌虚和上下转折、富安桥堍台阶底界面的隆起、过街楼的收缩（上界面的遮蔽）及沈厅水埠的收放、内外处理等，使行进者体验空间节点的感受颇为丰富。

此外，不同类型的街巷交叉口节点还具有舒缓交通、引导人流的功效，因为“道路是观察者习惯、偶然或是潜在的移动通道，对许多人来说，它是意象中主导元素。人们正是在道路上移动的同时观察着城市，其他环境元素也是沿着道路展开布局，因此与之密切相关”。①从这个意义上，不同的平面组合形态使展现在人的面前的节点与景观迥然各异。如较常见的“十”字形街巷叉口，横平竖直，视线通透，交接处常以市楼等横跨街衢中央，以较高大的建筑体量对空间进行界定。T形交叉口也是街巷交接的主要形式，主要集中于居住性巷道与主街垂直的端口。浙江缙云新建镇河阳古街区八士门主街两侧数十条巷弄，均为T形，巷弄内布置住宅。如此可屏蔽巷道中人群的视线，并通过巷门等限定物或构件对巷内框景，从而形成引人注目的亲切街巷空间。另外还有“丫”字形交叉口街巷，因具有远视封闭、近视宽敞的特点，景观变化也较丰富。从街巷空间构成看，其节点往往依附于某一或若干构筑物或建筑（群），依凭构筑物的围合、领域占有等形式形成场所性空间。如周庄张厅门口隙地、桃坪羌寨和老木卡寨的过街楼及丽江大研镇、大理喜州镇的四方街等节点空间。

上述种种市镇街巷的交叉路口作为街巷空间产生交会、转折和过渡的场所，标志着一种结构单元的转换，具有明显的节点作用。

二、标志物

通常，村镇中的各类标志物及其位置与街巷方向有一

① ［美］凯文·林奇著，方益萍、何晓军译：《城市意象》，华夏出版社，2001年，第75页。

定关系，是耦合、镶嵌在村镇主干骨架中的醒目形体。正如上节中的周庄镇一样，基于规模和尺度总体偏小的传统村镇，人群的运动方式多以缓慢的步行为主，因此街巷中标志物的设置密度较高。四川乐山犍为县罗城镇平面东西横向扩展，居中主街自东端栅子门至灵官庙前分南北两向杈。东端灵官庙到西缘石坊后约 10 米处总长约 150 米的原下节街平面似梭形，即两端收缩狭窄、中间宽敞的空间格局。从西端梭形“尖头”处的石坊处开始，依序布置有戏楼、灵官庙和观音堂。由于这些建筑大致在东西向主轴街道的中心部位，因而格外突显。其中，戏楼与灵官庙形成对景，石坊紧挨戏楼背面，可谓一张一弛；戏楼为二层歇山顶，二层演戏，底层为拱洞供人通行。灵官庙一层横向三开间，面对戏楼。两侧街屋檐廊深浅不一，3 ～ 5 米不等，檐柱林立而富有较强的透视感，在其北部与之平行的二街上也密集分布着栅子门、肖公庙和禹王宫等。

街巷中不同位置的标志物一方面对徜徉其间的行人起到了一定视觉强化作用，另一方面，不同标志物的变幻和体量、形态的变化也为行人提供了富有节奏感的丰富感受。“从人的行为规律看，轻松步行的最远距离为 200 ～ 300 米，每隔 200 ～ 300 米设置清晰的标志物可引起行人注意，加强道路的空间丰富性。”① 我们不妨再来看川南合江县的尧坝镇，该镇中有条百米长的主干街道贯穿场镇，略有弯曲转折和高低变化。围绕场镇暨主干街道上，共有三处明显标志物，一是上场口处高矗的石质四柱三门牌坊。其后往下数十级台阶前行 40 米的街道旁，有巍峨庞大、飞檐翘角的东岳庙。前行 60 米，即下场口，场口古榕树阴翳蔽日，是为第三处标志物。总观牌坊、寺祠、植株三处标志物，其类型和形态各不相同，却恰如其分地分布于上场口（开始）、街道（居中）和下场口（结束）三处，使小镇主干街道具有明显的节奏感，道路空间指向性明确且极富表情。正所谓“标志是观察者的外部参数点，是变化无穷的简单的形体要素。城市居民依靠标志系统作向导的趋势日益增加，也就是说，对独一无二的特殊性关注胜过了对连续性的关注”。②本章第四节列举的古树、古桥、亭台楼阁、塔幢、牌坊及本节中的戏楼、庙寺等大都以其较醒目的体量形态，突显在其所处场所环境中，在相对较广阔的视域中“鹤立鸡群”般高矗、前突而为标志，为空间的识别性提供参照或定位。

三、景观

村镇聚落交通的联系和沟通视其规模，一般由数条巷弄纵横组合，满足街坊住区内外交通的功能需求；如果巷弄数量或容量不能满足其需要，或者因较大的聚居区规模需要与之相应的交通干道，村镇中的交通主干道、次干道等主要街道于焉形成，形成村镇的结构骨架，支撑着村镇向内对外的多重联系功能，同时，街道也往往成为街区划分的边界，并与巷弄一道构成街巷空间景观的主体和所在。

江南地区尤其太湖流域东部、东南部和南部的冲积平原圩区，宁绍平原西部和北部圩区，市镇因水网成镇兴市。基于水网河道在“因水成市”的历史发展中，市镇街道往往因河而生，顺延沿河地带空间形成主次干道，构成街—河两种空间要素沿同一轴线并置重复，呈示出一河二街、一河一街等多种模式。街坊社区中的巷弄往往垂直于河、街，联系诸房屋单元，从而整合形成了河道、街道、巷弄、房舍这样结构清晰、宏微不一的递进式网络系统。也正是由于水镇的空间格局和街巷构成特点，使其街巷景观蕴含浓郁的水乡风貌。水镇的主干街道生长于河道一侧或两侧，纵向由各式桥梁连接贯通。河街空间“以露天式为主，由一侧或两侧商店或住宅围合成宽 1.5 ～ 6.0 米的街道空间，这里的街道不但是交通空间，还是旁侧建筑的延伸空间”。③其特色在于街道空间形式的多样化和丰富性。如加建廊棚、扩建骑楼、连接过街楼、增设遮雨避阳的披檐等，进一步优化了街道空间的复合功能。相比较看，吴江黎里、嘉兴西塘和绍兴安昌古镇的廊棚规模大、距离长，外伸幅度大，双坡、单坡、卷棚等样式丰富。与廊棚做“增量—加法”不同的是骑楼河街，此类河街系沿河店宅底层向内凹缩数米，形成楼下街。实例如吴江黎里镇南新街、芦墟镇东南街、昆山周庄镇城隍埭、湖州德清新市镇北平街、双菱镇市河街、杭州余杭塘栖镇市河街、嘉兴乌镇东大街（西段）等。尤其是湖州南浔镇百间楼，荟萃了江南水镇之精华，河街蜿蜒，过街楼暨门洞重重，绵延数里，蔚成气势。其他过街楼、披檐等不同样式，均

① 梁雪著：《传统村镇实体环境设计》，天津科学技术出版社，2001 年版，第 131 页。

② ［美］凯文·林奇著，方益萍、何晓军译：《城市意象》，华夏出版社，2001 年，第 76 页。

③ 段进，李松，王海宁著：《城镇空间解析——太湖流域古镇空间结构与形态》，中国建筑工业出版社，2002 年，第 28 页。

有效强化了街道的线性动势，空间体验丰富，增润了街道和河道的景观艺术气息。

前面说到，江南水镇的巷弄往往垂直于街道，巷弄成为街坊住区暨若干宅院或院落群与街道的联系通道，这里再举周庄为例，该镇中北部后港、南部中市河畔有并行于河道东西向的福洪街和中市街，连接两街纵向（南北）的是蚬园弄，蚬园弄两侧为宅院和院落群；又如吴江同里镇西南缘由陆家埭、上元港、东棣港和竹行棣四条河道将区间中的陆地分割围合成岛状聚居区，环河道的鱼行街、东棣、南棣等与之并行。其他若干巷弄垂直联通于两街道之间，如南北向的穿心弄，南接南棣，北通竹行棣及鱼行桥，全长300余米，宽仅1米余，狭窄深邃，透视感十分强烈。在巷道底面横铺有石板，下部架空设排水沟，通向河道。与此大致仿佛的是嘉兴西塘镇的石皮弄，该弄为南北向的断头弄，北起杨秀泾、西街，南至静宜轩，全长68米，宽0.8～1米，弄两侧主要是尊闻堂和钟福堂等大宅院落，山墙高峻，僻静森森，悬殊的高宽比使巷弄异常幽暗和富于闭合性。陡峭的天际线，也强化了巷弄的导向性；尊闻堂和静宜轩等院落入口也布置于弄内一侧，极具私密性。

显然，江南水镇“因水成市”的空间结构与街巷景观的特征与其丰沛的水系水量、长江下游冲积平原的低洼高度等有着密切的关联，或者说内在之间具有逻辑关系。倘若溯长江而上抵达中游和上游，就可发现，村镇街巷的景观逐渐开始拉开距离。长江中游东端的湖北崇阳白霓镇，空间结构紧凑，主干街道中节街纵越白霓圳和大市河，宽3.4米的中节街两侧多为街屋，“由于土地的私有分割与街道形成的自发性，街道曲折成S形，呈现出一个局部直线、折射、圆曲线的街巷空间”，街巷中店铺和民居等建筑有机地镶嵌组合其间，错落有序，从而“创造出商业街特有的空间景观序列”。①

因河而生是江汉平原古镇与江南水镇的共同缘起及成因，不同于江南水镇如乌镇河、南浔浔溪两旁布置码头店铺及河街的空间格局，江汉古镇的主干道往往平行于河道，而由通往主街的垂直向的巷道连接码头和河道，使街道与河道保护一定的距离，如洪湖瞿家湾镇、监利周老嘴镇等，巷道与主街呈鱼骨状结构。而在长江上游川渝地区的镇区中，其街巷空间在特定的山地、丘陵或盆地环境中常常表现为与自然一体化的整体感。街巷空间中的多类建筑形成较连贯的整体空间。临街建筑物大抵高度近似，多向参差，巧妙地与地形相契合，立体感明显。比如重庆龚滩镇以水平向的一条“横街”贯穿整个镇区，蜿蜒曲折，伴随着不同层次的等高线而延伸；以梯步串连平台形成的“竖街”又垂直于等高线，上下不定。两者一横一纵，直曲互现，从而将山地场镇的层次性感受上升到了三维空间。街巷树枝状平面形态中的一条最主要街道（树干）通常承载了镇区中大部分功能，如西沱镇梯云街。虽然起伏不定的地形使全街地形无法取直，但由于两旁的店铺及连续性，以及由枝丫形（支路或街巷）的广泛自由化，使两者自由串成多极街巷体系，既得主街两侧统一而有变化的建筑界面的连续性和整体感，又收灵活多样的线形空间之长。在不同坡度而生的地形起伏中，街巷空间“生长”出错落有致的景观性。

① 李百浩、陈丹，“因桥而兴的湖北古镇——崇阳白霓镇”，《华中建筑》，2006年1期，第108页。

第五章

村落市镇建构系统及其公共景观

中国传统村落、市镇和县邑聚落等是一个相对完整、全面的人居环境系统，除了各类民居建筑外，尚有大量系列有序和成套的建筑物、构筑物和其他公共工程类设施，这些构筑物系统和物态环境是传统村镇中不可缺少的单元、社区完整性的有机构成，共同构成了农业社会整体的人居物态环境。

传统村镇构筑物系统多样而庞大，要素纷繁。根据其物态功能属性，我们姑且将之归纳为以下九大类：一，行政管理和控制类，有衙署公廨、钟鼓楼、更楼、谯楼、监狱、钞关、厘局、公所、行业会、消防机构和设施等；二，安全保障和军事防御类，有城堞墉壕、城门、碉楼、地道、堡垒、兵营、炮台、演武场、关厢等；三，交通和运输类，有桥梁、碇步、码头、水埠、栅门、村门、驿站、邮站、道路、路亭、灯杆等；四，水利设施和工程类，有堤坝堰闸、碣渠陂塘、水井涝池等；五，宗教崇祀和礼制类，有祠堂家庙、庙宇寺观、社屋、坊表、寨心、祭坛等；六，文化教化类，有书院学宫、县学社学、试院考棚、藏书楼、图书馆、文昌阁、文峰塔、戏场戏台等；七，商业生产和服务类，有店铺、工场、作坊、仓廒、客栈、水碓、集市、商业街、会馆等；八，慈善福利和救济控制类，如粮仓、育婴堂、养济院、集善局、药局等；九，风景观赏类，包括花园、园林、亭台楼阁等。以上有些建构单元和公共工程类设施具有多重属性，如皖南和赣东北地区的戏场戏台往往附丽于祠堂建筑之中，华北地区则通常与宗教建筑组合在一起，而在商埠市镇中又多见于会馆中。至于各地林林总总的文昌宫、亭、阁等，就其性质而言当属宗教崇祀类。不过因其凸现的教化功能，本章将之归类于文化教化类。另外，本书以遗存实例、物态环境分析为基本立足点和取向，部分数量鲜微、实例失考或非典型性的类型实例概予省略，比如市镇中的牙行、商贸机构等。

需要强调的是，纷繁庞杂的人居建构系统和单元在传统村落、市镇、城邑的平面布置、空间构成和形态特征中表现出的秩序性、制约性和整体性固然与政治生态和技术条件的制约和限定无可分离，但不能忽略的是它们还反映了历史、社会和文化的根本特点和基本侧面、人居生活及其方式的约定俗成，具有与社会生活的一致性、同构性的历史样貌与肌理细节。就这个意义而言，关注聚落建构系统及其单元的景观，既在于了解单元的类型、形态、技术工艺和构成特色，也在于把握其与整体、系统的关系及其形成和呈现，以及在聚落整体中的合力和结构联系。可以这样认为，缺乏上述建筑物、构筑物和其他工程类设施，也就很难形成完整的人居物态环境与公共景观，这也是本章讨论、叙述和分析的主旨所在。

第一节　交通类工程设施与公共景观

一、桥梁码头

桥梁码头作为水上运输跨津、濒水聚居的重要设施，在交通商贸和村镇城市的形成演进中具有十分重要的地位和作用。在第四章中我们将富有象征性的、在村镇空间和交通位置上具有标志性景观作用的古桥进行了简要叙述，这里主要着眼于其交通功效——桥梁建筑的原始和本质意义，以及在沟通、联系村镇交通组织和空间格局中的功效和景观风貌。

从初始阶段的石磴碇步，到各类造型多样、材质不同的跨水桥梁，其间经历了漫长的演进历程。作为桥梁的原始形态和雏形，碇步又为“堤式桥梁”，亦即古籍中的

“矴”，系溪涧中安置的石块，上端露出水面，一步一石，形成一长串石磴，使跨津免于涉水。现主要散布于闽浙两省山地丘陵的溪涧河流中，尤以浙南泰顺仕阳镇的碇步和闽北寿宁平溪碇步最为完整和著名。寿宁县平溪碇步共113齿，略呈波浪状排列，为寿宁县域碇步最长者；泰顺仕阳碇步全长136米，223齿，高低双列。若遇挑担者行进，仅需方向稍异，相向者于高低两级并列交错行进而无拥堵之虞。仕阳碇步横跨仕水，迄今仍为两岸行人乐于使用，也是浙南所能勘察到的最长碇步。

梁为一长条形构件，梁轴水平，主要承受与轴不平行的荷载。将石、木架设在河谷两岸或搁置于桥墩上即成，在中小型川河湖溪上尤为广泛。古文献中的笮桥，绳桥，絙桥者，就是索桥，也称悬桥、吊桥。构筑时，先在两侧岸边建桥屋，屋内设系绳的立柱和绞绳的转柱，将若干根绳索平铺，两端分系拴在桥屋内的柱子上，复于横卧两岸的绳索上铺敷木板裨于行走，也在边翼加设绳索等用作扶栏以提高安全性，或可保持重心稳定，调整和控制晃动幅度。浮桥为一种临时性桥梁，在战事频仍的历史岁月中，基于施工快速和移动便捷的特性而应用甚广。相比较地看，拱桥出现略晚但发展迅速且极具生命力。拱为桥身作主要承重结构，拱形弯曲。其造型至为丰繁，有半圆形、圆弧形、椭圆形、抛物线形、蛋形、莲瓣形、马蹄形、多边形、尖拱形等等。拱数则有单、多孔之别：多孔的奇数三、五、七、九拱居多，一般中孔最大，两侧孔径依次按比例递减。若论特色和典型，当数石拱桥和木拱桥。

江南地区水网密布，连接河道的石拱桥数量繁多，构造精美。绍兴城区的八字桥呈东西向，东端紧沿河道由南

高低双列、223齿之长的浙江仕阳碇步

曲折形梁桥

北两个方向的坡道下建有小孔，跨越河津；四条坡道北通泗门，南接五云，从水陆两方面立体串联着城乡，呈现出高超的造桥意匠和技艺；苏州昆山周庄镇南北市河和银子浜各有石桥一座，呈90°折角状，双桥一拱一直，一曲一方，一高一低，一大一小，联袂而成，因形似古代钥匙，故又名钥匙桥。双桥极具艺术性地超越了河流交汇处双桥并置单调重复的难题，高效而简洁地化解了纵横向河道间交通组织和空间序列间的繁难，从而成为古镇中心绚丽的公共景观。

浙南闽北山区峰高涧深，在山涧溪谷上架桥对结构体系有着特殊的技术要求，既要考虑桥上架屋供山民和行旅者休憩，又要避免春夏山洪冲击。泰顺县境内的木拱廊桥普设桥屋，重檐楼阁，脊翘翼飞，优美壮观。梁架外缘钉饰有呈“八”字外形的挡风板，其构造由两组拱骨相贯而成：甲组三节拱骨对接，各节并排用九根拱骨榫接于两根节点横梁上；乙组以五节拱骨对接，各节并列用八根拱骨榫接于四根节点横梁上，与甲组拱骨相贯，最终形成交错搭置、相互承托和逐节伸展的“无柱飞桥”。为抗山洪冲击和加强梁架横向稳固性，还特设横向斜撑架使之具有均衡横向力的分配作用。桥的梁脚衔接于排架地梁上，排架为栏杆状框架紧贴两侧桥台边沿。柱排架、桥梁的自重向两侧均衡分散，桥面木梁一端榫接在节点横梁上，一端榫连于柱排架上，从而降低了桥面坡度。硕长的桥座建构于两翼山崖上，充分利用自然地形、地质等条件强化拱桥的稳定性，限制拱桥的水平移动，并使桥力的分布合理和均匀。泗溪镇下桥村的北涧桥连村落东西两端，交通功能突显；廊桥气势如虹，高卧于深沟宽涧上，凌虚飞虹，天堑成通途，堪为泗溪镇的第一景观。

同样是廊桥，西南黔桂侗族地区往往集廊、亭、台、楼、阁于一体。桥的结构一般分为三部分：下部为六面柱体石墩，上下游柱面均呈尖形，迎水角68°；中部为密布式悬臂托间柱支梁木质桥面；上部为木构梁柱凿榫衔接构成重檐翘角和层次分明的廊、亭。如此上中下三位一体——桥墩凝重坚固，悬臂托架简支架质朴简约，廊亭典雅精致，三者巧妙组合，各臻其用。又因侗区有逢溪架桥、有涧见桥的习俗，因此，该地区也是全国桥梁密度最高的区域之一。

桥梁以联系交通、沟通空间为要务，无论何种形式咸以便捷为旨要。前面谈到泰顺泗溪镇溪东桥和北涧桥，前者横跨东溪上游位于镇区中央，连接溪谷两岸的社区群落，为镇区重要联系门户通道：东溪过桥后从桥南侧流往南至下游镇区边缘，四周疏朗静谧，环境幽美，东溪河和另一溪流在北涧桥旁汇合。但见溪水清澈见底，离桥约百米处的溪河上有一条石梁架设的小石桥，联以碇步。顺沿溪边石块砌筑的小路前行便是北涧桥和村子。桥头两株胸径2米以上的大樟树虬曲盘踞，茂密如冠，直插高标。树旁桥头处的小石板路连接廊桥和数十户人家的小村，台地桥路高差变化多端而峰回路转，两侧店铺、民居与廊桥山花的飞檐错落搭接在小路上，构成一幅极富生态和谐、环境友好的桥、屋一体的美丽图景。

东南、中南和西南地区水量丰沛，河流纵横，河桥组合既为通行之便，又得空间层次之丰富，景象之旷奥，桥与溪涧江河，与街巷、寺观、民居、树木、廊道和山峦形式等组接成特殊景观。苏州周庄镇的富安桥，平面上为四块店宅夹桥，空间中桥、楼互叠形成桥楼，水陆间软硬的底界面因高度变化而异常丰富，人居桥中，河面纵向水景一目了然。堪为“双店对峙，一水中流”。水乡集镇因物衬桥，因桥成景，极尽变化之能事。而桥头望月、桥栏

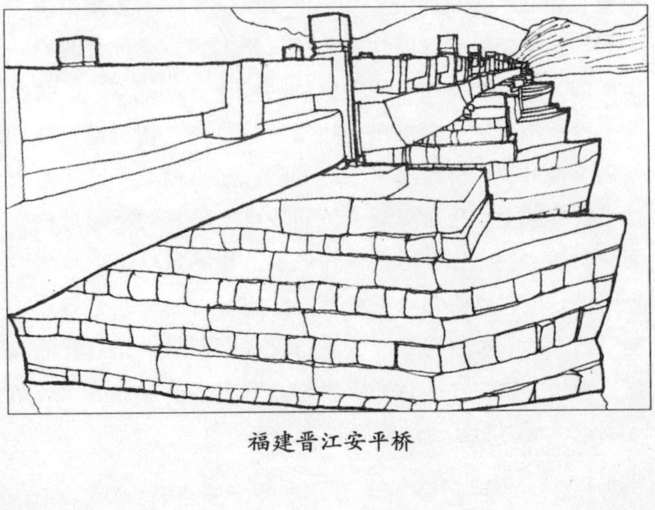

福建晋江安平桥

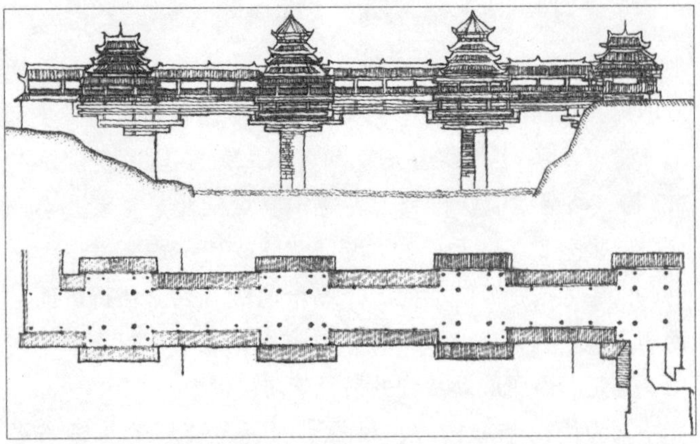

侗族廊桥集廊、亭、台、楼、阁于一体，三江县巩福桥平、立面图

乘风、桥堍迎阳、桥台桑麻，四时之景，可谓别具风味，大有“晴虹桥影出，秋雁橹声来”的美妙意境。

就桥的密度而言，江南地区堪为全国之最。苏州甪直镇东西三里长街原有72座桥，现尚存41座，素有江南“桥都”之美誉。镇区中不仅有宽敞的石拱桥、狭窄的平桥、多孔石桥和独孔小石桥，而且还有装饰性颇强的双桥、联袂相邻的姊妹桥等。著名的“三步二桥”也即三步跨两桥之意，东西向跨越横塘的砌梁式三元平桥与南北向跨越眠牛泾口的万安桥相连呈直角，高低组接，精巧勾连，与周庄双桥异曲同工。另外，绍兴柯桥镇以桥命名的街巷道圩占镇区的10%，而安昌镇竟为21.8%。古镇桥梁之多之密，可见一斑！这些桥上往往还镂刻有励志、歌诵类联对，如吴江同里镇东溪桥阳文石刻对联：“一泓月色含规影，两岸书声接榜歌。”另有拱桥楹联为：“浅渚波光云影，小桥流水江村。”前者呈现了“文物萃东南之佳，诗书衍邹鲁之源流”的耕读风范，后者标示了民丰物阜、风物清嘉的地理环境、自然造化和旖旎风光。同时，江南村镇的桥梁还是民俗风情的载体，如绍兴柯桥镇素有喜事花轿必过桥取吉的习俗，俗称“过桥”、“杀鹅”，再拜堂成婚，等等。

与桥梁滥觞于江河溪涧并连接两岸有所区别，作为沟通江河堤滩与街道、人家、市镇乃至城市的一种交通类构筑设施，码头与建筑、聚落和城镇及交通、商贸暨人的生活联系密切。中西部巴、蜀、鄂、黔、湘部分临江滨水城镇和乡村由于水面与沿岸垂直高差悬殊，连接两者不可或缺的码头中介功能就格外突出，有时也作为场镇和乡村交通路径中的序列起点。

滇藏茶马古道的孑遗

码头石阶从江岸延伸至城镇入口街道，成为一种特殊的“道路”构成

在众多江河溪涧中，以东西向的长江及其支流等沿江滨河码头发育较为充分，复因山地、盆地、丘陵、平原等不同地貌地质而呈现丰富的形态。四川、重庆的沿江城市暨下辖城镇多因水而盛，码头数量极多。宋代诗人范成大曾以“官曹倚岩楼，市井唤船渡，瓦屋仄石磴，猿啼闹人语”① 诗句抽绎出宋时万州（现重庆万州区）的人居环境特点、生活场景和气息，诗人虽没有落墨长江和码头，但“倚岩楼”、“唤船渡”已将岸边建筑、人与江岸的距离、高差等传神表现了出来。历史上的长江沿岸村镇聚落率先发展，如湖北秭归，“归州于上腹为城，居民不过三百户，城中广厦甚少。乡间室庐亦隘。惟滨江一带如归州香溪新滩等处人烟凑集，檐牙相接”。②重庆丰都“场镇滨江者繁盛，山市小而寂”③。总之，“大江两岸的城镇优于支流上的城镇，大支流的城镇优于小支流的城镇，开阔江岸的城镇优于峡谷江岸的城镇，东部和西部城镇优于中部城镇”④。长江及其支流沿岸码头以踏步石作的基本形式从江岸延伸至城镇入口和街道成为一种特殊的“道路”构成。从江岸到坡地、台地的高程不一，高者如重庆石柱西沱镇、奉节依斗门、渝中区朝天门和湖北恩施巴东县信陵镇等，层层石阶或达数百级，相对高度均在三四十米以上；低者如重庆江津塘河镇、泸州合江福宝镇码头，相对高度也有二三十米之高，且有较长的水平距离。从平面布置看，以线型码头居多，如依斗门码头和信陵镇码头等，常常是蜿蜒曲折而上（下）；也有倒T形码头，即沿江岸一字铺展，往江岸上行逐渐合为线型，这样在装卸货物时可获得更多便利，实例如富顺县仙市镇上、中、下码头等；也有面朝江面呈扇形状，其理与T形相近似，如朝天门码河镇码头等。至于较大规模的城镇一般拥有多个公共码头，旨在客货分离，提高效率。而在设计处理中通常以客运码头为重点，如湖北赤壁羊楼洞码头，布置在溪水变向处，石阶联系古镇上下。石梯步呈矩形，其顶端向两侧分走；湖南凤凰沱江镇码头布置在古城入口前端呈扇形状的石步梯道连接码头与城镇入口及城门拱洞，如此，既可解决水面与镇区内的竖向联系，方便人员上下出行，又增加了岸线要素内容，丰富了码头空间层次。除了上述公共性码头外，沿岸还有许多住家循岩而构，巧筑私家石阶码头，以收诸项事务之便。

长江及其支流沿岸的码头与城镇空间结构间的密切联系，成就了场镇主干街道普遍与码头石阶对接的普遍形式，对接状的码头石阶和街道在垂直等高线上基本同质，唯可作

① 《石湖诗集》卷十六，《万州》。

② 同治《宜昌府志》，卷十一。

③ 民国《丰都县志》，卷十。

④ 屈小强、蓝勇、李殿元著：《中国三峡文化》，四川人民出版社，1999年。

界分处的是当地称栅子门的一种管理和防御设施：它往往设置在码头石阶上端和两侧建筑密集排列的前端，以洞口墙门的形式作为进入村镇“界限”，栅子门既有单独设置的，也有与居民建筑等组合构筑，形式多样。前者实例如酉阳县龚滩镇、江津县塘河镇和资阳县忠义镇等，后者如贵州赤水丙安镇上寨门、重庆奉节竹园镇上下辕门等。其他也有以城门为界者，如重庆巫山大昌镇南门和码头。

二、路亭村门

亭是驿路和邮路的衍生物。秦时在高邮设立邮亭为“宣布政令，通报军情急事”，也为邮路畅通和传递讯物。传递路径即为驿路——在驿道旁设亭。它是古代由官方在主要交通线路上设置、为信使提供食宿和换乘交通工具的机构和设施。从殷商置驿到清光绪中叶创建“大清邮政”，其间延续了三千余年。曩时，因驿而使长亭短亭在空间上作为一种距离的标志。唐杜牧在《题齐安城楼》诗中曰：“不用凭栏苦回首，故乡七十五长亭。”齐安距诗人故乡长安有 2 255 里路程：古时 30 里建一驿亭，2 000 余里距离恰好建亭 75 座。①

由驿站邮亭而为路亭凉亭，设置地点也从原先单一的关隘要津延伸至村头、路旁、渡口、山间、阡陌和绿畴之中，既供来往行者避雨休憩，也为迎宾送客的礼仪场所和环境节点之一。邮驿既通，为军人、官吏、商人、士子及外来移民和不同民族人员的经济、生产、商务等的交往、传播等活动创造了有利条件。至于在管理维护上，早期因驿站“凡钱粮、兵甲、屯种、漕运、军国重事，无不领之”，因此，有的地方还专设负责驿传事务的驿站台官负责修道置站和补充驿马等事务；或设有守卫、站户、铺兵、“乌剌赤”（牧马者）等，司职保护、守卫和服务职能。据《元史·兵志四》载，斯时湖广行省有驿站 173 处，其中陆站 100 处，马 2 555 匹、牛 545 头；水站 73 处，船 580 艘，故明人有“元有天下，薄海内外，人迹所及，皆置驿传，使驿往来，如行国中”② 的记载。直至清光绪三十年（1904），全国尚有驿站共计 1 861 处。③由于历史变迁，这些驿站多已消失。目前，苏州吴中区横塘镇胥江和枫江交汇处尚遗有江南运河沿线仅存的驿邮实例。该站平面正方，六架梁结构，歇山卷棚式板瓦顶，檐角出戗，四周砌墙，南北设门，东西开窗，窗下设置石条长凳，四隅为石柱承檐桁条。柱上楹联点出了驿站的地点和要义：

广东东莞南社村祠堂塘北岸巷弄

客到烹茶，旅舍权当东道；灯悬待月，邮亭远映胥江。

无独有偶，与横塘驿站相距不过数十里的枫桥镇运河西岸旁，亦存有一座清代十里亭。亭为单檐歇山顶，花岗石构，旧貌原样。另外如徽州和浙江楠溪江流域较偏僻的村镇也有部分还完整遗存有明清民国时期的路亭与道路、村落与环境历史景象。

歙县紫霞峰南麓潜口古村的山道上有亭名“善化”，取“善化贤良释化愚”之意。该亭建于明嘉靖三十年（1551），

① 汉时，亭也是一个行政单元的指称，即所谓“五里一亭，十亭一乡”。后世“十里一长亭，五里一短亭”出处即源于斯，不过已演衍为交通设施之亭。

② 方铁主编：《西南通史》，中州古籍出版社，2003 年，第 483、513 页。

③ 引自方铁主编：《西南通史》，中州古籍出版社，2003 年，第 517、702 页。

下沉式村庄入口，山西平顺县豆口村

方形，四柱，飞檐翘角，造型简素，掩映在旧时驿道林木翳阴之中；永嘉县溪南村外的路亭，东南向墙壁为供奉三官大帝神龛所在，左右两侧洞敞，设置美人靠，西北向粉壁中有瓶形门，借景芙蓉山峰，意境优美。

既为路亭，亭建构之初便承担着对行旅者浓郁的人文关怀和情愫，行旅匆匆的古代文人墨客在亭内歇息时，往往触景生情，即兴赋诗，兴致所涌，还挥毫于亭壁上，好事者意犹未尽将之镌刻在亭柱上。诗人元稹在《骆口驿》中写道："邮亭壁上数行字，崔李题名王白诗。尽日无人共言语，不离墙下至行时。"元的好友白居易自然熟谙文士的习气和风尚，故在《蓝桥驿见元九题诗》中说道："每到驿亭先下马，循墙绕柱觅君诗。"

后世路亭的设置在空间距离上逐渐漫漶，数量增多。婺源县江湾镇晓起村坐落在青山耸翠的环山田畴间，绿水淙淙，古樟成林，正所谓："古树高低屋，斜阳远近山，林梢烟似带，村外水如环。"一条明清古道逶迤穿村而过。在村口靠河溪段旁的驿道上，铺敷青石，边侧用石板竖起作围护，穿越河溪段，绿畴阡陌毕现如画。村口石阶上有二层路亭（也作水口亭），造型优美，供人避雨憩坐，过了路亭，便进入了村子。历史上由驿站邮路而形成的村镇不在少数，可谓因驿而兴，由站而盛。如重庆与华蓥故道上的偏岩镇即为此类典型，曾商贾麇集而享誉湖广川陕诸省。

作为村落的门户标志之一，村门在空间和交通属性上标志着村落内外的两处世界。婺源的村门以街亭形式居多，单、两层不一。门洞内两侧布置坐凳供憩坐，可谓贴心之至。如清华镇洪村、古坦乡黄村和沱川乡理坑村等。其他如石峡村，坊门独立。游山村村门，单开间，重檐歇山，彩绘髹饰，上有"函谷"题额；门前浓阴匝地，古意盎然。相似的还有群山环拥的河北井陉于家村，村子四向有门：东门清凉阁，西门西头阁，南门观音阁，北门龙天阁。与众迥然不同的是四向村门与寺庙上下联袂一体：上部寺庙，底部券洞供出入。若论村门完整、建筑艺术高妙者，当推浙江永嘉岩头镇芙蓉村东车门和苍坡村东南门。前者重檐楼阁式，三开间，翘脊飞檐，飘逸而端庄；后者两侧绵延高约2米的卵石围墙，居中村门作牌坊式，屋顶重檐悬山式结构，底基部条石砌筑，中段直棂门窗，具有浓郁的唐风宋韵。

古时聚落集群内出入口一般均设坊门（里门、闾门）。《考工记》所载"里制"中即有明确规定。在明清及民国时期承袭古制建设的村镇中，尚有众多遗韵旧痕。如夏田闾门即明代江西浮梁化鹏乡夏田村的闾门建筑，为当时全村主要进出入口，1986年整体搬迁至景德镇明园中。该闾门占地面积33.9平方米，前后敞开，两翼设封火马头墙，属砖木混合结构的硬山式建筑，木质构架，形同"单间五架穿斗抬梁混合式"结构。共分前后两部分，砖木混合结构墙体隔断，仅留中部的出入门道。除了夏田闾

云南西双版纳纳州勐海县拉祜族村寨寨门

门类村门设置外，尚有若干聚居单元出入口的坊门。如南昌安义罗田村头里坊，坊门面对横道和阡陌农田，坊内为一宽约3.5米，深约16米的甬道，甬道内呈经纬状分布着数十幢住宅。坊门横三间，居中双扉，悬山屋顶，入门内有两根廊柱下垫石础，两侧三跌式封火墙，整体形制与夏田闾门颇为相似。与夏田闾门和安义罗田村闾门类独立前置的坊门相比，散布在乡间村落中狭窄巷弄口的坊门两侧咸为建筑，坊门建在两侧建筑的山墙间，形成高矗狭窄的洞口状。此类坊门往往做成上下两层，下层坊门，上层架阁房屋，其形式好比过街楼。罗田古村横街入口处的坊门为石库门，二层还有眺阁小屋，精致而巧妙。此类巷弄中的坊门交通功能凸现而宽度有限。比如在广东东莞茶山镇南社村祠堂塘北岸的巷弄口，就有一宽仅1米、通高4米的坊门。坊门上约4平方米的“阁楼”，坊门退后0.4余米，为两旁民居侧门的出入通道，上端立面上开设略呈纵长形的八角状洞口，上书“望月”，两侧以芭蕉叶圆形撰书联对：“云抟万里奋扶摇，宿列九天垂炫耀。”下面框阁题额已无，坊门上横梁和墙脚均为当地红砂岩条石筑就，装饰的意味十分浓郁。

再如晋东南沁水县土沃乡西文兴村东西向的横街（牌坊街）上，从东端文昌阁底层入口至聚居区入口永庆门约50米处左右分置石坊将街巷空间分隔成段。永庆门通宽6.4米，墙垣居中开门洞，两侧低垣，呈“八”字状左右伸展与街墙连接；中高旁低，具有端肃气势。门洞为石料发券，上嵌“永庆”额匾，左右有“忠”、“孝”两字石刻，门墙用条石作基层，青砖砌筑。西南山区少数民族集聚的山寨村落门户，缤纷多彩。云南建水城西的团山古村建在圆形小山包上，背靠青山，面向坪坝，整体坐西朝东。其中东坪坝西倚山冈，村落在东、南、北三个方向各建有一座寨门，东寨门为三开间门楼，明间隆凸两层，高耸于村子主入口坡道上，颇具气势；北寨门（锁翠楼）同为三开间两层门楼，中高侧低，居中设拱形门洞连接内外；两层双面设轩，通透明亮。门楼屋檐下隐约可见遗存的诗画痕迹，增润着寨门古朴俊朗的艺术气息。与北寨门遥相呼应的南寨门为形制简朴的单开间碉楼门。

大多集聚在西双版纳州山腰台地和平缓山坡地带的布朗族村落暨民居按地势顺等高线布置。寨门往往设置在进寨路径上，一般以木作柱，竹为构件，茅草铺敷，四坡草顶，四周洞敞，宛如一个小型敞棚，棚内设木板以供憩坐和避雨，简单而粗硕；西双版纳州哈尼族村寨中的寨门，象征性大于实际功能。通常布置在一条主要道路前端，形如方框，两边立柱和架设在上面的横梁均为树干凿砍而成，简陋而单薄。尽管如此，哈尼族对寨门却格外重视，立寨、建寨第一要务便是立门，他们认为：唯有住在门内，方可获得寨神的保护和寨中人的帮助；他们称寨门为“龙巴门”。“视‘龙巴门’为神圣不可侵犯，认为有司寨门的寨神，祭祀寨门，实际就是祭祀寨神。祭后，任何鬼就不能进入村寨了。”①此外，每年还在旧寨门外立一道新寨门，保留旧寨门，且寨门数量多寡与村寨历史同义。西双版纳州勐海县拉祜族与哈尼族同属汉藏语系藏缅语族彝语支，在部分习俗方面有一定相似性。拉祜族村寨入口村门近似哈尼族，用竹或木构架成象征性的“门框”，而且每年也在旧寨门后增加新寨门。由于村寨内外并无明确或明显阻隔，因此寨门就成为极其重要的限定要素，在人的感观上强化和限定这种暗示作用。与之不同的是，普洱市西盟佤族村寨寨门弥漫有浓郁的战争气息，极具防御性。有的村寨前后设数十道寨门，寨门所在甬道都挖土成壁，形成比壕沟略高的纵深通道，重重设寨门，端肃而狞厉。

第二节　商业生产类设施与公共景观

一、店铺

传统建筑形态中的商业店铺与街市中的工场作坊很难截然分开，众多店铺的平面布置大抵是前店后工场（作坊），或下店上工场（作坊），其中绝大部分包括了住居功能。最典型的莫过于新疆喀什土城中的铁器店、帽子店、乐器店等在临街住宅一侧开设低窗，摆放货物商品，或自制生产用具和工艺品，店坊畛域难清。不唯如此，在不同地区店铺经营的物品、项目等差异也十分明显。比如清代

① 王翠兰、陈谋德主编：《云南民居·续篇》，中国建筑工业出版社，1993年，122页。

晋西北临县碛口古镇的店铺如世恒昌皮毛店、德义兴京广杂货店、兴隆昌烟店、绸布店、丝线店、铜器店、瓷器店、骡马店、骆驼店、药材店、饭馆、黍作店、熟食店、理发点、花纸店、成衣铺、鞋帽店、饼铺、烟馆、妓院及粮油、棉布货栈等，经营的货物商品颇有地方风味。相比较看，江南市镇中店铺多为当铺、茶馆、酒肆、铁铺、棉布店、绸布点、竹篾店、船工铺、成衣铺、照相馆、药材店、金银饰品店、箍桶店、杂货店、烟纸店、理发店、香烛店、画像店、扇笺店、米行、家具店、点心店等为主。再如前述位处川黔渝三省市交界处的泸州市合江县福宝镇，镇区规模虽不大，但因川黔间水陆码头和物资交流中心的角色，因此于两百多米长的街市上，密密匝匝壅塞着杂货店、糖食店、绸布店、茶楼、酒肆、客栈、银楼、烟馆、赌场、妓院、染坊，以至数十座庙宇寺观。还有如遍布江南村镇的茶馆，它既是村镇民众交往、休憩、消遣的场所，也是重要的社交活动中心。茶馆中有市场、生产和生活信息的交流传播，也是调解纠纷、托亲说媒、集众聚议的场所，听说书评弹等享受文化生活的空间。历史上嘉兴乌镇曾有茶馆 60 多家，湖州南浔镇茶馆 50 家，茶叶店 6 家；苏州吴江盛泽镇在 1949 年间更是达到了 73 家……茶馆遍布市镇。在茶馆内消费者咸为男性，女子从不涉足其间；在喝茶消费的时间上，不同人群亦有明显区别：喝早茶者多为四乡农民，趁喝早茶之际，互通买卖行情，顺便出售自产鸡鸭或其他农副产品，采办日用产品，上午忙完便赶回乡村；市镇居民以喝午茶和晚茶居多，因为时间充裕，可以悠闲地打发时光。此外，茶馆也有等级差别，不同身份和地位的人聚集在不同茶馆中，即使在同一个茶馆，不同阶层的人也往往习惯于分室、分桌围坐。乌镇中市街的访卢阁茶馆，就是一处乡绅和富户们聚集喝茶的场所，农民们则分散在西栅的各处小茶馆中。不仅如此，茶馆的位置地点往往也比较优越。访卢阁茶馆是乌镇规模最大、设施最考究的茶馆，坐落于应家桥南堍下岸、南北市河和东市河交叉口的隙地上，西临中市闹街，底层建在桥上。若乘船而来，可跨河埠石阶径直进入茶馆；从桥上而至，可直接跨入二楼雅座。楼座两边临水，凭窗入帘皆为宽阔的水面，可谓开门见桥，推窗见水。与访卢阁争艳媲美的是昆山周庄镇南北市河和前港市河交汇处的富安桥上四角桥楼中有两座茶楼，桥楼叠翠，但见一水中流，桥乡入画，尽占地利之最。其他如吴江同里南园茶馆、上海朱家角茶馆等均占市镇中心且面河傍桥，视野开阔，凭栏远眺，江帆渔火，拱桥人家，极富诗情画意。

沿街店铺

各地商业店铺不同的形态和集聚方式使之具有了浓郁的地域性。浙江兰溪诸葛村的店铺分布在上、下塘商业街区中并围塘而设，店铺建筑形式以排门、水阁式为主，库门式为辅。排门类型的店铺开间宽窄不一，一开间至六七开间不等，进深五六米。通常底层营业，二楼生活起居；规模略大者为两三进，形成前店后坊（宅）平面模式。底层沿街排门板卸下，旁边设置一玻璃柜台作陈列商品之用；二层立面以木板为主，略向街道挑出凸出于底层，大窗下槛饰花格栏杆，两家界墙都以封火墙分隔。在下塘商业街中水阁式店铺濒水联列，全部木构，开间三米，进深五六米，分上下两层，底层营业，二层人居，以茶馆居多。另一种为库门式，是在住宅建筑内进行商业经营的一种形式，临街居中大门入内便为店堂。苏、浙、沪市镇中一些酱油铺、中药店、当铺等多取此式。

湖北江汉平原市镇中的商店主要沿商业街而设，街面店铺，后为厢房、堂层、天井和厨房，二层设阁楼。洪湖县瞿家湾镇上的店铺以前店后寝为主，临街两侧位置的建筑山墙高 4 ～ 6 米，均超出店面向街道前伸约 1 米，大部分阁楼出挑做成“阳台”，以撑拱承托挑檐坊上设栏杆；底层店铺以木板墙作围护，面街或开大面积门、窗，以裨经营。老街北侧西段的瞿氏棺木店，坐北面南，前商后住，穿斗式梁架砖木结构。店铺平面共三进，具体格局是：第一进店铺，敞口门面，进深九柱十檩，共五间；檐下阁楼堂面安双扇门，铺面左右设柜台和活动铺板，堂面大板门六扇，板门左右前置抱鼓石一对。第二进为厢房，局部两层，进深五柱五檩。厢房围绕天斗布置。第三进为正房，进深九柱九檩。①江汉平原市镇店铺中的天斗式建筑形制是富有地方特色的一种类型，它在天井式建筑基础上，附加天斗，覆盖在天井上。高出檐口的层面构造，系伴随天井而附加的一种构造形式，以收良好通风和采光的功效。当地常以天斗为契机，将天井有机转换成“室内空间”，同时，也可有效缓解店铺经营面积或工坊作坊空间不敷使用的窘境。

相比较看，村落与市镇中的店铺区别明显。村落中的店铺数量少，经营内容单一，建筑也较普通，主要供应村民日常所需生活用品。店铺业主经常到集市上进行农村的买卖交易。很明显，村中店铺无论大小简丰，作为村落内部社会经济交往的场所，虽然谈不上重要，却也不可缺少。明恩溥曾较深入地考察过清末至民国时期山东乡村的店铺。②另据刘大可对福建武平县湘村的调查，1949年前湘村的店铺主要有美华祥店、福泰店、永生佬的豆腐酒店、集禧与谷粼合开的豆腐酒店、满头谷的豆腐酒店、洪高佬的豆腐酒店。从美华祥的赊账簿上可以窥见该店经营的内容，既有布匹、肥皂、牙膏、帽子、蜡烛、毛巾、牙刷等生活用品，也有酒、蛋、猪肉、豆腐、酱油等食物，同时，店铺还是村民闲暇时聚会的公共场所。如此，除了经济交往功能外，店铺还具有了社会功能，充实和调剂农作和家庭生活的单调乏味及交流外部世界的信息等。③

山西灵石县的静升村是远近闻名的移民大村，至清中叶时已形成了九沟八堡十八巷的整体而宏大的格局。在横贯全村、长约5公里的东西大街上，尚留存有旧街一号、十号等旧时店铺。其中一号位处街道迤北，店铺分前后两进，前店后宅模式。具体安排是：坐北朝南的店铺正立面居中大门，两侧设柜台；大门由六扇门板构成，其门洞也比普通住宅宽绰些许。进入入口后的二层房屋作仓储之用，连接方式是柜台后设有木梯供出入上下。前后两进院落之间无门墙分隔，而是借助地坪高差予以区别。穿过合院中轴线上的六级台阶，可径直进入北向宅院。店铺建筑方面的原型与当地住宅院落并无二致，仅仅是对显得过于闭合的住居进行了适应对外经营功能的“改建”，比如设置面对街衢的柜台、宽阔的大门，以及抬高了门面的高度、檐下梁枋进行重点装饰，等等。商铺规模十分有限。

二、工场作坊

正如上节所谈到的，传统工场作坊多与店铺合二为一，或前店后坊，或下店上（二层）工场。这种形式的漫漶与农业时代耕织自然经济的主导模式不可分离，男子耕田，女子在家织布，用织好的布匹到集市上销售或调换其他物品，导致手工业和商业畛域难清。不过，手工业和商业经营在手段、方法等方面毕竟有所不同，有些手工业的生产制作对场地等也有一定要求。总的来说，明清以后部分手工业或制造业向“准标准化”逐渐迈进使工场作坊具备了一定独立形态，如江南市镇中的缫丝厂等，也有部分加工业因与经营维系较密切，仍延续店场合一的格局。另一方面自明嘉靖年间始，朝廷一改开国初期对手工业者编匠籍、实行住坐服役或轮班服役的制度，取而代之以银代役。如此，工匠的人身控制大大减弱，生产积极性空前提高。如苏松地区的木作匠师在完成“以工代银”的家具后，多余时间则可自己支配，可以生产制作优质木器家具到市场上销售，明式家具在明中后期至清雍正年间臻于黄金时代与朝廷对手工业生产的改革密切相关。这种有利于手工业者生产经营制度的改革在一定程度上进一步促成了资本主义萌芽的形成。再以抟土烧砖这一传统手工行业为例，当时山东临清依运河地利之便，大量生产优质青砖，与苏州陆墓和陈墓镇生产的金砖青砖一道，代表了古代制

① 李百浩、张莉：“因族而兴的湖北古镇——瞿家湾”，《华中建筑》，2005年第3期。

② 明恩溥说道：“在山东，多个大大小小的村庄都有它的小‘杂货铺’，即卖各种杂货的商店。这种杂货铺根本不像叫卖小贩家里的商店，因为它的存货不是急待处理的。许多货物可能存有几年，但最终是都要卖出去的。……杂货铺一般存有少量稻米，以备宴席或病人之需。杂货铺能及时供应作为请柬用的红纸和作为讣告用的白纸……此外，大量供应节日、婚礼、葬礼等场合随时需要的爆竹，以及各种祭祀仪式所需的纸钱和其他物什。除了这些东西，还有其他多种货物。可以说，几乎没有什么日常需求是不能满足的。”［美］明恩溥著，午晴，唐军译：《中国乡村生活》，中华书局，2000年。

③ 刘大可著：《田野中的地域社会与文化》，民族出版社，2007年，第157、159、160页。

砖业的最高水平。手工业制度改革后得到较快的发展，其砖窑分布在卫河两岸，呈“人”字形分布，长度达六七十里，总窑数384个。①城镇中聚集的各类手工业工厂作坊，有些与商贸活动有关，有些与群众日常生活相联，也有的与农村居民生产生活相关。例如从事农副产品加工的糟房、油房、粉房、榨菜坊，从事纺织生产的丝房、染房，从事盐业生产的盐场，金属加工的工匠铺等。商业街区中的工厂作坊虽然将商业、作坊和居住等多种功能要求集于一身以实现产、销、住一体化，但在其功能组织方面要比店铺建筑更复杂。沿街工厂作坊的空间划分和所从事经营行业的工艺流程、工艺要求密切相关。通常，为减少（小）生产与生活之间的相互干扰，作坊的出入口较店宅多。明清及民国时期各地村镇县邑工场作坊的普遍化，一定程度上改变了当地的生产和经济结构，提高了部分百姓的经济利益，减轻了人地关系紧张的压力。近代江南市镇新型缫丝工厂的兴办，一方面吸纳了众多附近乡村妇女就业，另一方面与国际贸易紧密联系，为市镇经济的繁荣奠定了基础，也改变了村镇的空间结构布局、街区格局和建筑形态，进一步丰富了原有的村镇形态和街区风貌。

不同生产作坊对环境、资源和自然条件的要求区别较大，所受制约也有所不同，影响到工场作坊的位置、规模和服务人群及范围。一些酿造作坊、面粉作坊、榨油作坊等基于工艺的复杂性、生产量大而需要较大的规模。以农业灌溉和加工食品、产品等广泛使用的水碓为例，利用溪河流水为动力、由水轮带动舂米、磨粉、榨油、炒菜、烘茧等多项作业设施的水碓，早在汉代《桓子新论》中就有记载。唐代以后，灌溉向大型化、多样化发展。其中，既有使用畜力驱动的高转筒车，又有水力带动的水转筒车，粮食加工业也开始利用水力，水碓以省力省时获得了长久生命力。元代王祯的《农书》和明代宋应星《天工开物》所附水碓图系由立体式水轮与一组碓组成，利用水力使凸轮驱动，拨动碓杆进行工作，碓头因此一起一落进行舂米等。水碓设置和实施的前提是近水，尤其是有落差的水文地理环境。浙江武义郭洞村中的水碓房择址于回龙桥西南侧水位落差处，从枫树坝上筑引水暗渠，挖掘蓄水池塘，建设农作物的加工设施，旋以水的冲击力，转动水轮，抬起石杵，将稻谷舂成米；旋动石磨，把玉米和荞麦等磨成粉。

与水碓建在溪流边且需一定水位落差的还有水磨房和榨油房。前例如青海互助县土族风情园中的水磨房，水磨结构紧密，转动自如。②在青海互助土族自治县台子乡一带，民间仍习用传统油坊。这种榨油方法先将油料放进炒锅，用文火炒至微糊，再把炒好的油料用畜力牵引石磨磨成浆后，放进温度达到100多摄氏度的蒸笼里蒸，满屋蒸汽升腾时凭人力抬动油梁挤压，清澈透明的油便顺着出油口汩汩而出。后者如重庆忠县黄金镇的榨油房。据季富政调查，主其事者选择该处建作坊有以下考虑：一，此处溪河水量丰沛，水位在此形成落差；二，引水渠距此仅几十米，工程量尚可；三，此处基础为巨石，在此构筑房屋基础部分可节约材质，也可就地取材；四，油房位于赶场道路一侧，距黄金场镇仅半里，便于粮食和油料的加工和交易。③

第三节 文教娱乐类设施与公共景观

一、书院

书院是古代特有的教育组织形式，既是独立于官学之外的学校形式，又是与教育密切结合的学术研究机构。宋代书院获得显著发展，庶几可认为是理学与书院结合的逻辑因果：统治阶层看到书院与理学有利于“安定团结”，因而对书院颇为重视，或委派鸿儒出任山长，或由地方官员兼职，并对审批、管理、经济和运行过程予以控制；在儒家方面看，书院一方面为理学家们讲习义理提供了场所，另一方面，讲学风气的下行客观上起到

① 参阅傅崇兰著：《中国运河城市发展史》，四川人民出版社，1985年，第295页，王云著：《明清山东运河区域社会变迁》，人民出版社，2006年，第190、191页。

② 水磨是用水力作动力，将麦、豆等粮食加工成粉的一种古老机械，是水力发电动力原理的原始形式。其动力部分是一个立式或卧式水轮，在轮的主轴上安装磨的下扇，流水冲动水轮带动磨转动。分为上下两层，底层是动力区，上层是面粉加工区，水从顶端的木槽流出，冲击水轮，推动水轮转动，带动磨扇，完成粮食加工。

③ 季富政著：《三峡古典场镇》，西南交通大学出版社，2007年，第224页。

了文化教育的普及作用。此风既开，漫漶华夏。据陈元晖等《中国古代的书院制度》一书计，宋代各省通志中有书院397所（也有认为229所）之多。著名的庐山白鹿洞书院、衡阳石鼓书院、长沙岳麓书院、商丘应天书院、嵩山嵩阳书院、江西鹅湖书院、句容茅山书院等均属彼时创设，且创立者多为大家。如朱熹与白鹿洞、张栻与岳麓等。其讲学风度，庄严神圣。朱于1194年修复岳麓书院时学生曰："先生（指朱熹，引者注）穷日之力，治郡事甚劳，夜则与诸生讲论，随问而答，略无倦色，多训以切己务实，毋厌卑近，而慕高远，恳恻至到，闻者感动。"① 同时的陆九渊于淳熙十五年（1188）建象山书院，每旦精舍鸣鼓，会揖毕，升讲坐，容色粹然，精神炯然。学者又以一小牌书姓名年甲。少亦不下数十百，齐肃无哗。

有东南邹鲁之誉的徽州在元代除设州、县官学外，还以乡里每50户为一社，每社设社学一所。随着明清"贾而好儒"、"亦贾亦儒"徽商集群的崛起，其雄厚资财又促进了家乡教育的普及和发展，学习机构遍及城镇山村。据清康熙《徽州府志》记载，当时徽州共有社学562所，县塾5所，明代创建书院45所，清代19所。此外，尚有无数精舍、书屋、会所、庵、堂、学会、蒙馆、经馆等办学形式有村塾、家塾、学馆、义塾、书院等多样。不过，村镇乡邑的书院、义塾等主要服务于本地区甚至家族内部乡邑或族亲子弟，与社会上鸿儒贤达所建书院的学习对象有所不同。时任徽宣两地的各级官吏多为进士出身的儒雅之士，虽奉行"学校不修，乌足言政"，以"兴崇学校为先务，首务劝农兴学……捐俸倡修县庠，谕父老遍立乡塾"②，但官府却无掌控书院管理的实权和经费，这两项主要操控于宗族化发达的宗族之中。

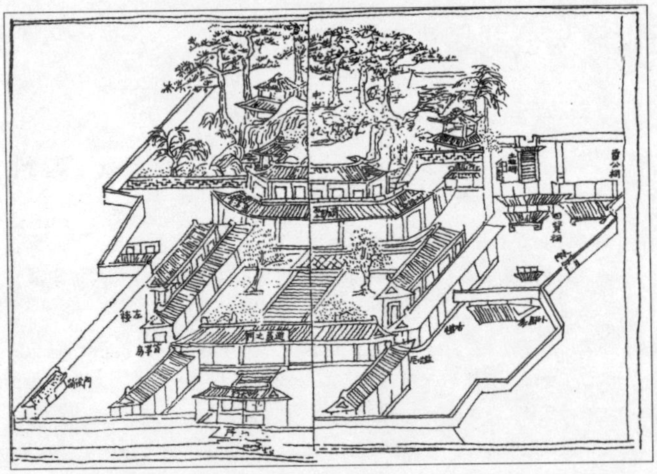

清乾隆浙江《温州府志》中的中山书院图

徽、宣地区书院类教学机构的创建与运营与其他不同之处一在于为宗族所建，二在于经费等由本族筹措。宣城旌德县江村的数十所书舍均为江氏族人所建，所谓"重诗书，勤课诵，多延名师以训子弟"，所聘山长皆系富有声望的饱学之士，洪亮吉、包世臣等也都曾莅临江村讲学授课。书舍桐竹居鼎盛时"从游者众，斋舍六十余间，至不能容。因材施教，使人人自奋于学，往往遥从附课，其高材生居于后楼，多掇科第"。③从书院实体环境看，略有四部分构成：祭祀圣贤处、授业解惑传道的讲堂、藏书阁、学生宿舍及学田。据徐霞客实录，时江西吉安白鹭洲书院前铸铁犀以压水（书院处沙洲上），连建三坊，名臣、忠节和理学，"坊内两旁排列号馆，为诸生肄业之所。九县与郡学共十所，每所楼六楹。其内由桥门而进，正堂曰正学堂，中楼曰明德堂；后阁三层，下列诸贤神位……"④歙县雄村竹山书院为徽州保存完好的古书院之一，系明代"一门四进士，四世四经魁"和清代"同科五进士"、"一朝三学政"的曹氏望族于清乾隆二十四年（1759）建造的家族性书院。书院仿古之学黉形制，俾藉于讲诵诗书之业，渐渍于礼义亲逊之风，集学堂、园景为一体，坐西朝东，面临渐江高矗于桃花坝上，遥对隔江之竹山。书院平面呈纵长矩形，占地2 000余平方米。主体二进三楹，厅堂进口为前廊，隔天井为三开间后堂，相连天井外两廊方柱8根。厅堂面阔16米，进深8米，宏丽宽敞；16根楠木冲天柱高耸屋顶，矗立于堂中。书院大门为石坊门楼式，三间三楼四柱造型，门楣额匾上刻有邓石如楷书"竹山书院"。台阶前两排16根旗杆石墩，前两侧设望柱栏板，门旁左右对称竖立扁石鼓；台面高约2米，人行须经居中平台向上登七级台阶方可进入院内。书院自南至北由两组既相对独立而又有所联系的区域组成：南片讲堂，北片园林。东侧右廊一隅通联内院。昔时院内有讲堂和书斋居所，侧门为"眺帆轩"。讲堂正厅、教室和膳房宿舍等为三组三开间、前后两进两楹天井的庐舍构成，中间曲径勾连，院内三面高垣围合。从南至北第三组建筑的曲廊尽头，有西厅院"清旷轩"，轩前平台，前置石栏三面低围，台左原有"泮池"，池畔植杏，寓杏坛讲学；池中曾戏鲫

① 《朱子年谱》卷四上。

② 清康熙《徽州府志》卷五《名宦传》。

③ 《济阳江氏金鳌派宗谱·旌川杂志》。

④ 《徐霞客游记》，江右游日记，华夏出版社，2006年，第151页。

鲤，池水流经文昌阁前石桥，清旷轩前满植香桂，竹间石径通幽，平冈叠石，浅溪架桥，环境十分静谧。

书院所在场所，大多形胜绝佳，静谧安宁。若于市肆之际，四周则围垣以阻市嚣，或于乡邑田畴旁收田园之趣。湖南石鼓书院建于衡阳北门外，似半岛耸立于蒸水与湘水汇合处，书院集险山秀水于一体。《诗集》卷十三《合江亭》序曰："合江亭即石鼓书院……一峰特立。踞两水之会，湘水自右，蒸水自左，俱至亭下，合为一江而东……"朱熹曾于宋淳熙十四年（1187）作《衡州石鼓书院》，曰："衡州石鼓山，据蒸、湘之会，江流环带，最为一郡佳处，故有书院。"① 前述宣城旌德县白地镇江村的书屋和书舍，大都建于山麓林间，环境清雅；梅杏居、桐竹居、松筠书屋、鳌峰书屋、双凤书屋、梅坞、西麓、雪堂、传恭堂等均于林间。名士包世臣在《汲古山房记》中对江村书屋的择址、环境赞誉有加，概可作为书舍环境的意象：

村后之凤台山腰，建汲古山房，门瞰溪，后耸重阁，奉文奎二神。面阁环戏楼，以妥神复廊阁道达于讲堂。其墀有池，冬夏不竭，石峰嶙峋矗其中。人物惟肖，东屋三楹……又东为杂莳果园，后屋亦三楹，莫不雕榱刻桷，穷百物之情志。重阁中层贮经籍数十百钟，多善本。

基于书院建设兹事体大，故一应事项均有序而隆盛。以祭祀先贤为例，"建学校，必庙祀先圣群贤"而先建礼殿。如婺源县学"旧有三贤祠与藏书阁，皆朱子撰祀，而祠独久湮，乃自提学御史娄公重建于阁之南，塑周（周敦颐，引者注）程（程颢、程颐，引者注）三贤于祠中，……庙学之外又有朱子祠"。②在歙县紫阳书院遗存的下马石上，镌刻有"凡一应满汉文武官员军民人等至此下马"告示，呈现着书院不凡的地位和神圣性。

二、藏书楼

书院与藏书可谓一而二、二而一的逻辑关系，书院兴，则藏书盛。藏书于建筑，初为皇室宫廷独有。《周礼·春官》设有太史掌建邦六典，设小史掌邦国之志，复设外史掌四方之志及三皇五帝之书。汉代首开献书一途，典藏制度乃具。及后百代皆沿，渐益完备，民间私家藏书经久不衰。正如元末徽州休宁学者、商山书院山长赵访《商山书院学田记》曰：新安自南迁后，人物之多，文学之盛，称于天下。当其时，自井邑田野，以至远山深谷，居

浙江湖州南浔镇上的嘉业堂藏书楼

民之处，莫不有学、有师、有书史之藏。迨至明代私家藏书蔚为风尚。藏书家们纷纷修建楼阁，如张寰的崇古楼、何良俊的清森阁、项元汴的天籁阁等。其中，尤以创建于明嘉靖年间的宁波范钦天一阁藏书楼最负盛名。天一阁临水而设，建筑面阔六间二层，西稍间上下楼梯，上层六间贯通以书橱分隔，列橱分藏经、史、子、集；下层亦六开间，作读书、校勘之用。有清一代，著名藏书楼计有江苏常熟钱谦益的泽云楼、瞿镛的铁琴铜剑楼、山东聊城杨以增的海源阁、浙江瑞安城厢镇孙诒让的玉海楼、湖州南浔刘镛的嘉业堂。

晚清经学家孙诒让的玉海楼位于其故居东侧，西有便门连通百晋陶斋、颐园及住居，楼由台门、前院和主楼组成，东临放生池，使藏书楼宛若"水中屋"，主楼为正楼和左右厢楼的三合厅井型，正楼前后两进相向。整座藏书楼不髹油漆，古朴淡雅，颇具浙南官宦宅第特色。浙西湖州南浔镇经济富庶，文化发达，素有崇文重教的传统。明清两代时文风鼎盛，科第兴旺，涌现了许多藏书家并先后建楼贮书。著名的有清道光年间刘桐的"眠琴山馆"，光绪年间蒋汝藻构筑的"密韵楼"，清末张均衡的"六宜阁"和周梦坡的"梦坡楼"等，1920 年刘承干建造的嘉业堂，是闻名海内外的私家藏书楼。

嘉业堂位于南浔镇南栅西华家弄，占地 20 余亩，为砖

① 宋·朱熹：《朱文公文集》卷七九《衡州石鼓书院记》，《四部备要》，第 58 册，1411 页，中华书局，1989 年。

② "婺源州学记"，《古今图书集成·经济汇编》，选举典卷二四，学校部。

木结构、中西合璧的两进两层楼房。每进面宽七间，左右厢房各六间，上下共51间。平面呈口状方形，居中天地宽阔，占地约二亩，地坪铺石平整可供曝书。前进居中一楼为正门，东侧是“宋四史斋”，藏宋椠《史记》、《汉书》、《后汉书》、《三国志》，陈列自印的典藏样本；西侧“诗萃室”藏刘氏所编《国朝诗萃》正续稿本和据以引用的多种清稿。楼上居中为“求恕斋”，东侧室内贮宋元刻本，西侧三楹，左右为卧室，典藏42巨册《永乐大典》、四库佚存本和名贤手稿本等珍秘钞本。后进底层正厅为嘉业堂，陈放十三经注疏、南北监本廿一史、汲古阁十七史、武英殿二十四史、同文局石印二十四史等；堂后藏钞本，堂东储铅印、石印新书，堂西置史部及书楼自印书。嘉业堂楼上为希古楼，储殿本“图书集成”、明万历间抄《明实录》、民国初《清实录》、《全唐文》、《全唐诗》等；后为黎光阁，藏明人别集、日本缩印《藏经》、光绪石印《会典》等；东侧前储史、子、集书，后储字画碑帖等。两庑上下各六楹，上储丛书两百余种，下储地方志约1200余种。藏书楼楼前（南）庭院中藤萝遍布，树木葱郁；中设三四亩大的荷池，周环假山，中垒石岛，有亭翼然，曲桥联结池岸，岸边各有亭榭名“浣碧”、“障红”，园旁隔溪河与家庙、田畴绿野相邻；东侧有桥临水，桥内有拱形铁门通出入。藏书楼东侧另设平房名“抗昔居”，供编校者工作起居之用，后面房屋为刻书工匠居室及贮板片的库房。

浙东藏书楼除闻名寰宇的天一阁外，慈溪抱珠楼、二老阁、醉经阁和寄月楼等藏书楼 聚一县之邑，殊足壮观。醉经阁由慈溪商贾冯云濠创办于清代，藏书丰赡；寄月楼，清代举人冯汝霖创建，藏书与醉经阁仿佛；抱珠楼为清道光十九年（1839）由进士冯本怀（冯云濠侄）所建，三楼毗邻于县城中。二老阁藏书楼为清初郑性承其父郑梁遗志而设。所谓二老，一为郑溱；二为黄宗羲。据《二老阁记》和《郑氏家谱》卷十四载：二老阁始建于康熙六十年（1721），雍正元年（1723）竣工，楼于郑梁翰林第东首，坐北朝南，二层歇山式建筑，面阔三间。阁前明堂，阁后池塘。藏书源于两处：郑氏家藏所蓄。一如郑勋所说：“余家自先濮州公以文章显，代有传集，至宪副公积藏书二万卷”，此为其一；其二是黄氏藏书三万卷。浙东名儒全祖望有云：“太冲先生（黄宗羲，字太冲，号梨洲，称‘南雷先生’，引者注）最喜收书，其搜罗大江以南诸家殆遍……”① 基于藏书之丰，于是“四方学者访求南雷之学，不去竹浦（黄宗羲为余姚通德乡黄竹浦人，引者注）而至半浦②；二老阁还应朝廷之命献呈图书典藏共计82种。与南浔嘉兴堂一样，二老阁不仅藏书，而且刻书，共刻包括黄宗羲《明儒学案》62卷等在内20种以上。

从私家藏书楼到家族性图书馆，经历了漫长的历程，民国时期开平市赤坎镇司徒氏通俗图书馆和关族图书馆的落成，是家族性图书馆崛起的标志。

岭南新会、台山、开平、鹤山、恩平等五邑侨乡，从宋末元初至民国时期，大批来自中原和清初粤东移民及其后辈纷纷向东南亚、北美地区等海外移民，近代五邑闻名遐迩的碉楼建筑等就是移民和土洋并存建筑文化的实体见证。赤坎镇是司徒氏和关氏两大家族的生息繁衍之地，也因司徒、关氏两家族的发展而由普普通通的渡口码头成为工商市镇，可谓地因人兴、人因镇聚，并形成了关氏和司徒氏家族分踞镇区上下埠的组团格局。民国十一年（1922），司徒氏家族创办的图书馆奠基，历时两年而成，西式造型的楼宇高三层，占地800多平方米。民国十八年（1929）关族图书馆落成，坐落在本族经营的上埠（西埠），与下埠（东埠）的司徒氏通俗图书馆东西互视。有意思的是，两家图书馆有众多近似之处，如西式三层楼宇、海外族众捐资、定时鸣钟及面向本族宗亲开放等。如果说开平赤坎开市镇家族图书馆先河的话，那么，20世纪初安徽江村图书馆和云南和顺村图书馆则成为首批面向村邑聚落的公共图书馆。宣统末年，宣州（现安徽宣城市）旌德县白地镇江村图书馆在族众缙绅捐赠基础上成立了江村图书馆。图书馆设阅览室、藏书室两部分，书橱36座，书架200余个，全部面向莘莘学子，无论本村本族弟子，还是外籍异乡问道求学者，概可借览。

1928年，和顺村在原“咸新社”、“书报社”基础上成立了和顺图书馆，建筑为两层对称砖木混构，平面长方形，正面嵌入对称的两个六边形，屋顶为歇山顶与六角攒尖顶相结合，底层设西式门窗，采光良好，前有三开间拱券上门，右前侧的三开间有生起，悬山、歇山上下并置的门楼及高矗石阶，中西溶裁。由于图书馆建筑群坐落于和顺村主入口中轴线上，沿地势逐级而上且院落重叠，既为村落入口的对景，又是聚落中引人瞩目的标志性建筑，与双虹桥、闾门等构成一幅意趣盎然、恬静美丽的滇西村寨

①② 骆兆平：“二老阁始末记”，载宁波市江北区慈城镇文联编：《慈城——中国古县城标本》（上），宁波出版社，2007年，第72、73、74页。

图画。

如果说和顺村图书馆择于极地边疆、泽被有限，那么清光绪三十年（1904）绍兴古越藏书楼的建成则具有开风气之先的作用。蔡元培曾题联曰：吾越多才由续学，斯楼不朽在藏书。研究者认为："古越藏书楼是20世纪初徐树兰在浙江绍兴设立的公共图书馆。……标志着我国封建藏书楼时代的结束和近代图书馆事业的趋向成熟。"①

历史上除了藏书家构筑藏书楼及乡村图书馆外，遍布村镇的寺庙道观中的藏经阁也有近似功能。唯所藏为经卷，通常布置于建筑群空间序列终端处，两层居多，具有很强的程式化。

关于传统藏书楼建筑，清代孙庆增的《藏书纪要》和叶德辉《藏书十约》中均有"藏书之所，宜高楼"之类论述，认为楼周宜砌风墙，以利防火；室宜近池水，引湿就下，潮气免浸书楼；又四面开窗通风，纳阳入室，橱具常开。橱下置雄黄、石灰，内设芸草防火等。细梳之，上述宁波天一阁、南浔嘉业堂、瑞安玉海楼及和顺图书馆等，殆与藏书要义符合若契。由此可见，传统藏书楼的相关工艺技术与经验已具有一定普遍性。当然，藏书之功还在于读书。正如明代松江人陈继儒所说：读书宜楼，其快有五：无剥啄之惊，一快也；可远眺，二快也；无湿气浸床，三快也；木末竹颠，与鸟交语，四快也；云霞宿高僧，五快也。按作者所见，20世纪中期前合陈氏之五意者，唯有1930年代蒋介石为蒋经国于浙江奉化溪口镇剡溪旁修建的藏书室（读书室），楼与山水融于一体，风光绮丽，室雅庐静，适人心怀。

三、戏场和会馆

传统戏曲剧种众多的元明清时期，演艺活动异常活跃，观戏成为村镇民众文化娱乐的主要方式之一。作为演艺活动、节日庙会、喜庆祝贺之际唱戏酬神、添兴助力的主要场所，各地的戏场建设也达到了历史发展的黄金时期。

传统戏场大致由私家戏场和公共戏场两大类组成：私家戏场为家族之产，多布置在祠堂家庙内与享堂相对。如安徽祁门珠林村余庆堂戏场，中轴线上前为戏台，中为享堂，后为寝堂；或于深宅大院中，如山西太谷北洸村三多堂，纵向西侧设小戏台院、东侧布置东戏台院，左右对称，分区明确；也有构筑于私家园苑中，如扬州寄啸山庄的何家戏台。其他著名私家戏场如晋中榆次区车辋村常家戏台、祁县梁家戏台、湘西凤凰沱江镇陈家戏台、天津杨柳青石家戏台、江西景德镇浮梁县瑶里镇程氏戏台等。筹备组织和观演人群主要限于家庭、家族、宗族或五服之内。公共戏场如附属于同乡会馆内的戏场大抵限于同乡邑胞，如河南省社旗县晋陕会馆内戏场，主要面向社旗县内经商的晋陕籍客商同乡；宗教建筑如寺庙道观内的戏场则多面向大众群体。另外，戏场规模也颇有差异，巨者如介休市旧城后土庙琉璃戏台、临汾市尧都区东羊村后土庙戏台、吕梁市临县碛口镇黑龙庙戏场、广东佛山祖庙内戏台等，微者如嘉兴乌镇修真观戏台、广西三江程阳寨程阳戏台，南京高淳淳溪镇戏台，以及浙东北绍兴一带的水上戏台，等等，不一而足。

戏场历史由来已久。在山西出土的戏曲文物中，以运城汉代百戏楼、沁县北魏百戏石刻、侯马金董氏墓戏台模型、新绛吴岭庄元墓杂剧砖雕等最具价值。另外，在洪洞县广胜寺元代水神殿东侧南翼，绘有元代民间戏曲演出社团"大行散乐忠都秀在此作场"的演出状况：画中的舞台方砖墁地，绘制的布景，男女同台，分生、旦、净、末等角色。"忠都秀"是画面中女扮男装的主演，使用刀、牙、笏等道具，勾脸谱、挂髯口、穿戏服，且有乐队伴奏。此画完成的元泰定元年（1324）正是元杂剧的鼎盛时期，呈现出元杂剧大本营的繁荣与普及。现存山西古戏台则以东羊村后土庙戏台和介休后土庙戏台等最为著名。临汾市尧都区东羊村后土庙戏台始建于元至正五年（1345），坐落于后土庙山门内、钟鼓楼和仪门前的中轴线上，坐南朝北，三面封闭一面洞敞，平面方形，占地169平方米，总高12.6米，单檐十字歇山顶，建筑内部没有施用大梁，均以斗拱和井口枋层层相叠形成"八卦攒顶"；其梁架设计合理，椽飞斗拱，做工考究，前檐四米多高的抹角石柱上，雕刻牡丹和化生童子图案；戏台内施以装饰性较强的异形斗拱，巧思多变，庄重中见精巧，为现存最早的元代十字歇山式戏曲舞台之孤例。介休市旧城西北隅后土庙是一处全真派道观建筑群，建筑群呈纵向双轴、南北合围的布局，庙群中心建筑献楼是三清观正殿及其阁楼与后庙戏楼的联体建筑，楼顶由三清楼、三重檐、十字歇山顶和戏楼重檐、歇山顶巧妙组接，构建极其精妙，道观中可同时唱对台戏的三连戏台，以及全部琉璃纯正色泽的屋顶，堪

① 谢灼华：《"古越藏书楼"在中国近代图书馆史上的地位》，载《光明日报》1963年12月16日，引自车越乔、陈桥驿：《绍兴历史地理》，上海书店出版社，2001年，第173页。

山西太谷县三多堂（曹家大院）中戏台一瞥

称一绝。其他如耸峙于临县碛口镇卧龙坳的黑龙庙戏场，形制尤为奇特：一是乐楼奇异的三空舞台，视野广阔，宏伟壮观；二是左右看台具有围合性；三是音响奇妙，戏曲唱腔声远音扬，十里之遥尚清晰悦耳。故民间素有“山西唱戏陕西听”之说。

南戏风靡的东南省区演戏活动活跃而频繁。曾任明徽州歙县令的傅岩在《歙纪》中提到“徽俗最喜搭台观戏”，清赵吉士在《寄园寄所寄》中转引其曾祖父《赵氏日记》的记载中也说道：“邑东隆阜戴姓更甚，戏场奇妙壮丽，人马斗舞亦然，每年聚工制造，自正月迄十月方成，亦靡俗之流遗也。”① 无独有偶，明代文人潘之恒也记述了万历二十八年（1600）徽州府城东的迎春赛会中戏曲演出的盛大场面曰：“百工咸悦，不令而穷极奇巧，为平台三十六座。”另外，王骥德在明万历三十年（1602）成书的《曲律・论腔调》中也提到：“今则‘后台’、‘太平’梨园，几遍天下，苏州不能与角什之二三。”② 说明当时徽班不仅影响广泛，而且家庭家族的演出也作为一支重要力量，或为商贾们款客的一种形式。更有甚者还招聘演员成立家庭戏班。③

清季演戏活动过犹不及，有关记载充斥于地方志和家谱家乘中。清雍正元年（1723）《休宁县孚潭志》载曰：“二月选期演戏，古例昆腔三台，弋阳腔四台，今则随首家丰俭以为增减，亦有迟至三月而后演者，但毋过清明，过者则有罚。”苏州文士沈复曾应邀至绩溪做客，但见“庙前旷处，高搭戏台，画柱方梁，极其巍峨；近视则扎纸彩画抹以油漆”。在相关仪式后，“开场演剧，人如潮涌而至”。④清道光年间礼部尚书黄钺寓居芜湖，观戏赋诗曰：“灯船戏罢平安戏，豪作哀丝处处催。忙杀花间惊蛱蝶，一年强半绕歌台。”他在诗后注道：“上元龙灯，端午竞渡，罢则演剧至秋又跨街为台，以报秋社，谓之平安戏。”⑤ 总之，演戏之频繁，戏场之普遍，恰如安徽宣城东乡小胡村戏台台基前侧之民国五年（1916）石碑上所撰楹联所云：盖村之有戏楼，犹龙之有云雨也。及至今日，江西乐平尚遗有古戏场200余座，一县之域有如此众多遗存，可见昔时演戏、戏场盛况之一斑。

频繁演戏，戏场建设自然也不落后。传统村镇的戏台发展至清代，数量众多，造型多样，一改宋元之简朴。从建筑平面和空间看，一般分为表演区和观演区两部分：表演区域主体为舞台，为了突出表演建筑的形象和体量，舞台刻意抬高，做成多层或多重檐，从而构成上下两层舞台——戏楼，如陕西武功城隍庙戏楼；增加檐口借此强化楼身效果，如浙江绍兴双江溪舜皇庙戏楼。戏台大多两种形制，一为楼阁式——底层砖砌或木构支撑，二层木构楼身（舞台）；一为门洞式——底层出入，二层舞台。前者如浙江永嘉芙蓉村陈家祠堂戏楼，后者若四川犍为罗城镇戏台。

---

① 朱万曙：“明清两代徽州的演剧活动及其与区域文化的互动关系”，《戏曲・民俗・徽文化论集》，安徽大学出版社，2004 年，第 120 页。

② 中国戏曲志编辑委员会编：《中国戏曲志・安徽卷》，中国 ISBN 出版中心，1993 年，第 42 页、12 页、第 10 页。

③ 郑志良：“明代徽商和昆曲的兴盛”，载《戏曲・民俗・徽文化论集》，安徽大学出版社，2004 年，第 32 ～ 45 页。

④ 清・沈复著《浮生六记・浪游记快》，兰州大学出版社，2004 年，第 160、162 页。

⑤ 中国戏曲志编辑委员会编：《中国戏曲志・安徽卷》，中国 ISBN 出版中心，1993 年，第42 页、12 页、第 10 页。

戏台观演区并无定式，朴素简陋者多在戏台前辟隙地，观众围合状站立观演，如浙江嘉兴乌镇修真观戏楼。踵事增华者或围合舞台建造廊庑楼阁坐观，一二层均有。浙江宁波天一阁戏台、上海黄浦区三山会馆戏台、湖北阳新白沙镇黄塘村梁氏宗祠戏台等俱属此类。戏台廊庑楼阁即观戏楼宏微不一。徽州祠堂内观戏楼进深多在30～43米左右，由石柱或木构支撑，上铺楼板，形成一个个“包厢”，如祁门县新安乡珠林村余庆堂戏台、祁门县闪里镇坑口村会源堂戏台、祁门县新安乡叙伦堂戏台和新安乡良禾仓村戏台，以及景德镇瑶里镇程氏宗祠内的戏台等。戏场观演区的多样性与当地地理环境与风俗也不无关联。江南水乡的社戏暨坐船观演，颇具特色。清代焦循在《花部农谭》中曾有描述：“郭外各村，于二、八月间，递相演唱。农叟渔父，聚以为欢，由来久矣……每偕老妇幼孙，乘驾小舟，沿湖观阅。”鲁迅在《社戏》中也写道：“最惹眼的是屹立在庄外临河的空地上的一座戏台，模糊在远处的月夜中，和空间几乎分不出界限……在台上显出人物来，红红绿绿的动，近台的河里一望乌黑的是看戏的人家的船篷。”① 此外，还有清初李渔《连城璧》戏曲中晏公庙水边戏台的传奇、清人绘《杭州涌金门外演剧图》中面迎西湖的戏台，以及官船上士绅观戏的场景等，在绍兴柯岩、马山区安城等地的水上戏台，均临河（湖）而筑。戏台石柱植入水中，伏波枕流；戏台飞檐翘角，清峻飘逸。开戏后台上灯火璀璨，锣鼓喧天，台前人声鼎沸，台下舟楫穿梭，桨声欸乃，充盈着浓郁的诗情和画意。

会馆，是古代和近代流动人口群体基于经商、旅寓等的便利性，由乡邑或同行集资在异地建设、经营的公共建筑，以裨乡党同业在聚会、联络、旅居、求援、接济、娱乐、教育等功能事务的展开和实施，宛若一个微型“驻外使馆”。清初浙江兰溪文士李渔所撰扬州兰溪会馆楹联，庶几点明了会馆的要义：

一般做客，谁无故乡之思，常来此地会同乡，也当买舟归濲水；千里经商，总为谋生之计，他日还家人满载，不虚骑鹤上扬州。

明清时期会馆接踵丛生，遍布全国。其地域分布大致有两个特点，即沿海沿河地区分布多，内陆腹地分布少；东部地区分布多，西部地区分布少；会馆建设与商帮发展相辅相成。②从现存会馆实例看，由于沿河海地区交通便利，商机众多，促成会馆竞相出现。以汉江支流丹江县治龙驹寨为例，该寨北可至陕、晋、豫、陇等地，南沿丹江、汉江直抵长江流域各码头，便利的水陆交通，带动了当地商贸经济的发展，使之成为遐迩闻名的水旱码头，向有“天下寨，龙驹寨”之说。车船如织、商贾日集也催生了会馆建筑的产生。计有镇区西南隅的船帮会馆、西关的西马帮会馆、东街的青器帮会馆、老街中部的盐帮会馆、北马帮会馆、关帝庙旁的商於帮会馆、东城隍庙南部的黄帮会馆、东火神庙旁的河南会馆、西火神庙旁的关中会馆、山西会馆、东街的布帛会馆和铜业会馆共等十余座。其间，商於会馆、黄帮会馆、河南会馆，又有布帛、铜业等会馆，由地缘或该行业商贾集资创办。一些商帮还分别规定和细化了经营路线和空间范围，如北马帮主要服务于北通渭南、潼关及山西等地的骡马驮运，西马帮驮运线路为商州蓝田、西安乃至宁夏、甘肃以远。又如四川乐山五通桥镇素为盐业集散市镇，地跨岷江诸区域。食盐运抵市镇后，再由河道集散转运至各地，水陆联运，故各地商贾云集，也形成了会馆林立的繁盛景象，如禹王宫（江西会馆）、贵州会馆、陕西院、常宁会馆等。距丹凤寨不远的河南淅川荆紫关古镇，同样得益于丹江，自古便是北连秦晋、南接鄂省的水陆重镇，明清时期是著名商贸中心。在古镇的五里长街上，沿街排列着百余间店铺，山陕会馆、禹王宫、万寿宫、平浪宫等著名商帮的会馆镶嵌其间，代表着赣、陕、晋、鄂、豫、川、粤等地商贸机构及各地的建筑风貌。

位于京杭大运河要津的山东聊城和江苏徐州，前者为“漕运通衢，南来客舶络绎不绝”，山西晋商“来者踵相接，侨寓旅社几不能容”，于是“立公所，谋之于众，捐厘醵金，购旧家宅一区，因其址而葺修之，号曰‘太汾公所’”。③嗣后，于清乾隆八年（1743）兴建山陕会馆；后者清时所辖丰县距直隶省东明县仅100公里，从东明至晋地有陆路可达，晋商遂在徐州经营当铺、药材、布匹、棉纱、茶叶，在云龙山麓构建山西会馆。其他沿海城市如烟台福建会馆、天津广东会馆、上海三山会馆等均因交通之便而设。

对商贾而言，异地设馆还在于把握商机、拓创商业经

---

① 鲁迅《社戏》，上海鲁迅纪念馆编：《鲁迅小说合集》，第141页，百家出版社，1998年。

② 参阅王日根：“地域性会馆与会馆的地域差异”，载《中国历史地理论丛》，1996年第1辑。

③ 清·李弼臣《旧米市街太汾公所碑》，转引自荣浪：《山西会馆》，当代中国出版社，2007年，第124页。

营空间。安徽北部的亳州自古便为药材集散中心，晋商早在明代即已进入，后生意隆盛，遂于清顺治十三年（1656）与陕商共资兴建亳州山陕会馆；古丝路河西四郡之一的张掖在西部占有重要位置，包括内蒙古高原商埠重镇多伦等，晋商也建有气势不凡的会馆。诚如前述，会馆建筑以地域性商帮所建最为普遍。以山西商帮为例，仅目前尚存者即有苏州全晋会馆、辽宁海城山西会馆、甘肃张掖山西会馆、河南安阳山西会馆、辉县山西会馆、内蒙古多伦山西会馆、徐州山西会馆等数十座，与陕西商贾合资建设的山陕会馆也有十余座。另外，历史上大规模的移民在很大程度上也促成了会馆建设的高潮。明清“湖广填四川”移民潮使巴蜀地区增添了多种地区性会馆建筑。尤其是移民初期，“由于语言、习俗等差异，刚到一个陌生之地的移民群体与原住民及其他移民间存在较大隔阂，缺乏共同的信任感，使各省和各地区间移民内部需要一个内聚的集体组织，互相帮助，共同抵御外来势力，而对乡土的眷念和共同本土信仰的因素，使这种组织以会馆及相应的庙会形式出现”。①移民会馆初始阶段的职能较简单，一般以联络乡谊、互通声气、扶乡持友、抵御外侮等为主，迨至会馆普遍或形成规模后，在社会生活中的作用便日益凸显出来，以至成为民间社会中主要的社会组织形式之一，所承载的职能也就愈加复杂，并拓展至政治经济和文化宗教等方面。

政治经济职能一方面体现在维护同乡利益、调解纠纷和联络情谊等方面，另一方面主动参与社会各项活动，有效提升了会馆在社会中的地位。“由于移民的地缘关系产生的会馆建筑，从最初的保护外省商人和寄居的外省移民的一般权益到近代经济职能加强，对政治、宗教等社会各个方面的介入，使会馆实际上成为相当长的时期内聚居活动的核心。当会馆成为城镇聚居结构中重要的节点后，署衙作为城镇唯一的结构中心的特点逐渐淡化。这种结构中心发散的特点在地理条件的影响下，又显得更加突出。”②19 世纪末，重庆的东水门太华楼巷、洪学巷一带会馆丛立，经济职能十分突出，已然而为行业帮会结社之地，后逐步发展为比较规范、具有约束力的同业公会。当时的会馆已参与到捐税征收、债务清算等“宽泛”的业务中；在社会管理中，“县衙和帮会处理地方事务若没有八省客长许可，也难于办妥。同时移民客长权威十分重要……‘凡有命案重件……客长权柄最大，胥吏往拿案犯，非客长同去不能得手’”等，③会馆暨地方势力广涉社会事务可见一斑。

会馆的文化宗教职能往往通过多种形式的庆典活动释放，如共同信仰尊崇等借以强化乡土情谊，不同移民群体的故乡文化历史和神灵信仰等成为得以实现的契机，举办文娱演艺活动，“每逢节日，演戏酬神，习以为常”，④“会馆为壮自己的声势，纷纷暗中互赛，各自自带乡班或尽量聘请名角、名班演出。清末成都福建、山西、陕西等会馆‘在太平全盛时，无日不演戏，且有以馆数台同日皆演者’”。⑤

遍布城镇的会馆总体造型上有别于民居建筑，且藻饰、体量等也较其考究或庞大，因此，在传统城镇环境中形成了一定的中心建筑的意味。形制特征各异、规模宏微不等的会馆建筑单元大致由山门、客栈和戏楼组成，平面布置上不出传统建筑的空间组合模式，即前面山门、戏楼、大殿、后殿、东西厢房（或配殿、穿房）等，中轴清晰，左右对称。位于河南社旗社旗镇中心的山陕会馆，主体建筑自南而北沿中轴线依序分布有琉璃照壁、悬鉴楼（戏楼）、大拜殿和春秋楼，左右对称由南而北有东西辕门、东西马厩、钟鼓二楼、东西厢房、药王马王配殿，如此便形成前、中、后三进院落。会馆占地 10 885.29 平方米，建筑面积 6 235.196 平方米，各类建筑共计 152 间，颇具宫殿式建筑风貌整体，平面严谨有序。空间形态疏密得当，北高南低，鳞次栉比，富有节奏，东西南北相映生辉。会馆自清乾隆二十一年（1756）始建，历嘉、道、咸、同、光等六代约 137 年始告竣，成为国内建造建筑年限最长的建筑之一，也是国内现存最完整的会馆建筑之一。一般说来，会馆建筑常以商贾家乡建筑风格为主。如由山东商人建于康熙六十年（1721）的苏州盛泽镇的济宁会馆，庶几为鲁地建筑的“复制”，所用木匠、泥瓦匠和雕漆匠等均为济宁工匠。当地人曾感叹道：“其庙制也，一仿北地祠宇，凡斧斤垩墁以及雕绘诸匠，悉用乎北，故其规模迥别，眼界聿新，有非寻常诸庙所得而伦比者。”⑥

---

①② 蓝勇著：《西南历史文化地理》，西南师范大学出版社，1997 年，第 507、516 页。

③ 中国人民政治协商会议重庆市巴南县委员会文史资料委员会：《巴南文史资料》第一三辑，第 8 页。引自杨宇振：《中国西南地域建筑研究》，重庆大学建筑城规学院，2002 年 11 月，第 134 页。

④ 四川省文史馆：《成都城坊古迹考》，四川人民出版社，1987 年，第 454 页。

⑤ 蓝勇著：《西南历史文化地理》，西南师范大学出版社，1997 年，第 519 页。

⑥ 江苏省博物馆编：《江苏省明清以来碑刻资料选集》，三联书店，1959 年，第 442 页。

第四节　宗教崇祀类设施与公共景观

一、祠堂家庙

汉民族等聚居的城镇村邑普遍建有祠堂家庙。祠，原义祭祀，宋代的家族祠堂多为祭祖之所。理学家们发慎终追远之幽思，起孝敬之心于后人，为近世家族制度的构建而鼓吹。朱熹尤重家族伦理，撰修《家礼》等书，编纂《婺源茶院朱氏世谱》。于是，一种区别于夏商及魏唐世家大族式制度的新家族制在朝廷鼓励、民间支持的态势中逐渐形成：以尊祖、敬宗、睦族为旨要，据理学的伦理纲常制定宗规家法，约束族众。且尊祖必叙谱牒，敬祖当设祠堂，睦族需祖产赈济，至此，谱、祠、田成为新家族制度的特征，家族社会形成的标志。祠堂是宗族家族举行祭祖礼仪、进行各种纪念活动的场所，宗法生活的一个重要组成部分，村镇公共建筑中最具代表性的类型和形式之一。祠堂有宗祠、支祠、家祠等不同规格和类型之分，形制规模也有所不同。宗祠为一族总祠。现徽州保存完整的宗祠如黟县西递胡氏敬爱堂、屏山村舒氏宗祠、绩溪龙川胡氏宗祠、婺源汪口俞氏宗祠、黟县南屏叶氏宗祠、绩溪华阳周氏宗祠、歙县岑山渡程氏宗祠等均为诸姓总祠。宗祠形制多为三进：第一进仪门，第二进享堂，第三进寝堂。①较一般宗祠不同的呈坎村罗氏宗祠，前置棂星门，将仪门至享堂间的天井扩展为庭院，两翼设边厅，陈设族众业绩；于寝堂之上专设一层，用于存放供奉圣旨及御赐珍品；庭院左侧园内另设一小型明堂和厅堂，用于置放女性祖宗的牌位。

徽州“邑俗旧重宗法，聚族而居，每村一姓或数姓；姓各有祠，支分派别，复有支祠，堂皇闳丽，与居室相间”。②彼时世家大族聚族而居，迨生齿日众，面临地狭人稠生存之艰遂析产分户，迁徙散居，“盖树大则枝散，人众则心异，其理一也。此不必借观于别人，惟观吾祖一家之事，而知分则有益，不分则有害”。③支祠建筑形制与宗祠大致无二，只是规模略小，有些支祠则省略了仪门。家祠一般无寝堂，仪门视具体而定，部分仅设中进享堂与宅邸相连。除了宗祠、支祠和家祠外，还有一些特殊类型的祠堂，如祀某名人，因立祠处又非其故里原籍，故为行祠；女祠，专供女性神主，如徽州歙县棠樾村清懿堂；专祠，德行显著之神主④，如棠樾村世孝祠。

古代人居环境中的庙供奉的是“神”——最早专门用于祭祀祖先的场所原亦为“庙”。《礼记·王制》记载周代宗庙祭祀制度曰：“天子七庙，三昭三穆，与大祖之庙而七。诸侯五庙，二昭二穆，与大祖之庙而五。大夫三庙，一昭一穆，与大祖之庙而三。士一庙。庶人祭于寝。”周

---

① 仪门又称门厅，祭祀时供鼓乐之用；享堂为祭祀礼仪和宗族仪事的场所；寝室用于供奉祖先牌位。

② 民国《歙县志》卷一，舆地志·风土。

③ 《同治十三年休宁胡姓阄书》。

④ 行祠专祀名人，在《篁墩文集》卷十四《休宁汉口世忠行祠记》中似可印证：“古忠臣烈士有俊功大惠于世，有国者必崇祀之，著于令；有家者常祀之外，亦别有先祖一祀，著于礼。礼法并行不可偏废，而况有俊功大惠于世者，置弗祀者可乎？专祀矣而复祀于家则亵。置弗祀则简。于是中古以来，有行祀之设。”从中可以看出，立行祠须朝廷同意。女祠数量绝少。始建于明嘉靖年间的徽州歙县呈坎村罗东舒祠旁的懿善堂，供奉罗氏女祖先的神主；歙县棠樾村西的清懿堂，供奉鲍秀骞之贞烈。女祠与男祠敦本堂相向而立，自此，鲍氏后人祭祀祖宗，考妣从此分祠而祀。关于女祠出现的原因，约略有三，一为上述“贞烈”；二为明中叶社会较重视个性和良知的人文思潮激荡有关；三是回报母亲舐犊之恩。在徽州《潭渡黄氏族谱》卷六《庙祠祀·新建享妣专祠祀记略》中可见端倪：吾乡僻在深山之中，为丈夫者，或游学于他乡，或服贾于远地，尝违其家数年、数十年之久，家之绳勉维持，惟母氏是赖。凡子之一身，由婴及壮，抚养教诲，从师受室，以母而兼父者多有之，母氏之恩，何如其重耶！正幼恃母慈，长承母训，以有今日。如是，一俟子孙发达，自然念及其辛劳。呈坎村懿善堂即为清乾嘉朝奉直大夫罗廷梅为母亲所建。此外，在徽州祁门县西乡诸口村倪氏统祠贞一堂的东侧，亦设有一女祠，名“庶母祠”。庶母，为宗族制度下子女对父亲妾的称谓。为祭祀父辈小妾而专设祠堂，目前看仅此一例。据倪氏族谱《清授奉直大夫五品衔例贡生倪公秀亭行状》云：“我倪氏向无有庶母祠，（尚荣）公倡议建筑，遂观厥成。”倪氏诸口庶母祠建于清末，占地400平方米，入祠为庭院，庭院东西分植柏、柳，取“百（柏）年和好，流（柳）芳千古”之意。院中石板路通往大堂，堂内轩敞，安放有倪氏多位小妾的牌位，以示纪念。

福建福鼎朱氏宗祠

制分天子、诸侯、大夫、士、庶人五等，庶人不能建庙祭祖，祭祖仅限于家中设堂或牌位祀之。①唐宋各地庙祠通行且界线模糊。明中叶后，祠堂逐渐成为专祠祖先的场所。至于庙，则非朝廷恩准不得擅自设立。以徽州程姓、东莞谢姓两望族为例，忠壮公程灵洗为徽州程姓显祖，由于平叛有功卒后谥号忠壮，“里人坛其墓下以祭，里之社与坛接，尤以公配，水旱疾疠，祷之即应”。②至南宋，后人程珌等于墓旁建庙，朝廷赐庙额“世忠”，开始纳入祀典。广东省东莞市茶山镇南社村谢氏家庙供奉的是显祖谢遇奇，谢随左宗棠征战甘、疆有功，历任署总兵、建威将军、两广提督等要职，朝廷以功恩准建家庙以彰其勋。以家庙历史之久远、规模之宏壮、藻饰之精美而论，徽州呈坎村罗东舒祠堪称翘楚。罗东舒祠又名宝纶阁，阁前下层的祠系罗氏为纪念先祖、元初处士罗东舒而设。祠堂三进两院，首进为仪门，入后为大庭院，但见桂树耸立，顶若华盖，一派静寂清幽的氛围。第二进大厅占地 1 000 平方米，格局恢宏，气象壮阔。外檐设方形石柱 6 根，厅内圆木柱 30 根，前后有序，左右呼应，均衡对称，上悬董其昌手书“彝伦攸叙”匾。穿越大厅后便为第三进宝纶阁，宝纶阁制宏敞，高大巍峨，斗拱层层，飞檐卷云，木石作工镌镂精湛，梁架彩绘精致绚丽，楼、阁联体，殊为壮观。

作为家族中心，通过开祠致祭和相关家族活动事项将族众牢固地纽结在同祖共宗的牌位下，形成一个个严密的血缘组织。映射在传统村落集镇、尤其是血缘性村镇中，反映着异常明显的空间特征和平面组合特色。北宋元丰年间（1078 ～ 1085），明经胡氏五世祖士良公率壬派由婺源考水迁入黟县西递。③村庄位处黟县盆地东北隅，四周丘陵环抱，村内后边溪、前边溪河金溪越村穿邑，黟西古道依山傍水，缘溪行经石山村、长演桥和入口至西递。古村鼎盛于明中叶至清嘉庆，衰败于晚清至民国，迄今已有九百年历史。目前西递村东西长 700 余米，南北宽 300 余米，占地约 16 公顷。村中多半古祠堂、民居、书院、牌坊等已不复存在，但古村尚较完整地保持了原始的空间结构和形态肌理。如今，观赏者和研究者们看到的主要是清时的西递，历史上明经胡氏在西递先后建有 28 座祠堂④，从仅剩的敬爱堂和追慕堂与村落空间形态看，位于前边溪旁的敬爱堂为村落结构中心。敬爱堂原为西递胡氏十四世祖仕亨公住宅，始建于明万历年间，迨清乾隆年间重建时改扩建为总支祠，为西递村现存最大祠堂。其建筑气势非凡：八字门楼，飞檐翘角，厅堂闳阔。清中叶始，西递村逐渐形成以该堂为中心的构图格局，全族胡氏村众的宅邸围绕周围，众星拱月，呈现出以敬爱堂为核心的宗族意识和村落空间形态特征。⑤

传统血缘村落中的祠堂在村邑平面布置和空间结构中居核心地位和作用，如果村中同时共存有宗祠和分祠（支祠），那么，则以宗祠为中心，分祠（支祠）往往布置在该房派支系组团聚居的核心位置，构成若干组团聚居区朝拱和围绕宗祠中心的模式和格局。如众房脉系共居，则宗祠居首，其他依序，各房派依据既定的范围和基址展开。如岳阳县的张谷英村第八代孙张思南于万历年间（1573 ～

① 周制之庙，为家族宗法之庙。昭穆，是用来分别宗族内部长幼、尊卑、亲疏、嫡等辈分地位的次序和排列。标准模式是：始祖居中，二世、五世、七世位处始祖右方，为穆。

② 程珌：《程氏祠墓志》卷三，《世忠庙议》。

③ 清·道光年编：《西递明经护师壬派宗谱》，首卷。

④ 明经西递胡氏建造的 28 座祠堂为：本始堂（宗祠）。长春堂、敬爱堂（总支祠）、仁让堂（长房厅）、七哲祠、节孝祠，霭如公祠、怡翼堂，培芝轩、锄经堂、六房厅、三房厅、下五房祠、鸿公厅、元璇堂、种德堂、司城第、中和堂、咸元堂，上五房祠，笔啸轩、绎思堂。参阅段进主编：《世界文化遗产西递古村落空间解析》，东南大学出版社，2006 年，第 21 页。

⑤ 原西递胡氏宗祠为“本始堂”，位于村口胡文光牌坊对面；第二位为“仁让堂”，俗称“长房厅”，坐落在前边溪右岸；第三位敬爱堂，追慕堂排位第八，因本始堂、另一总支祠常春堂和仁让堂早毁，故敬爱堂地位最高。大路街旁追慕堂，为明经西递胡氏荣祖公后裔二十三世应海公祠，建于清乾隆甲寅年（1794）。追慕堂门楼翘角，大门两侧置石狮、旗杆墩各一对，木栅横设三元门，廊下石阶三列与门相对。前进大厅气宇轩昂，后进台上享堂高矗。

1620）受命兴建当大门和西头岸，第十代子孙张云浦于清中后期又增建了王家墩、上新屋、下新屋和潘家冲。张谷英村的当大门、西头岸等聚居集群，平面结构类似“丰”字形构图，家族中按长幼分支派用房取横向轴线，纵轴为主干，界分长幼。横轴在同一平行方向为同辈不同支的房舍。各家庭基本上居住在各自住居单元中，这种基本单元由位于中央部位的堂屋、天井及其两侧配置的若干房舍组成，2 或 3、4 或 5 个单元连接起来就形成了单元群，单元群之间以巷道相连，构成了当大门和西头岸的整体居住建筑群。

徽州祁门县西乡诸口村倪氏统祠（宗祠）贞一堂经历了建—毁—建的过程，贞一堂位于村中央坐北朝南之地，始建于明早期，明末清初祠堂遭兵燹之乱而毁。清康熙十二年（1673），倪氏子孙积极筹备复建，迨至万事俱备时，突遭土匪袭击，所备材料尽毁。后经过两年努力，终于在清康熙十四年（1675）告竣。清宣统二年（1910）贞一堂“不戒于火，付之一炬”。众族人力任其劳，庀材鸠工，众志翕聚，经之营之，最终在民国三年（1914）三度崛起。正所谓：祠在族兴，祠毁族衰；建祠乃一族精神之聚所在，祠健也意味着一村地位的巩固。

二、庙宇寺观

古代村落市镇中宗教崇祀建筑种类多样，数量众多，而且设置的地点、位置和规模也有所不同；有些类型具有普泛性而于信仰空间范围方面较广泛，如佛寺。有些则囿于一定地域范围，如清真寺主要集中于回民或信仰伊斯兰教群体集聚的处所。还有限定于特定的自然地理环境中，如龙王庙常置于河滩水旁等。通过兴建庙宇寺观形成神明的信仰空间，也使地表景观上形成了富有特色的信仰和祭祀氛围。古代的祭祀建筑大致由三类组成。第一类是祭祀祖先的庙。皇家帝王的太庙，贵族、显宦、望族等的宗祠、家庙等，一般设于宅第之东；第二类是奉祀圣贤的庙，如各地孔庙、关庙；第三类祭祀山川、神灵之庙，如后土庙、城隍庙、土地庙、龙王庙、财神庙等。第一类中的太庙不在本书讨论范围，宗祠、家庙等在上节中已有叙述，这里主要谈第二类和第三类相关的内容。

孔庙是遍布范围十分广泛的教化奉祀建筑类型之一，与关帝庙（武庙）对应。汉以后历代帝王多崇儒学，敕令各州县建孔庙，为“培风脉、兴学校、壮人文、正风气”的重要场所，各地孔庙规模不一，形制存异。云南边陲建水城的孔庙占地 114 亩，沿南北纵轴布置，总体共六进，共设有泮池、杏坛、射圃、大成殿、崇圣殿、东西庑、东西明伦堂、尊经阁、文星阁、思乐亭等，内设寄贤祠、仓圣祠、节孝祠、忠义孝悌等六祠，以及太和元气坊、礼门坊等八座牌坊。广达 45 亩的泮池滢洄荡漾，净碧澄泽；山西平遥文庙建筑的面积 35 811 平方米，建筑群主从分明，功能分区明显，由中、东、西三组院落组成，对称布置在三条纵轴线上。最主要的建筑大成殿位居中路，面阔五间，通面阔近 26 米；进深五间，进深约 25 米，单檐歇山顶，建筑外侧和生起明显，远观极尽端庄和凝重。

传统村镇中庙宇寺观数量既多，建筑质量普遍上乘，也有因其位置、体量等因素成为村镇的标志建筑。如晋西北临县碛口古镇上的黑龙庙，高耸于镇市卧虎山上，山下商号林立。从卧虎山西侧曲折攀登至庙前，但见庙宇宏伟，形势华丽。庙门为三开间重檐歇山式出檐廊，设三个门洞。庙内为一宽敞四合院，正殿三开间供奉龙王，殿内及前檐廊左右陈列有历代建庙的石碑。左右偏殿各为三小间，奉风伯、河伯，山门内面向正殿有一座三开间的戏台。台口装饰精巧，台上屏壁上匾额“鱼龙出听”。戏台左右厢房各六间，厢房上下两层，下层住宿，上层敞开为女宾看戏专属。戏台左右钟、鼓楼为歇山式屋顶，玲珑华美。从卧虎山坡上仰视黑龙庙，钟、鼓楼与戏台背立面、重檐歇山式檐廊和山门、墙垣等组合成一组壮观精湛而又绚丽多姿的建筑群造型。又如重庆磁器口镇中面江背山而建的宝轮寺，数进院落和对称的中轴及核心的空间格局，使其当仁不让地在场镇形象和识别上具备了主导作用和标志性功能。

村落市镇中还普遍设置文昌阁（宫）以供奉文昌帝君。古代星名文昌，是大熊星座的第六颗星，属紫微垣，又名“文曲星”。在中华本土道教的神谱中文昌帝君主管功名利禄。①自唐武德五年（622）正式创设开科取士制至清光绪三十一年（1905）至废止科举制度的 1283 年间，全国共录取了 10 万名进士，700 余名状元，“学而优则仕”、追求读书、博取功名的科仕思想深入人心。广大士子不仅是这种思想的传播者、鼓舞者，而且也是这种读书观的践行者、享有者，时刻将之视为一种人生理想予以张

① 宋元时期，文昌星逐渐与地上的梓潼神为“辅元开化文昌司禄宏仁帝君”，成为主宰科举教育，士大夫功名前程的文化神。

扬。如此之类，文昌帝君自然受到大众群体膜拜顶礼。① 基于文昌阁（宫）类建筑浓烈的比附象征性，因而村镇中的宫阁大多比较考究，方位、体量、形态、构造、材料、施工工艺等均斟酌比较，经营得体，也折射出该阁（宫）所在村镇“对文化教育和科仕的重视程度”或“文风昌盛”与否的象征或标志。建筑二三层不等，平面多角，外观翼檐翘角，高耸轩昂，气势飞张。如宣城泾县万村的文昌阁，三层八角攒尖项，因四周阡陌平远，远山如黛，愈加衬托楼阁的醒目和突显。

城隍是神话中城池的护神。古代早期城市大多土筑，城墙四周挖有护城的堑壕，有水者称“池”，无水者谓“隍”，多集中于城市。明洪武三年（1370）朱元璋加封郡、州、县城隍为公、侯、伯，规格与本地官府相同，诏示郡县建庙祀之。如此，城隍不但是城市的保护神，而且还充当掌控一地祸福晴雨乃至生育的神祇角色。与各类署衙管理、控制人群物质秩序行为等世间俗务不同，城隍庙等寺庙则是人们精神活动的统治机构——按古人理解，人死之后转到阴司归城隍管。平遥城隍庙坐落于南大街东侧、文庙北端的东西向城隍庙街的东段路北。现存者为清同治三年至八年（1864 ～ 1869）重修物，占地面积 7 300 多平方米。庙前牌楼为四柱三门十一踩斗拱，华丽溢彩，前院两侧各有游廊九间，为农历五月二十七日始举行庙会的中心场所。乐楼两层，中间为悬山式门楼，两侧左钟楼，右鼓楼，楼下各有一窑洞券门通往正殿，财神殿及戏楼等，可谓备极盛景。

平遥城的清虚观坐落于东大街东段路北，为一全真教道观。②由于元、明代道观与衙署的对应关系，如府级设道正司，县级设道会司等，使道教与权力机构关系非常。表现在建筑平面组织和结构上，道观沿袭了宫殿建筑组合的“前朝后寝”制，平面布局中将大殿与寝宫连廊成“工”字形。平遥清虚观现占地 5 890 平方米，建筑面积 2 200平方米，中轴线上自南而北分别为观门牌楼、山门、龙虎殿、纯阳宫、三清殿、玉皇阁（已毁）、七十四司、三宫四圣、五岳四渎和寝宫。

西藏日喀则扎什伦布寺前的僧居

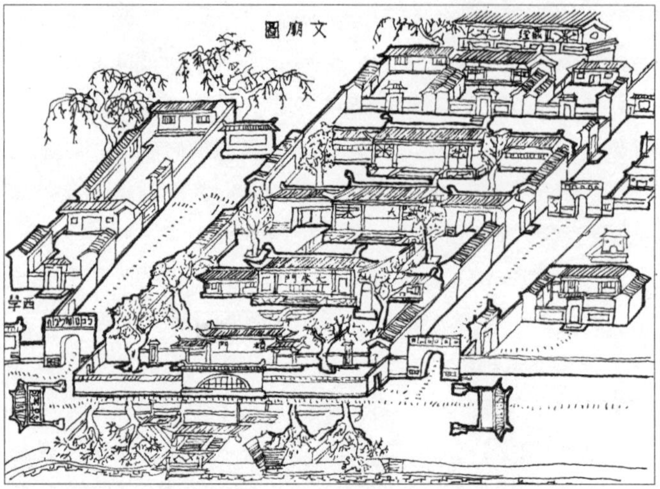

清代山西平遥县古陶镇文庙图

在峰峦连绵、山高水深的浙江泰顺县乡村中，保留了众多庙宇寺观。据县志统计，1992 年全县共 9 镇、29 乡，下辖 527 个行政村，平均每个镇辖行政村 18 个。下洪乡有 8 个行政村，共有祠堂礼制建筑和庙宇寺观 12 座。如按平均每个乡镇有 24 座保守计算，总数约在 700 余座左右，③ 其数量和密度不可谓不多和不高。泰顺的庙宇寺观占地面积不大，规模普遍有限。通常由山门（院门）和主殿两部

① 文昌阁（宫）供奉文昌帝君，魁阁供奉魁星（奎星），魁星即“五经魁”，为《诗》、《书》、《易》、《礼》、《春秋》五部儒家经典。明代以降，科举分五经考试，各经第一者称经魁，五科均一则为“五经魁”、“五魁首”。顾炎武在《日知录》中曾说：“今人所奉魁星，不知始自何年，以奎为文章之府，故立庙祀之。”民间祀奉既有两者分奉者，也有合二为一者。广东番禺余荫山房内的文昌阁，首层供奉观世音菩萨，二层供奉文昌帝，顶层奉文魁星，可谓儒释道三合一典型。此外，文昌阁（宫）内大多镌有文昌帝君阴骘文——道教劝善书的一种，阴骘：具有天人感应之义，希冀人们多积阴德阴功，行善做好事而无须张扬传播，个人独处时也不做坏事，如此等等，洞察毫微的文昌帝君就会保佑之，赐予福禄寿。

② 道教界分两派。一为丹鼎派，全真道各系均属该派。相信通过清修、炼养，可飞升城仙。生活上忌腥荤，不结婚；二为符箓派，崇信科仪斋醮、符箓、禁咒，可以禳灾求福，役使鬼神。该派道士不出家，不忌饮食，可娶妻生育，世代相承，又称为火居道。

③ 刘淑婷：“泰顺祠堂宫庙遍布的景观特色分析”，《华中建筑》2007 年第 8 期，第 140 页。

分组成，形制与当地民居大致相当。至于分管农事的三官庙就更小了。但这些庙寺宇官的位置、环境和景观风貌却别具风味。如三魁镇三官庙共有院门和主殿两个单元，但两者却不在一条轴线上，进入山门需转折方能进入主殿，方位和择址灵活而不拘陈规。稍大点的庙宇寺观往往建在村落附近或水口处。村民们普遍信奉《雪心赋》“坛庙必居水口”的信念，认为在此处建庙宇，可保平安和五谷丰登。在锁气关钥的山水田亩中，村落乡土的景观也愈加富有层次。如上洪乡大溪源村的黄九翁庙位处水口处，溪流纵横，山势平缓，阡陌田畴如画，榕树、柏树、樟树等浓阴蔽日，小庙的院门和主殿掩映在高树绿溪中，景观十分优美。此外，遍布泰顺各溪涧山谷中的廊桥多兼有庙宇寺观的功能，一般多设在廊桥正中的边廊间，置立神龛，如北溪桥、文兴桥、薛宅桥等，也有与廊桥等组接成祭祀中心，如泗溪镇溪东桥和临水殿，陈大翁祠和三宝殿等宗教崇祀建筑一道，构成镇区最大的公共建筑群。

不过，在宗族社会蔚然成风的地区如徽州等却少有寺庙祠观。这也许就是重伦理、轻宗教的逻辑呈现，一如晚清歙县文士许承尧在《歙事闲谭》中所言：“徽州无教门，亦缘族居之故，非惟乡村中难以错处，即城中诸大姓，亦各分段落。所谓天主之堂、礼拜之寺，无从建矣。”

三、寨心祭坛

西南边陲众多少数民族聚居区由于交通闭塞、环境局限、生产力发展缓慢及受不同社会、宗教和文化影响而处于相对落后的发展阶段。直至20世纪中叶前，云南傈僳族、怒族、景颇族和佤族聚居区尚处于原始公社末期阶段，基诺族、布朗族处于农村公社阶段，保留遗存着部分民族公社的内容和特征；处于封建领主经济向地主经济过渡的有哈尼族，处于封建地主经济和封建领主经济的如拉祜族、阿昌族、普米族、德昂族等涵盖了人类社会发展的主要历程和村寨的初期形态。在3 000多年前的沧源崖画中就有反映狩猎、采集、祭祀、舞蹈、战争等生产生活的内容和《司岗里》神话史诗中有关佤族先祖四处迁徙、耕田种地、祭祀鬼神等的传说，另外，普洱市西盟县和临沧地区沧源县的佤族宗教信仰的是原始万物有灵的自然崇拜，各类宗教活动也十分频繁。①

佤族村寨多选址在山坡或小山顶处，一般都设有一或若干安置木鼓的屋舍。木鼓是佤族历史上最重要的象征物和氏族社会阶段父权制确立的标志。木鼓房占地五六平方米，高2.3米上下，木桩支撑，四周无壁，屋面竹架草顶，内置木鼓两三个。鼓用粗长麻公树挖空内部后凿削制成，配以木制鼓槌击打敲击，因依树干空腔及木质发声，所击鼓声分外洪亮。鼓既为通神之工具，又是崇拜之物。在举行大型宗教活动和遇有紧急情况之际便击鼓号令，平日无故不得击敲。“实际上，木鼓作为父权制社会的产物，具有社稷象征的特殊意义，处于部落活动的中心地位；人们进行猎头血祭，是为了社稷的平安，木鼓除了与姓氏家族结合外，自然也会与祈求社稷平安的猎头血祭活动形成紧密的联系。”②至于宗教类设施则有寨桩、寨心、人头桩、牛交叉、牛尾巴桩、剽猪石及老母猪石等。寨桩、寨心等都建在村寨中心，在祭祀祭祖时使用。通常寨心上设亭，内置寨桩。

普洱市澜沧县拉祜族村寨中心广场上也立有寨神桩，以三根木桩为象征物，所谓一雄、一雌、一寨神。寨神桩满饰花纹图腾。两根固定不变，一根需每年更换一次：前者象征村寨永恒，后者隐喻代代更新，繁衍不息，也是寨民祭祀、集会和休闲的中心场所，寨周用竹笆编成半人高的圆形围篱。另外，分布于德宏州陇川县、梁河县和潞西县及保山市龙陵县等地的阿昌族奉行鬼魂崇拜和祖先崇拜在自然崇拜中保留祭祀寨神和地方神的宗教活动。他们认为寨神能保佑村寨平安，地方神保佑人畜康宁和五谷丰登。寨神的物化形式为木桩或石柱，上置木板或石板，上面放置贡品；村寨的寨心用石、土垒成一个团包隆起状，认为有了寨心并祭供之全村寨便会团结互助。这种祭祀活动和设施遗有远古部落或氏族群体的意识，且长期维系着寨民群体内部的凝聚作用。与佤族、阿昌族近似的还有傣族，用木桩或巨石象征“宰曼”，每年举行全村寨的祭祀，以祈求人畜兴旺、祛灾降福。而布朗族则以方形木桩立于村中心为寨神，定期杀鸡宰狗祀之。

分布散居于黔、桂、湘三省区毗连处的侗族信仰多神，山川河流、古树巨石、桥梁水井都是崇拜对象，其中

---

① 关于佤族原始频聚的宗教活动，可参阅田继周、罗之基：《佤族》，民族出版社，1985年。

② 韩军学著：《佤族村寨与佤族传统文化》，四川大学出版社，2001年，第18页。历史上佤族猎头血祭之风盛行，猎头血祭与木鼓起源有所不同。每年春秋两季时，不同部落的村寨间伺机设伏，互相砍取人头，俗称“猎头”。取回头颅遂举行隆重的供祭仪式，认为如此可佑村寨平安、作物丰收。作为最高祭奠方式，这种猎头行祭方式一直延续至20世纪中叶。后来猎头血祭与木鼓社祭相结合，并采取以死人头替代，才缓和了因血缘复仇导致村寨间械斗不止的态势。此外，佤族村寨尚有砍牛尾巴送人头鬼（砍牛尾巴仪式）、祭寨神林活动、取新火剽牛等公祭仪式和活动。

尤以“萨岁”为至高无上的尊神。侗族民众奉之为“祖先女神”，认为萨岁可以驱除邪恶，保佑人畜安康，五谷丰登。在侗寨中普遍设有萨坛。萨坛系用石块砌成上小下大、大小不一的圆丘，圆丘内的土堆下埋有两口大锅。锅内有象征萨用过的服饰、工具等物，坛前地面铺成小石坪供祀奉活动之用。由是观之，西南少数民族对寨心的普遍重视，与原始宗教有着千丝万缕联系。因为“寨心的重要性并不在于它在村寨中所处位置本身所具有的优势，而在于它被世代相传的观念所赋予的象征意义”。①

诸如在村寨中心设立寨心的民族和地区在世界各地有众多不同表现。原广司在考察世界各地形形色色的聚落时发现所有的聚落中都少不了这样或那样的神圣的事物，他特别解释说，“神圣的事物”与“高贵的事物”是有区别的：“高贵的事物”指的是社会地位权威体系中的上层人及其所拥有和使用的环境、设施等，也包括城池。而“神圣的事物”则与社会地位毫无关系，它具有宗教上的意义。基于此，他得出这样的结论，即“聚落未必需要高贵的事物”，却不可缺少“神圣的事物”。②而本节中所探讨的祠堂家庙、庙宇寺观或寨心祭坛等，可能确实具有不可缺少性。

第五节　安全防御类设施与公共景观

一、城墚墉壕

所谓“黄帝筑城邑，造五城”③，“鲧作三仞之城”④，“鲧筑城以卫君，造郭以守民，此城郭之始也”⑤ 等至少说明了中国古代构城筑壕的悠久历史。从各地考古挖掘的现状分析，三代时期的聚落和城墚构筑已趋于自觉，理论体系已基本成型并指导着众多都会的建造。晚出的《考工记》当为上古时期城墚聚落实践活动的总结，并吸取了千余年筑城建邑的思想、理论、观点和方法。从龙山时期“筑城以卫君”的军事防御为首义，逐渐扩展至政治和经济诸方面。如果说《考工记》中“择国之中而立国”——将宫殿城区设置于城中有利于实施有效的军事保障，方形平面内网格奠定了功能分区和布局的基本格局，以及规定了建筑的体量和规模，那么，《管子》一书则在选择和布局两方面对城墚聚邑的建设在思想观念、理论思路上进行了阐述。

史前王城岗古城地处小型河谷盆地中央，四周群山丘陵环拥；后岗古城坐落在洹河南岸的高岗上，西、北、东三面临河。历史时期洛阳城北依邙山，南挟洛水，唐城建于郭城西北高地上；隋城位于龙首塬南坡上，龙首、清明、永安和漕渠分别从东南西三面引渭水支流入城。他如北宋汴梁、南宋临安、元明清北京等，其模式和格局大抵遵循了《管子·乘马》“凡立国都，非于大山之下，必于广川之上”的择址思想。近代实体防御理念一脉相承于上古。以中聚择址论，清代乾隆年间县令较陈锡在徽州绩溪县治华阳镇都鄙经略时说道：“绩溪广袤不皆至百里，最蕞尔邑，非雄哉县也。然三天子障纪自益纪，固为神禹之所奠，辛亥之所步矣。秦以障名郡，取诸此，厥后宋易歙州为徽州……绩溪县周边大山屏障环护，中部有徽山和丛山，扬之发源丛山。郭郛之术的外围设置宏观而重要，山地城池因地就形的‘郭术’可以省却众多人为工事，所谓‘一邑虽小，而规模形势备焉’。绩溪环境皆山，有大会诸峰为之屏镇，扬之水诸川以分其脉，近而坊市有经，远而都鄙有象，境内之象了然矣……”⑥ 从布局看，《管子·乘马》有云：“因天材，就地利，故城郭不必中规矩，道路不必中准绳。”虽然古代中国都会城市习用方形和网络式格局，但城郭不中规矩、道路不中准绳者亦不在少数，前述史前聚落城市择址于山水相依处，而聚落、城市虽不完全依山借水之势，但定会受其濡染或影响。比如南宋临安（现杭州）城为南北狭长的不规则长方形，江苏常熟古城借西北虞山一隅入城而成的纵椭圆形布局，等等。

---

① 杨昌鸣著，《东南亚与中国云南少数民族建筑文化探析》，天津大学出版社，2005 年，第 126 页。

② ［日］原广司著，于天祎等译，王昀校：《世界聚落的教示 100》，中国建筑工业出版社，2003 年，34 页。

③ 《轩辕本纪》，引自《中国古代城市的起源与发展》，载《中国史研究》，1983 年第 1 期。

④ 《淮南子·原道训》。

⑤ 《吴越春秋》卷五。

⑥ 《绩溪县志·舆地志述略》，参阅洪少锋著：《望族的故乡——龙川》，合肥工业大学出版社，2007 年。

对于城池功能,《管子》指出城郭能“蓄藏”,能提供安全的防御,是谓国家之宝:“城郭险阻蓄藏,宝也。”他的建城思想贯穿着实用和有机的脉络。例如《管子》一书中曰:“大城不可以不完,郭周不可以外通,里域不可以横通,闾闬不可以毋阖,宫垣关闭不可以不修。故大城不完,则乱贼人之谋。郭周外通,则奸遁逾越者作;里域横通,则攘夺窃盗者不止;闾闬毋阖,外内交通,则男女无别;宫垣不备,关闭不固,虽有良货,不能守也。”高大厚壮的城池未免封闭、压抑和“机械化”,因此在《管子·乘马》篇中,又有择址、城郭和道路自由布局与如何不拘一格的思路及做法,同时也强调人地和谐与因地制宜。

夏威夷大学章生道的论文《有城墙的都城形态》(*The Morphology of Walled Capitals*)阐述了中国历史城市的形态特色,城墙,成为中国传统人居环境集聚区的一个显著符号和象征。①但它不仅限于都城,也遍布边关、村镇和寨堡,是古代和近代历史环境中十分普遍和重要的城镇景观和风貌特征。位于汾河支流的中都河(现称惠济河)畔的平遥城郭基址因河流形势沿河呈南偏东15°构筑。利用中都河作南护城河并沟通整个护城河水系,从而灵活践行了《管子·乘马》篇中的筑城法则。城池平面方形,东、西、北墙方直,南墙随中都河蜿蜒而筑:城方三里,面积2.25平方公里,城垣外砖内土,有瓮城六座,南北各一,东西各二。现城垣为明洪武三年(1370)重筑,后明嘉靖、万历,清康熙、道光年曾陆续修葺。城墙总长计6 157米,顶铺砖排水,外作垛口墙高2米,内有女儿墙0.6米,墙顶宽3～6米,墙高10米;外墙每隔40～100米筑马面——外凸的附城墩台,② 上设窝铺——马面墙顶上小屋,供兵士避风和贮存兵器,共计72个,3 000个垛口。城门上城楼及四隅角楼各一,均毁。护城壕河宽深各一丈,六座门外原有吊桥,沿河遍植杨、柳、槐树,古城格局完整,呈现出华北黄土高原城堞壕墉的壮观和较真实的景象。

三面临江的重庆合川钓鱼城

我们不妨以功能为界,从政治、军事和经济三方面对城堞分别予以叙述。

政治类城堞如上述平遥县城等,为国家政权和意志强有力的所在和体现,为有效行使政治权力,均以坚固的城墙为凭借。城内平面布置和空间格局也有一定模式,如居中衙署并且踞高位,设防驻扎军队,城门启闭管制也格外严密,等等。

军镇类城堞如平遥东北约300公里的河北蔚州(现蔚县)古城因“京师之肘腋,宣大之喉襟”③ 的重要地理位置而为“州级城”。据明《重修蔚州城楼记》载,洪武五年(1372)德庆侯廖允中“辟土为城”,洪武十年(1377)于旧址上重修,“城高三丈五尺,堞六尺,下阔四丈,上阔二丈五尺,垛口以数计者一千一百有奇”。并将原土城墙“外包以砖石”,令其“高厚峻整,极为坚致”。设城楼、角楼各四,城门外修瓮城,整饬、增其旧制,蔚州城俨然“屹然云朔一巨防也”。城池平面近乎凸状不规则形,周长4.4公里,面积1.6平方公里。现存南门(景仙门)门洞拱顶高5米,宽4.5米,城墙高约12米;④ 南城楼(万里楼)为五开间三重檐山式建筑(1997年复原),古

① [美]施坚雅主编,叶光庭等译,《中华帝国晚期的城市》,中华书局,2000年。

② 通常每隔60步设一座马面,相邻马面之间可组织交叉射击网,歼攀登或接近城垣之敌。

③ 明杨百之撰《重修蔚州城楼记》,载《蔚州志》(光绪丁丑年版)卷十“金石志下”。引自罗德胤著:《蔚县古堡》,清华大学出版社,2007年,第48页。

④ 参阅罗德胤著:《蔚县古堡》,清华大学出版社,2007年,第42页。

城北侧城垣不设城门却在正中位筑高台修建真武庙，与南门楼遥相呼应。

历史上边防、海疆线上的军事重镇无数。华北晋、冀等地历来为兵家必争之地。山西代县西北雁门关始建于唐初，明洪武七年（1374）重建。此地双峰对峙，其形如门，十八隘连为一体。关城长1公里，墙高7米，有东门、西门、小北门三座城门，东门上建有雁楼，小北门额刻“雁门关”三个大字；左右镶嵌砖镌刻联语“三关冲要无双地，九塞尊崇第一关”。整个关城整肃威严，地势险要，边墙雉堞，烽墩堑壕，素称“城随山势转，关并塞云齐”。这种依地势而建的城堞在北方边关要隘之地比比皆是，比如与之近似的山西平定城东北的娘子关坐落于悬崖之上，背靠莽莽太行群山，居高临下，地势险恶奇绝。现存东、西两座关门和长约650米的城墙、城体，南门额书“京畿藩屏”，东门镌刻“直隶娘子关”，关外便是蜿蜒起伏、一望无际的燕赵大地。西南川渝地区山峦连绵。宋末川渝军民以“方山为城”，前后共修建了83座山城抵御蒙元铁骑，其中金堂云顶山城、奉节白帝城、通江得汉城、剑阁苦竹寨等川中“八柱”最为牢固。合川市钓鱼山上的钓鱼城奇绝有二：一是三面临江，上扼嘉陵江、渠江流经要道，下控涪江、嘉陵江汇入长江要津，峰峦岌岌，沿山崖有长达16里的城墙墉壕，居高临下的八道城门易守难攻，可谓固若金汤；二是1259年蒙古大可汗蒙哥率军包围钓鱼城，连攻五月而不获，延缓了蒙元铁骑灭宋的步伐。钓鱼城筑城始于南宋嘉熙四年（1240），淳祐三年（1243）复建。八城门为始关门、护国门、青花门、镇西门、新东门、出奇门、奇胜门、小东门，全部青石砌筑，双砌卷拱；其中，始关门、护国门、小东门和新东门位踞要道，比较集中。护国门建于两台地相连接处，台地狭窄处仅2米左右。两侧均为悬崖陡壁，城门、墉壕与山体崖壁珠联璧合，共铸一体，坚不可摧。城虽不大，但与形势相融，颇为奇特险峻。

近古时期经济类城镇主要集中在东南地区，这与长江下游、东南沿海地区经济的迅速发展有密切关系。虽然经济类城市也有政治功能，但终究以经济发达为主要特征。直到明清时期，江南的小城市仍以土筑为主。一些县城初建或和平时期也是以木、竹为栅。苏州府下辖昆山县“惟树竹木为栅”；湖州府德清县城在明初为土郛，安吉、孝丰两镇均为土垣。①筑城材料中以砖石为最。常熟、嘉定等县城于元末、长兴县城于明初等均筑有砖城。还有部分县城一直未设城郭，如明宣德五年析置的嘉善、平湖、桐乡（今属嘉兴市辖）三县。上海县从元至元二十九年（1292）析县后，亦无城郭，仅设两门，环县“以水为险”。②然而在14～16世纪倭寇频繁入侵东南沿海及纵深之际，使朝廷和地方加快了城防建设步伐，江南的府城、县城、卫所等城池的营建、修缮呈现出历史高峰，以下略择数例：

依山就势的贵阳青岩镇城墙

昆山县是苏州政府率先修建的城郭，从明嘉靖十七年（1538）始仅用一年就顺利完成砖城构筑；三十三年又增固城防。其规模及配套设施为：周12里，长2 387丈，高2丈8尺；池深5尺，广6尺。嘉靖十一年，在东门外设置水关，上有门楼。旱门6，水门5；雉堞4587。三十三年，增筑6门、月城及敌台26座、窝铺25座，东、南、北三隅增建敌楼3所。③嘉善县由嘉兴知府倡议、巡抚奏请、通判主持，嘉靖三十三年十月至次年三月建设、竣工。其规模及配套设施是：城垣周1 502丈，高3丈，广2丈，壕阔6丈；周围方9里；濠州于城，阔6丈。水门5，陆门4，垛凡2 664，月城144丈，望楼4座，水门旁台5座，墩台12座，窝铺36间。④松江府金山卫地处海疆，筑城咸为抵御海寇。其规模及配套设施是：周12里300步，高2丈八尺；濠周于城，深1丈8尺，面广12丈；陆门8，水门1，门楼4，角楼4，腰楼8，敌台8，间以箭楼48，雉堞3 678垛；外围营堡置峰。永乐十五年复增筑，

---

① 清·乾隆《浙江通志》卷二十三《城池上》。

② 明·嘉靖《南畿志》卷十六《松江府·城社》。

③ 乾隆《江南通志》卷二十《城池一·下江府州县》，据冯贤亮著：《明清江南地区的环境变动和社会控制》，上海人民出版社，2002年，第313页。

④ 同治《苏州府志》卷四《城池》。

城池增高5尺；池周13里300步；旱门4，水门1，城楼5，角楼4，窝铺72，吊桥4，烽堠墩台44，营堡7。①又如濒临东海的嘉兴府海盐县澉浦，明洪武十九年、永乐十六年、正统八年屡次修建，嘉靖三十三年增筑，计敌台16座，陆门4，西水门1；池周9里3步，阔5丈，深1丈1尺。②

从城郭平面布置和格局看，基本上恪守了方周如矩的既定模式，延续了《周礼·考工记》中的型范，如平遥、太谷、蔚县、封开、大理、建水、大鹏古城等。此外，也有众多不规则和圆形城市如常熟古城全境平畴绿野，湖塘密布，河道纵横，唯中间崛起一东西狭长的虞山。常熟自1356年始筑砖城，明嘉靖年间（1522～1566）为抗倭寇入侵，遂于旧城上重建。古城形似古琴，略呈椭圆形：西北面随山势蜿蜒起伏，起虞山东麓而过，此为“十里青山半入城”；贯穿南北的一湾琴川河，自北缘望海门始，七条支流分别冠名七弦河、六弦河直至一弦河，形成“七条琴川入海”的山水城市风貌和格局。同为城池，华北如平遥古城的规整方正和耕牧边线蔚州城的高厚峻整，江南城堞墉壕则显得参差错落和变化多端。从实例看，不规则城池又较多集中在山地丘陵处，如四川西昌、雅安，江西弋阳、婺源，广西梧州，广东肇庆等。在挟险就势的关隘绝境处筑城，则是古代城郭建设的常态，比如上述雁门关、娘子关、钓鱼城等。

从城堞形成看，南方大规模地开发虽晚于北方中原，但随着中央集权向岭南延伸、长江水系和珠江水系因灵渠开通及修筑“新道”而得以连接，中原文化与本地土著文化产生碰撞、交流，又因海陬盗匪骚乱、战祸连连，所以岭南府州县治卫所也普遍强化安全秩序，广筑墙高建堡以抵御外侮或不安定因素。位于两广交界处的封川古城 就是在这样的历史背景中兴建而成。历史上封川既是岭南最早的人类发祥地，又是岭南地区最早的首府之地，沟通岭南与中原的初始枢纽。③古城平面呈长方形，东西城墙长约418米，北面城墙长约170米，城池“方二千四百五十尺，高二十有九尺，址厚二十有二尺”，现遗存的城砖为明成化五年（1469）所制，据《封川县志》记载：古城背北山，东、南、西南临东山河和西江，北有壕堑，与东、西、南三面护城河构成“口”状城堞；古城共设南门（长靖）、东北门（遵化）、西门（镇宁）共三座城门，在东北和南门城堞上分建“镇北楼”、“巩南楼”。现存较好的南城门呈拱圆形，用岭南普遍的红砂岩砌成，石块长60～80厘米，宽20～30厘米，厚14～18厘米；墙为青砖砌筑，厚四五米，高约9米。城砖系特制，长34厘米，宽16.5厘米，厚6厘米，侧面阳塑“封川城砖”四字。又如始建于1394年的“大鹏守御千户所城”系明廷为抗击倭寇而专设，位处今深圳市龙岗区大鹏镇鹏城村，占地共约11万余平方米。现东、西、南三座城门依旧完好。城墙墙基宽5米，城墙宽2米，高6米，总长1 200米，城垛654个。城内道路以十字路为主轴：一条自南门至北向的火药局、军装局建筑群上；一条从西门至东门，居中相交。全部青石板铺敷，城中府邸、将军第、民居、火药局、军装局等建筑物保护较好，风貌如旧。

二、村堡镇垒

历代都会城镇和边防要隘的修堡筑城多为朝政官府所为而隶属于国家防御体系，至于基层组织的市镇村落的安全防御，则往往由地方政权、乡绅族权和乡邑村民共同筹资出力参与实施。在天下扰攘、战祸频仍的年代，不唯城镇普遍强化安全防御设施的修筑，村落乡邑等在选址、定基和建设与维护时亦将防御列入整体统筹考虑以保村邑乡族无虞。④传统县治村镇实体环境构成中的防卫观念意识、

① 万历《嘉兴府志·城池》，崇祯《松江府志》卷十九《城池》，据冯贤亮著：《明清江南地区的环境变动和社会控制》，上海人民出版社，2002年，第314、302页。

② 光绪《嘉兴府志》卷四《城池》，乾隆《浙江通志》卷二三《城池上》，据冯贤良著：《明清江南地区的环境变动与社会控制》，上海人民出版社，2002年，第319页。

③ 封广古称广信，汉元鼎六年（公元前111年），设立广信县，含括今封川县和今广西梧州市，但郡县治均在今封川境内。其后封川又为统辖岭南九郡的交趾刺史部治所，汉元封五年（公元前106年）为岭南首府之地。自此，广信县作为统一的中央政权下岭南地区最高的地方行政中心长达300多年。宋代分疆划域，仍以广信为地标，广信以东称广东，广信以西为广西。封开暨古广信地处贺江、西江交汇处，地理位置十分敏感和重要。秦汉时已逐步开始有计划移兵于此。

④ 在明及以后，村落市镇无故不能构建堡垒等防卫体系。东汉末年，社会动荡不安，乡邑亭制伴随国家权力瓦解而渐趋式微，村落乡邑众多乡亲通常拥乡邑族群间名门大姓为核心，联合力量筑垒建堡以自卫，出现了拥有浓郁防御色彩的壁、坞、堡。魏晋南北朝时代，生民涂炭，人们为防暴避乱，纷纷集团屯聚，结坞自卫，如河东汾阴薛氏数世聚族而居，据坞而守。关中则有程银、侯选、李堪、张横、梁兴、成宜、马玩、杨秋等八个坞堡集团，“各有众千余家”。十六国时期，北方刘氏、石氏等胡族侵袭中原，致使汉民被迫结坞自保，坞壁形式进一步扩展，并延展至南方各地。参阅赵克尧：“论魏晋南北朝的坞壁”，《历史研究》1980年第6期。

行为和实例主要有两方面内容，一是择址相地和建城设邑时整合审视山川形胜、拱卫屏障的攻防地理环境；二是构筑高垣厚垒、环形布防的堡垒城堞以抵御外侮、保存内部实力，二者或二而存一，或兼而有之。

属于民间社会自发形成者如浙江金华武义县东南10公里处形势隐僻的郭洞村，入口东侧一湾清溪蜿蜒而流，旁侧狭窄山径处建有村门墙垣；西侧以大块蛮石砌筑寨墙，高2米许，居中库门紧闭锁钥，颇有“一夫当关，万夫莫开”之意。据族人何维贤云：清咸丰年间，乡邑贼匪蜂起，四乡避难者纷至沓来，贼寇聚众劫掠，沿途邀截，后又遇太平军烧杀抢掠，故“绅耆邀集祠内共议驱除之计，明立约束”①。现回龙桥亭西尚悬“义乡”匾便系清咸丰八年县令为褒奖郭洞村民英勇剿寇而赠。

同处浙江的永嘉县楠溪江中游村落防御设施的形成虽为民间社会自发但行为已与国家军事战略相一致，抗击明中叶及晚期倭寇的侵略袭扰。位于山谷间的坦下村、塘湾村，三面陡峭弗能通行，唯于一面构城筑寨；鹤阳、廊下和东皋村均系三面环水、背依屏山之地，山水构成天然屏障，唯有踏过水中碇步方能入村；廊下和花坦村位处支系珍溪上游，历来兵患匪情或械斗不绝，故村寨墙垣愈加厚实坚固而增设寨门。其中廊下北、西门为堡垒式，门前空旷呈凹入状，门外临溪，以溪上碇步为道，如此则为阻击、防御提供了时空上的条件和便利。纵观楠溪江中游诸村落，普遍建有寨墙村门，墙皆用大蛮石构筑，高2米许，厚达1米以上，部分设置铳眼。寨墙整体以矩形围合为主，防卫体系颇为完整。

山西襄汾敬村村堡

古时边关险隘处设“镇”以镇兵围城，是安营扎寨军事组织形式的都鄙堡垒。如贵阳青岩镇建于元末明初，主事者选择青岩盖因其地“九脉奔汇，藏风纳气，为诸山之中，北依青崖，南控八鄙”。据传，青岩城内有五座山包，为“五虎”。中心部位的土司衙门地势不够高大，为羊，故青岩地形是“五虎圈羊”。②上述民间附会暂且不赘，从战略和控制层面看，古镇素为贵阳粮道、南大门及军事咽喉所在，明代调北征南及明清改土归流均先发于兹。明廷以为斯地“程番夷俗犷悍，难于控摄”，故立城以控八番十二司。天启初年（1624 ～ 1627）于青岩构城筑垣，《徐霞客游记》黔中篇中曾有记载曰：“度桥而南半里，入青岩之北门。其城新建，旧迁而东，今拆其东隅而西，就尖峰之上，城中颇有瓦楼阛阓焉……是贵省南鄙要害，今添设总兵驻扎其内。”③ 青岩城墙也颇有地域特色，从东门起跨越阁上山，从黄家坡逶迤至西门，复上下寨山黑神庙衔接北门；北门外至东门外，沿城墙体外有宽3米深2米的护城沟壕，城墙上有一丈宽跑道，巨型方石垒砌的城墙上设垛堞、敌楼和城楼，十分完备；城内有山五座，遂依山就势借地形巧构而壁垒森严；城外尚有余庆堡、青岩堡互为犄角，更兼周边众多寨、关、坡、哨等防御设施和工事为外线辅助，形成进可攻、退可守的立体化军事攻防体系和设施。④

北方中原农耕文化和北方游牧民族集群的长期冲突和交汇，使陕、晋、冀等地关隘林立，堡垒无数。研究者认为，所谓堡“是环壕向古代城市演变过程中的过渡形态，堡的发展大体上可以分为两种：一是范围的不断扩大，发展为城市；二是堡的自我复制，逐渐演变成现存的堡寨”。⑤从性质和类型上，约略可分为多堡城镇、集镇寨堡、村落寨堡、家族家庭寨堡、军事攻防寨堡等五类。无论哪一类寨堡，其外围均为闭合环绕、辅以险势布防等结构形态，以明确的功能目的性成为寨堡外部防御空间与实

① 何维贤：咸丰戊午时事记，载《双泉何氏家谱》，光绪乙酉年重修。郭洞村何氏宗祠展厅。

② 高潮：“青岩古镇立体像理研究”，高潮主编《中国历史文化城镇保护与民居研究》，研究出版社，2002年，114、115页。

③《徐霞客游记》，黔游日记一，华夏出版社，2006年，第575页。

④ 参阅高潮：“青岩古镇立体像理研究”，高潮主编《中国历史文化城镇保护与民居研究》，研究出版社，2002年，110、111页。

⑤ 谭立峰、张玉坤：“里坊制——城市之过渡形态”，载《建筑师》，2006年第8期，第51页。

河北井陉县于家村东门

体环境的基本要素或标志；寨垣堡墙与天然屏障的边界实体感强化了内外空间的领域归属：对外呈现防御性，对内借以获得和产生安全庇护感。河北蔚县西缘暖泉镇是山西大同通向华北平原的军事要冲，又为张家口至库伦的商道，早在明正德十六年（1520）即已规模成型。镇区共有北官堡、西谷堡和中小堡等三堡，故均建于镇区边缘，市、水源和行政中心均处于堡垒围合中。其中，北官堡位于东北部，方形，边长260余米，堡门高大，堡内街巷呈“王”字形；西谷堡位处西南隅，平面方形，边长约200米，高约8米，墙垣外凸马面，沿城墙内侧有更道环绕，南北堡门并置瓮城；中小堡毗邻西古堡，平面长方形，东西约95米，南北150余米，仅北向设堡门。三堡鼎立于暖泉镇侧，互为犄角，以多堡形态构成了共同防御的整体。①

一般地看，村堡镇垒与城市城堞墉壕在形态和构筑技术及材料上并无本质区别，差异可能在于规模和等第之间。据山西灵石冷泉镇保存的明嘉靖二十二年（1543）碑刻《冷泉镇修寨记》称："迩年凶荒，西山起寇，数为民患……吾冷泉者，路当要冲，俗颇华丰，劫财伤人，罹难愈惨，盖缘先险而无所与恃也。"经过劫难，村民们意识到应建堡自卫，遂聚工筑墙，经一年余，"迨嘉靖壬寅岁（1542），虏寇深入，四方残害不忍言，吾镇及邻乡居民口人，俨然虎豹在山之势，得保无虞。自是而后，愈后增修，各家居室完备焉"。②他如砥洎城和三都古堡等，均为民间抵御农民军而修建。

晋东南阳城县润城镇的砥洎城位于"洎水"边一方向河中舌状伸出的天然砥石上，三面环绕沁水，仅南面与陆地衔接，如此便凭岩为垣，因涧而池。城堡紧贴岩壁，分内外双层：临河东、西、北三面外墙用河石，南缘外墙包青砖；堡墙内层以炼铁坩埚砌筑，坚固如磐。堡墙顶部设通道可环城巡查，墙垣上附设城垛、炮台、马面、望楼、哨所和藏兵洞等设施，外围防御森严、壁垒成城；砥洎城南北向设门，北向水门并加设瓮城；南门顶层钟楼，中层弹药枪械库，底层城门（内外双门），外门后附吊闸。城内由众多丁字形巷道、望楼、过街楼、街门及高垣深巷构成曲径绕巷、狭窄幽邃和闭合内聚的防卫性空间。与砥洎城邻近的还有同属阳城县的郭峪村堡、沁水县湘峪村的三都古堡等，周长1 400米的郭峪村堡墙构造与其他墙墉有所不同，其内侧墙基随地段不同为砖窑，约占墙墉的大半高度，"透空"的墙墉既节省了材料、人力，又可储存物资和解住处之急。为有力抵御李自成农民军的袭击，村民又于明崇祯十三年（1640）在前街建成高30余米共七层的豫楼，登楼可观察、瞭望方圆数里情况，以强化守备力量；总面积53公顷的湘峪村三都古堡，城墙、城门、城楼和宅院等均背山面水，依山就势，由低到高，层层叠叠，雄伟壮观，城墙内藏兵洞毗连排列，五阶楼高耸，防御景象浓郁而森严。

村镇堡垒初始阶段为防御和居住为一体的聚落，在发展演进中，其防御性及规模、类型和性质也在不断变化，较明显的特征是由单一寨堡的自身防御向多堡寨协同防御以群堡的空间格局呈现，如上述蔚县暖泉镇一体三堡模式。若论家族家庭类堡垒，北方则以阳城陈家和陕北米脂姜家、南方以漳浦赵家堡和诒安堡较具代表性。

晋东南阳城县北留镇皇城相府由内城、外城两部分组成，分建于明清两代，占地约23 000平方米，建筑面积逾36 000平方米。内、外城城墙总长780余米，平均高12米，宽2.5～3米，是一处保存较完好的堡垒式建筑群。内城平面为不规则长方形，占地逾11 500平方米，城墙周长近467米，内部居中为陈氏宗祠，北部以巍峨雄挺的7层河山楼为标志；东部为建于高台上的回廊及南北横列的藏兵洞。外城紧挨内城之西城墙构筑，平面方形，东西宽106米，南北长100米，占地面积近11 600平方米，建筑以冢宰第为中心。城墙周长近314米，城门四座。皇城相府融城防堡垒、官邸民居、庙寺宗祠、书院学堂和花园池塘等于一体，颇具特色，它将生产、生活、防洪、防御等功能整合统筹，充分利用地利和生态环境的基础条件，依山就势构筑堡垒，层楼重院随山势高低起伏，极大丰富了城堡的空间形态和组合方式。

与阳城皇城相府家族式巨型堡垒相映照，陕西米脂桥河岔乡刘家峁村的姜耀祖寨院择址于山峁土塬的间，背山面水，避风向阳，随山势层叠排布，与土峁山石契合，构成传统理想的枕山环水面屏的空间模式。背依之山壁恰为天然的坚固堡墙，担负着寨院防御性格塑造的坚强依托；外围防卫实体中的条石寨墙，砌筑于南侧地势较低、地形防御性薄弱的入口方向，以补天然之阙，垛堞整齐的墙体与北面半环抱状的山体契合咬衔，西缘堑山的崖壁也以石砌寨墙巩固，东北端与山体接合处设置一座井楼，从河底垂直往上砌筑成深井。井楼突出墙体，形似马面，下端与上行而至的石径相会，遂构成双重玄机：既保寨内无缺水使用之虞，又可踞高观察和牵制，强化防御。

从寨院内部防御空间看，基于寨院随形就势、逐渐抬升并形成若干台地，以隧洞方式联系高差明显的地坪，利用一定距离的窄道、陡坡和单一方向性的过渡，刻意收缩行进中的视野，于防御上则可延续、约束来犯的入侵行为，增强空间中的精神防卫氛围，如此手法不断出现在入口门道、下院平台西南院中院平台通道、中院平台面侧寨墙上通往崖顶的涵洞等多处形成序列。此外，寨院内院落

---

① 谭立峰、张玉坤："里坊制——城市之过渡形态"，载《建筑师》，2006年第8期，第52页。

② 段友文著：《黄河中下游家族村落民俗与社会现代化》，中华书局，2007年，第272页。

系统虽为姜氏居住生活的场所，但错综多样的组合同样显示出一定的防卫构思：多种平台院落间大都有暗道相勾连，如中院与上院间厢房端部的夹廊、下院正窑北侧窑腿处的小门与中院连通、中院西侧的碾院、利用靠崖窑伪装设置往后山的通道等。如此，外侵者极易被左弯右转、循环回复的蹬道、隧洞、高低的院落、平台和小径边门等迷惑——这类迷惑达到了构思砌筑者的初衷，在危急时争取时间斡旋、转移，准备阻扼入侵。

位于福建漳浦湖西乡的赵家堡和诒安堡，均为聚族而居的城堡型村落，分别初建于明万历年和清康熙年间。前者依高地而建，石基夯土而成；后者城堞厚实，城门、角楼一应俱全，南门外护城河环拥，布局谨严。此外，在闽、赣、粤等地尚有无数方圆土堡，咸为家族型的铁城巨防。其形态的高厚峻整，成为村镇阡陌间独特的风貌景观。以村落论，云南边陲腾冲和顺村坐落在四面环山的坪坝中，东面来凤山，西面马鞍山，北面宝峰山、擂鼓山，南面黑龙山，村落位于南向黑虎山麓的坡坨上，枕山面水，北有大盈江与三合河蜿蜒流淌，“村落布局形成的过程，实际上是在经选定的较大的地理空间中分化出被赋予了特定功能意义的较小空间的过程”。①村基居山而非登高埠，临水而未陷泽国，与其说是践行了《管子》篇中有关择址观的典型案例，不如说突显了择址相地的智慧和对基址环境的宏观抉择和改造。总之，上述中小聚落都蕴含了住防合一的意识和规划。

南粤大地村镇防卫设施构筑突显地域特色，如东莞市虎门镇水围村为明崇祯辛未进士郑瑜创建。他在山东按察副使任上考察了华东、华北和中南地区众多村镇，所以在规划筹建水围时汲取了江南地区村落的平面布局，在村外开挖护村人工河，整座村落四面环水。围河周长近400米，宽18米，将村堡围合起来，中设吊桥一座：既能调节自然环境与小气候，又裨于安全防御。村寨围墙长、宽各83米，高6米，厚0.6米，围墙四角均设角楼，中间各设谯楼一座。村南径通大门，大门门额镶有红砂岩镌刻的“里闾保聚”匾②。相距不远的石排镇塘尾村周围墙长达900米，高5米，厚0.35米，东、西、南、北各设门楼一座，另有西北、西南若干小门，闭合封严，以防外人滋扰。

基于各地的地貌形态等众多因素，各地的防御性堡垒可谓千姿百态，多不相同。下面拟举江南泽国的“水上堡垒”、西部山地的“高山堡垒”等不同形式的堡垒进行比较。

明晚期至有清一代，江南乡村组织以保甲代里甲，基层社会仍以乡统里之制，维护治安、循禁盗贼等为其要务，所谓“闾阎被劫，止因保伍不严；保伍若严，盗无着迹之处”。③乡村自保与防卫一度在明清时期形成了完备和严密的体系，也促成了江南市镇村落的防卫特征。江南泽国水系纵横，在水面中设置水栅，目的是“排水障木”——在河岸略深处，田亩处高而水不能及，就在河中设栅遏水，使之旁出下溉田亩。因此，水栅是江南地区较常见的水利设施。明嘉靖年间，倭寇屡犯东南沿海并横行腹地，从防卫计，在河道要冲或险要处加设水栅，亦可有效抵御肆虐侵犯。据冯贤亮研究，明万历前的浙江嘉善县的主要渡口桥梁处都普遍设有木栅，“由当地塘长协同附近总甲，轮流调拨伙夫，负责早晚启闭之责，其功用自然在‘御寇安民’”。④水口总栅通常布置在小水接大水的河道关隘处，两边密钉上桩木四五层；栅栏中开口作门扇，使利船航。木栅栏上铁链晨启暮闭，且于木栅旁置造官房，看守水口；总栅以内的桥梁安置横木，据时启闭。⑤

与江南平原水乡防卫重在水面水道的层层关卡截然不同，川西北羌族村寨防御的特点在于修建碉楼和踞险为凭。四川羌族主要分布在岷江上游的干旱河谷与湿润气候过渡地带，从逐水草而居的游牧民族迁徙到岷江上游并逐渐学习耕作技术而成为定居民族，形成了聚族而居、高度集中的分布特点，又因历史上械斗不绝，故山寨颇具攻防特征。阿坝州汶川县雁门乡萝卜寨是典型的干旱河谷高山聚落——海拔1 970米，高于岷江河床约500米。全寨200余户、1 000余人生息于岷江右岸一块地势高耸的谷肩台地上。寨内200余户院落相连，户户房顶相通。这种房舍相接的建筑组合结构无疑对抵御外侮具有实际效果：一旦外敌入侵，家家紧闭门扉，抽去独木楼梯上房，外敌便一筹莫展，而羌民则能快速聚集在一起，商议御敌方略。从择址及形势看，萝卜寨属于典型的山地系统，地处岷江干旱河谷腹心地带上缘，由于高山峡谷河谷窄狭，沿岸十分陡峭，气候干燥，寨子背靠山脊，面朝岷江，在高凸的地势和屋顶上，四周可一览无余；另一方面，萝卜寨位置偏僻，方圆三四千米范围内没有村寨，出入寨子的路径少而崎岖，也增加了攻防上的实用性，从而构成了一座天然的防御性堡垒。虽然羌民素有群居习惯，一起跳舞、做法

---

① 蒋高宸著：《和顺》，北京三联书店，2003年，第107、108页。

② 刘炳元：“东莞古村落保护与利用环境”，高潮《中国历史文化城镇保护与民居研究》，研究出版社，2002年版，第160页。

③ 明·王方麓：《槜李记》，第1～5页。

④⑤ 冯贤亮著：《明清江南地区的环境变动与社会控制》，上海人民出版社，2002年，第347页。

事、置办酒席及“喜忧”大事等共同分享分担，集中的房屋又可节约土地等，但是，严重匮乏的耕地、缺水少雨的生活常态等，使村寨多有不利的方面。显然，择址偏僻的高山主要还在于或偏向于防御和械斗的考虑。

三、碉楼地道

川西北地区的碉楼广泛而悠久。汶县、理县和茂县羌族区域中的碉楼多为民间所建，通高在30米以下。平面有四、六、八角形等，内部内方皆具，抑或随外观形体呈六边、八边形；碉体有石砌和土泥夯筑之分，通常上小下大呈收分状，顶端有平顶、椅子状等；承重以墙体为主，木构分层空间，上下楼层间以圆木锯状楼梯联系，体量、楼高各异。

羌寨碉楼有公共和私家之分。所谓公共碉楼，即为村寨所有人共有共享，私家碉楼属私家独有。不过在平面、形象或构造上大致无二。无论是石砌还是土夯墙，基于墙体承重结构体系的制约，碉楼内部空间跨度多在5米以内，尤以4米左右居多。各层楼梁两端分别搁置横插在墙体中——楼内荷载传递至墙体、墙基部分。如此则具有了承重大、自重重和墙体高的基本特征。也唯有加大基础和底部，方能在高砌墙身时稳固碉楼，碉楼上下大小缘于结构构造体系的前提：平面、截面随高度逐渐收分。杂谷脑河上游河谷旁理县桃坪乡羌寨的陈仕名宅为房屋碉楼组合的代表。陈宅位于村寨中心，外空间为阶梯状，以各层晒台呈现“梯面”。住宅共四层，北向1米处有七层碉楼一座，两楼在二层处搭石板形成通道：住宅与碉楼互相独立，空间组合上又为一体。碉楼六层和七楼顶层，于搁梁间向外伸出挑枋，上面搁置木板，形成两层外凸挑台，以收观察瞭望之用。陈氏碉楼通体收分，各层均设瞭望孔或狭小窗牖，唯于第七层正面设窗兼作门扉，由此出入挑台，顶层挑台左、右、后三面墙体围合，前面开敞，形成前低后高的椅子状外观而别具风采。

碉楼的实质在于踞高御战，封闭而高耸，人弗能入（近）。从这个意义上说，汉族在不同历史时期构筑的防御性高楼，其质其理同一。比如山西阳城县北留镇黄城村相府内城中的河山楼，楼内有通道相连，底层深入地表，挖有水井，碾、磨等生活设施齐全，有暗道通往城外。

着眼于军事战争、安全防御中的地洞暗弄古已有之。北宋澶渊之盟前宋军慑于辽骑的披靡威猛，遂于今河北霸州一线平原地下构筑地洞暗弄，潜将伏兵，一俟辽骑过防，则从洞中群击，与正面防御抵抗的宋军一道，前后夹击，此为宋代国家军事防御的战略思想和战术行为的具体形态。就村镇公共地洞暗弄设施而言，山西介休龙凤镇张壁村的“明堡暗道”较为完整。

富有防御色彩的巷道构成

古堡位于晋中南端的绵山北麓，海拔高度1 020米，南北长244米，东西宽374米，占地面积约10万平方米；古堡依土塬山势而建，三面临沟，堡南与绵山连接，居中有小河自西向东汇入龙凤河，还有一条介于通往晋南的官道穿越堡内，直抵绵山。据该村关帝庙保存的康熙五十年（1711）《关帝庙重建碑记》记载：“我等遭明末之时，遇有贼寇来攻，吾堡壮者奋力抵敌，贼不能入。”此处的“贼寇”，当指明末陕西李自成的部队，该部曾于关中、晋中南、晋东南一带骚扰乡邑，张壁村赖以明堡暗洞得保无虞。古堡地下地道相互纵横，立体交叉，分上、中、下三层：高层地面约2米，底层离地约20多米，行兵通道高1.75～2米，宽1米许，沿途有栖身穴、马槽、陷阱、天井、水井等设施，还具备仓储、通风、指挥等功能，融攻、放、退、藏、逃身于一体，防御功能堪称完备。

近代挖掘地道主要发生在1937 ～ 1945年全民抗日御侮的华北大地。华北平原的土壤结构呈垂直结理，壁立不倒，不易塌陷，容易挖掘。且土壤覆盖厚度大，通常可达数十米，为挖掘地道创设了良好自然条件。河北清苑县冉庄地道以十字街为核心，东、西、南、北共4条干线总长4.5公里；南北支线13条，东西支线11条，另有联通村外的地道约30里，构筑成村村相通、四方勾连、能攻能守、进退自如的地道网络。从地道的实际用途分，约有作战通行地道和村民隐蔽地道两类。地道内“机关”颇为复杂，内中设有厨房、厕所、储粮处和休憩处，设置灯烛和标志；指挥所附近掘有深阱，上设“翻板”，一俟敌人进入道内踏足“翻板”即落井淹没；地道又与水井连通，既作流通空气之气眼，又为地道里人员用水之需，出入口以实战和隐蔽性为圭臬。为发挥和增强地道优势，还在村内诸道口屋顶处修建高视点工事，在地面构筑地堡，地道与地面工事有机结合，瞭望观察射击双便，使各种火力交叉，增强攻击威力和杀伤力。此外，冉庄地道战工事尚有防破坏、防封锁、防水灌、防毒气和防火烧等技术手段和措施，反映了冉庄军民在残酷的战争岁月中创造的特殊“景观”，为夺取抗战胜利做出了独特贡献。

川西北的羌族除了普遍重视建设碉楼、悬索桥等明显外在的防御设施外，遍布村寨内的暗巷迷宫，也具有攻击的高效性和防卫的明确性，在传统村镇防卫设施中独具特色。羌寨防御总体上一在于建筑及巷道的组织和构筑，二在于水系安排和设置。具体地说，巷道受住宅和地形制约，布置时以便捷为圭臬，左环右绕，上连下叉，其网络虽无规律但左右逢源。尤其是过街楼下的巷道，幽暗深邃，逼仄狭窄，使外来者行进十分困难，更兼暗巷“地洞”游而不离，连绵不绝，进一步强化了整体的威慑力和攻击性。迂回环绕、穿插交互的巷道暗弄给羌民歼击来犯创造了良好条件——歼敌于首尾难顾、空间莫辨和彷徨慌乱之中，在不同楼层、不同单元和各关键房屋和交通节点上攻击敌人，从而提高防御有效性。阿坝州理县杂谷脑河边的老木卡寨，中心在下寨中部，分设四个过街楼、四条巷道，由此散发集合，既呼应四周又控制旁侧，既为歼战之主战场又为诱敌深入的大陷阱——来犯承受着来自空中（上部）、前面、背后、侧面及地下全方位的骚扰和袭击。

羌寨防卫体系中还以水为核心选择或战术安排。水系防卫是指寨内防来犯者久围不撤、欲占不退、出现无水可饮时采取困水而御敌退兵的策略。理县桃坪水渠自北翼入寨，水渠流经寨内皆为暗渠，村寨围绕水渠建设路、巷、楼、磨坊等于地下循环，从东、西、南三方出洞而泄，形成排水体系。寨中羌民深谙暗渠的取水之道，而来犯者则无可能获知水源之处，往往因用水困难而不战自退。

第六节　水利工程类设施与公共景观

一、堤坝堰闸

文明初期人们在江河湖海处定居生息，不仅有了饮水等生命延续的保证，还可进行引水灌溉、捕鱼等生产生活活动。早在《诗经·公刘》篇中就有先周祖先在今陇东庆阳一带为觅水源、逐水而居且三度迁徙的记载。《管子·水地》篇中有曰：“水者，地之血气，如筋脉之流通者也。”还有将水喻作大地的血脉者，如南宋绍兴十一年（1138）席益说道，邑之有沟渠，犹人之有脉络也，一缕不通，举身皆病。将地邑水渠与人体经络附会似可商榷，不过从中也可窥见古人对水之功用的高度重视。

综观石器时代的遗址到封建近古时期的县治市镇，绝大多数均择址于大大小小的河道溪流边，并对水域进行有限开发。毋庸置疑，水利事业是中国农业文明的命脉所在。从管理水利“司空”一职的设立就可看到早在周代就已对水利工程有所举措。嗣后汉中山河堰的创建，萧何、曹参在古褒口筑坝拦水，利用地形落差自流灌溉沃野，诸葛亮汉中屯兵，亦对堰坝进行维修等延续不辍，迄今仍在发挥作用。①又如吴越王钱镠（853 ～ 932）设立“都水营田司”，统一规划水利。凡河浦均建堰闸用以蓄泄和抗争旱洪，并建立水网圩区的维修制度。春秋末始建的邗沟至

① 从近年该地区出土的汉代古墓陪葬品中的陶质四合院落、古井、粮仓、水田、池塘、鱼、鸭、莲藕等，表明汉中水利设施已达到灌溉养殖综合利用的程度和阶段。1950年代统计，汉中历代大小渠堰7 000余条，池塘10 000余口，灌溉良田百余万亩。王蓬：《陕西汉中》，中国旅游出版社，2007年，第12、13页。

隋代已连接南北两地，沿线设置了大量陡门、船闸、水柜、水库，涉及水土技术、泥沙工程等诸多复杂技术；江南太湖地区的塘浦圩田系在近水地带修建环状堤防构成封闭式的生产活动区域，防洪排涝、引水灌溉遂成为其重点。圩堤上建有闸涵，圩区设排灌区系。在阻水隔潮的各类堤坝中，又有拦河坝和溢流坝之分，他如堰、埝、埭、碶、堤、塘、陂等广泛分布于水系的干支流上；堤坝材料及构筑则有土坝、木坝、砖坝、灰土坝、堆石坝、砌石坝、竹笼填石坝之别，等等。若以堤坝堰闸的功效、景观的独特性、水利技术及历史文化的深度论，无疑当数公元前蜀郡守李冰主持建造的都江堰。

都江堰水利工程主要由三部分组成，鱼嘴，飞沙堰和宝瓶口。鱼嘴是构筑于江心的分水长堤，由此将岷江分为内江和外江：内江用于川西平原的农田灌溉，外江为排洪之用；飞沙堰在宝瓶口前端，起第二次泄洪和洪水期排沙的作用；宝瓶口为开凿玉垒山成离堆、引岷水入内江的进水口，因状似瓶颈而得名。在工程施工上，利用竹笼装石以筑堤护岸，木材做成杩槎以截流拦水，就地取材，简易实用。至于凿刻在岩石上"深淘滩、低作堰"的治水三字经和"遇弯截角、逢正抽心"八字箴言，洵为后世水利工程圭臬。都江堰不仅是举世公认的古老水利工程，在规模、实效、科学性等方面均称巨大而卓有成效，且因此而为著名景观。奔腾不息的岷江、葱郁绵延的玉垒山及二王庙、伏龙观建筑群，凭山依水，气势如虹。二王庙位于岷山东岸玉垒山麓，登斯楼可眺望古堰全貌；在上下高差50余米的陡峭山势中，建筑依山而建，从山门、乐楼、花鼓楼、灵官楼、重门到李冰殿和二郎殿，主轴线多次转折，逐级升高，空间极具变化；相距不远的伏龙观屹立在离堆

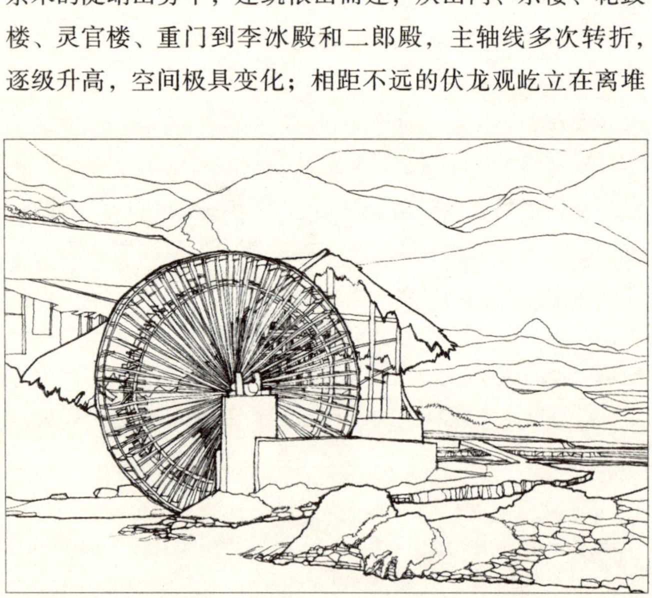

用于灌溉的水碓车房

上，两侧江水环绕，建筑群随地形错落布置，前闭后敞，各幢建筑统一且具变化。其他如安澜桥、西牌坊及离堆、堤坝等组合有序，人工与天然精妙配置，构成一个完整而水气淋漓的景观环境。

在长期的社会实践中，有关治理和利用河流水系的经验和知识不断丰富和积累。自司马迁《史记》始，即有《河渠书》论述水利。其后，大多数正史都专列"河渠水利"一志，相沿不辍。在漫长的农业社会时期，历代王朝虽代代更迭，然而水利事业始终为各代所重视，并初步形成了较完善的水利系统。此外，中国历史上素有撰写水文地理著作的传统，初期的《尚书·禹贡》等就记叙了相当分量的山脉、河流的分布情况。后世郦注《水经》、清齐召南《水道提纲》等记叙了数百条水道，内容大抵为水道的源出、流向和归宿，水系分布及水道间的主从关系等，反映了古人对自然界认识的深化、测绘技术的水平及对河道水系的高度重视。

一如前文所述，具有良好水文地理条件的区域一直是人群凑集的首选。徽州地区与水有关的村镇名称数量近千，如屯溪、绩溪、临溪、尤溪、瑶溪、溪口、流口、北岸、小溪、杨溪、古溪、迥溪、东临溪、富溪、芦溪、清溪、历溪、昌溪、棉溪、西溪南、兰溪、深漳渡、阳湖、川湖、潭溪、月溪、冰溪、小姑潭、湖深潭、候谭、泗溪、江潭、宏潭、井潭、老潭、桃花潭、东流、诸口、雷湖、江湾、金川、仕川、下蜀水、湖田等；在太湖流域的苏南浙北地区，村镇冠以江、湖、池、潭、泾、浦、湾、汇、荡、河、川、塘者也星罗棋布，不计其数。近水濒水的聚落村镇，其地表景观往往具有独特的生机和魅力。吴江同里古镇系吴江、淞江、东江三川会合之地，外为同里、九里、南新、叶泽、庞山诸湖环抱，控三江而带五湖；镇区被15条河道划分为七个岛，邑人谓之"圩"，是名符其实的水乡泽国。丰沛的水资源，不仅使该地区物产丰盈，风物清嘉，而且舟楫便捷，商品集散发达，人居环境优美，景观风貌特色浓郁。

少数民族聚居的地区如滇西北丽江市大研镇，利用玉龙雪山清泉经黑龙潭的玉龙水，流经连通玉龙桥后变为三岔河（东河、中河、西河）穿越镇区，复分汊成无数条沟渠，自上而下地依等高线的差异分流至大街小巷、千家万户，供村镇民众饮用、洗濯等；川西北岷江上游河谷，丰沛的泾流量源自雪山、草地与森林的濡养，岷江诸支流的蜿蜒成就了高山与河谷两种不同水系及其特征：高山村寨的水系囿于海拔高度多处于支流发源的末端，村寨背依森

林，以林木调节水养与输出，或呈细流、或渗入地表成为泉源活水。羌民们于溪流处以木槽作引水之器，四周培植林木以固源，抑或径直凿井取用；河谷村寨水系以桃坪和老木卡寨较具特色，桃坪寨先人在支流上开挖河渠引水入寨，在渠口水量调节、水路流向及渠路并列等生活、防御兼顾等方面都有较成熟考量，还包括利用寨中渠水水力构建磨房，暗渠入口与出口处水环境建设及农田灌溉利用方面等；老木卡寨则于溪流上部截水入渠，利用落差使渠水渗入地下，冒出地表者形成泉流，是为村寨饮用洗涤的中心，并据此开渠越寨，明暗阴阳之水源源不断穿室入户，使聚落长时期生机勃勃。

由伴水而聚、依水而居带来的军事防御、防火防涝和排水等安全因素始终困扰着依水而居者。军事防御者一在于深挖沟渠河湖以穿越进攻障碍，如东莞市虎门镇水围村周环绕开挖一条长近400米、宽18米的围河，形成“水中堡垒”；二在河上设置关卡。大者如苏州水城门，关闸落底，如入瓮中；小者若角直镇河道口的水栅，两边密钉桩木三四层，中作水门，或通或阻两便。也就是说，要保证生产生活、防洪和军事等方面的“长治久安”，也必须依靠建设堤坝、构筑堰闸等水利设施来保证。

在防火、排水和防涝抗旱方面，关键之一在于调蓄水位、筑堤设坝、挖塘蓄水和沟渠畅达。《阳宅会心集》卷上云：塘以蓄水，足以荫地脉、养真气。针对山洪躁急集中的情势，挖塘蓄水和引沟开圳等举措可有效缓冲水势、有序分流，功在蓄水、防洪、抗旱、防火、疏通村镇沟渠给水网络。宏村汪氏于明永乐年间引西溪水入村，开凿百丈水圳和扩建月沼；于万历年间掘通村南大小洞、泉、窟、滩田成环状池塘而为南湖，形成完整的阳水（河水）、阴水（泉水）水系：阳水通过水圳引入村内，经月沼流入南湖，阴水经山涧流渗至村内，通过南北向水圳穿村而过。不仅依凭西溪表水，也取雷冈里水大力固土植树，以保“龙脉”畅通，此为北土土制；村南栽植红杨、白果树立南屏障与谢村划溪为界，此为南土水制；东面于明嘉靖十一年（1532）筑龙排庙，斯为东土道制；西南于嘉靖九年（1530）建观音寺，是为西土佛制。南湖外侧砌石立岸，湖岸隔五丈植红杨翠柳。内侧平铺青石板路，湖中细堤连通两岸。村内庐舍多沿水圳沟渠而建，水圳纵横，水路毗邻，街巷水渠特色盎然；水圳每隔一段距离设一闸门，使每段圳水及民居“水园”保持一定水位，每段设一级或多级条石裨于村民浣洗用水，整个村落渠水长流，滋润清丽。歙县棠樾村的水系源出灵山，一股自东山槐塘而至，过村北流入横路塘，一股在村西缘灵山下至西沙溪，两水构成村落的主要水系。该村曾有两次大型水利改造工程：一是元代鲍氏族人在距灵山五里之遥的河面上筑大母碣截流，使其蓄水量服务灌溉庄稼田畴，旱涝无碍，并引水，沿村南环村而行，又引横路塘水入村东。两水在村东骢步亭汇集，流至七星墩水口。二是明永乐十八年（1420）对大母碣水系实施维修重建，挖掘小母碣、德公塘等池塘为调水水库，修建依东西主街并行之排水暗渠。以上三股水系于外界定了村界，于内则串通勾连了村内数十口水井池塘，满足了族人村民饮用、洗濯、灌溉和排泄等多种需求。

基于各地气候及年降水量差异，在堤坝堰闸等水利工程设施建设中也多有区别。南方夏秋时节山洪雨水潮汛集中，低洼村镇经常面临洪涝威胁。浙江永嘉楠溪江中游的村镇普遍以疏浚和筑寨墙相结合以抗洪，其中，尤以岩头村综合水利工程最为典型。该村引水口在村北两里五鹨溪流水底，河水经涵洞穿过堤坝由明渠至村西北的上花园，分前后浚流入村内，复细杈分枝，绕村后后浚各支、前溪一支汇聚成东南池沼，复由涵洞出寨墙，灌溉阡陌，归流楠溪江，使村内如丽水湖等融饮用、灌溉、洗涤、养殖、消防、防洪、造景和审美等诸多功能为一体。

二、水井涝池

着眼于广阔的自由发展空间和减弱对河流的依赖度而发明的凿井技术，意味着在远离河流处依然正常。水井的诞生，一方面提供了亲近水源和用水的一种形式，另一方面成为聚居生活中的环境节点和人群的心理情结所在。

滥觞于农耕社会、企求稳定平和的人群心态结构，因井而聚，依井而居，空间生活的纵横延展掘进意味着水井数量的急剧扩展和愈来愈多的人群围绕水井定居、生活，借此形成非严格意义上的同心圆效应：水井位于聚落中心地带、街巷交会处，抑或较阔绰的空间，庐舍房屋围合就势，街巷因之延伸，聚落向外扩张，渐而形成村落、集镇乃至城市。19世纪末，传教士明恩溥在考察了华北天津、河北和山东的村落后，对乡村中的水井如此描述：

中国北方大平原上的水井一般比较浅，其深度在十到三十英尺之间，一个五十英尺深的水井就相当罕见了，当然，偶尔也会出现深一些的水井。尽管没有印度宗教沐浴那样的景观，但水井确乎是中国乡村外部装备的一个重要特征。为了节省运水的劳力，所有牲口都被赶到井口喝水，结果水井附近到处是泥水，特别是在冬令时节，简直脏得不堪入目，水井上面一般没什么盖子，其开口处也不比地面高。按理说牲口、小孩、盲人应当经常掉落井中，可是，这种事情虽然偶有发生，毕竟还是不常见，甚至最小的幼儿也学会了小心对待这种井口，随着年龄的增长，几乎所有的中国人都习惯与安然地面对这种危险。①

明恩溥看到了水井之于乡村生活的重要性，“水井一般比较浅”、“水井上面一般没什么盖子”云云确实也反映了华北农村的地表“常态”。不过在更广阔的北方区域，众多水井既深且净，比如黄土高原的山陕地区。

陕西关中、渭北黄土高原东缘的韩城、合阳二县市地势西北高东南低，虽临近黄河有灌溉水利之便，然塬高水低，故引水颇为不易，更兼地下水资源贫乏；东垅山西系众多繁复山脉盘结而成的连绵不绝的高台地，中部盆地区周边也群峦环绕，地层分布除表露地面的岩层外，多为黄土覆盖，厚度 200 ～ 500 米或更深，两地普遍存在着人、畜、作物用水的难题。在传统农业社会落后的勘测技术条件下，发现井源和掘井皆属不易，然生齿日繁、生存发展之需又必须努力察源凿井，历代朝政管理者亦大力倡导和扶植以解民生之忧。如清代的举措之一是设专事管理水利的工部尚书，“工部所属有营缮、虞横、都水、屯田、田清吏司，都水、田清吏司设郎中、员外郎均满五人……”②有清一代，管理水利的官职名额多于明代及以前，职能之一就是对华北等地区的水利兴修、水井开凿等给予督促引导，同时协调、依靠乡绅或地方精英力量使水井开凿工作得以顺利展开。太行山东麓的河北井陉于家村在建村时就意识到凿井、蓄水和用水对山村人居的重要性，全村现有新旧水井、水窖近百眼（口），水池 18 座，分布在村旁路侧、山脚院内。年复一年的建设和维护，使全村家家有井，户户有窖，面面（向）有池，构成了一个完整的井、窖、池的网络。基于凿井繁难、成本不菲和用水的重要性，所以各地对井台、水井等尤加珍惜爱护，也出现了一系列举措，如制定井规（于家村于清乾隆三十九年所立“柳池禁约”碑中有照顾孤寡老人、处罚偷水和浪费者）、嘉勉井匠、供奉神、设置井房和勒石纪念等。

水井的形状大致有圆形、方形、六边形、多边形、月牙形等形式；组合上有单、双、三、四、子母和八卦形等多种；结构形态上又可细分为井、台、池、渠和下水诸单元。水井面积规模不一，微者直径仅 20 余厘米，广者数十米③。材料构成以卵石、砖石、条石、石片等砌筑。通常以水井为核心，旁设水池石缸；若井广且深，则井口四面亦建有梯状或围合状井栏（井台），取水后舀水进池内进行洗涤取用，也在四周凿有排水沟或下水道以排泄废水。云南建水古城西正街溥博泉的圆形井口直径进 3 米，石井栏分六块，以六根望柱支撑，连成圆形。井口内壁以弧形条石规整镶砌，条石呈赭石色。建水的石井栏大多简素，常用大青石整块打磨成型，于不变中求变化。如圆井栏做高时略收腰身，而欲曲且刚；井旁石缸壁上，又往往成为装饰对象，或浮雕花鸟虫鱼，或浅刻诗文词句；滇北丽江大研镇白马龙潭泉水从围砌圆潭中流出，出水量为 0.028 立方米/秒，旱岁亦丰盈如故。潭水如镜，古木掩映，潭下为三眼井，泉水顺次流向上池、中池和下池，上中下池分别为饮用、洗菜和浣衣，体现了合理用水的才智；三眼井一圆二方，珠联璧合；形态上高低错落，以当地彩花石砌筑，色泽绚丽夺目；旁侧另设木质栏杆，使水井内外形成多层次的复合空间。

一般市镇中水井的布置数量与村镇规模大致吻合。江西乐平城厢镇自唐中和三年（883）为县治，老北街由此成为昔时东南西北四条主街之一。至今老北街尚保留万家池、白井、细井等 10 余口百年老井。万家池古井位于老北街万家池段，街道中心偏北位。古井高于地坪，石砌井壁，井水距井口较深，周围建有阶梯状井台，另筑排水沟、下水道等，南侧砌水池，系一较完全的水井井台。在其四周街巷交叉处，多建有古井，形成水井的网络系统④，水井系统又与街巷连通相对应，因井成街，互为依凭。又如徽州歙县斗山街，青石板路面街巷曲折幽深，两侧楼院鳞次栉比，古街中段有一方井，井面处宅院退后，使巷道与水井两相宜，在较为狭窄的巷道中形成较宽绰的空间，张弛收放明显，使之成为街巷中一个重要空间节点。

倘从聚落的生成和平面规划布置观照，不难发现水井、水塘之类汲水、贮水构造设施对其具有重要意义，换

① ［美］明恩溥著，午晴、唐军译：《中国乡村生活》，时事出版社，1998 年，第 41 ～ 42 页。

② 郑肇经著：《中国水利史》，上海书店出版社，1984 年，第 336 页。

③ 最小者如浙江上虞市驿亭白马湖畔春晖中学后门、文学家夏丏尊居处厨房内直径仅 20 余厘米水井，高出地坪约 5 厘米，上覆井盖；最大者如浙江温岭石塘镇流水坑村水井，直径约 4.5 米。

④ 王炎松、左宜：“‘千年古井，千年古街’——述乐平老北街市井文化与城市格局”，《华中建筑》第 26 卷，2008 年第 10 期。

苏州古巷中的水井

贵州镇远某村中的水井和井台

句话说，从这些设施的方位、数量中可以快捷解析聚落的结构。①水井的公共性还在于市井——市与井的契合。《史记·平准书》张守节正义曰："古人未有市。若朝聚井汲水，便将货物于井边货卖，故曰市井也。"《春秋井田记》云："因井为市，交易而退，故称市井也。"从记载中可知，水井的功效不仅仅在于饮用、洗濯等生产生活等层面，还与商品交换、贸易买卖等公共商业活动有关。中古之前的市，以井为中心，形成"因井为市"的交易市场。②在井边进行的各类别活动形成了一个具有特定功能意义的空间场所，"有市聚集人，从事集中的商品交易活动；有井留住人，保证生活和安全，并可以相对固定市场。因而市井是古代城市生存与发展的动因，是城市结构与肌理的重要组成"。③平遥古城南街为明清建筑聚落保存最完整的一条街道，商业店铺接踵而至，跨街而立的古市楼南向有井，水色如金，故市楼又名金井楼，可谓市井典型的实例与诠释。因井而生的聚落及其环境将一个特定区域的人群联系集合在一起，不仅强化了这一空间区域的凝实实在在推动了村落、集镇乃至城市空间格局的整合和完善，引发整个村镇空间领域的扩大。因此，水井、市井设施及其演绎衍生的文化和生态意义，具有影响或改变聚落格局风貌和秩序的功效与能量，成为村镇历史文化景观中的重要元素。

生齿麇集的村镇中仅仅依靠凿井汲水尚不能满足生产

① 参阅原广司，于天祎等译，王昀校：《世界聚落教示100》，中国建筑工业出版社，2003年，第97页。

② 市，《说文解字》："市有垣，从'冂'，从'㇇'。㇇古文及，象物相及也。"市场设地界，围合成四方形——从井田制中衍化而来，所谓"方里而井，井九百亩"。如此，市井和井间、井邑、井国、乡井等词汇并出，反映了古时特定阶段和时期的社会和聚落格局存在的模式；另一方面，城中设市，"以其所有易其所无者"，也是城中人群的需要所致——通过"市"，进行城乡之间生产和生活资料的交流互换、贸易流通。随着市场的逐渐扩大和形态变异，井对市的左右渐次衰退，但市井、城市一词却延续下来。

③ 王炎松、左宜："'千年古井，千年古街'——述乐平老北街市井文化与城市格局"，《华中建筑》第26卷，2008年第10期。

生活等多方面的用水需求，除水井外，各种以积蓄水量为主的水池水塘遍及各地。浙江永康石柱镇厚吴村中有大大小小池塘将近15座，水井4口，构成了池塘为主、水井为辅的用水模式；广东省东莞市石排镇塘尾村村周有大型池塘5座，水井数十口，村民用水虽以水井为主，但池塘用水亦作为重要补充，重要的还在于农田灌溉、防御及风水堪舆意向上的需要。而在年降水量400～600毫米的北方，少雨且多集中在夏季；晋西、陕北坡陡塬高，雨水积贮困难。晋南、渭北虽地势略坦，奈人口众多。概言之，人多水少是陕、晋和冀豫等普遍性的资源和生计问题。华北各地在长期抗旱实践中积累了丰富经验，阐发了基于干旱环境中的生存策略，就是挖池聚水、建造涝池。华北广袤的高原山地，土旱地裂，然至夏季，暴雨如注，山洪泛滥于村落集镇，循环往复。因此，广大民众纷纷建造涝池：涝池大小、深浅、多少不一，旨在拦截洪水、蓄聚雨水和防汛抗旱。将雨水汇集经沉淀澄清后即可使用。涝池多建于距村口不远处，池底在挖建时用石灰石子垫底、夯实，池周砖石紧固，防渗防漏。在山西运城博物馆内，藏有平陆县某村写于光绪十二年（1886）的《疏浚池塘记》碑文：

尝思民非水火不生活，盖前人凿池聚水，其虑远矣。庄南门内，旧有水池，东南磊石为岸，西北注土为岸，周围数十余丈。村人饮牛马于斯，浣衣服于斯，筑墙，泡土，取水亦于斯。不意代远年湮，屡为混水所墁，淤泥过厚，而水不村焉。村人皆如不便而无人倡其端。于今年春，诸首事人同心协力，捐钱播工，不数月而功告竣焉。土以辙计，三千有余。人以工计，三百之谱。钱以数计，陆拾余串，幸而功成。甘霖日降，池水盈盈。是功也，不独小益于人事，而且大有补于风脉……①

碑文所述有关挖池聚水以供民用等反映了疏浚涝池工程的公共性和全民性和延续性——几乎调集了全村力量，同时，也泄漏了涝池的另一功能：“大有补于风脉”——涝池修筑不仅仅在于聚水民用，减灾抗旱，而且还在于补阙风水。陕西韩城魏东乡徐村的涝池碑楼内也有一清同治元年（1862）的《徐村重修水池碑记》。碑记有云：余村文星阁下有池焉。堪舆家取象墨池以培养文脉，渊深巩固，经大旱不竭。文中所载似在风水师的建议中而筑建——这里的文化象征性已凌驾于聚水民用的实用目的之上。但无论如何，涝池的修建既减弱了旱灾水情对民生的威胁，又减少了水土流失，改善了村落小气候并涵养了地下水源，与水井、民居、神庙等共同构成了北方黄土高原整体村落景观，形成良好的生态效益。风水观的践行一方面强化了村民修池聚水行动的力度，另一方面基于神秘色彩和神异性，客观上也起到了对涝池的保护作用。

广东东莞村镇中普遍重视河塘水系的建设、维护和使用，茶山镇南社村对水资源的有效利用是其显著特色。井水和溪水是该村的主要水源：井水为村民饮用水来源，水井主要分布在依地势渐高的巷道里。巷道下有完整的排水渠道，生活污水通过排水渠道自上而下排泄至村中长形水塘中；水塘引山中溪涧为源，顺势从西南至东北方向成三级落差，挖就西门、百岁、祠堂和肚蔗塘四口水塘，筑堤坝一处和三座石桥方便两岸交流，形似船状取“一帆风顺”之意，流经四口水塘的水流从东北排水口泄出又成为良土桑田的灌溉水源。水塘饲养鱼群，鱼群消化了生活污水的有机成分，更兼山溪汩汩，使水塘之水终年维持在较好状态中。

第七节　管理控制类设施与公共景观

一、衙署公廨与钞关厘局

与欧洲诸国宗教建筑处于城镇中心或显要处，在城镇中具有无可比拟的特殊性明显不同，中国古代城镇的等级与规模大小均受国家典章礼制标准的控制，城镇布局体现出“辨方正位”的秩序。“辨方正位”原指都城楼局规划、建设和管理，但儒家思想和礼制中一以贯之使都城的秩序格局一脉相承延伸至县治乃至镇市，呈现出“家国一体”的政治模式、社会模式和景观模式。因此，古代城镇中最重要的建筑或群落并非宗教建筑，而是代表政治、象征权力的控制机构——各级衙署公廨。衙署公廨在城镇中的重要性、象征性和支配力，一在于城镇中的重要位置，

①王大高主编：《河东百通名碑赏析》，山西人民出版社，2002年。

二在于建筑及群体的平面布局、建筑规模、建筑形制等，两者均视等第高低而异。

汉代以降，府、州县等各级衙署多集中建于附属于大城中的小（子）城内。宋代府县子城内衙署居中，署后附官邸（与皇城前朝后寝一致），四周布置属官公廨、住所及军营、仓库等。明初洪武年间，地方衙署一律集中同署办公。从遗存的明清县治衙署实例看，无论是元大德八年（1304）始建的河南内乡县衙，还是明代山西平遥古城县衙，大致均匀布置在县城北面。浙江宁波慈溪县治（现宁波市江北区慈城镇）衙署位于县城南北中轴线北缘，前面文庙，均坐北朝南，南临街衢，城邑天际线自南而北渐次升高。衙署踞高临下（主要依地势高低因势就形），成为城中建筑轮廓线的制高。近古时期的城市已形成了较固定的空间模式，以衙署公廨、文庙、仓廪、书院等建筑构成的行政社区成为城市空间的核心，初始阶段多位于城中或城中偏北位置，随着经济和商业的迅速拓展和繁荣，若原有空间不敷使用便会出现新型住区群落。于是，便出现了这样一幅图景，即行政区多居于旧城，以商业等为核心的社区多居于新城，形成两个城市空间，或在原有城市空间中商业社区一枝独秀，从而突破了原有的城市空间布置格局。

山东临清城于明景泰元年（1450）修建时择址在会通河与卫河相交处的东北方，城内居中偏西南为州署，署衙西南为兵备道署，东为临清卫署，西及西南有学署、督察院行台、布政司分守行台，西北粮仓及管理仓廒的官署竟占据了砖城的四分之一，另有文庙、万寿宫、东岳庙等混杂于行政区域内。①明弘治后，临清商贸兴旺，外商纷纷在靠近运河的中洲发展，进而扩展到中洲外围与原砖城相连的地方，逐渐形成了界线清晰的两个城区，一是以原衙署、粮仓、学署等为主的老城区，一是与老城区相连的新型商区，从面积看，后者远远大于前者。

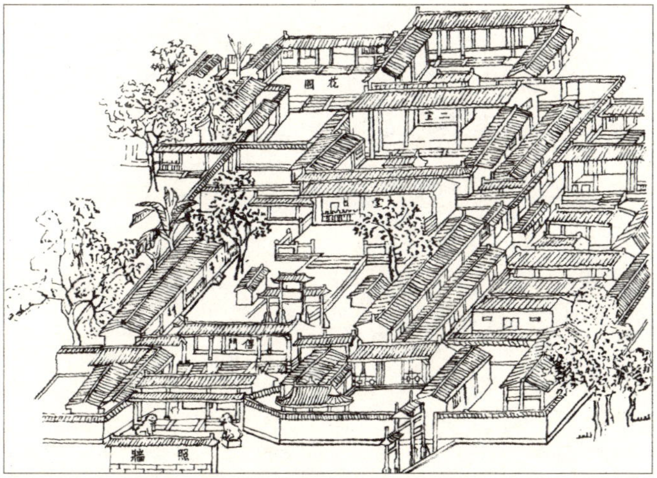

清代平遥县衙图

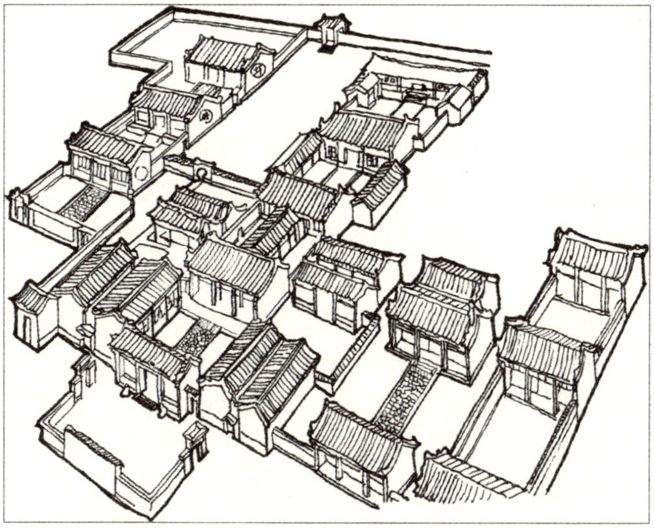

广西忻城县土司衙门鸟瞰

另外，衙署庭院式布置的平面和空间格局也体现了较强的均质性和模式化。内乡县县衙由大堂、二堂、三堂三部分组成，甫入衙门，便为硕长的甬道，大堂高筑，壮丽宏敞。堂中暖阁为县令举行庆典和审案之所，暖阁屏壁上饰“海水朝日”图，上挂“明镜高悬”匾，金匾下陈三尺法案，案旁竖令箭架。案前砖地上嵌镶两块青石板，喻意原告、被告跪诉之处。大堂后东西两侧为衙皂房，县令升堂前三班衙役候差待命处，往后为二堂，又名琴治室，是县令处理普通公事的“办公室”。再后为三堂，庭院回廊，青砖墁地，正厅为县令款待贵宾之所，两翼系眷属及仆婢用房。结合平遥、江西浮梁县衙等实例可看出明清官署的空间格局大概由五个层次和单元组成：第一以大门、仪门为中心；第二以大堂、宅门为主，有銮阁库、赞政厅等附属用房；第三层次以二堂为中心，以佐贰县丞、主簿居住办公为主；第四个层次以内宅为主；第五层次以大仙楼为中心，各种勤杂人员在此居住或服务。至于小型县城的衙门则趋于紧凑。如地处秦楚交界的鄂省西北隅郧西县于明戊戌（1478）建成的规模是：“正厅三间，典史厅一间，仪门五间，谯楼一座，牢房一间，东西吏厢房各五间，仓廒，公廨、吏舍，囹圄，循序而成。”城内“学校、仪从、藩臬、府署、神坛、庙宇、铺舍、民屋、街坊、道路、靡所

① 王云著：《明清山东运河区域社会变迁》，人民出版社，2006年，第91页。

不备”。①县衙布置在城中东北隅、布政分司、按察分司、府馆等公廨馆舍并在县衙左右。明末城毁后遂于清乾隆二十四年（1759）在旧址重建。新建县衙共有大小厅室91间，不过相较于平原富庶的县衙仍显卑陋。浙江仁和县胡廷槐如此说道：“（新县衙）非徒居处获安观瞻亦肃，其所以壮山城下邑之威者，赖由此构也。”② 意思是说，此构终究为“山城下邑”的县衙而已。

西部少数民族地区土司衙署保存较好者有云南建水回新村的纳楼茶甸彝族土司后裔土知州普氏衙署和广西忻城县城关镇的莫氏土司衙署。

建水坡头乡回新村的纳楼土司衙署系土司分成四土舍后，第四舍土司普应隆重建于清光绪三十二年（1907）、集行政办公和生活起居于一体的衙署建筑，为一纵深三进院式的玻璃筒瓦顶合院式建筑。沿西北纵轴线依序布置大门、前庭、正厅、中庭长廊、过厅、后庭和正房，东西两侧对称布置厢房和耳房、漏角小院、厨房、碉堡、牢房等附属用房。在使用功能和分配上，前庭的正厅、厢房为土司参事、典议之处；从中庭长廊至后厅为土司及家眷起居场所，是一圈二层楼的跑马楼，围合而成。土司衙署雄踞村落山冈顶部，位处依山坡而建的村寨中心和高处，村落土掌房以土司衙署建筑为中心，呈环状围绕，分布于东、南、西三面，宛如以衙署为圆心向外划出的弧线，衙署面南坐北，踞高临下，彰显非凡气势。

与建水纳楼土司衙署威严狞厉气势不同的是，广西忻城县莫氏土司衙署更多弥漫着园景般的雅致和权贵豪宅的精丽。土司衙署和祠堂一体，占地3 804平方米，建筑面积2 692平方米，由前门照壁、大门、大堂、二堂、三堂、长廊、东西花厅、兵舍、监狱等组成；祠堂分前、中、后三进。建筑群规模宏敞，布局规整，中轴线明显，颇为壮观和醒目。

为维护国家政权和机器正常运转，不同王朝均设有行使税收和工商管理的机构，在明清时期还一度出现过以税收多寡来确定县邑行政级别和等第的制度，足见工商税收对国家机器运转的重要性。

在《周礼》中就载有的司市系专门管理市场的机构，隋唐长安市场的东市局和西市局受辖于市署令，功在“掌财货交易，度量器物，辨其真伪、轻重”。③北宋开封设置都提举市易司，“掌提点贸易货物，其上下界及诸州市易务，杂买务、杂卖物皆隶焉”。④近古时期对市场的管理更趋严格，且管理机构级别颇高。如明初在南京设置的东西南北中五城兵马指挥司“并管市司”。据史载，宋代的商邑城镇总数不下四五十处，⑤ 仅征收商税在十万贯以上的就有52座城市。⑥历代课税名目多样芜杂，如明代浙江地区，夏税以征收麦及丝麻棉和钱为主，秋税以稻米数量为主，其他尚有醋课、窑税、契税、果税、鱼税、门摊税、河伯税等，每种杂税除正额外，还有所谓“闰加”——额外征收额。

经济发达、商业贸易兴盛的地区或村镇往往是工商税收的重点监控区段。清初政府在杭州城及四郊设置了20多个税务机构，分区负责商税类的征收。这些税务机构所在地通常都有较发达或兴旺的商业活动。如设在洋坝头的杭州务税课司，其地“以城内商货所聚，故设此务”；凤门外的城南务税课分司，其地“通闽、广、江西、徽州、浙东”等处；临平镇的横塘临平务税课局，其地“通省城、长安”。⑦又如山西临县碛口镇商贸交易兴盛后，相关行政和课税机构也接踵而至。据民国《临县志·山川》载：碛口于“咸丰初，移汾州通判驻焉，又设厘税局。光绪三十三年，移置通判于东胜厅，复设临县巡检。民国裁巡检，设县佐，并设榷运局，厘税局仍旧”。⑧如工商税收可观则地位等第也相应较高。以明清大运河山东段的钞关厘局为例，明初朝廷曾在运河山东境内设置4个税关，至宣德四年（1429）重新调整了运河沿岸的税关地点：令南京至北京沿河漷县、临清、济宁、徐州、淮安、扬州、上新河客商辏集处设立钞关，差御使及本部官照钞法例监收船料钞。如隐匿及倚势不纳钞者，船没入官，犯人治罪，惟装载自己米粮薪刍及纳官物者免纳。⑨关于纳税额度，自然也有明确详细的条目依据，以免逃税漏课，或滥收高压：

……舟船受雇装载者计所载材料多寡路远近纳钞。……量舟大小修广而差其额，谓之船料，每船百料纳钞百贯。⑩

又据《明史·食货志》所载，钞关征收的原则是，一般钞关按船只大小长宽即载货量收取数量一等的税额。明万历年间山东临清钞关的年商税额已达83 000余两，居于

---

① 洪文翼，《建勋西县治记》，载清·乾隆《勋西县志》卷一九。
② 胡廷槐，《建勋西县署碑记》，载清·乾隆《勋西县志》卷一九。
③ 《新唐书》卷四八《百官志》。
④ 《宋史》卷一六五《职官志》。
⑤ 《宋史》卷八五～九十《地理志》。
⑥ 《文献通考》卷一七。
⑦ 《雍正浙江通志》卷八六《榷税》。
⑧ 李秋香著《中国村居》。百花文艺出版社，2002年，第380页。
⑨ 正德《明会典》卷三二。
⑩ 《续文献通考》卷一八。

全国八大钞关之首。①鉴于临清钞关的重要性，其钞关或由户部直接派员监管，或由地方府派员管理。明弘治十四年（1501）朝廷命“取回临清收钞主事，令委府州佐贰官管理，仍令管仓主事监督”。②至正德五年（1510）户部主事监理钞关制度最终确立，任期一年，“每岁轮收，一年更代”。钞关中供职的胥吏人数众多，除户部和地方司榷官员外，其他如听事官、书吏、书手、算手、巡捕、总甲、管事、门子、巡设和更夫等总数不下数百人。

基于众多供职人数和运河商贸的重要性，钞关建筑自然不会寒碜。据弘治十五年（1502）林琼《临清增修钞关记》中说，首先修治了钞关与运河间的道路，钞关前有20级台阶，庭院宽敞，进入庭院后是办理税收事务的“阅课水亭”，水亭东向四间，侧房各二间。往南“远心亭”，为“延纳宾客”之用，东向，有翼室。三面折道往西北隅设“厅事厅”，形如阅课水亭……为吏居之所。后有“玉音楼”，高四层，宽四间进深二，安放“圣谕”。至清，钞关建筑布局如下：

> 中为正堂三间……堂之左为科房十二间。左下为皂隶房三间，右下为巡栏房三间。后为轩三间，为后堂三间……堂左下为厅三间，北为关仓库各一（四间），后为官宅。正堂前为仪门，门之外，南为舍人房三间，后为禅房三间，北为小税房三间、为船料房三间、为土神祠、为协理官宅。又前为正门，左右为鼓吹楼二，为榷木二，为坊二曰“裕国”、曰“通商”，为栅栏二。中为坊一曰“如水”，坊之左卫税课大使署，南北为侧例序。前为玉音楼，又前为坊一曰“以助什一”。又临河为坊一，曰“国计民生”，前悬圣旨。坊之北为官厅……后为阅货亭……河内为铁练，直达两岸，开关时则撤之。③

为着税收和工商管理方便或防止逃税漏金，清代厘局钞关的设置地点多在关卡锁钥处，最典型的莫过于浙江嘉兴屠典镇。在镇市河的东西两端各设一所厘局，东部厘局在文桥之西，两端厘局位于迎龙桥东，东西两厘局均于市河北缘，坐北朝南，可视为带形市镇平面组织与结构的起讫点或标志：两厘局之间有12座石桥横卧市河连接南北，中为商贸交易的集中之所，如此，似可将税务事项“一网打尽”而无缺漏逃避之虞。

二、鼓楼与消防所

西南少数民族和东南亚地区基于集体交往在村寨社会生活中的重要性，往往建有多种集合场所和公共建筑，这些集会场所和公共建筑无疑是村寨人群的社会生活的中心。随着历史的变迁，初期的集会场所和公共建筑也发生了明显的变化，不过，集体会所的性质依然顽强地得以保持和延续。湘、桂、黔等地侗族的鼓楼堪称此类中的典型，在社会控制和公共景观两方面具有无可替代的功效和职能。

我们在第四章第四节、第八章第二节分别就鼓楼的标志性、鼓楼在乡规民约中的场所性质进行了简短说明和叙述，这里拟就其外化的控制作用和公共景观特色进一步予以探讨。据杨昌鸣研究，鼓楼源于初期的集会所，楼中悬挂长鼓功在便利召集众人。也就是说，“鼓楼并非专为报警而建，但报警作用则增强了鼓楼的地位”。既然鼓楼是侗族村寨社会生活中具有多方面作用和无形的社会控制力量，因此，村民对鼓楼兼有畏惧和依赖的复杂心理。“在他们的观念中，鼓楼似乎有一种凌驾于人之上的力量，它时刻监察着每一个人的行动。”④ 同时，鼓楼还是各种经济活动的决策中心，如兴建水利工程，修路筑桥等关乎集体利益的重要生产活动都在楼内商议讨论。其他如军事、文化、宗教和娱乐等概莫如此，总之，这些经常性的活动无形中加强了对鼓楼的依赖感。鼓楼也就好比一块磁石，借助于社会控制的无形力量，将个人模式整合成民族行为模式，构成整体统一的侗族村寨的社会秩序，承负着“准基层管理机构”的运行职能。

在本章的水利设施和工程类中曾简要谈到堤坝堰闸、水井荡池等有关水井、涝池、湖塘及水系调蓄等水利工程的各类举措，其中部分也包含了防火避灾的功能需要。

中国传统木构建筑易于破坏的原因之一无疑是火灾，历史上因火灾而消失的建筑无可胜数。如何有效防火避灾一直是困扰古人的永恒命题。在亚技术水平的农耕文化社会中普遍的措施主要是依靠自然力和低技术含量的手段构成防范体系。比如在建筑和聚落环境中，房屋木结构尽量不外露；在厨房等火源处的柴灶上端砌筑挡土墙，天井内设置水缸，储备消防水源，房屋之间设太平门和火巷，形成隔离带。其中，最普遍、最突出者当数封火山墙——在东南和中南省区的苏、浙、沪、皖、赣、闽、湘、鄂、粤、桂地尤其普遍，借此最大程度提高建筑的防火性能。

---

① 王云著：《明清山东运河区域社会变迁》，人民出版社，2006年，第63页。

② 正德《明会典》卷三二。

③ 王云著：《明清山东运河区域社会变迁》，人民出版社，2006年，第63页。

④ 刘宝明：“侗族鼓楼的文化分析”，载《民族论坛》，1989年第1期，第151页。

鉴于火灾频仍，政府很早就开始重视消防管理，并采取了众多防火措施。如宋绍兴七年（1137）朝廷曾公示：“拟临安火禁条例，凡纵火者行军法，遗火延烧数多者，罪亦如之。”①后又陆续建立起了一系列消防制度，如增设军巡铺、加强夜间烟火巡逻；在各坊巷设立固定防隅官屋或望楼，实行分隅责任制度；统一防火救火的管理制度。在四川阆中、苏州阊门外山塘街和浙江嘉兴乌镇，尚遗有清时的火神庙和消防机构——龙所。明清时期的徽州同样是人多地狭，火患频繁。歙县新安碑园碑廊里存有一通“徽郡太守何君德政碑记”，记叙了火灾蔓延的原因和封火墙普及的过程。②从中可看到防火消灾不仅改变了徽州建筑的布局、空间形态和风貌，村镇中庐舍房屋栉比，高低起伏，错落有致，素白高矗的墙身和带有罩头、砖封板的外立面门窗，整体防火优势凸显，而且成为影响聚落发展的一个重要因素。

在村镇总体、水流水系建设维护等方面较好考虑到防火消灾的诸多事项，消防工作层次明显和趋以完整的大多以血缘聚落为主。徽州歙县南乡昌溪村屡遭火灾，遂上下重视防火并上升到自觉的高度。在防火水系经营方面，用于消防的计有3条溪流、26眼水塘和数十口古井。发源于村北山谷的大塘坑自北沿村穿越前后街，在龙关桥与小唐坑水汇合流向昌溪河沿途上游建11眼水塘，村中坑边建有阶梯便于取水，为民居、庙寺等建筑的防火提供水源；小塘坑源以村西北山泉为源经古人修渠后入村，流经村西北1里许，与另一溪水汇集后，流经古庙与大塘坑汇集后流向昌溪河；同样，小塘坑上游也建有7眼古水塘。第三条溪坑洋圩头坑上游建有8眼古塘水，溪流从西面一分为二，一条道村中与小塘坑汇合，另一条从村后流向荷花塘。三条溪流构成了村落消防水源地主干。除了经营防火水系和利用自然力消防外，昌溪村还积极运用动力消防设施。从清末至1940年代，村中各备有新建水龙各一台，水带300米，警报器、水枪、消防桶、安全帽、钗、铲、刀、斧等拆破工具、登高梯等一应俱全，一些特殊建筑群还备有杠杆或小型压力抽水机等。此外，村中于清末还成立了民间消防组织——救火会，会员均属自愿，定期培训，熟练使用灭火器具，分工明确，各司其职。一旦发生火灾可迅速奔赴现场扑火。

无独有偶，同为徽州府的婺源县沱川乡理坑村在消防体系建构和消防设施配置方面堪称完备和先进。理坑村的消防意识和举措具体呈示在以下几个层面：一，水系丰富完善，保证充足的消防用水。理坑村中理源溪穿村而过，水面庞大。村中广布水塘和水井，箬皮街还储备了两座消防蓄水池。二，建筑本体自身具备一定防火性。理坑村建筑全部砖墙围护，封火山墙高耸，木构不露明。天井内普遍安置水缸、水池，提供室内防火水源。三，聚居团块划片有利于防火。理坑村以河流、街道等线型介质使村落由若干聚居团块组合而成，聚居团块中以巷弄为手段进一步细分，巷弄成为防火隔离区的又一载体。四，消防装备齐全。理坑村有水篓、火场照明油灯、火叉、火钩等古代灭火器具实物。近代则有清咸丰前余云溪捐资购置的水龙，水龙箱体上有“理坑太平水车”6个字。另一台德制水龙由理坑商人与村民共同筹资于1933年在上海购得服役于理坑，③水龙直接纳水，水柱可达20多米，水枪、水带、弯头等配套器材一应齐全，至今仍可使用。五，成立救火组织。与昌溪村的救火会一样，理坑村也有自己的救火组织，称为“理源太平会”，旨在防火灭火，保管消防器材。

---

① 《梦粱录》卷一〇《防隅巡警》。

② 《徽郡太守何君德政碑记》：徽郡城中，地狭民蕃，闾舍鳞次而集，略无尺寸间隙处，其与郭外与各都鄙亦然。所最虑者，火患耳。其患或一年一作，或一年数作，或数年一作。作之时，或延燔数十家，或数百家，甚至数千家者有之。民遭烈祸，殆不堪病。……弘治癸亥夏，何君以名御史来守是郡……乃叹曰：“民居稠矣。无墙垣以备火患，何怪乎千百人家不顷刻而煨烬也哉！……”（君）喻之曰：“吾观燔空之势，未有能越墙为患者。降灾在天，防患在人。治墙，其上策也。五家为伍，甓以高垣，庶无患乎。”或曰：“富家固优为谋矣，如两贫不相朋，两强不相干，何?”君乃下令，曰：“五家为伍，其当伍者，缩地尺有六寸为墙基；不地者，朋货财产以市砖石，给力役。违者罪之。”……月于政稍暇，辄偕僚佐出里巷经营之，申其规画。譬以利害，定伍劝地，各得其情。……不期月，城内外墙以道计者，二千有奇。其各都鄙亦奉令，惟谨随。所在俱不下千有余道。至如岩寺一镇……已自立石纪实矣。然是役也，浅识者或借劳费、龃龉于其间。未几，通衢又告灾，灾不越五家而止，邻里各暇为据。索利乘机攘夺者，举袖手无措。民乃知筑墙以御火者，大守德政，真不可忘也。……视火墙一筑，足以御患于千百载者，具为谋之浅深，垂泽之久近，何如也。

③ 1933年，为购置水龙，村民余栖轩等5人发起，倡议《理源筹办水龙募捐启》全文如下：祸莫惨于火灾，欲使火灾之不扩大，非筹备水器不为功。吾里聚族而居，人烟稠密，前人思患预防，曾置水龙以御水患。不意该龙年深月久，机关渐坏，近更失其效用，以致每遇火警，辄相率彷徨，束手无策。若不急谋救济，后患将不忍言。同人等目击心伤，特集族中同志欲复购置新式水龙一具，以备不虞。惟是需费过巨，断非少数人所能胜任，必须群策群力，方克有济。以肃启，敬请伯叔、兄弟、诸姑姊妹设法劝助见行。集片腋以成裘、累撮土而成岳，直指顾间事耳。想诸位爱护桑梓之忱，素称热烈，必肯慨然解囊也。敢请。

第六章

传统人居观念与聚居模式

本章以较为宏观的尺度暨历史变迁的纵向轴和不同地域之间的横向轴，从观念和实践两个层面分别就生产生活中的田园模式、家族家庭观中的共居模式、堪舆风水观中的聚落模式、文化象征观中的人居模式、宗教习俗观中的村寨结构、安全防御观、政治权力观中的建筑方位布置和生态知行观中有关环境的悖论等八个方面进行描述和分析。

本章概括性地叙述了由思想观念、心理结构积淀映射而成的居处团块和田园范式；源于伦常昭穆、血缘族亲网络中合釜以爨的居处形式，以及散居、杂居等居住形式；精神世界中信仰、知识泛化而演绎衍化的文化象征系统；会通气论、阴阳、五行、八卦等神秘莫测、畛域难清的堪舆地理、风水流派及操作，以及由群体膜拜和盲从心态而生成、泛化的聚落模式格局；在各种宗教信仰和繁复多样的约定俗成中呈现的村寨结构、历史信息和样式；基于防卫御侮观中具有中国特色、地域色彩的各类堡垒后潜藏的深层动因；以及中央集权、地方力量等政治权力统摄掌控中的聚落社区分配、官衙建筑布置的形式；知与行总体趋于分离的生态环境，以及两者在近代愈演愈烈的对立性，进一步探究其实践理性精神、小农经济观念和方式与生态环境、资源利用和保护之间窖藏的悖论结构和矛盾。涉及社会历史形态、文化习俗、政治制度、人地和谐与持续发展等不同内容在村镇实体环境和空间景观中的映射。可以说，这些方面深植于中国传统社会和历史的底里，根深蒂固。

在社会跌宕起伏的变迁以及文化的碰撞和交流中，近古时期的聚居模式、物态环境的真切状态和历史信息及蕴含其间的思想观念、精神要义等雾霭重重，莫衷一是，甚或错谬悖解。本章企图以有限的篇幅，尽可能针对上述方面予以简短讨论，解析其成因和赖以形成或蔚成风尚的外部条件，包括在变化中的形式、态势、特性和信息。希望借助溯源和演衍、观念转换及其笼罩覆盖中实际运行状态的描述和解析，尝试或提供一系列观察和思考的角度或方法。

第一节　生产生活观中的耕读和乡土景观

一、耕读和隐逸

江河灌溉的暖温带—亚热带区域为农作物的生长提供了充分的热能和水分，古代中国的农耕经济在黄河、长江流域等地因之得到较早发展。这种漫长绵邈的物质生产方式也深深影响了生息繁衍于斯的人群共同体，包括思维模式和生活方式，左右和积淀着他们对于赖以生存的人居环境的评判标准、价值体系及趋利避害的环境选择、聚居倾向和要求等一系列朴素的观照、衡量和抉择取向及范式。

普遍的小农业与家庭手工业相结合的耕织经济形态构成了中国传统生产方式基础。《管子》所称“上农挟五，中农挟四，下农挟三；上女衣五，中女衣四，下女衣三。农有常业，女有常事。一农不耕，民有为之饥者，一女不织，民有为之寒者”①，《淮南子》篇中“耕之为事也劳，织之为事也扰，扰劳之事而民不舍者，知其可以衣食之。人之情不能无衣食，衣食之道，必始于耕织②”等，均在不同层面和角度论述了力耕的极端重要性。在生产结构形态上，以农为本、耕织互补的生产谋生方式是在无数独立个体农户家庭内部独自完成的，以自给自足方式保证个体及家庭的温饱为目标，一如《孟子》所述：“五亩之宅，

① 《管子·揆度》。

② 《淮南子·主术训》。

耕织图

树之以桑，五十者可以衣帛矣。鸡豚狗彘之畜，无失其时，七十者可以食肉矣。百亩之田，勿夺其时，数口之家可以无饥矣。”① 明确道出了农耕生产的定量规模与家庭物质生活的比较和对应关系，东汉的何休还就耕种的具体安排、计划予以详细的描述和规划。如此自给自足的自然耕织经济结构形式和完备的封闭系统自然和逐渐使其自身拥有自发的调节能力，其机制“因其大大缩短了原材料与生产过程的距离，也缩短了产品与消费过程的距离，从而具有廉价性，对商品经济有着强劲的抗御力，因而显得十分坚韧、稳固”。②农户们所生产的农产品从生产、加工、

① 《孟子·梁惠王上》。

② 冯天瑜、何晓明、周积明著：《中国文化史》，上海人民出版社，1990年，第140页。

销售都在家庭内或村落内部完成而自给自足，很少与外界交换流通，家庭、农户和乡村的管理大抵由村规家法之类维持人际关系和业缘关系，乡邑村落政治系统更多地实行宗法制，以血缘关系所建构的族权体系替代君权体系，或依靠聚落内的礼俗、地缘、亲缘和基层组织运作，崇尚固土重迁。关于这点，费孝通在《江村经济》、《乡土中国》中说得最为贴切："农业和游牧或工业不同，它是直接取资于土地的。游牧人可以逐水草而居，飘忽不定；做工业的人可以择地而居，迁移无碍；而种地的人却搬不动，长在土里的庄稼行动不得。"① 人因固土而长期厮守一地，悲哀与荣耀，成就了悠久的农业文明。

尊崇土地和依赖田亩客观上使古代农业生产达到了较高水平，农耕模式、自然经济及耕读文化也氤氲于人居环境和聚落景观中。《小引》中劝民力农曰：石头山，使吾乡，田园方亩，勤快的，数口人，衣食可谋。同时又劝人读书：幼不学，老何为，如同禽兽；三代人，不读书，好似马牛。不仅如此，还阐述了耕读的方式和旨义：读书人，肯用心，将书读透，自古道，黄金贵，书中搜求；种田人，勤耕种，功夫用够，到秋来，自然得，加倍丰收。耕读相伴作为农耕人群的一种主要生活方式也裹卷在卷帙浩繁的诗词文赋中，历史上描绘农耕田园风光、赞咏力田耕读类的可谓比比皆是。晋代陶潜的"暖暖远人村，依依墟里烟"等《十九首》诗句平淡无华而又盎然生意；《桃花源记》中"忽逢桃花林，夹岸数百步，中无杂树，芳草鲜美，落英缤纷……复行数十步，豁然开朗，土地平旷，屋舍俨然，有良田美池桑竹之属……"的中国式理想人居环境，在此长久散发弥漫。明代戏曲家祁彪佳在述及山阴故里寓所外的田野柳陌景色时写道：

出寓园，由南堤达豳圃，其北堤则丰庄所从人也。介于两堤之间，有若列屏者，……堤旁间植桃柳，每至春日，落英缤纷，微飔偶过，红雨满游人衣裙。

三月桃花固然艳丽，然作者笔锋一转："予以为（桃花）不若数株垂柳，绿影依依！"这不仅是陌上杨柳动人新绿和依依柔枝更能引动春日情思，将人带进春天的世界；而是那片片青青的绿色更能使人感受陶渊明式的田园意趣："许渔父停桡碧阴，听黄鹂弄舌，更不失彭泽家风耳。此主人不字桃而字柳意也。若夫一堤之外，荇藻交横，竟川含绿，涛云耸忽，烟雨霏微，拨棹临流，无不率尔休畅矣。"② 作者荡舟湖中，深深沉浸在这片翠碧清新的柳色中，感到无限欢快和舒畅。中国历史文化暨儒家思想中的隐逸、佛教倡导的修身养性和崇尚自然、返璞归真为主旨的道家，都在不同方面以不同方式倾力和共同亲近大自然。魏晋的嵇康、陶渊明，唐代王维、孟浩然和宋代陈抟、林逋等的各类隐逸方式下行于士人和民间，审美化、高雅化与世俗化并存。一如宋代朱长文在《乐圃记》中仕与隐兼修人格模式的描述，不啻于生活道路上"达则兼济天下，穷则独善其身"人生态度的写照。③仕隐进退的两难选择固然痛苦，自然山林竟成为抚慰士子心旌的两极之一。正如画家郭熙在《林泉高致·山水训》中的精彩论述："君子之所以爱夫山水者，其旨安在？丘园养素，所常处也；泉水啸傲，所常乐也；渔樵隐逸，所常适也；猿鹤飞鸣，所常亲也。尘嚣缰锁，此人情所常厌也；烟霞仙圣，此人情所常愿而不得见也。"这种远离尘嚣、沉浸于自然和阡陌桑麻中的实例代有人传，陶渊明的桃源、王维的辋川别业、白居易的庐山草堂等，庶几成为文人心中的向往和憧憬。我们不妨再来看唐代孟浩然所写家乡襄阳隐居生活或漫游中所见山水，文辞风尚遥接陶渊明，田园娴静，山水清新，举凡原野、农舍、渔夫和民俗等皆纳笔端，如《秋登万山寄张五》：

北山白云里，隐者自怡悦。相望始登高，心随雁飞灭。愁因薄暮起，兴是清秋发。时见归村人，平沙渡头歇。天边树若荠，江畔舟如月。何当载酒来，共醉重阳节。

村人在渡头歇息，天边的绿树，江畔之舟，一派田园风味；从"时见归村人"到"江畔舟如月"四句，以平淡的话语创造了一个高远清幽的境界，也映现了"心随雁飞灭"，"兴是清秋发"类的人、物相融，与大化共在。④

不但文章如此，而且也落实在具体的践行中，最典型的莫过于择址选地的多向度踏勘和考察。举凡风水吉地、

---

① 李元主编：《中国土地资源》，中国大地出版社，2000 年，第 253 页。

② 明，《祁彪佳集》，柳陌。引自陈士彪编著：《山水人物》，上海书店出版社，2001 年。

③ 理学家朱长文《乐圃记》曰："大丈夫用于世，则尧吾君，舜吾民，其膏泽流乎天下，及乎后裔，与稷契并其名，与周召偶其功。苟不用于世，则或渔，或筑，或农，或圃。劳乃形，逸乃心，友沮溺，肩绮季，追严郑，蹑陶白；穷通虽殊，其乐一也。故不以轩冕肆其欲，不以山林丧其节。"

④ 孟氏相关诗篇众多，可参《登鹿门山》，《夜归鹿门山歌》，《白云先生王迥见访》，《登江中孤屿赠白云先生王迥》，均见《全唐诗》卷一五九。

槅扇木雕《访客图》

对乡土景观、闲情逸致的追求已从隐者、诗人们颇具精神仪式的象征性意味中逐渐幻化成平民阶层的活动，说明历代隐逸的文化追求和生活方式与传统农耕文明的生产方式非常适应。其实众多隐士本人就长期生活在农村，“躬耕田间，亲理农桑”，参加耕作生产并以此维持自己的生活。也就是说，他们就是在这种环境中长期生活，又是在这样的乡间生活环境中形成社会理想，因此，对于理想生活的构想，无论个人还是社会生活希冀的就是平静、安宁和闲适。美好的桃源图景长久荡漾在农耕人群的心旌中，恬淡安然、耕读传家和静谧冲和的胜境，也就自然而然成为农耕人群和文士们向往的世外天地，成为一种归宿和寄托。客观地看，所谓消极与积极是相对的，有时甚至畛域难清，又兼传统文化思想往往又成为避世隐居观重要的助推力，则使人们长久醉心于自然之美中，而并不十分看重建筑所带来的种种感受，在这里它们只不过是一种生活上的实际需要而已。因此，深山藏古寺之类要义在于藏、隐，在于和自然契合。同时又将藏、隐的要求贯彻在择址相地、经营和规划建筑、村镇的一系列活动中。于时，也就自然地将其视为一种标准，一种水准和境界。

可耕田亩、山川形胜和自然风物等要素成为观察、比较、踏勘和抉择的重点，也是农耕人群心目中宜居、宜耕、宜读、宜诗的指标。这在倪望重的《锦城纪略·序》中可以窥见择址抉基亦有着明确而具体的“目标”：“吾里上接池阳（今池州，引者注），下达江右（今江西，引者注）……有高岸为谷，深谷为陵之慨”，“夫吾锦城处祁之西偏，其山发脉于历山，而万峰参差，至此忽豁然开朗焉；其水溯源于赤岭，而诸溪涓涓，至此始渊然合流焉”。祁门倪氏始迁祖见伊州“地虽隘而负郭之田可耕，山虽深而涓流之水可钓”，“士也歌，女也织，人心风俗卓然与古为徒”，① “祁之地山高而水准，人憨而风朴，其作为诗篇，有馨香者，有幽深者，有高峻隽异者，皆独往独来于性情间……”② 于是将目的地定在安徽祁门县，这里的景象颇为符合倪氏的眼光。

虽然近世的各种隐逸已失上古和中古的高逸和纯粹，但注重和倾心于文化思考的创造、精致入微的自然山水和阡陌乡村的领悟和体味，则是一以贯之、一脉相传。显然，这种建立在文化素养和生命敏感之上的生活情趣对于今人而言可能是一种难以企及的示范。我们也看到，

二、桃源

由耕读文化、自然经济而成就的乡土景观相比于村镇间的园林景观，无疑更趋于自然、质朴、大气和平淡，以及长久浩荡的吞吐气象，它是大自然鬼斧神工的造化和乡民们在周而复始的生产生活劳动实践中创造的。在浙江楠溪江流域、浙南闽北山区和徽州山区及湘、桂、黔、滇部分山地丘陵区域，我们至今依然能看到与古时大致仿佛的乡土地表景观，无论葳蕤山林，葱绿田亩，碧山溪水，还是蔚为壮观的高山梯田，植株荫翳掩映中的阡陌平畴……这是古老农耕文明衍生而来的一种大地景观，一如李约瑟所说，中国的建筑都赋有着它们的风景性质，乡村中总是包含着一种美学成分。乡村广袤沃野田畴中斑斓的色彩，蜿蜒迤逦的溪涧，黛青山冈以及隐约显现的村落，几与哲学家海德格尔对理想人类生存环境所作的定义——“诗意

① 《祁门倪氏族谱·继善堂重修族谱跋》，见倪国华著：《聚落人文的典范——渚口》，合肥工业大学出版社，2007 年，第 7 页。

② 倪国华著：《聚落人文的典范——渚口》，合肥工业大学出版社，2007 年，第 101 页。

浸淫于阡陌桑麻之间

座有灵翁慰寂寥

地栖居”相契合。我们当然不能一概认为中国传统乡村聚落暨乡土生活是“富有诗意的”，村镇人群已臻于“诗意地栖居”，不过，一些地区的村落风貌或乡土景观确实让人陶醉不已而心驰神往。历史上徽州村镇聚落的形成和壮大不但没有破坏生态，反而丰富和充实了当地的自然环境；这种村落风貌或农业景观既是自然的，又是人工的，却又摈弃尘嚣而视环境为一整体，凸显了人的“场所体验”和本土特质。他们在构筑景观的历史进程中依据宗族的道德观念、价值体系和知识结构，自然、渐进而又锲而不舍地将族众村民的欲望、理想、情感和眷恋幻化成看得见、摸得着的实体环境，对围合界面中的虚体空间、意象空间（如山水）及阡陌田亩则倍加珍惜呵护，使山居环境达到了形态与情态的有机谐调和统一。同时，我们也看到，安土重迁的生产观和趋于保守、重复的心态或甚为缓慢的循环节律，使乡村风貌和住宅庐舍与几百年前原址上的形态、建筑物等并无二致，乡民们在岁月更替中不断重复着祖先们的劳作，他们的惆怅、憧憬等与其或远或近的祖先的惆怅或憧憬也近乎一致，而赖以生存的田亩阡陌和乡土景观中的山水形胜，自然是周而复始的春华秋实，春荣秋枯，四季变幻成为“年年岁岁花相似，岁岁年年人不同”般的生命感喟、节令更迭和图景的重复再现；农耕文化的历史积淀，闭塞的自然环境及“差序格局”的多重样态，也使一些交通崎岖的偏远或山区人群对传统的地域及文化和生活方式有着执著的偏爱和痴迷，而对外域文化、近代文化或城市生活方式有着一种本能的隔膜和排斥，甚至宁可忍受封闭、贫乏，也不愿离开自己熟悉的土地和家园，离开已经稔熟的耕读方式及田园景观；纵然因“地狭人稠”外出业贾经商等，其生活智慧或历史局限又常常表现为既不完全依赖于土地，也不彻底离弃故土。而是以家族为依托，诸业并举，多种经营，最大可能地汲取外部资源，再回到故里求田问舍，建设其心目中的理想田园，顽强而执拗。因为，这里是他们的归宿，这里有他们魂牵梦绕的乡土和家园。明乎此，则西哲们心中长期困惑不解、长达1600余年的中国山水画中延绵不辍、穷年累月的读书、文会、赏画、操琴、悠游、观景、访客、煮茶、清谈的艺术生活，以及浮动烟岚、飞瀑涌泉、曲径溪畔、树石茅屋、阡陌田亩、松影满庭和茶烟绕榻的元素被惨淡经营和无休无止地安排在尺幅中，这种仁智之乐实为营构文士画家心旌中“天人合一”、“平淡天真”理想境界的集中映射和最佳物化形式，和“门无县吏催租税，座有邻翁慰寂寥”的宽松、散淡之世外景象及愿望憧憬。

这种超稳定的生态图像模式确实也对西方哲人产生过震动。英国汤因比在《历史研究》一书中认为：在西方文明的排山倒海冲击之前，中国原是一个和谐而安静的人文世界。有昌明的人生理想，有深刻的生命情操，也有弥漫的尘世乐趣。虽也有一治一乱的循环与反复扰攘的战争，然而却撼动不了中国人文世界内在的和谐性……如果说，中国古代人文世界内在的和谐性撼动不了，那么，乡土社会时期普遍的农业景观和地理图景应该是其定力顽强的源泉之一。事实上，他们实际的现状环境未必已是或远远没有臻于理想化的境界，或如文人过客赞叹的那种诗意化，更遑论大洋彼岸观察者和比较者的描述和判断。但有一点可以肯定，那就是传统文士和农耕人群的内心深处贮存着一幅虽朦胧混沌但“已经存在”了的田园图像、诗性的自然天地和生活情景，这幅美丽无比的图景幻化成了一种田园式诗性的情怀，吸引着一代又一代农耕人群执拗地躬耕陇亩，希望通过持续努力和奋斗，最终能实现蓝图规划，成就美好生活愿望。

第二节　家族宗族观中的共居和杂居

一、聚居

清代徽州歙县岩寺镇环山村文士方士庹经年寓居淮扬，借祭祖省亲之际，感念扬州“华靡相竞，财帛相高”而与风俗古朴的故乡霄壤之别，遂作《新安竹枝词》三十六首，有云：“相逢哪用通名姓，但问高居何处村”，形象而通俗地刻画了传统聚族而居群落的典型特征。

聚族而居是汉民族及部分少数民族十分重要的集聚结构和基本形态，崇尚累世同居、人丁兴旺的家族家庭观，呈现“每逾一岭，进一溪，其中烟火万家，鸡犬相闻者，皆巨族大家之所居也。一族所聚，动辄数百或数十里，即在城中者亦各占一区，无异姓杂处。以故千百年犹一日之亲，千百世犹一父之子”[①] 式的聚族群居景象。因而也就有了不问名姓但问村名的“奇观”——村名的地理空间径直指代居住族群。

对血缘脉系暨祖先的极端重视和尊崇，成就了聚族而居的族群，以姓氏命名的居住地数不胜数。在徽州歙县有二十族以姓命名的迁居地，如黄村、陈村、江村、许村、朱村、郑村、方村、姚村等；其他如婺源、绩溪、休宁、黟县、祁门等县及宣城旌德县等，同样如此，比如曹村、胡村、汪村、叶村、俞村、张村、查村、江村等。以族姓命村名，既简洁明了地道明了群落渊源，又在族众之间构筑起一种巨大的归属感和认同感，强化了宗族凝聚力和同心力。这种以族姓命名的习性或做法最初滥觞于北方。直至今日我们仍可看到这种实例或遗存，如党氏族人自明以来五百年聚居所在的陕西韩城西庄镇党家村；山西灵石静升村王氏家族，640余年间繁衍生息不断……随着中国经济文化和人口重心的东移南徙，北方的家族村落数量反而大大少于南方。农业社会中以血缘关系为纽带而形成的宗族经历了漫长的历史阶段和变迁，从西周的宗法制到东汉至隋唐的士族制，以及宋以后的宗法制，虽已失去原先的特质，然万变不离其一，不离以家、国为网络的框架。清人王植在《大宗小宗考》中说：“先王制礼，有大宗以统众族，有小宗以统近族，故曰宗族必有宗，而后有族，语曰，祖宗知有祖而后有宗也。”[①] 宋以后的宗族组织是“尊祖莫大于合族，合族莫先于立宗”。或者说宋以后的宗族组织由既成的聚族而居的“家”而立宗收族，进而追溯共同的先祖或始祖。在一定意义上，“家”是实实在在的，“家”、“族”统一在抽象的“祖”、“宗”观念之下，于是，后人这样解释宗、族道：“宗者，总也，族者，聚也。”[②] 这也无意中点明了为何北方聚族村落少而南方较

---

① 《光绪石埭桂氏宗谱》，卷一载潘叙。

② 《彭氏宗谱》卷一，《增修宗谱序》。

西北散居村落

环拥宗祠而立的安徽绩溪龙川

普遍的玄奥所在。①

聚族而居典型者如山西晋城阳城县北留镇陈氏族群自明至清两代鼎盛于此，其城堡式官宦宅居群由内城和外城两部分组成，建筑面积逾3.6万平方米；浙江兰溪诸葛村为全国诸葛亮后裔最大聚居地，自北宋天禧二年由寿昌县迁入，迄今仍人丁兴旺，绵延不堕；浙江浦江县郑氏自南宋建炎初始世居于斯，同居聚食历时三百六十余年，最多时食指达三千余口；浦阳郑氏，世居县东二十五里……自宋建炎初，至今同居，已十有余世，历二百五十余年。②湖南岳阳张谷英村系张氏于明洪武年间始生息此地，聚庐合釜二十六世，铢积寸累六百余年。江西中部乐安县流坑村是以董姓为主聚族而居的大村，唐末宰相董晋后裔董清然自皖入赣，并由其孙董合率众迁居乐安，揭开了流坑董氏的延绵发展篇章。千年流坑村，历经兰桂齐芳的兴旺、兵燹战乱的萎败，抑或诗书耕读，万家之市③，灿灿董氏，悠悠千年并以其厚重的历史文化遗存向世人昭示聚族而居的延邈和久远的沧桑……这些家族的形成和繁盛可谓同中有异，倘若从主要成员的身份、地位、立身、绵衍发展和社会影响等方面进一步考察，似可细分为三类：即官宦家族、商贾家族和平民家族。

17世纪学者顾炎武曾北上考察历史地理和社会风尚，在述及山西河东裴氏时写道：“余至闻喜县之裴村，拜于晋公之祠，问其苗裔，尚一二百人，有释耒而陪拜者。出至官道旁，读唐时碑，载其谱牒世系，登陇而望，十里之内邱墓相连，其名字官爵可考者尚百数十人。”文章还列举了解州柳氏、汾阴薛氏、临猗樊氏和王氏等，有的“历任数百年，冠裳不绝”，顾氏将此总结为盖因“河中为唐近畿地”，“其地重而族厚”。④如果说河东裴氏光耀于中古晋唐⑤，那么，上党陈氏则鼎盛于明清。山西晋城阳城县北留镇陈氏家族自明弘治至清乾隆时期（1501～1760）的260余年中，科甲鼎盛，人才辈出，出现了“父翰林、子翰林、父子翰林。兄翰林、弟翰林、兄弟翰林”的盛况壮景。其中，清初康熙朝经筵讲官文渊阁大学士陈廷敬尤为显赫，累官工部尚书、户部尚书、刑部尚书、礼部尚书、

① 宋代既是北方向南方移民的高潮期，也是新宗族制建立之时，南方接受和践行的家族制是在理学家和朝廷支持下、以尊祖、敬宗和睦族为宗旨的新模式。明清时徽州外来大族即主要来自中原区域和黄河下游地区，程、汪、吴、黄、胡、王、李、方、洪、余、鲍、戴、曹、江、孙等“新安十五姓”均为不同时期由北方而来，进而接受新宗法制而盛行，从而出现了“兄弟析烟，永不远徙，祖宗庐墓，永以为依，故一村之中，同姓者至数十家或数百家，往往以姓名其村巷焉”的族群村落。

② 明·宋濂：《郑氏旌义编引》，江南第一家文史研究会编：《郑氏规范》，第174页。

③ 徐霞客云：“其处纵横，是为万家之市，而董氏为巨姓，有五桂坊焉。”《徐霞客游记》，华夏出版社，2006年，第144页。

④ 顾炎武《顾亭林诗文集》，卷五，《裴村记》，中华书局，1959年，第101页。据清嘉庆十年（1805）编写的《裴氏世谱》记载，裴氏共出过59位宰相，59位大将军，14位中书侍郎，55位尚书，44位侍郎，77位太守……著名者裴度，唐宪、穆、敬、文四朝宰相；隋代裴矩，率队与西域通商贸易，著有《西域国记》三卷；晋代裴秀——西晋宰相用方格比例绘制《禹贡地舆图》、《地形方丈图》，确定了“制图六体”理论方法。

⑤ 胡阿祥在《中古时期郡望郡姓地理分布考记》（载《历史地理》第11辑）中，认为黄河下游、泾渭平原、河东地区和太湖流域是中古郡望郡姓地理的重心所在，自两晋南北朝至唐代前、后期，一以贯之，基本格局没有根本变化。王尚义的《汉唐时期山西文人及地理分布及其文化发展之特点》一文，指出山西文人的地理分布主要集中在晋西南地区、太原地区、晋东南地区和晋北地区。晋西南文人最多，太原次之。《山西大学学报》，1986年第4期。另可参阅史念海《两唐书列传人物籍贯地理分布》，载《河山集》，第5集。两《唐书》入传人物2 055人，1 868人可考。安史之乱前河东道人物居第四而多集中于太原以南。

文渊阁大学士，《康熙字典》总阅官，编纂《佩文韵府》且为康熙帝之师。

再看近代崛起的商贾家族，创造了经济史辉煌的晋商发轫于明弘历至万历年间（1488 ～ 1619）、鼎盛于万历至清光绪末年。晋中祁县乔家于清康熙年间走西口经商，至第三代乔致庸（1818 ～ 1907）始处于极盛阶段。乔氏主营粮、当、票等业，以包头为据点，操纵垄断了包头市场，民间素有“先有复盛公，后有包头城之说”；同时把商业拓展至平津、东北、长江流域诸商埠城邑。乔氏家族自乔贵发始，历全、致、景、映等辈，生齿日多，枝繁叶茂。仅乔家堡村中的在中堂占地面积就达 8 724. 8平方米之巨，计建筑面积 3 870 平方米，6 个大院，内分 19 个小院，有房屋 313 间。近代活跃于各地的地域商贾除晋、徽、陕、洞庭、粤、江右商帮外，还有闽、龙游等所谓全国十大商帮集团，他们纵横商海，以血缘家族、地缘同乡为依凭，或专事唯一，或多种经营，置笔砚而理牙筹，极大地推动了商业贸易的发展，也促进了村镇建设的步伐。

平民家族就是务农为主的农耕家族，或兼营他业，是中国传统社会结构中的主体类型，也是官宦和商贾家族初期阶段的类型，耕读文化实践的代表。如上述祁门县西乡诸口村的倪氏家族从河北恒州藁城县于唐安史之乱时徙此，至清代已发展成“宗分十祠”的泱泱大族，主要分布于锦城（今诸口）、伊州（今伊坑）、鲁溪（今滩下）、洙源里（今花城里）四村，至今生生不息。正如清代李鸿藻所言：“余观倪氏……宗族之相聚，如云绵亘；三十里之内，过其境者，当羡其仕籍递登也，人才竟兴也，生齿实繁也。……诚哉，倪氏为新安望族也。”①

上面三种类型家族的划分主要从叙述层面，事实上家族类型的畛域实难两清：有的岁月寖久，营缔生业者既有稼穑，也业科仕宦或业贾。从变迁角度我们也可将之分为力农起家、耕读传家、经商致富、官商结合等不同阶段，这也从侧面反映了传统农业社会转型过程中价值观和家庭家族盛衰荣辱的变异及乡村家族和社会的发展趋向。例如前面提及的倪氏家族，其子嗣倪思辉为明万历丁未年（1607）进士，官至南京户部尚书兼都察院右副都御史、总督粮储并提调七省；倪望重，清同治十二年（1873）乡试中举，翌年联捷进士，历任浙江分水（现桐庐）、淳安、诸暨（两任）、黄岩、临安五县六任县令，授中宪大夫，晋升资政大夫等。除了业科仕宦外，也颇有业贾者。倪氏业贾者一在明万历前后业起两淮；二得锦水阊江水利，南下景德镇，贩木、业瓷等于鄱阳湖阊水间，家隆殷实者不乏。不过总体上倪氏还是以耕读为主，百户千口，绵延不辍。

聚族而居的福建漳浦诒安堡南门及中轴线

从生存机制看，支撑其绵延发展的除了在制度上紧密联系和控制约束宗族家族秩序外，主要还是通过经济手段确保族系稳定和发展，比如购置族田。族田有多种名目，如祠堂田、寺庙田、墓田、祭田、义田、学田等。其中，义田为赡养本族中贫而难立者，学田为鼓励教育族内子弟的费用。也就是说，为了强化族众凝聚力，除了以修谱、墓祭、建祠等途径维系种族群体的认同外还注意恤族。在家规族法上往往还都有兴办族学、资助族中子弟读书的条文，甚至对仕科考试的路费也有补贴，对入泮、补廪、登科者予以奖励。总之，有谱，有祠，有田，是明、清、民国时期家族制度的保证和标志。

族田为宗族共有土地，“唯是祀产义田，系属合族公业”。②一般特指农业社会后期一种特殊的地主土地所有制形式。按张研研究，其特征主要有三点：其一是族田所有权原则上属于全族，并作为“公业”呈宪注册。而在公产名义下，族田租入神圣不得侵犯；其二是族田采用封建租佃制的经营方式但原则上不许本族人租种；其三是族众原则上可分享族田田租收入。如范氏义庄“以夏麦给族之贫者，而秋租则储为合族缓急之用”。③凡此等等，在一定程度上，家族宗族在族田这一强有力经济手段支持下方得以获得长足发展。④普遍而庞大的族田相当程度上担当了聚

① 清·李鸿藻《祁门倪氏族谱序》，见倪国华著：《聚落人文的典范——渚口》，合肥工业大学出版社，2007 年，第 2 页。

② 《皇清奏议》一八，庄有恭《请定盗买祀产义田之例的厚风俗疏》。

③ 嘉庆《如皋县志》卷一六，《列传》。

④ 张研著：《清代族田与基层社会结构》，中国人民大学出版社，1991 年，第 45 页。据推算，自明末崇祯年间到清末，江苏所建族田有 276 处，其中 1 000 亩以上的为 76 处；500 亩至 1 000 亩的为 34 处；300 亩至 500 亩的为 21 处；100 亩至 300 亩的为 23 处；100 亩以下的 28 处，且有很多未注明亩数。据民国《江苏省农村调查》，江南族田形成了“一种特色”，“常熟、吴县、无锡、昆山等县的族产都在十万亩上下”。

族共灶、集群同村的家族式村镇长盛的支撑基础，成为传统农业社会中一个十分重要的现象和实体。对应在安全上家族性村落往往成为抵抗战乱的有生力量，清代曾国藩之湘军、李鸿章之淮军最初都是以宗族子弟为主干建立起来的。当李自成、太平天国农民军等挟“贵贱均田”等旗号造反时，最大的抵抗势力之一就是各地的家族宗族地方势力。那些分布于赣、闽、粤等地各式各样的方圆土楼，其功能之一就是保护家族成员，这是其一。其二，后期的族田对应于财产保值增值往往将田产经营与高利贷经营相结合，还有直接经营工商业。他们将庄房租赁给商人做店铺、货栈，以及把持墟场、市肆、码头等。①

传统农业社会中保证了土地也就等于保证了一切。对应于家族村落，血缘单性家族性村落与多姓、杂姓村落最大的区别在于前者的秩序呈现在空间结构、形态格局、大小宏微等，都彰显等级、尊卑和高低等各方面。单姓家族性村落因规模、居住地地理条件不同而呈现多样的格局和空间特征。既有张谷英村的“四灵地”形貌，也有山地丘陵间赣、闽、粤的大型方圆土楼，又有桂、湘、黔省区山麓、山坡上的集合式村寨模式，抑或晋、陕、豫、冀等省区的大型城堡庄园等各具特色。若从历史发展角度看，大家族日益减少和小家庭渐趋增多成为总体趋向。此外，“随着科技知识、市场经济等增大了村落的规模和密度，地域因素变得更加重要，而亲属关系则越来越不重要了”。②以散居、杂居为组成方式的村镇聚落逐渐替代聚族而居是全世界农业社会时期人居发展的总体趋向。

二、散居、杂居

虽然中国传统农业社会中尤其汉民族普遍尊崇和希冀同居共财、合釜以爨的聚族而居的大家族（庭）生活，但历朝历代不同地区的散居、杂居村落市镇仍蔚为大观。其中有些是天长日久、同宗同族生齿日繁而导致田亩紧张、地基不敷使用；有些是谪贬、流放、外寓、屯垦、戍边、经商、赋职、隐居，也有因战争、瘟疫等。不胜枚举的县镇志书和宗谱家乘中庶几都有某某始迁缘何因自彼处落此处的记载，始迁祖本身就已说明：他离开了原先的家族和故土。祖训古制中五服外始析居另址的模式：可以毗邻而居，亦可另徙他处。在脱离土地的同时实际上也就是与宗族分离。如此说来，无论聚居析居还是散居杂居，无非是历史变迁过程中相对“短暂”的居处形式而已。

聚居抑或散居、杂居与历史上及某些时段的社会、经

以杂居方式构成的贵州雷山县西江千户苗寨

济等因素有着较密切的关联，例如广袤的东北地区普遍缺乏聚族而居的世家大族，近代华北诸省区也不复上、中古时期世家缙绅云集的隆盛，较少典型形态的、正式化的家族组织，所谓“北方无家族”论，大概指的就是华北地区没有完整而严密的组织形式的家族。据《近代华北农村社会变迁》一书统计，19 世纪中叶至 20 世纪中叶华北农村以 4 口之家最多，次为 5 口之家，以核心家庭和主干家庭为主，村落结构组织上以地缘为主。农村社会成员间的关系主要以邻里街坊的人群关系为主，表现在聚落社区构成上则以多姓和杂姓村落为主。位处西南川渝地区的长江及其部分支流流域的乡村场镇，聚族而居的聚落更为鲜见，不过其地缘性社会与华北农村存在明显差别。历史上“人大分家、别财异居”的观念习俗，明末清初的战乱和二次移民及峻峭高程、山地长河的地理隔绝等自然因素使长江上游地区场镇以地缘和业缘结合为主并构成了独特的社会网络群体。所谓“人各有业，业各有祀”③ 形态、规模不一的川主庙、王爷庙、禹王庙、南华宫、天后宫、帝王宫、万寿宫、三抚庙，以及陕西会馆、湖北会馆等，足以说明地缘与业缘在场镇聚落形态中的地位和关系。靠近码头及街道附近多以业缘群体为主构成社区街坊，说明业缘群体对社会组织和行业的依赖可能比宗族组织更为重要，基于亲缘、地缘和业缘，出现多姓或杂姓的命名，也有许多以族姓命名的状况。“有时，两个或更多的姓被连在一起作

---

① 《清河张氏族谱》、《禾口墟记》，引自郑振满：《明清时期闽北乡族地主经济》。

② ［美］A. M. 基辛著，甘华鸣等译：《文化 · 社会 · 个人》，辽宁人民出版社，1988 年，第 287 页。

③ 民国《彭山县志》卷二《民俗篇》。

以共居方式构成的福建侨福楼

为乡村的名称，如‘张王庄’，即张家和王家的乡村。当然，光阴荏苒，有时那些赖以命名的家庭可能发生变化，以至再也没有一个人留下来。这时，可能人们对有关变化情况的记忆已经消失，但乡村原来的名称还可能沿用至今。”[①]“满天星”式散居最主要的成因在于地形复杂多变和聚落内耕地的紧张和不足。由于耕地分散，“不仅极端缺乏可供聚落集中布局的相对平坦的土地，而且每户为了最大限度地接近自己的耕地而分散建设住宅”。[②]农村聚居与耕地的关系反映在耕作半径上大抵是人多地少的地区耕作精细，耕作半径小，容易形成规模小而密度大的聚落；人少地多地区耕作半径大，聚落规模大而密度较小。不过在实际中又并非完全如此，还取决于耕地在土地总量中的百分比。一般山区聚落规模小且分布散，地形的破碎性、险峻性、封闭性等造成的困难使其难有连片广袤的土地供人生产和居住：在陕甘等地的丘陵区，农户或三五户，或十余户，甚或独户零散；南方湘西山区面积虽广、立体空间容量较大，但耕地等自然生产力水平较低、宜于耕种的土地数量有限且大多零散，在重峦叠嶂的山区和延绵起伏的丘陵中乡居大多以三户一村、五户一铺的格局为主，形成分散的聚落空间结构。这些散居聚落大多无公共建筑或公共活动空间等核心体，联系户间的小道往往狭窄曲折，要素单一，物质空间结构简单。而且，从外观形体上不易识别或界定聚落的范围和轮廓。

第三节　堪舆风水观中的村落模式

一、堪舆观念与村落图式

古代中国及其周边朝鲜、日本、东南亚部分国家和地区的城市、市镇、村落和建筑等人居环境深受堪舆风水学说影响，即以堪舆风水之种种要义、理念、方法和标准审视并运用于聚落开发、营建的各个环节和过程中，将之视为立业之根本，择址之大法和家道盛衰之表征。历代有关风水术的种种记载、描述和应用可谓繁冗，当今研究的视野、角度、方法和认识也莫衷一是。[③]这里并不打算进行风水理论和地表景观文化的线型描述，堪舆源流及衍化嬗变的宏观叙述而又偏于“抽象化”，尽管这种描述和叙述不无益处——倘若将相关风水知识、观念和信仰的叙述归置在古代思想观念发展的历史语境中，反观堪舆文化与华夏持续文明的某种内在而又显隐互现的联结，进一步理解乡土社会中普遍或一般意义上的宇宙观念、信仰和思想世界的底色。不过，囿于篇幅和体例，本节探讨的要义仍在于堪舆风水对传统村镇选择、布局、安排和践行方面的影响和作用力，风水中形、气两派的分化、相融及其大略宗旨和要领，结合若干现存样本予以比较，进一步阐释村镇风水图景成型的依据和践行结果。基于以上目标，本节的关注主要落脚于东南山地丘陵中较符合风水择址理想模式的浙、皖、赣、闽、粤等省区，侧重于村落而非阴宅墓穴，以及传播者——风水地理师。

从《周易》的记载可知卜辞中所记周人在聚落房屋选址和建造中普遍企求于卜法、笃信卜巫，希望借助占卜法功以明晰凶吉；其内容大致有时间——动土兴建的年月日和时辰，空间——宫室的地址和范围。总体上还较简单，未涉及如何营建、行为仪式等具体问题。此类卜宅活动蕴含初期性的巫术及迷幻成分。而在《诗经·大雅·公刘》、《尚书·盘庚下》等典籍中已反映出古人对地貌地形、地质环境等方面较理性的考察和审度，开始了卜宅往相宅方向的转换，及至营国、聚落、集群等较宏观的观察和实践活动。如殷商等城邑已普遍择址于河流凸岸及其台地上，说明古人已积累了丰富的择址营舍经验、一定的观察水准和利用环境的理性成分，例如《淮南子·泰族训》载："俯视地理，以制度量，察陵陆、水泽、肥墩、高下之宜，立事生财，以除饥寒之患。"以及《陈旉农书》云："山川原隰，口湖薮泽，其高下之势既异，则瘦燠肥瘠各不同；大率高地多寒，泉冽而土冷，传所谓高山多冬，以言常风寒也；且易以旱干；下地多肥饶，易以淹没，故治之各有宜也。"从中也可看出古代先民在选址上十分重视对自然条件的选择，诸如山地丘陵地区面南迎水处往往土地最肥沃，有裨于农事效率和水利通畅，且与先秦"定于方中，作于楚宫"④相符若契——依营星位置而构，以及四时农事作法宜合乎天时等农业生产与社会状况的诸种特征等。显然，这种初期的择址要义又与宋明理气、形势流派的主张诀旨有关。

堪舆风水择址相地讲求"风水之法，得水为上，藏风次之"⑤，认为无形的"气"有乘风则散、界水则止之异。其风、水之奥，姑以宁波慈城镇为例。慈城自唐开元二十六年（738）设慈溪县直至1954年的1216年间一直是县治所在，治所地处宁波盆地西北缘，北倚熔岩山陵，南俯湖沼平原，西邻姚江谷地，东毗低谷。西部姚江北岸丘陵以五磊山为太祖，其中东出一脉延伸古镇东北隅6公里矗立天柱峰（黄泥尖），谓太宗山，并往南绵延至八羡山成少祖山；东起大长龙山，西及长龙山（西刺峰），呈弧形山脊横亘于古城北端，向南逶迤数条支脉拱抱之，构成形势派所谓"九龙戏珠"之势。由长龙山中央出脉之石刺峰延伸1公里，一侧抵城丘，西岳抱珠山（15米高）、东丘浮鳖山（珠山，18米）为慈城之玄武。城东由八羡山向南发脉为壶瓶山、马岙山、塔山，蜿蜒连亘；城西由八羡山余脉南向大样山、大宝山、河鹏山组成，犹如白虎；东南巽位有官山低丘作案山，城南点状之双顶山、赫山、卢家山及四明群山，视为朝山（朱雀）⑥，其格局功效在于冬春季由北部天柱、八羡和长龙山等连绵屏障阻隔了西北方的寒流侵袭，春夏季因城南低洼的湖沼平原地势可有效导引东南季风长驱直入古镇城邑。慈城四灵四向的城池空间围合大局，说明魏晋后阴阳和五行已与风水堪舆相融相洽，浑然一体。

与之相似的四川阆中县治保宁镇坐落于嘉陵江边，"阆水迂曲，经其三面，县居其中"⑦。城池北面大巴山脉之蟠龙山为古城"龙脉"，"为阆城之镇山也，在县治北三里，蜿蜒磅礴，横阔十余里，西至西岩，东至东岩，皆其旁支"。⑧作为北端伟岸的屏障阻挡着冬春季西北向的滚滚寒流，迎纳南面温煦的阳光和清风；隔江的锦屏山"在嘉

---

① ［美］明恩溥著，陈午晴、唐军译：《中国乡村生活》，中华书局，2006年，第15页。

② 郭晓东，《黄土丘陵区乡村聚落发展及其空间结构的研究》兰州大学博士论文，2007年，第87页。

③ 中国大陆地区这方面相对有代表性的著述有何晓昕《风水探源》，东南大学出版社，1990年，王其亨：《风水理论研究》，天津大学出版社，1992年，程建军、孔尚朴：《风水与建筑》，江西科技出版社，1992年，高友谦：《建筑风水理论与实务资料集》，建设部研究中心，1995年，陈进国：《信仰、仪式与乡土社会——风水的历史人类学探索》（上、下），中国社会科学出版社，2005年，等。中国台湾地区有关风水的探讨富有问题意识，较少宏观式描述。如，李亦园：《中国家族与其仪式——若干观念的检讨》，《文化的图像——文化发展的人类学探讨》，允晨文化事业股份公司，1992年，叶春荣：《风水与空间——一个台湾农村的考察》，载《空间、力与社会》，台北中央研究院民族学研究所，1995年，等，海外风水研究以日、韩等国较深入，尤其日本。如渡边欣雄的《作为东洋理论的风水思想——社会人类学的研究的成果及试论》、濑川昌久的《族谱：华南汉族的宗族·风水·移居》，上海书店出版社，1999年，等。

④ 《诗经·鄘风·定之方中》。

⑤ 后人托名晋·郭璞所作《葬经》："气乘风则散，界水则止。古人聚之使不散，行之使有止，故谓之'风水'。风水之法，得水位上，藏风次之。"意思是利用风和水，达到调节"气"的目的，使之聚而不散，行而有止。

⑥ 王深法、俞义、陈苇、陈和平、童力："人杰地灵的江南古县城——析古慈城的人居环境"，宁波市江北区慈城镇文联编《慈城——中国古县城标本（上）》宁波出版社，2007年，第29页。

⑦ 《资治通鉴》卷五十。

⑧ 阆中县志编修委员会等：《阆中地理志》，1987年版。

得形势派要义的四川阆中古城

陵江南岸……盖县治之案山也。每当斜阳倒射，暮霭欲生，自山北望之，诸峰环绕其后，光辉互射，秀绝寰区”——古城以隔江遥望的锦屏山作案山，左右两峰耸峙峻亘，背枕蟠龙，踞中郡城，西、南、东三面环水，局面与“河水之弯曲乃龙气之聚会”① 之论相符。选择后有靠山、前带流水、两侧有护山、远处有青山秀峰和住基明堂宽畅、水口紧锁的地理位置，表现在风水格局上就是后龙脉（北）、前朱雀（南）、左青龙（西）、右白虎（东）。具体山川形势和理想自然条件应是：龙脉宜高大雄伟、蜿蜒绵延（长），前案地势最好平坦宽阔，水流逶迤，似玉带缠腰，左右两侧“护龙”似拱如翼，林木葱茏，村落对面的“朝山”形势以书案形为最佳，整个格局宛如一把太师椅，朝山、案山好比书桌。若书案形不得，亦可如倒扣古钟，或者曲水流觞，形似笔架的山峰。

为寻觅理想的人居环境和风水宝地，古人不辞辛劳，勘察比较，竭尽心智，或修改补阙，或争锋械斗，或垦殖于山地榛莽，或远走异乡另觅卜居之地。于是在寥廓的山水间散布着无数按照风水标准选择和营构的古老村落。他如宗谱家乘、城镇志书、诗文歌谣等的记载记忆也充分说明了在“安土重迁”的传统农耕观念中持续不断移徙辗转的一个重要原因，就是希望落脚至一个符合堪舆抉址的宜土吉地。从此而言，无论是唐陈元光父子戍垦闽南、王审知拓殖闽东等主动“南下”，还是宋靖康之难被动南徙，抑或国家政治、经济和文化中心自西而东、自北而南“转移”，包括风水术隆盛于南方等，一个长期忽略的问题可能是，南方的山川形胜和自然条件似与堪舆择址的要义有更多契合之处。或者说南方的形胜是风水术得以大成并广为流布的一个重要契机。对于主动南下和被动南徙的中原

① 明·阳思廉修《舆地志·万历重修泉州府志》。

汉族及吴楚土著群体而言，“他乡即故乡”的信念中虽然包含着无奈、惆怅、失落和眷念，但南方山川和丘陵地形、膏腴土壤、温润气候和尚未开发的田土资源等现实，以及未来家族家庭的安康和荣耀，又使他们毅然决然倚徙扎根于此。而历经万般苦累终于寻觅到心目中理想的栖居地自然不会草率蹴就，当延聘地理师仔细斟勘一番。如是，类如锦城、和顺之类风水宝地自然便为农耕人群所青睐和膜拜。

位于祁门县西60里许的西乡锦城（现渚口村）有水自北向流入绕经村前大片平坦土地，从西北复出村，其地是谓铜锣，水如腰带。清代倪望重在谈到择址动因时说道：“当宋之际，时事日非，吾七世祖万八公隐处禾山坡，在绵水东。……每出游望成峰下，（见）土地宽平，林木茂美，其水沦漪环映如锦，其山远近障蔽如城，遂移家而居之。”①西南边陲极地的云南腾冲和顺村，位于四山环拥的山麓坡陀上。当年明军屯守腾冲，刘姓始祖和寸姓始祖到此见山水景色旖旎，“其山之峙也如砺，其水之流也如带。且四时和熙之气，洋溢于郊圻，两人心甚慕之，不忍舍去。访诸父老，乃知其为阳温墩村也”。寸氏赞赏道：是泱大邑风也。刘氏也认为，此处可以卜居也。后经众人商议决定，共同迁徙至自然条件更好、更适宜人居的阳温暾村（今和顺村）②。此类因地理环境符合风水要求的宜土吉地而迁徙、定居等的故事已泛化为一种普遍模式，目的还在于坚守祖先基业，经营好赖以生存的空间。

寻觅、抉择除了微观内容如田土膏腴等外，还须重视宏观地理格局和民情风尚考察。千余年来，堪舆风水从最初简单的择址相比到追求探寻理想生存栖居环境的长期实践中，逐渐形成了形势派和理气派两种不同的流派，在建筑、村落、市镇、城邑都鄙的规划经营、风俗导向、实际运作等方面彰显出举足轻重的作用。这也在相当程度上奠定和统摄着中国农业社会乡村城邑的宏观结构和地表图景。一如李约瑟在考察中国无数城邑乡村后所言，风水格局呈现的景观“一般都偏爱蜿蜒的道路、纡曲的墙壁与波折多姿的建筑物。盖求其适合山水景色，而不是支配它们，它们避免了直线与几何性布局”。因此，“在许多方面，风水对中国人民是有益的，如它提出植树木和竹林以防风，强调流水近于房屋的价值。虽在其他方面十分迷信，但总是包含着一种美学成分，遍布中国农田、民居、乡村之美，不可胜收，都可借此得以说明”。③

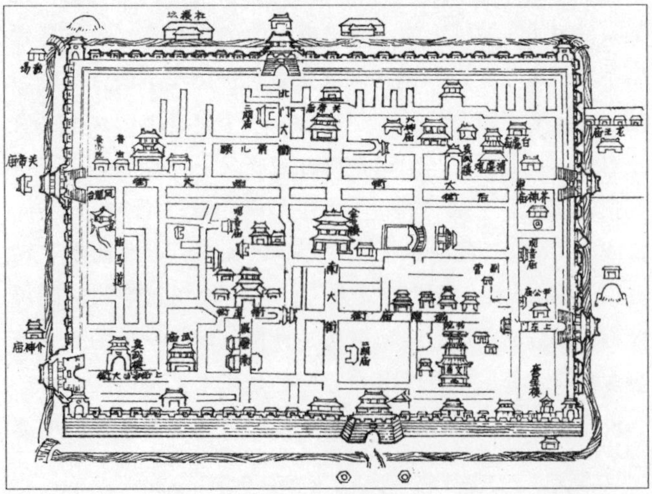

风水观也深刻地影响了城池的布置，清代平遥县城图

李氏一方面敏锐地关注到了中国乡村的环境、建筑在于适合山水景色，而不是支配它们的基本特征，同时指出风水中蕴含了众多迷信成分。毫无疑问，李氏的前段话涉及中国古人整体有机的自然观，或者说中国传统天人合一、天地成春的观念成就了人与自然共生共荣的景象；后段话针对种种扑朔迷离、牵强附会的玄学、法术及虚幻成分和现象而归之于迷信。归根结底，一切皆源于中国古人宏观而模糊混沌的思维，对天、地、人、宇宙等独特而系统、泛化的认识、观念和信仰，这在《周易》中有着较全面的表述和体现。

历代风水师暨理论典籍之所以无一例外援引《周易》作精神渊源和理论根基，原因在于《周易》一方面洋溢着“变动不居”，“生生不已”的辩证精神，同时又有赫然屹立的“不易”观，也就是《易传·系辞传上》开篇所述一方面是宇宙秩序和人间秩序的确定性、不变性，另一方面，又肯定万物的变易，说明《易传》作者试图将二者统一于易理之中，却又未能消除二者的“二律背反”，从中折射出战国末期《易传》作者与先前《易经》作者阐扬“变易”的抵牾。《易传》作为“大一统”趋势的思想代表，希望社会政治和思想学术从“殊途”走向“同归”，由“百虑”趋于一致。④却不料这两种时代产生的命题共同整合汇入《周易》庞大的体系、包罗万象的系统中，一方面成为后世智慧的源泉，另一方面又成为诸家各派阐释

① 清·倪望重：《锦城纪略·序》，引自倪国华著：《聚落人文的典范——渚口》，合肥工业大学出版社，2007年，第15页。

② 蒋高宸著：《和顺》，北京三联书店，2003年，第105页。

③ 李约瑟著，何兆武译：《中国科学技术史》第二卷“科学思想史”，科学出版社，上海古籍出版社，1990年，第390页。

④ 《易传·系辞传下》：“天下同归殊途，一致而百虑。”

义理的依据，尤其是阴阳之间的“相感”、“相摩”、“相荡”导致宇宙万物和社会人生的变化，被后世诸学说所承继而发挥。譬如《易传》中的“男女媾精，万物化生”到《荀子》中“天地合而万物生”，将男女交媾与天地之合相比附，又《黄帝内经》中“人与天地相参也”、《淮南子·本经训》中“天地宇宙，一人之身也”及《宅经》中“以形势为身体，以泉水为血脉，以土地为皮肉，以草木为毛发，以舍屋为衣服，以门户为冠带，若得如斯，是事严雅，乃为上吉”。至宋蔡牧堂《发微论》中将自然界的水、火、土、石分别比作人体中的血、气、肉、骨。迨至清代孟浩在《雪心赋正解》注疏中进一步将地理形势与妇人身体相比附，“下聚之穴，如人之阴囊”。理想的风水穴、宜土吉地象征女阴这一“阴阳交媾之区”。居中的明堂也以风水穴喻之，认为是具有“雌雄相喜，天地交通”①的寓意，并进一步比附于女性生殖器，“而以雌雄而言者，犹夫妇之义也。夫妇媾而男女生，雌雄交而品物育，此天地化生之大机也”。②希望聚气孕育，而生发万物，喻示生生不息和蓬勃向上。

在如此“人与天地相参”观念支配和思想指导下，无数将形势、地理特征附会于女性身体或生育能力的“美女献花型”风水模式，枕山面水、左右拱护的“太师椅”式状态的宜土吉地模式得以广泛流行。以流行于闽、粤、台等地客家民系和闽南乡族中的“美女献花型”为例，该“型”以地形象征女阴、乳房，笃信在“女阴”和“乳房”处择址卜居必然人丁兴旺，家族繁盛。在福建武平北部一带的村落，风水传说十分普及。刘大可田野访谈中这样记载：据说磜径中心屋为“美女献花型”，是一个风水宝地，美中不足的是会亏明廷公一房。在做这座厅堂时，恰好由老实忠厚的明廷公服侍地理先生。他服侍得非常周到，地理先生心想你服侍我这样周到，但这座厅堂却偏偏亏你，实在于心不忍。于是，他对明廷公实话实说，明廷公听后便对地理先生说，不要份可不可以？地理先生回答说，那你自己有无地方做一座新的厅堂？明廷公回答说有，在大禾坝地点有一田寮，不知道风水上行不行。地理先生察看地形后认为，这里的风水也很不错，论财势并不比中心屋差，明廷公后来就在此建起了一座厅堂，成为大禾坝的肇基地…… 据说由于明廷公做了这座厅堂，所以其后裔比较发达，在其磜径高氏中占一半人口。当地还盛传有关梁山村牛姆窝氏人丁没有持续发展的情况，原因是自家的“美女献花型”地基被孔厦人提前连夜迁葬祖坟于此。至于“美女献花型”地点是否灵验，当地吴氏发现他的母鸡每天会到“美女献花型”地点生蛋，而且一天生两只，于是更加坚信不移。③又据《高隆诸葛氏宗谱·重建中庭记》载，浙江兰溪诸葛村始迁祖宁五公“堪天道，舆地理，卜吉高隆上宅，聚族于斯”。康熙年进士诸葛琪在《高隆族居图略》中叙述了诸葛村的风水形胜：

形势派中“美女献花型”的实例——浙江诸葛村

吾族居址自肇，岘峰其近祖也。穿田过峡，起帽釜山，迤峰其近祖也。迤逦奔腾前去，阴则数世墓垗，阳则萧、前两宅也。从左肩脱卸，历万年坞殿，蛟龙既断而复起峙者，寺山也。从此落下，则为祖宅住居。旋折而东，钟石阜蒲塘之秀，层冈叠嶂，鹤膝蜂腰，蜿蜒飞舞而来，辟为高隆上宅阳基，其分左支而直前者下宅也。开阳于前，为明堂则菰塘畈敞，环绕于境，为襟带则石岭溪清也。夫且复夹诸峦，四望回合，以龙山桥堰为水口捍门。昔之人欲于此高建浮图，卜休恒吉。窃有志而来之逮也。生于斯，聚于斯，家庙庐舍恒于斯，惟我上宅始迁祖宁五公斩荆辟土，启我衣冠而求之，故绳绳蛰蛰，克有今日也。④

我们姑且就史料与实例的互现比较，尝试参与体会或发问。1980年代后期该村自然环境仍然向好，植栽青翠，村落宁静，除了太平天国时期的黡毁外，较隐僻的选址和视野中不易发现的特点无疑使村落躲避了因战乱浩劫而可能产生的凋敝或摧毁。又因诸葛后人策略得当经营药材，

① 《发微论·雌雄篇》，《四库全书》，子部术数类三。

② 《青囊奥旨》，《古今图书集成》，艺术典术卷六六五。

③ 刘大可著：《田野中的地域社会与文化》，民族出版社，2007年，第99，100页。

④ 陈志华、楼庆西、李秋香著：《诸葛村》，河北教育出版社，2003年，第24页。

竟然使全村安然稳健地获得持续发展，使今人能观察到一个十分完整的在形势派理念指导下的族居单姓村落的全貌和细部。从整体地势和地理格局看，诸葛村西北高，东南向低，面对溪水，且四周均为相对高差90余米的低矮丘陵环抱，形成了闭合的小环境。此形是形势派（江西派）“喝形”之说中的“美女献花型”①——诸葛亮纪念堂大公堂位于村中央的龙穴上，亦即女体子宫之位，丞相祠堂在阴户位置，二者间的白酒巷则为阴道；村背下，后有“少祖山”寺山和“镇山”大柏树，前有案山桃源山，还有数十里外的乌龙山“朝山”，大公堂左右各有“护砂”拱卫。如此，诸葛村的空间结构和形态格局是后为高隆冈，前有北漏塘，左是石岭溪，右有高隆市，青龙、白虎、朱雀、玄武四类俱备而护中的闭合环境，居中又以大公堂，丞相祠堂为要。②我们经过前后共三次实地造访诸葛村，发现该村确属农业社会中较理想的栖居之地。

客观地看，长期的农业生产生活实践活动使先民们对地理环境、气候特征等的掌握或利用积累了丰富经验，背山面水类的择址观确实对农业生产、人居聚落的发展具有诸多帮助和裨益。如果仅就此而言，风水堪舆大体上是简单、有益、合理的，在相地择址上具有相对的“科学性”和系统性，对生产生活和人居发展具有积极作用。然而问题在于，中国的山脉结构和走势成就的地形、地势和地质地貌，以及山地、高原、丘陵、盆地和平原的空间分布和比率，总体上决定了“风水宝地”资源的有限性和稀缺性，人多地少，大家都想获得理想的生存发展环境，势必会产生争夺有限资源的斗争。围绕所谓宝地，明暗之间争夺激烈。关于这一点，在下一节中我们还会有所讨论。为了获得理想的宜土吉地，在现实条件有所欠缺的情况下，往往对自然环境进行或显或微、或大或小的“改造”，改造标准不是形势派勘定的模式，就是理气派主张的方位格局。经年累月、持续不辍以符合“最佳模式”，如此改造当然会在一定程度上破坏生态环境，且与劳民伤财无异，减缓或降低了民众财富积累的水准步伐或标准；而作为“强者的逻辑”和“强者的哲学”，③在“风水宝地”竞争中的获胜者“为了证明自身的正当性、合法性和永久性，往往会使用种种方法，利用风水的神秘性与可变性等特点，来完成自我确证，进行他证。结果，风水作为证明‘成功者们’自身正当性、合法性的手段，也使自己得以强化”。④此类解释及其手段，无非是强者和成功者的原因。“由于是掌握话语权的‘强者’、‘成功者’的解释，这些解释很容易进行传播与扩散。因而一般民众弱者也就相信了‘强者’、‘成功者’的‘风水’。所以，风水信仰有一个从‘强者’、‘成功者’向一般人，甚至是弱者传播的过程，在另一种场合演变为‘弱者的呼声’——弱者解释命运和改变弱者地位的心理支撑。”⑤

进一步看，风水理论模式和解释中孱杂的众多比喻一定程度上也契合了芸芸众生的愿望和崇拜。以女性身体即乳房、阴部为象征，既反映了女祖崇拜、生殖崇拜，折射出对人丁兴旺的渴求和对女性旺盛生育能力的期望，与人类思维深处的“相似性”具有想象的合理性，又呈现了思维原始性和模糊性的特点；⑥孱杂的众多比附、承载的生辰八字、命相属性及人丁兴旺、出世冠裳等愿望和期待，通过近乎繁复晦涩的文辞和图形呈现在诚惶诚恐而又满心希冀的芸芸众生面前，不理解或似懂非懂，在一定程度上又强化了膜拜风水解释的力度。

在这个过程中，风水的主宰者操持着择址抉地的绝对话语权，凭借掌握“文化”的独特身份，指挥、调度着芸芸众生的择址劳动。同时，其物质生活也得以获得保证。另外，受正统儒家文化影响的文人士大夫秉承儒家思想不事鬼神而多处于观望状态，拱手相让原本属于自己的话语权系统而任其蔓延。进而言之，中国传统村镇的宏观空间结构和形态环境，尤其是东南、中南省区的部分乡镇聚

---

① 喝形，是形势派风水师和委托者共同接受的一种具象符号，在宿命观笼罩中，由动植物、生活对象或人体、鬼神等构成的物象的善恶美丑，转换成蕴含吉凶祸福的预兆、迹象，物象与预兆是否对称显明，既取决于建议者的“设计”手法得当与否，也取决于委托人的道德好运及善行程度。喝形的名目繁多，其中，神鬼类由世俗化的道释神灵形象组成，如仙人骑鹤、观音抱子，人体类有美女遮羞、美女怀胎、将军点兵，生活器物类如金交椅、铜盘形，自然物象类有七星拱月，灵异类如双龙戏珠、凤凰落阳，动物类有狮子戏珠、猛虎下山等，物类如金线葫芦，等等。上述喝形特征，“乃农耕社会中人与自然、人与人交往关系的真实写照，是世俗生活情态和信仰心态的形象化的摹写与移情”。陈进国：《信仰·仪式与乡土社会——风水的历史人类学探索》，中国社会科学出版社，2005年，190页。

② 参阅陈志华、楼庆西、李秋香：《诸葛村》，河北教育出版社，2003年，第24、25页。

③④⑤ 刘大可著：《田野中的地域社会与文化》，民族出版社，2007年，第241页。

⑥ 中国传统文化学术中思维方法主要是“无类比附”，由此逻辑方法推导出的结论通常偏向简单和模糊。李约瑟曾指出，古代中国“只有原始型或中古型的理论”，其意义也主要认为中国古代缺乏方法论，长期停留在经验层面。参阅《中国科学技术史》，第一卷，第一分册。

落，择址相址的首发权旁落于地理师、风水师手中，广泛下行、渗透在古代生产生活、文化精神、知识体系和民俗事项等方方面面。对此，我们既很难认同如李约瑟或《辞海》中定义的“糟粕”和“迷信”，但认为它是一门“地理学”或科学，却也属于妄谈乱语。也许，我们能够做的是，谨慎细心地以当今较科学合理的认识论为手段和工具，发掘、比较、揭示和解析传统环境文化的“奥秘”和“神灵般”的遗存，以及与观念、信仰、知识体系相联系的事项及其特征。

前低后高的择址模式

二、风水的泛化

在追求、探寻、改造和争夺理想栖居环境的观念支配和行为实践的历史进程中，风水堪舆不断地添加和杂糅了如气论、阴阳、五行、八卦等扑朔迷离、神秘莫测和畛域难清的玄虚成分，以至于成为尊崇膜拜者一种分析、考辨和解释社会现象的唯心哲学。如果仅仅或纯粹从生产、生活或宜居宜耕的角度，事实上正如上节所述，众多循风水模式而卜居的环境确实具有诸多无可否认的优长，这种空间模式暨地形环境较适合于我国的气候特点，并与长期农业社会中以农为本自给自足的自然经济方式相契合。尽管已然成为普泛的、能动选择生产生活环境的一门经验性“学问”，不甚明了东半球北端的季风特点暨处于“知其然而不知其所以然”的阶段，并将这种相对固定的择址模式和准则与众多象征、类比和比附糅合在一起，将原本较简单的事项无限繁复而穿凿附会以至于失控、泛化和异化。

风水的泛化和异化几乎涉及农业社会生产生活的所有层面而无所不在。劳格文在《闽西的城乡庙会与村落文化》一书中论及客家地区的风水时说道：“社会上的每一个区别，如福气、地位和个性的区别等，都可以用风水来解释，没有一种社会现象是处于风水解释之外的，也没有一座房子、没有一个丘陵、没有几棵树，没有一条河是置于风水解释之外的。”① 翻开任何一本宗谱家乘，在谈到始迁祖如何卜居此地时庶几都是千篇一律、详略不一地讲述祖先如何经过踏勘、比较，在认定为宜土吉地、四灵之所时，方扎根繁衍于斯继而根深叶茂。显然，中间未必都是真实的本原或历史。如此，在有限的资源和众人期盼之间便存在着一个巨大矛盾，伴随着农业社会发展长时期的历程。在面对有限的资源面前，其结果大体为两类，一是先到先得，率先发现继而躬耕于斯逐成村落；二是强者的逻辑使然。经过长期努力，逐渐渗透、蔓延至已有一定基础的环境，最终成为自己的天地。这几乎成为风水泛化和异化的主体和原始动因。

前卑后尊的福建尤溪县团结乡某大型民居

清咸丰同治年间广东“血雨腥风十三年”和波及17县的土客大械斗，表面上是广府人与客家人在种族、语言、风俗等方面的冲突，本质上还在于围绕争夺田地等经济生产上的矛盾，在争取有限生产生活资源方面展开的一系列复杂众生相，这其实已经涉及农业社会时期最根本的神经和本质。除了土客之争、不同族姓之争外，即使同姓间也不乏其例。如福建连城武北地区蓝氏，围绕蓝大一郎公祠堂的有份与否，“源头、江坑、中湍三个蓝姓村落为一方，大禾、贡厦、湘坑坝三个蓝姓村落为另一方，展开了大规模械斗，双方各死亡一人。这场械斗的直接原因便是蓝大一郎公祠堂的有份与无份问题，实际上争论焦点却

① 杨彦杰主编：《闽西的城乡庙会与村落文化》，香港国际客家学会、海外华人研究社、法国远东学院出版社，1997年，第44页。

是蓝大一郎公祠堂的蒸尝，‘三乡尝’的归属”。[①]毋庸赘言，谁拥有“三乡尝”就意味着派系的谪传正宗，在利益上将会获得优化或最大化。泛化、异化中的风水成为许多农业聚落村民解释宗族强弱、房系盛衰、人丁旺竭、仕科成败和经济发达与否的渊薮。于是，一方面积极觅取风水胜地，或对现状进行人工弥补，使之趋于合理。另一方面，在已有的宜土吉地上逐渐蚕食和吞并也从未停止过。这里我们不妨关注一下后一种渐变过程。

福建连城培田村位于丘陵和溪流间的河谷盆地上，枕山环水面屏而建，在三面环山的狭长河谷上呈扇形分布，是风水观中理想的人居环境。然而，吴氏家族在斯地的扎根却颇为曲折。原先培田所称“赖屋”，估计最初是赖氏的聚落所在。“在吴氏迁来之前，这里已有林、曹、马、谢、翁、聂、赖、吴、魏、黄十姓人家，但由于吴氏家族日益兴盛，其他各姓都陆续灭绝或迁走了。”[②]据称，培田吴氏元末迁祖于至此，先向地主魏氏购地定居，复娶魏氏女儿为妻。显然，与魏氏联姻是其间最关键的步骤，“因为魏氏原来就是当地土著，可以为吴氏提供必要的帮助”。[③]经过数百年发展，其他族姓因各种原因或消弭，或迁徙，培田最终成为吴氏家族的血缘单姓村落。类似于吴氏先人招赘入户，而后繁衍壮大的实例还有许多，庶几可视为后来者定居演进的模式之一。

历史上有关先到后来、土客之争的事例多以风水名义，实质很大部分在于占有耕地农田。前面所说的培田村中所谓八胜，就是数代祖先前后修补改造的结果。尽管如此，清末吴氏后人仍认为培田风水尚有不完善之处，仍须继续经营。吴氏在风水经营上的持续努力使包括松树冈一带非培田吴氏所有的山冈边界渐为吴氏所占，在有限的生存空间和资源中，经营风水成为控制生态资源和生存空间的有效途径和有力工具。至于无数家道中落的乡村农户，也将种种原因归结于祖先没有选好风水，默认着因果关系。心底里则潜藏着日后东山再起的意念，为积极争取宜土吉地最终加入激烈的竞争风水胜地的拥挤行列中。

第四节　文化象征观中的人居模式

正如前面所说，无论是府城县治还是村镇聚落大凡都有描述其山川形胜和环境气象的文字。南宋朱熹在《新安道院记》中述绩溪县治华阳镇的形势：“绩溪在宣歙之交，盖岩邑也。东有大障山之固，西有大会山之雄；扬水襟其南，山障其北，厥山峭厉，厥水清激。”基于朱熹的扼要点化，后人循此理解继续。清乾隆年间绩溪县令较陈锡说：“……秦以障名郡，取诸此，厥后宋易歙州为徽州，亦以吾境徽岭得名。新安大好山水，惟绩溪独标其胜，可不谓至伟哉?”[④]又明嘉靖版《新安府族志》载徽州黟县西递村赞曰：“其地罗峰高其前，阳尖障其后，石狮盘其北，天马霭其南。中有二水环绕，布置东而之西，故名西递。”由风尚而传统，历史上魏曹植的《登台赋》、唐王勃的《滕王阁序》和北宋范仲淹的《岳阳楼记》等，开篇概为地理经略、格局方位、山川形势乃至历史人物和世道沧桑等的铺垫和描述。此风浩荡，绵延联袂，清代诗人曹文植在《咏西递》一诗中如此赞美姻亲胡氏世居的聚落：

青山云外深，白屋烟中出。双涧左右环，群木高下密。曲径如弯弓，连墙君比邻。自入桃源来，墟落此第一。[⑤]

邑人胡成俊更有“西溪乔木”、“梧桥夜月”、“藜馆书声”、“霭峰插云”、“天马涌泉”、“槐荫夹道 ”、“前山积雪 ”、“乌岭樵唱”八景诗赋颂之咏之。[⑥]这些有关环境形胜的描述宛如今日互联网中各级行政区划中门户网站区域简介一样，不乏溢美甚至浮夸之辞——极力称颂其聚居地的山川优美、景色秀丽、宜耕宜居和入诗如画，且地杰与

---

① 刘大可著：《田野中的地域社会与文化》，民族出版社，2007 年，第 41 页。

②③ 郑振满、张侃著：《培田》，北京三联书店，2005 年，第 32、33 页。

④ 洪少峰著：《望族的故乡——龙川》，合肥工业大学出版社，2005 年，第 26 页。

⑤⑥ 正乐编：《西递》，皖黄内资字（99）第 106 号，第 2 页。

侗寨风雨桥建在村头寨尾，意味可保财富不随水流失

人灵彼此襟带。近代鲁迅曾就各类县志中名目繁多的八景、十景，渲染古风的普遍现象，激愤地认为这是一种病菌，似已侵入血管并将之与亡国病菌并提。客观地讲，古人普遍描绘家乡故土、居处群落及城邑村镇之形胜，确有矫情、夸张、附会和虚饰之嫌，鲁迅的批判和近乎“实证”的精神和方法，结论自然有异。经年累月、理想化地表述聚居环境的诗文外，也相机付诸实践活动中——依照心目中理想化的山川形胜和图景展开有限的自然改造。浙江永嘉岩头镇苍坡村为李氏聚居之所，迄今已越千年。古村以笔墨纸砚文房四宝为比拟，借此骨架，在村子东南缘东西两个方位分别建有方形水塘——东池呈狭长矩形，南北长147米，东西宽19米；西池矩形，东西长80米，南北宽35米，此为砚；在东西水池旁，横亘一条石，形似“墨块”，一端削凿成磨过的样式，据说彼时此石长4.5米，截面0.3～0.5米，为竖立状，墨石上还凿有51个半孔眼，指代昔时村中的家庭户数，此为墨；村落西南耸立笔架山，面迎山峦。村中有一条用方砖和条石铺成的长街，称为笔街；古村落四周的广袤田畴为纸，合其四者为笔墨纸砚四宝。与此争艳媲美的是岭南粤中乡村中的“文房四宝”文化象征模式，如佛山市三水区乐平镇大旗头村东北方入口处，以三层六面塔幢为文风塔，塔旁两方石块，大者高三尺许，形如砚；小者方状似印。塔、石南缘、村落东有池塘、晒坪和麻石广场，构成了郑氏家族心目中的象征系统：晒坪为纸，池塘为砚，文塔似笔，麻石如墨，合为纸砚笔墨。

福建龙岩连城县培田古村，明清及今为吴氏族众比间聚居之地。从创业垂统的祖先开拓者如吴氏十世祖，到踵事增华、守成保基的十九世等，对卜居地的“修补”和改造先后绵延数百年。如吴泰均提出的改造风水的方案就颇为周全：

闻人杰全赖地灵，天工半由人事。……兹据堪舆家相定：两门风水，前朝笔锋足矣。宜于松树墩建丙午阁，以镇水口；改两河水逆上，为进田笔；于三光寨筑催官，以旺龙神。发巨富、鼎甲，可券也。众咸信之。需用钱，文社为主建，各祖各户乐捐，土则照丁分派……总期有志竟成，庶人事至而天工可补，地灵萃而人杰无疆耳。阁成，上层祀文昌帝君，下设三主，中列原社诸公，左右列题原社诸公……①

又如浙江宁波慈溪县孝中镇（今宁波市江北区慈城镇）的管山和亭，素为慈溪缙绅士子心目中的神山仙亭。既然村镇聚落中文化象征观的实体物态已为公众的诉求集合和愿望寄托，那么其形式也必然缤纷多姿。位于黔东南锦屏县隆里古城中的状元桥和真武山脚下的石碑群，可谓卫城屯所人心目中构建的文化形式和象征物。状元桥位于古城北向，始建于明万历二十二年（1594），两墩三拱，青石砌筑，横跨龙溪河上，是为隆里“八景”之一——“红潭龙影”。石碑群高三五米不等，从明崇祯到清光绪年间约250余年，主要是纪念唐代诗人王昌龄的文辞（状元桥为纪念王昌龄而建，地方文献和传说中王氏曾遭贬谪至龙标县，隆里古属龙标）。数百年来已成为古城文化的传统象征，以至于尊奉为本地神祇。其功其义，在清嘉庆二十五年（1820）《重修状元桥碑记》中已然若揭：

……跨江而立，水势潆洄，山峦耸翠，淘育才胜地。宜其风气宏开，至国朝而科甲益振，非少伯先生之流风雅化……隆里独为开邑各所冠，士乐诗书而敦崇礼仪，民勤稼穑而习尚醇和，绝少鼠牙雀角争质讼庭。……吾知虹桥仍旧而气象维新，必有鸿儒硕彦挺生蔚起，继少伯先生而鸣人文之盛者矣！

将地理环境、形胜方位与愿望和期待联系起来综合观察和判别，赋予文化象征性的比拟，并将之作为一种符合事物发展的规律来追求，是传统人居文化中普泛而持久不衰的现象。细分之，这些愿望和期待大致有三项，一人丁，二文运，三财运。三者有一定顺序，即人丁兴旺是人才辈出的前提；人才辈出等于功名冠裳，功名意谓官运亨通，财运自然而生。如此良性循环，既可光宗耀祖，又能荫庇后世。

传统形胜类描绘中有若干关键词藻反复呈现，如秀丽、俊秀、圣贤、灵秀、生气、深秀、龙翔虎踞、灵光、日丽风和、天光发新等，这些词语和描述的环境原型部分基于现实，并在一定基础上注入了若干客观理性的成分；有些则属于溢美夸张之辞，不乏失实。两者诉求的主题与传统堪舆要义所追求的空间结构和形态颇为相似，散发着一种浓郁强烈的愿望和因果关系——环境美好，有利于生息繁衍、人丁兴旺，家族兴盛之于耕读传家，历修齐治平，出世冠裳。因此，美好环境即地灵与人才辈出的人杰具有因果逻辑关系。一如清代风水著作《地理原真》所述：自古以来，出圣出贤尽在朝阳俊秀、清雅之地。因环境理想而致人丁、文运、仕途顺畅发达，其间还寓含财运和扩展田亩土地的事项，前述福建连城培田村《建阁筑峰

① 郑振满，张侃著：《培田》，北京三联书店，2005年，第148、149、153页。

书中有着颜如玉、黄金屋，石刻桌凳雕錾分明

改水闻》中的“发巨富”及前后绵延数百年的“修补”和改造活动，足以确证吴氏家族所认定的自然形胜、人工环境与文运财运等之间具有必然联系。这一认识和观念在古人心目中坚定不移，有着广泛而深厚的群众基础。为了塑造理想的人居环境，暨人丁兴旺、人才辈出，仕科长盛、财源不绝和良田万顷，可以“移山期无穷于子孙，堆沙期无穷于岁月”。①将朴素愿望的因等同于实现的果，在具体改造自然、建村立邑的实践活动中还有许多不同方面的印证，比如江西婺源思口镇延村村口有亭无水，遂规划成五条街巷，呈“火”字形布局在村中集聚，五巷聚集处凿挖水井一口，寓意水能克火。寻觅择址于美好环境后，当按阴阳、五行之术数对形势进行一番整理。宁波慈溪县在唐宋间科仕向难与邻县余姚、鄞县比肩。明代慈溪文运骤兴，科名长盛而与余、鄞鼎甲相望。众人遂循迹究因，端赖管山风水所致。正如《重建管山亭叙》所云：建亭于山，取象于文笔峰。并认为因西南巽位地灵隆显：……以故人文曰以柄蔚，科第益以联绵。方落成而鼎甲叠乘，蓬瀛瑞霭者捷应如神焉。夫固人之杰矣，仰地灵之隆隆于巽位。众人笃信，筑亭阁于山巅以为翊运培风之助，山（亭）在文盛，山（亭）圮文衰。以前科名低迷，全因“管亭倾圮”，以致“科名鲜少，物力维艰，皆巽方缺陷之故”。准此，“乃地灵使然，非缘人事也”。所以，重修文笔峰（亭），“若以关文风之盛衰，系民俗之盈歉，则其诚重，其功甚急也”。亭成，众人如释重负，美好前景则指日可待，“以形势之胜加之神灵之佑，伫其掇巍科如拾芥，取青紫稳操券”。②概言之，遍布大江南北无数的文峰塔、文昌宫、笔架山、龙虎山之类构筑物或自然景观，其意大致仿佛，有浓郁向学之风而人才蔚起，文运高照而科甲鼎盛。显

① 郑振满，张侃著：《培田》北京三联书店，2005年，第148、149、153页。

② 宁波市江北区慈城镇文联编：《慈城——中国古县城标本》（上），宁波出版社，2007年。

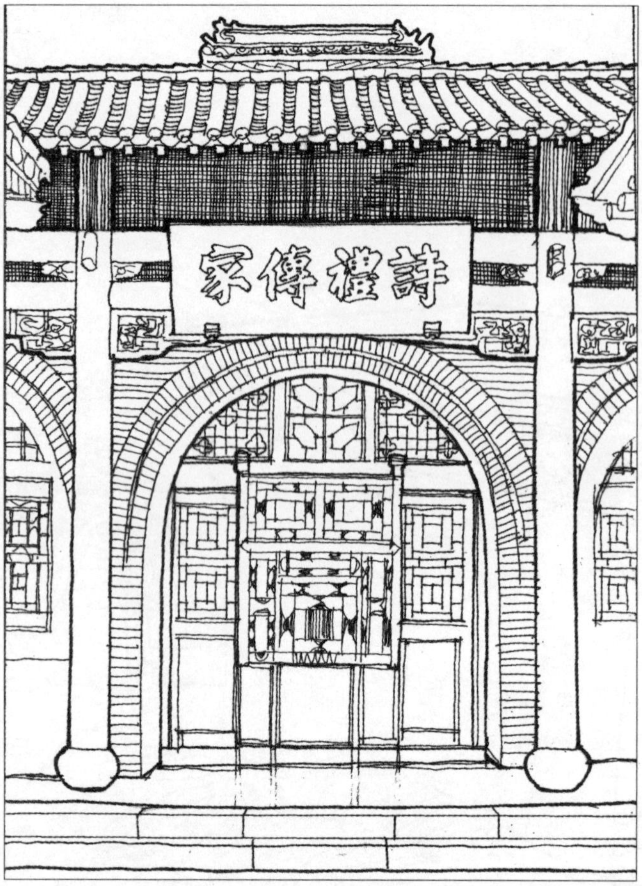

诗礼传家，平遥古陶镇

功名冠裳意谓着官运、财运亨通

然，这是一种背离事物发展逻辑的异化形式，是将愿望和期待建立在术数基座上而获得心理安慰的一种方式而已。

台湾陈正祥认为南宋后人才分布重心移向江南，除了经济原因外，南方秀丽山水对文学和艺术的启发和熏陶等也具备了一定影响。①研究者认为，历史上人才俊彦的产生和空间分布具有明显的动态性和不平衡性。大体上可以宋“澶渊之盟”为界线：②之前以黄河下游、渭河等华北、中原地区为主，之后以江南和四川为主，尤以江南为重。具体而论，公元400年至900年，以华北为主，河南、河北、山西、陕西和山东省占70%；公元900年至1400年，1400年至1900年，以太湖流域为核心的苏、浙、皖、赣四省人才最多；苏浙两省占51.3%。半壁江山之巨——名至实归的“东南财赋地”，江浙人文薮。③人才人物的分布呈现出东多西少，南多北少的空间格局。由此可见，历史人才人物的产生和空间分布，主要取决于经济发展因素，其他如战争、地理环境、望族数量分布、考试制度沿革、首都位置、区域风尚和人口变化等，也不同程度地作用于兹，这种时空变化的受制因素说明，地理环境、山川形胜与人才人物产生分布有一定关联，但并不存在内在逻辑因果。

---

① 参阅陈正祥著：《中国文化地理》，三联书店，1983年。。

② 《宋代人才的地域分布及其规律》总结了宋代人才分布的三个基本特征：人才多、密度大，比率高者为黄河下游，江南东部和成都府路三地；江南地区人才崛起并领先与北方始于“澶渊之盟”后，而非以往的北宋亡后；江南和四川人才的进士出身占很大比例。见肖华忠：“宋代人才的地域分布及其规律”，载《中国历史地理论丛》，1993年第3辑。

③ 据台湾黄定华研究，1. 中原期：公元400年以前上推至前551年孔子诞生，名人主要分布在渭河、黄河中下游的今河南、陕西、河北、山西、山东五省。2. 华北期：400年至900年，上述五省占70%。3. 转折期：900年至1400年，黄河流域优势丧失，江南崛起为中心，河南、四川为次中心。4. 江南期，1400年至1900年，江浙两省占51.3%，5. 沿海期：1900年至1980年代，江浙，保持第一核心，比重有所下降，河北、山东、江苏、浙江、福建、广东占55.2%，出现环渤海和广东两次中心。见黄定华“历史名人的地理分布”，载台湾《新竹师范学院学报》，1985年第11期，第29～98页，引自林頫编著《中国历史地理等研究》，福建人民出版社，2006年，第289、290页。

第五节 宗教信仰观中的村寨模式

一、庙宇寺观和信仰圈

庙宇寺观是村落市镇中常见的宗教文化景观和信仰、象征系统符号，明恩溥曾这样说过："中国庙宇数量之多真是令人难以置信……如果还有什么事情的概括比其他的事情可靠一点的话，那就是这个帝国乡村庙宇的普遍性。"① 作为村镇人居环境的一个组成部分，庙宇寺观与其他实体环境等一起共同构成了一种世俗与神圣并存、人神同处的世界；通过兴建庙宇寺观形成神明的信仰空间，形成富有特色的信仰圈和祭祀圈。

中国传统民间宗教的宇宙观中蕴含了三个世界，即超现实的天庭、世俗人间的现实和死亡后的归宿。人界阳世是世俗凡人居住生活的环境。这里，天界神仙可下凡光顾，阴间鬼怪妖魅也会出没骚扰。所以民众当祈求神明保佑，举行各种迎神、酬神和祭神的仪式，希冀借助神力驱妖逐鬼、趋吉避凶。为创建理想的人界，遂与多神崇拜的民俗信仰相联，产生了众多崇信的神灵和为神灵安顿的处所。这种处所可谓既广且繁，所谓北方多石窟，南方多寺庙。远者如唐代杜牧"南朝四百八十寺，多少楼台烟雨中"，近者如民国《河南新志》所云："全省民俗，无不迷信神权。自城市衙署，以及村镇山林，凡有人烟处即有寺庙。"在偏僻的陕西安塞县域内，曾有关帝庙、社稷坛、先农坛、雩坛、龙神坛、虫蜡祠、蜀猛将军祠、城隍庙、火神庙、马神庙、痘疹娘娘庙、阿姑圣母庙等各类寺观无数；在山西介休东南的张壁 0.1 平方公里面积的袖珍小堡（城）中，也建有唐代以来的近十座庙宇寺观。现尚存关帝庙、真武殿、二郎庙、空王佛行宫和兴隆寺五座。由于城镇人口麇集，宗教庙宇寺观也相对集聚，兼及明清时期一系列的敕封，使各地宗教场所呈现出制度性和非制度性祀所并置，地域性和非地域性同在，历史遗存与新建共存的局面。一如清乾隆《西宁府志》所云："圣人以神道设教，郡邑有民人则有社稷山川百神，暨凡有功德于民者皆宜崇祀，所以合幽明而舒诚敬也……"② 清代城镇俨然一方宗教中心。相比较而言，村落中的祭祀场所少而散。在北方山西、陕西等地乡村民众的宗教生活中，"没有核心权威，没有专门的僧侣，没有言简意赅的信条，没有至高无上的利益，也没有要求所有人遵奉的原则"，③ 因为乡民们崇信的诸多神灵都几乎伴随着稼穑耕织生产生活而产生，"在他们诞生、婚配到死亡的人生旅途的每一个驿站都有崇信的神灵，在一年四季每一个岁时节日，每一个神诞日都有祭神的活动，他们通过祭拜庙宇中的各种神灵来解除现实生活中的种种苦难，神庙成为他们宣泄情感的空间"。④

历史上各地域、民族祭祀信仰不同，使庙宇寺观建筑景观也多有不同。在清顺治至雍正年间，内蒙古中西部以呼和浩特为中心先后建立了慈寿寺、崇禧寺、崇寿寺、尊胜寺、宏庆寺、隆寿寺、宁祺寺、仁佑寺、广福寺、慈灯寺、法嬉寺、慈荫寺、永安寺、晋安寺等十几处庙宇。后又在漠南建大小寺庙千余座，喇嘛 20 万以上。⑤相对而言，龙王庙、关帝庙、土地庙、城隍庙等较少地域限制而遍布全国东南西北广袤的大地上。至于海神庙、妈祖庙、井泉龙神龛等则有典型的地域特征。比如海神庙多位于沿海村镇，如浙江海宁盐官镇海神庙；妈祖庙遍布北自山东蓬莱、中至上海、浙江，南至闽、台、港、澳、粤等沿海村镇岛屿；井泉龙神龛则在粤中广州等地三间两廊型住宅的青云巷天井一侧的墙垣壁龛中，等等。

由于反映了一定的宗教观念、民俗观念和礼制制度，因而崇祭场所的方位、格局等也与功能、诉求、目的等相

---

① ［美］明恩溥著，陈午晴、唐军译：《中国乡村生活》，中华书局，2006 年，第 102、103 页。

② 清·乾隆《西宁府新志》卷十四"祠祀"，吴坚主编《西北稀见方志文献》第 55 卷，兰州古籍书店影印版，1990 年。

③ 克里斯蒂安·乔基姆：《中国的宗教精神》，中国华侨出版社，1991 年，第 37 页。

④ 段友文著：《黄河中下游家族村落民俗于社会现代化》，中华书局，2007 年，第 243 页。

⑤ 《蒙古族通史》编纂组：《蒙古族通史》（修订版）中卷，民族出版社，2001 年，第 364 页。

契合。如遍布天下的城隍庙，“……明洪武元年（1368）加之以爵，府曰公、州曰侯、县曰伯，至三年（1370）春革之。是年夏六月，诏令各处城隍庙屏去杂神，寻又定庙制如公廨，一泥涂壁，绘以云山，在两庑者亦如之。又诏守令之官，俾与神誓，故有监察司民之封，而主持之徒，遂增设寝室，俨然官府。朔望年节，民间油烛纸钱，供献之费不可胜计。与有司分阴阳，而有司以随而和之……下有尚鬼，为民上者有以尊之也”。①城隍本义指城池，其池乃无水之池，其初始为祭祀城池神，目的是祈求保一方平安。据刘景纯抽样分析，绝大部分城隍庙分布在城西——排列在衙署西侧。②龙王庙常置河滩流水旁；清真寺在乡镇聚落的空间布局则取决于回民具体的聚居状态，通常建于回民集聚的中心城关、城郊或城之一隅等。至于晚清天主、福音堂等进驻城镇乡村，乃至偏僻堂奥的云、贵、川等内陆山区，是为一种西人意志的契入。所以大多择置弃隙之地，而无宏观构图布置中予以安排，从而失之规律性而无方位秩序可言。

近代巴蜀暨长江沿岸众多码头场所中，规模不一、密密匝匝分布着形形色色的庙宇寺观。从类别看，除了富有地方特色的禹王宫、南华宫、清音堂、川主庙、三圣宫、灵音寺、关帝庙、观音堂、清真寺等以外，从分布人群地点和场所看，也有一定规律或倾向。清中叶的移民潮使巴蜀容纳了来自众多省份的人群。不同省份的人群与庙宇寺观几为对应关系呈现在场镇空间结构和场所分布上。譬如禹王宫、万寿宫四周，大抵聚集着湖广、江西人群，因为禹王宫、万寿宫等为湖北、湖南、江西移民所建。长江流域水运繁忙，诸多场所因水运而成场镇，围绕水运应运而生了无数服务于斯的船工、挑夫等

山西临汾东羊村后土庙

劳力群体，他们的愿望与运输商业的希冀和担忧是一致的，便是祈祷河神保佑，航运一帆风顺。基于此，常于峡口或场镇上游方向台地上建庙镇江。据季富政调查，自贡王爷庙、长寿扇沱场、忠县洋渡场等莫不如此。而且基于王爷庙在船商、船工心目中的位置和寄予的希望，不但在择址上惨淡经营，还彰显在修建规模和档次上，往往是场镇中较精致宏伟的公共和宗教建筑，复因地利，通常在其四周逐渐衍生、聚拢众多的民居和建筑。形成以此为核心的聚落街坊组团。③

二、宗教信仰中的村寨模式

西南边陲诸多少数民族地区至今依稀保存着较完整的宗教信仰体系及崇祀格局。分布在东经99°～100°、北纬20°～24°的澜沧江和萨尔温江之间、怒江山脉南段山区的现沧源县和西盟县中心区域的佤族，其社会组织结构形式为部落—村寨—家庭三级阶梯结构，即若干个体家庭构成村寨，若干村寨形成部落。尽管部落之间联结相对松散，但在意识形态上都有较强的凝聚力和向心力。从20世纪60至80年代陆续发现的沧源崖画看，古代濮人即今佤族、布朗族和德昂族的先民们在距今3 000年前创造的形象、符号，在今日佤族生活场景中仍有众多呈现。除了建于山腰或山巅的佤族村寨不包括庐舍民居，一般还有以壕沟、寨墙、寨门等组成的防卫设施，木鼓、木鼓房为代表的社稷象征、鬼林、墓地等自然崇拜的信仰设施等。在佤族万物有灵的自然崇拜中，认为世间万象皆由鬼神创造和支配，任何自然现象都有鬼神存在。虽然其鬼神观念尚欠清晰，比如所谓鬼神就是各种体现自然物和自然力量的精灵。初期的鬼神亦善亦恶，相互间无等级和隶属关系，近代后善恶分离，其中重要的鬼神已具有较多的善神特性被

① 《蒙古族通史》编纂组:《蒙古族通史》（修订版）中卷，民族出版社，2001年，第364页。

② 据清杨应琚言，清代城隍庙功能已发展为“与有司分阴阳”的掌管阴间事务的神庙。依彼时世俗观念，西方为太阳落山之处，为进入阴间之门向，俗话“送某人上西天”即为此向矣。另，佛教认为西方为极乐世界，本义略同。在此观念支配下，城镇中城隍庙普遍布置在城西。从庙与府、州、县署的关系看，若同在一处，则城隍庙排在衙署西缘。参阅刘景纯:“清代黄土高原地区城镇宗教祭祀景观的分布特征”，载《历史环境与文明演变》，商务印书馆，2005年，第276、277页。

③ 参阅季富政著，《三峡古典场镇》，西南交通大学出版社，2007年，第84、95页。

奉为保护神。“木依吉”在西盟被视为世间万物的创造者和统治者；沧源地区最崇拜的神灵“梅”意为祖先神，其中又分本部落诸村寨共同崇奉的部落祖先之神、村寨祖先之神和其他氏族或地区的祖先之神。其宗教活动又有个人、家庭为单位的祭祀和以村寨为单元的公共性祭祀活动之别。西盟公共祭祀活动包括猎头祭鼓（谷）、砍牛尾巴送人头鬼和拉木鼓；沧源的公共祭祀活动围绕村寨保护神展开，如以村寨保护神为对象的祭寨神林、祭寨柱，以及“取新火”习俗等。

宗教信仰及崇祀反映在村寨环境构成中，形成了佤族相应和独特的布置模式和环境特征。佤寨附近通常设若干“鬼林”，这也是部落或村寨的保护神，村民不得在此砍伐、放牧和喧哗；村寨内四周设护壕沟和寨墙将寨子严密圈围起来。设寨门若干，门扉用整段树干砍凿而成，内用木棍作横档绑扎，晨敞暮合；门外还辟有数十米长的甬道，道宽不足两米，两侧为土壁，其顶部用木架、树枝、刺藤覆盖，以增强进攻难度和提高寨门防御性。村寨中心有一个或数个木鼓房，房中置放两个木鼓，外侧竖有若干供置人头的竹楼，内有砍来的人头作祭物。一俟有紧急情况或举行大型宗教活动便击鼓敲打。在1950年代前，佤寨内还有许多宗教性设施，如主门（火门）外右侧有“牛交叉”和“老母猪石”，左翼有“牛尾巴柱”，左门（鬼门）外门廊和佤居屋檐下有牛头骨等。尚处于原始公社发展阶段末期的佤族村寨通常由若干小寨共同组成村落。村中负责对外联络、管理村寨事务和主持宗教活动的人称为大“窝朗”，是1950年代前佤寨中政治和宗教的领袖，深受村寨佤民尊崇。虽然大“窝朗”与佤民不存在统治与被统治关系，但大“窝朗”的住宅与普通佤民的住宅有所不同。十年修一次的大窝朗房子翻修并非窝朗的个人行为，而是佤寨的集体行为，凸现出世袭窝朗制度下窝朗特殊权利的一种象征。①

在盛行小乘佛教的云南西双版纳傣族村寨中，也四处可以感受与体验到宗教信仰对人们日常生活的影响，直至渗透到人们的深层心理结构中，并呈现在村寨聚落的空间结构和形态景观中。诺伯特·舒尔兹在《场所精神》一书中认为人都具有向心感，都存在着一种心理归属。联系西双版纳的傣族村寨看，村寨间佛寺位置往往占据着村寨最主要的路径节点或相对宽敞的处所，与组团明晰、方位明确和整体方格状民居集群保持若即若离、似分又合的距离，加之极为庞大的面积（相对住宅）、独特的建筑造型、浓郁的色彩和精致绚丽的藻饰，遂当仁不让地在傣民心理上建构起了秩序终点，村寨聚落空间结构和形态层次上的中心之一。村寨的另一中心，便是由傣族原始宗教幻化而成的寨心。

傣族原始宗教中认为世间万物都有灵魂，一切具有重要意义的自然物和自然现象都可以成为崇拜对象，他们“认为村寨是个生命体，寨心是村寨主要道路上的一块较大空地”。②寨心形象虽简单，但因是祭祀活动的场所便赋予了其神圣的宗教意义。寨心与佛寺，原始宗教和小乘佛教，构成了傣寨里的宗教中心、礼神中心、空间中心，以及公共活动的主要场所。因此，在空间结构和形态层次上也便具有了定向和中心的标志性意义。

第六节　防御、拓殖与同化

古代中国无数区域性的小社会与外部世界处于相对闭合内向的状态，所谓“鸡犬之声相闻，民至老死不相往来”③——倾向于安宁、稳定的生活图景并呈现出相应的心理结构；稼穑为生又往往以“耕读传家”为憧憬，以穷兵黩武为戒，一如墨家思想理论中的“若使天下兼相爱，国与国不相攻，家与家不相乱，盗贼无有，君臣父子皆能孝慈，若此则天下治”。④然鸿蒙既开，天下纷扰，兵燹不绝。人居聚落中无论大聚都会城郦，中聚县域市镇，小聚村落乡邑乃至房屋庐舍，普遍建有安全防御设施，旨在保家卫国，体现了“居安思危，思则有备，有备无患”⑤的忧患意识。

---

① 关于大窝朗修盖大房，可参阅《佤族社会历史调查》（二），云南人民出版社，1983年，第146～147页。

② 严明：“西双版纳村寨聚落分析”，陆元鼎主编：《中国传统民居和文化》（第二辑），中国建筑工业出版社，1992年，第58页。

③ 《老子》第八十章。

④ 《墨子·兼爱上》。

⑤ 《左传·襄公十一年》。

福建漳浦赵家堡完壁楼大门，南宋赵氏王室后裔南迁定居地之一

这种意识最初可能源于心理恐惧和生命本能。从原始社会时期的西安半坡聚落遗址看有两个明显特点：向心聚合，周边有壕沟。河南郑州西山仰韶文化晚期遗址虽然功能原始、单一，但高大的围墙已逐渐区别于仅设环壕的半坡——这种原始状态下形成的聚落布局模式逐渐凝定为一种文化原型或聚落意向。①迨至龙山文化时期，普遍的近似方形城垣以及置于中轴线附近的夯土建筑，如赫家台城内排列有序的排房建筑②，古城寨城宫殿、廊庑建筑与城墙一致③的走向等，可以窥见斯时的城邑布局不但具备了一定的规划，而且平粮台古城正方形的平面中的南北城门等足以证明防御性的构建趋于严密，并接近了《考工记》中的规定。④除了《管子》和《考工记》之类外，后出的形势宗堪舆风水吉凶观不仅源于人们长期生产生活的体验和知识积累，也在相当程度上满足了人们心理的庇护需求，而且可以认为，防御性的山川格局、空间意向和所希冀的一种心理模式，以潜藏的底色左右着后世择址相地的堪舆术，而倾向于对环境地形结构的抉择，衍化为所谓"龙虎所以卫区穴之势"⑤ 的兜抱状，又分明具有安全防御色彩的地理空间格局。

初始滥觞仅仅为防御工程的城堞墉壕使古人觅到了保护自己的上佳手段，也因为它的出现，遂显示出不同于农村的特殊功能——中心地位的确立和辐射作用，使之处于统率地位役使农村供应城市，中国农业社会中长期的二元等级或分化无不与此相互关联。从文化史角度看，传统人居环境暨都鄙、县治和村镇的安全防御意识和观念，系与原始时期积淀的潜意识和本能安危有密切关联；而自然地理环境、特殊历史时段或时代背景又强化了这种意识。

近古时期黄河中下游和耕牧交界线的华北地区的边关、要隘、村镇和乡邑，地表外观上安全工事和设施遍布。屯军和乡民"有警则入城堡，无事则耕，且种且守"。在明代官府支持下，乡民也开始修城筑堡以自卫。"或百十家筑一大城，或五六十家筑一小堡，城堡之中民以为守，少者徙以附焉。"⑥ 以至于河北蔚州县境内"凡村必堡"。黄河中下游陕西、山西省区众多村镇，多建有围墙，围墙上开设若干门扉供出入；也有村镇在主村镇外另建寨堡，构成以安全防御功能为主的堡垒式村镇。在陕西的"寨"和山西的"堡"中，地理方位、空间格局的选择利用也颇费思量，如"寨子一般建在悬崖峭壁或四周为沟壑的险要之地，堡子在地势较高处，再在围城外挖掘壕沟而为之，这些寨堡与其归属的村落连在一起，形成了山陕地区村落密布、寨堡林立的景观"。⑦

明清两代是三晋大地建堡的集中高峰时段。其动因一在于抗击外族侵略；二在于防御明末李自成部袭扰。现仍保存较好、位于介休东南 10 公里处丘陵地带的张壁村古堡，地势险要，易守难攻。古堡南北长 244 米，东西宽 374 米，周围总长约 1 300 米，堡墙版筑夯实，高 5 ～ 7 米。其中东北角堡墙为唐代遗存，南堡门西侧堡墙为明清

① 国家文物局领队培训班："郑州西北仰韶时代城址的发掘"，《文物》，1999 年第 7 期，第 4～15 页。

② 河南省文物研究所、郾城县许慎纪念馆："郾城郝家台遗址发掘"，《华夏考古》，1992 年第 3 期，第 62～91 页。

③ 河南省文物考古研究所等：《河南新密市古城寨龙山文化遗址发掘简报》，《华夏考古》，2002 年第 2 期，第 53～82 页。

④ 河南省文物研究所、周口地区文化局文物科：《河南淮阳平粮台龙山文化城址试掘简报》，《文物》，1983 年第 3 期，第 21～36 页。参阅赵明星、张玉霞："中国古代城市规划理论研究三则"，《华中建筑》，第 26 卷，2008 年 8 期。

⑤ 晋·郭璞《葬经·外篇》，《四库全书》，子部·术数类。

⑥ 魏焕：《皇明九边考·经略总考》，卷一。引自罗德胤著：《蔚县古堡》，清华大学出版社，2007 年，第 34 页。

⑦ 段友文著：《黄河中下游家族村落民俗于社会现代化》，中华书局，2007 年，第 268 页。

所建。其他保存尚好的还有：沁水县湘峪村三都古城堡东西长280米，南北宽100～150米，占地约32 500平方米；阳城县郭峪村城堡高12米，阔5.3米，城周1 400米，城内面积179 000平方米，建造于明末；阳城县北留镇黄城村；自明崇祯五年（1632）至清初中期，修建七层河山楼，又造环绕全村的高矗城墙，以及阳城县润城镇的砥洎城等。另据光绪《太平县志》卷二“村堡”篇载：全县“按旧志列一百六十村，今总计一百八十六村。……明万历乙未志，惟汾阳、赵康、古城、北柴、相李、史村六村有堡。明季寇警，知县魏公韩劝谕百姓筑堡自卫，于是各村落有村堡者什之七八矣”。①由此可知，在明末官方劝谕和支持下，三晋地域内始普遍修堡筑城，以抗农民起义侵袭和流贼骚扰。

中央政府对边陲僻壤之地的控制还彰显在经济的拓殖经营上。类如屯里的广泛设置在历代王朝的军、政、经、文的治国经略中从来就是常态，如对八闽福建，先是秦始皇设闽中郡，西汉时政府采取分而治之及北迁越人之术，三国时孙吴政权多次招募吴楚人入闽屯垦，延至隋唐和近世又加大了入闽步伐和力度。随着中原和吴楚人口比例的增加、经济拓殖经营不断扩大和深入，汉文化因素也随之渗入闽中且与土著文化产生碰撞和交流，有些地方甚至逐渐转变为强势的主导性文化。也有一些因深居僻壤的堡垒如明初戍边屯垦的中原汉人长期戍边，世代相沿而为“孤岛”状存在。在践行国家边陲经略的历程中羁留屯垦于此。从广义上看，大批外来汉民（军队）在黔中等地移植和重建、巩固传统汉人社会的过程，是一个不断进行自我文化调适，逐步走向“土著化”或“在地化”的过程，不过，汉人建立边陲本土上的群体认同意识本质上仍是传统观念、信仰的基因遗传，而不隶属于一个全新的异文化系统。②历史上汉民族的城市建设思想、观念、方法、规则工艺等在边陲和少数民族聚居城堞中也得到传播和体现，如承袭中原形制的云南大理古城，城内道路呈棋盘式纵横九街十八巷，南北轴线鲜明：由南门外的“妙香古国”牌坊、承恩坊、坊拓桥、南城门、承恩门、五华楼、四牌坊、六牌坊直至安远门（北门），构成了强烈而富有秩序和节律感的空间序列；东、西两城门分别连接（通）苍山（西门）、洱海（东门）构成东西轴线；自西端苍山流向洱海的十八股清泉部分穿城逶迤而去，生气盎然。长方形平面的古城城墙部分保存较好，城楼高大巍峨，藻饰壮丽，蕴涵着浓郁的汉、白民族融合相生的艺术风采和民族特色；彝汉共处的滇南重镇建水大规模的建城活动始于明初，后多次修葺，经挖壕堑、建炮台、置兵营、筑瓮城、修城楼，使之更趋完备坚致。清顺治十六年（1659）古城西、北、南三座城楼毁圮，现仅存东门朝阳楼。门楼通高近35米，依地形构筑于隆凸的土坡上，使内城地坪标高高于城外，愈加彰显城堞的高矗雄闳，巍然坚固的体量和气势。

倘从政治和军事内蕴看，大规模构城筑堡或与统治和巩固方域很难说缺乏关联。大理、建水等古城形制的汉化恰好坐实了这种“汉化”可能是因为统治而建立的价值标准成为社会主流时尚的结果，中原汉人“标准”的城镇堡垒样式成为政治主导、军事统治和文化改造的“工具”，这在少数民族和边疆蛮荒之地尤为明显。③镇之由来，从来就是建立在趋利避害以防妖蜮现祟的巫术心理上，在宗教叙事为人行善恶判断时期，将叛逆行为妖魔化而起到的震慑目的更持久、更深入人心。“古人城池都鄙以星相堪舆为宿命形式，掩盖了宗教巫术背后的战略（城防）、居住（坊市）、行为（交通）意义上的实用目的，而魇镇巫术导致城镇选择的偶然性，似乎又掩盖了政治目的的战略意义，于偶然之中昭示了某些城镇历史发展的必然。从这个角度说，以城为‘镇’的巫术手段，其本质还是军事目的的安全防范；镇关锁钥的城市布局，也从封建谋略的权力控制中诠释了古代吏治建置深刻层次的文化心理。”④也就是说，初期的军事统治裹卷弥漫着众多如政治、经

---

① 清光绪：《太平县志》，《襄陵县新志太平县志合刊》，襄汾县志编纂委员会，1986年1月重印本。

② 陈进国在谈及外来汉民在闽中移植和重建时认为，为了能在一个边陲环境中生存与发展，外来汉民必须结合“在地社会”原生文化的状况，对移出地的本文化进行变异、转换和创生，从而铸出新的地域文化模式。但不能忽视的是，由于外来汉民及其后裔逐渐并持续占据着区域社会的主体地位，移出地的原生文化系统所支持其行为方式的深层的知识、观念、信仰等并未发生根本性改变，闽中汉人移民社会走向“土著化”而创生的地域文化模式，与移出地的整体的原生文化系统并非根本的异，充其量是量的异，因此，也就是大同小异。与此相应的是，汉人建立闽中本土上的群体认同意识，如地缘、血缘意识或始祖崇拜等，本质上仍是传统观念、信仰的基因遗传。载《信仰、仪式与乡土社会——风水的历史人类学探索》（上），中国社会科学出版社，2005年，第40、41页。陈氏对外来汉民在闽中移植和重建传统系统的认识和观察，具有深刻的启发性。

③ 杜正胜提出，“华夏”的族群概念不仅具有文明意味，而且也有政治的涵义。所谓汉化大多脱离不了军政作前导和后盾，其基本模式可能是军政主导于先，接着改造文化，最后土著汉化了，变成汉人。参阅杜正胜：《中国古代社会多元性与统一性的激荡——特从政治与文化的交涉论》，《新史学》11卷第2期，2000年6月。

④ 洪少峰著：《望族的故乡——龙川》，合肥工业大学出版社，2007年，第9页。

济、文化的多角度的经略，在经略的逐步实践中，拓殖、同化也同时空地得以在地化。

第七节　权力观中的官衙建筑布局模式

《考工记·匠人》记载城市的要素计有门、道路、宗庙、社稷、宫殿、宫室、明堂、坊市、城墙等，这里指的虽然是王城的建设状况和格局，但各诸侯国国都、卿大夫采邑等，大体亦复如此。其布局大概如下：

城池方形，以宫城为核心，宫城中的南北中轴线也是王城都会的主轴线；宫城内平面按前朝后寝规划。南门、朝、寝、市等自南至北布置在中轴线上；宫城前为外朝，后面为市。宗庙、社稷按左祖右社分置宫城东西两向；围绕宫城设置闾里，道路分径、环、野三途。从二里头城、偃师城等遗址中均可看到《考工记》中“择国之中而立国”的平面布置实例，宫城位于城市绝对的中心主轴区位，是鲜明的政治权力象征。不仅如此，在《管子》的营国思想中，具体到不同职业和等级的人所居住的方位、闾里中的位置，比如“凡仕者近宫，不仕与耕者近门，工贾近市”①，“士大夫不杂于工商”②，“凡工贾胥市臣仆州里俾无交为”③，等等，士农工商、不同地位等级人群的居住区域区分严格，仕者近宫，贾者近市，耕者近门等的不同居住地均在方形平面内以围墙、街巷分割，一利于规划、管理，二便于工作等。后世历朝历代虽多有依据具体实际情况而灵活调整，但依功能、性质和等第划分区域，宫城居中轴和中心的思想、观念、制度和格局基本未变，一以贯之，从而成为中国古代都城规划和风貌的主要特征之一。

都会城鄙如此，县城治所也大致如斯。县城平面布局与省、府州城市一样，多按功能分区布置为官衙区、商业区、手工业区、文化区、居住区等若干区域。初期以县衙为中心建造的山西平遥古城历经数度建设形成了“丁”字形城市格局。现存城墙修筑于明洪武年，此时县衙已不在中心，城市商业中心已东移至南大街，构成了南大街与衙门街、城隍庙等交叉的“十”字状商业街，南大街已成为轴线。后进一步向北扩展，逐渐形成现在所见左城隍、右衙署，左以文庙为首的文系建筑（西城），右以武庙为首的武系建筑（东城）及市楼居中的对称式结构和布局模式。又如南方宁波市的慈溪县治所（现江北区慈城镇），城池近4平方公里，城垣如矩，街巷犹如棋盘。城区中轴线自北向南，县衙北倚浮碧山，位于城北制高点，形成北高南低的轮廓线；全城东西两侧建筑及街弄平行，与中街轴线垂直。街巷道路规划、设置取《易经》八卦“乾三连”、“坤六断”之意，构成南北向三条街道、东西向共六条横街的“棋局”，所谓“新城堞循山而起，街衢缩三衡六，方如棋局画像，坤爻阛阓齐整……”④ 他如东城阚泽庙、西邑房琯庙等，均左右对称，东西有序，居中学宫布置在中街中端，与县衙呈前后。之所以形成上述布置模式，除了一脉相承于都会规划外，也在于古代城市的性质和功能，以及地理环境因素。

古代城市以政治功能为主的占绝大多数，因为自封建社会形成后从中央到地方已拥有一整套十分完备的统治控制机构。以县城论，这些机构所在地也就是一县之域的行政中心，有森严的衙门官署等。既然是地方的统治中心，那么，也大多设防，驻扎军队或各类监督、巡视机构。明松江府属辖的川沙治所在八团镇，各类衙署公廨等管理控制及其附属机构就有数十处，城内分布有守堡千户公署、百户所、军器库、把总司、扶安行台、下沙三场二场盐课司、南跄巡检司、三林庄巡检司和演武场等。此外，地方的文化中心，也往往依附于政治和经济。在地域分布上，不是位于政治城镇之中，就是建于经济中心之内。因此县城往往也是一县之域的文化集聚区。文化区多设立在文庙附近。如明清陕西凤翔府的府学位于府治东南，县学位于府学之西，岐阳书院位于府治东。另外尚有凤翔书院、凤起书院等集中于凤翔城东南部，构成凤翔府的文化区。

综观中国古代城市的平面布置和空间构成暨统治机构所在的方位和场所，大抵不出中部和北部及位处高地两种模式或格局，两者相参，互为表里。位处城区中部或北部的如明清山西大同城，城为方形。明初封代王于大同，在

---

① 《管子·大匡》。

② 《逸周书·程典》。

③ 《逸周书·作雒》。

④ 宁波市江北区慈城镇文联编：《慈城——中国古县城标本》（上），宁波出版社，2007年，第30页。

城中偏北处构筑代王府，西临南北大街；代王府之西为总兵衙门，衙门内西南建府衙，城北庶几咸为重要统治机构驻在地。明清河南南阳城中，唐王府位于南阳城中心，占府城面积的三分之一。再如福建泉州的北部鼓楼附近高地素为历代官署所在，尽管近代城区持续地往东南向扩展，但衙署之位始终未变。又据道光《安陆县志》卷四《建置志》“衢巷”载，清代湖北德安府城内格局为治西北隅为德安府署，同知署在府东，通判署在府西，安陆县衙在西南隅，镇守府署在治东北，也就是说，城北处以府署、同知署、通判署和镇守府署及营房为中心。

综上所述，统治权力机构集聚城区中心或北部与中国传统建筑的方位、朝向等尊卑高下大致同质——以北为尊、以中为贵，中或北部的统治权力机构建筑的朝向又是坐北朝南，面阳而立，与他类建筑同构。除了位处中部或北部、与都会皇城的平面布置相一致外，也以具体的地理形势为参照，尤其关注地势高隆处。明清临榆县城（山海关城）城北倚山，地势较高，所以把总署、都司署、守备署、副都总署设置在城北；明清江苏淮安城区西部、北部均为多水区域，仅城中南北一线地势高爽，故府衙设置在中偏北区位，漕衙在城中部，府学在中偏南处，都踞高而建。又如位于黄河、葭芦河交汇处的陕西佳县，三面濒水，一山耸峙，县城踞于山巅，县衙设置在城内正街西，以裨居中指挥。①

中国传统城镇布局原则之一是中心原则。所谓中心就是在规划经营时首先选择和确立中心基点，一俟中心位置确立，再向四周扩展蔓延。以县城论，这个中心往往是衙署、钟鼓楼之所在。明清临榆县城（现河北省秦皇岛市山海关区）以鼓楼为中心，山西右玉县城以钟楼为中心。有十字街道的城市，南北中间纵贯县治的街道大抵就是中轴线。这种对称布局的观念渗透在古代城市规划布局的方方面面。街道分隔上，如地形允许，通常采用棋盘式端直设置而较少斜、弯等形式。方形集聚的居住区虽自宋代起由封闭向开放转型，但基本形态并无实质性变异，由于居住区系由纵横交错的街巷分隔而成及街道的端直，因此，城中居住区大抵还是“方方如印”，总体上形态接近、单一，具有明显的稳定性。街道宽窄根据需要设置安排，通常县治中通往城门的街道宽敞，顺城街狭窄。

上述举例已足以证明统治权力机构建筑在城区中的分布特点，暨平面上南北中轴为基准，坐北朝南为标准。同时，在空间结构和地理形势上又不囿于程式，而以高隆处为首选。踞高能占据有利地形，便于调变、指挥，以裨于控制全城和行使统治的政治权力，这几乎成为中国古代和近代城市政治权力机构布局的一个恒定而久远的模式。推而广之，下行至乡村山寨，其管理或控制机构往往也是占据有利、宽阔之处，或彰显建筑的等级威势，或踞高呈现控制力。与之形成对照的往往是经济为主的城市、商业贸易兴旺的市镇等，因其盛衰旺竭通常建立在交通、区位、资源等前提之上，故政治权力统治机构的布置和驻扎不如政治型、军事型或文化型城镇般显明和“标准”，倒是经济、税务或市场的管理机构颇为突出和显要。

第八节　生态知行观中的两重性

中国古代在生态环境暨人类赖以生存的自然环境上虽没有系统严密的理论体系，但也并不缺乏相关的认识和举措；这些对珍惜和保护自然环境的认识和举措，有些源于古人对宇宙和自然的理解，有些来自自然崇拜，也有与人及生命周期的比附，政治家们出于道统层面，也将之上升到制度和伦理层面予以异化。不过从历史的长时段看，生态自然环境总体上趋于恶化的循环中，生态环境、自然环境的知与行在很大程度上反映了两重性或知行背离的状态及运行特点。

美国弗·卡特和汤姆·戴尔在《表土和人类文明》一书中比较了尼罗河、美索不达米亚等数十种著名的古代文明的兴衰后，认为大部分文明区域的崛起是建立在破坏生态环境基石上的，文明之所以在其故乡衰落，主要是由于人们毁坏了帮助人类发展的环境。②如果从人类发展和文明演进的大尺度看，人作用于自然界并逐渐改变自然界状态的这种历史进程中的普世性规律而言，或许《表土与人

① 董鉴泓著：《中国城市建设史》，中国建筑工业出版社，1989年，第125、133页。

② ［美］弗·卡特和汤姆·戴尔著，庄凌等译：《表土和人类文明》，中国环境科学出版社，1987年，第3、4、5页。

类文明》一书并未妄言，正是人类自身糟蹋和毁坏了赖以生存的环境。在作者所列举的数十种古代文明相继衰落后，唯有中华文明获得了持续发展，这种文明的持续发展当然必须要有一定幅员空间的自然环境为基础。如此，古代中国独特的生态环境观则具有了非常特殊的作用。

在笔者另一专著《中华民居——传统住宅建筑分析》的第二章第二节中，曾将自然崇拜、儒道释、经济形态三点归结于以下几点：古人在环境主体上不会大动干戈、很少采取“愚公移山”之类极端或刚性的举措改造自然和毁坏环境；自然崇拜、万物有灵使华夏大多数民族在观念上表现出对自然界价值的尊重；儒道释诸家学说从不同方面阐发了尊崇自然、敬畏环境的要义，其中儒家还将之上升到制度化和伦理的高度，长期耕织自然经济的生产方式在一定程度上也缓解了毁坏生存环境的压力。同时也指出，长期的战争、人地矛盾冲突、人类中心思想的泛滥和周而复始的营造活动等，是中国生态自然环境遭致重创的四个要点，认为辽阔的空间和持续大量的海外移民，是延缓生态环境恶化的两大主要成因。①历史变迁中所呈现的两重性，凸现了中国生态景观在知与行两方面的严重悖谬。在此，拟就这种“两重性”作进一步讨论。

前述自然崇拜和儒道释学说弥漫的积极作用在于尊崇自然和敬畏环境，这当然仅仅是事物的一方面，另一方面，迫于生齿日繁的人口压力而造就无节制的开垦和攫取，又缺乏有效维护和管理或长远的计划，使中华文明早期发源地之一的黄河中游和华北陕、甘、晋、豫、冀部分省区的自然生态在殷商至20世纪末期约3 000余年中遭到了毁灭性破坏，原先草茂林深、河湖广布的美好景象演化成严重的水土流失、大面积沙化、耕地破碎和频繁河患。

生态环境大不如以前的婺源思溪村

据统计，目前山西省保有金元之前地面文物建筑全国70%的份额，这个物态建筑环境及数量与上古、中古时期三晋大地良好的生态环境密切相关。古时黄土高原森林分布广泛，盖因历代开垦采伐特别是明中叶后的摧毁性破坏，不但使平原上森林消失，而且即使塬区、丘陵区也较少孑遗，仅在黄龙山、子午岭、陇山、吕梁山和太行山等山地尚保留若干林地；历史上北方丝路沿线除武威、张掖、酒泉、敦煌“河西四郡”素称繁盛外，西域三十六国的国都都较兴旺，如车师前国的交河城、于阗国的西域、鄯善国的泥城、龟兹国的延城、疏勒国的疏勒城等，沿塔里木盆地南北两地两道的且末（今且末县南）、精绝（今民丰县北）、西城（今和田西南）等（以上南道），以及延城（今库车）、南城（今阿克苏）、乌垒、轮台（均今轮台东部）、温宿（今乌什）等，在经历了西汉鼎盛期后陆续消失，部分仅剩残垣颓壁。不断恶化的自然环境，导致水源短缺，沙漠化肆虐严重。曾是水盛草茂的楼兰，由于公元4世纪起塔里木河上游鄯善民众开发水利，使塔里木河不再流入罗布泊，楼兰水道也因之枯竭，沙漠化最终将之掩埋。

研究者指出，“明清时期黄土高原天然植被受到人类的破坏比以前任何时期都严重”，大量文献记载了“有关植被的破坏可导致环境恶化、土壤侵蚀加剧、河流含沙量增加、河流水文状况发生变化的事例，这些记载有力证明了历史时期人类活动破坏黄土高原植被是导致黄土高原侵蚀作用的重要原因”。②其中又以明代“九边”屯田在高原对自然环境产生的毁坏最为明显。③其结果宛如《表土与人类文明》一书所言：文明人跨越过地球表面，在他们的足迹所过之处留下一片荒漠。仅此而言，中国古代对生态环境的破坏与世界上诸多文明发源地的衰落并无本质区别，这里就存在着一个明显的两重性或悖论，一面是尊崇与敬畏自然，一面是毁坏与恶化自然。显然，在人群生存的底线、战争及戍边等关乎国计民生的大业前，所谓尊崇自然、环境友好等只能让位。因此可以认为，中国古代有关尊崇自然等理论、思想或观念主张，在实际运行过程中并未得到全面实行，而是知行分离，华北地区生态环境和

① 刘森林著：《中华民居——传统住宅建筑分析》，同济大学出版社，2009年，第25、26、27、28、29、30页。

② 王守春主编：《黄河流域地理环境演变与水沙运行规律研究文集》，第五集，海洋出版社，1993年。

③ 参阅朱世光：“历史时期江汉平原农业区的形成与农业环境的变迁”，载《农业考古》，1991年第3期。

自然变迁庶几成为古人向自然不断索取的历史见证。

还有，在20世纪中叶前数千年的农业文明使土地成为了主要的社会财产，小农经济模式以铁器等为主要工具的生产方式，利用人的体力、畜力、薪材等为主要能源，因此，对生态环境的毁坏有限。不过，基于庞大人口基数产生的量却相当惊人。此外，农耕及其知识又主要以经验形态存在，在一定程度上，也就意味着重复和循环，正是持续不断的掠夺、开垦和利用土地创造了光辉灿烂的古代文明，并为之提供了强大物质支持，农业春播秋收的循环节律和天时地利的决定性作用，以及中国古代有关自然的表达以天命论为主，也就决定了古代中国核心和主要的自然环境集聚的焦点，主要在于土地丧失、森林减少和沙漠化三大生态的破坏问题上。

毋庸置疑，人类初始阶段聚居的村镇大都生态环境良好，随着发展的加快，也在不断对生态环境产生破坏性影响，使一些聚居区域的生态平衡遭到破坏，日渐恶化的环境使原本适宜人居的村镇难以为继。破坏自然、隳毁生态的成因有多种，生产方面，不当和无序围湖垸田、戍边屯田等是不能忽略的一方面。生活生存方面，房屋庐舍建、毁、建的无休止循环，木材等建筑材料使用量的有增无减。能源开采方面，如坐落在山谷里的山西东南晋城市阳城县郭峪村樊溪谷环境生态自明末开始遭受人为毁坏，一是开山劈石，开采煤、铁资源，二是砍伐树木，修建房屋。迨至有清一代，郭峪村周的松山等山岭植被丧失。随着商品经济意识的蔓延，众多林木资源茂盛地区的竹木资源成为众失之地。砍伐贩运木材，而且形成了伐、运、销的途径，进一步加速扩大了资源消耗的速度。

自古以来，八闽大地重峦叠嶂，溪涧纵横，所谓“八山一水一分亩”，拥有丰厚的竹木资源。唐代中原汉人大举进入漳泉地区，并将漳州开发建设成了海滨造船基地。据《漳州简史》载：“东吴海船大的可乘数百人，载重万斛，小的也能载马八十匹。”[①]庞大的船队驶向海外，拓展海外贸易。南靖县在明代大规模开发林木资源，为漳州建造大型木船提供大量长15米以上、树径50厘米以上的松木，以为船板用材，同时也贩卖木材，山区林木资源遭受滥伐，水土严重破坏。无独有偶，江西乐安流坑村也是从采伐贩运竹木入手进入经商大潮，背倚大量山林、丰富的竹木资源，世居乐安的董氏家族利用发达而便捷的水运条件，在乌江上游砍伐竹木顺流至流坑，复编扎成排，每排百余棵树干，由排工护至永丰，再重扎三百树干的大排，经吉水入赣江，远者至长江三角洲的宁、沪等地。时人聂豹谓曰：“……（流坑）二三十年间，靡然一大变。”[②]指出流坑董氏因伐木贩木致富，继而村落建设得以日新月异。

历史上竞相砍伐山林竹木的浪潮由华北、中原、东南、中南一路波及西南，破坏生态资源的空间也蔓延到西南等边陲地区，使国土林业植被、生态资源遭受大面积重创。清水江是黔东南州境内流域面积最大、流程最长的河流，自古以来就是该地与外界联系的主要水路通道。明清时期被称为“黔省下游”的清水江汇集了区域内众多河流，尤其下游地区的气候降水等自然条件，适合杉、松、楠、樟、枫等树木生长，一片深山菁影、浓翳蔽天的森林王国。有清一代，随着控制苗疆步伐的加速包括疏浚清水江在内水利工程的逐渐展开和运营，一方面在“稳定边疆”、沟通黔楚湘间的物流人流等区域社会经济的拓殖方面得以践行，另一方面，也使得资源和生态环境产生了无可挽回的巨大损失，庞大的林木吸引了来自陕西西安、安徽徽州、江西临江等林木商帮等来此贩木，顺清水江经锦屏、天柱于湖南洪江转巫水至沅陵、常德入洞庭、长江运输系统，湖南洪江作为连接黔东南木林运输上联清水江、舞水，下联巫水、沅水交汇的繁忙江埠码头，1930年代由洪江向沪汉间年最高木材销量竟达90多万立方米！还有一点不能忽视的是近代资本主义商业经济盛行后，部分发家致富人群忽视赖以生计的耕地农田的重要性，僭越“风水”行规或祖先遗训，盲目扩张住居占地面积、擅自抬高建筑高度，不但破坏了村镇原有格局，而且又损毁了无可再生的耕地资源。

① 陈再成主编：《漳州简史》（初稿，内部刊印），1986年。

② 明·聂豹：《养静楼记》，清同治《永丰县志》。

第七章

村落市镇景观的构成途径和观景方式

本章由村镇景观的构成途径和观景方式两方面内容组成。

第一节主要观照、分析村落市镇景观的构成模式和轨迹，比较自然与人工两种途径即“自下而上”式有机演进和“自上而下”式规划演进的异同，以及因过程的区别导致或形成的差异性结果。整体上看城镇或血缘聚落多为人工构成，杂居、散居或混居村镇等以自然构成为主，不过实际中又并非完全如此，往往是互含互摄而并非畛域分明：部分自然构成的村镇底里寓含着朴素而智慧的“规划”理念和思维取向，这种“内蕴”的“人工”并无外在明显的机巧或斧痕；同样，许多人工途径而成的村镇外在格局或风貌彰显出人工的“规则”，但其过程、局部等又充盈着“自然化”的努力或愿望。村镇景观作为自然环境、人文环境和生态环境中富有较高历史价值和优美环境的存在形态，一由“景”而成，这是客观存在的、各类可以感知的物质因素；二是指“观”，即审美主体感受特定环境景象时的种种主观因素。“这些心理因素与作为对象的种种物质因素相互认同，从而使本为物质性的景物成为主观心理与客观景物相统一的景观。”①

第二节围绕“观景”中的“观”展开，主要分为感官接受景观的方式、情感体验景观的模式和人的行为活动特征与观景三部分。以视觉为主的感官在接受景观艺术时的种种反映、吸收、处理、“完形”等机制反映了视觉生理构成、功能和特征对外界和景观的不同处理；情感体验涉及审美心理、意象和感知等一系列复杂的人—物的双向互动机制；人的行为活动特征——包括由此而来的比如适宜的空间、尺度、节奏和可及性。在某种程度和意义上，这也是建设、经营、维护和管理村镇景观的重要参照和依据。用聚落的整体观或聚居论审视我们曾生活过、未来可持续生活的环境，使我们不仅看到聚落的“空间实体”方面，还可看到生活于其中的人们的行为。②基于此，本节试图在计量数值的对比中，尝试建立或评析人与空间的适宜环境或景观的部分要求或参照。

第一节　村落市镇聚落景观构成的途径

一、自然构成

传统人居环境聚落的构成途径大致可分两种：一种是“自下而上”式的有机演进——自然途径；一种是“自上而下”式的规划演进——人工计划性途径。两者虽非泾渭分明，畛域清晰，但从缘起至形成结果看确乎存有明显差异。一般地说，“自下而上”式的自然途径形成主要集中在村落市镇，“自上而下”的人工途径形成大都体现在都鄙县治中。两者的外在形态区别在于：“呈‘自然式’演进的聚落多呈现不规则、自由、不经意、有机等形态特征，而‘计划式’理性演进的聚落形态则呈现出规划、几何、清晰的秩序感。”③

自然构成呈现了自发性及历史的延续性，在看似缺乏计划和组织的建构历程和形态结果中，即使住居或组团是多样化的形态，却也有着不知不觉共同地努力维护或尽力“缩小差异”的建构行为，从而在某些方面呈现同一性的众多因素或特质。这种现象与人们顽强的生存愿望与丰富想象力符合若契。顺此，是否也可这样理解：“自下而上”

① 陈望衡著：《环境美学》，武汉大学出版社，2007 年，第 136 页。

② 吴良镛著：《广义建筑学》，清华大学出版社，1989 年。

③ 刘晓星：“中国传统聚落形态的有机演进途径及其启示”，载《城市规划学刊》，2007 年第 3 期，第 55、56 页。

式的自然形成模式，最初阶段可能是多元的，随着岁月流逝及共同地域的各种自然条件与共同文化习俗的濡染，同质性逐渐增强，合理性的内核因素在放大、增殖进而延展至整体。即使是那些不规则、不经意或有机型的村镇，内里也蕴含着某些趋于同质的因子，这在移民城镇如川渝沿江场镇中尤其突出。

重庆酉阳龚滩镇的形成历史可上溯至东汉，因地处乌江航道，历来航运兴盛，也带动了商贸流通业和相关服务业。民国时在乌江东岸高台坡地上逐渐形成了长达3里的狭窄街道。据1934年统计，镇区辖7保、8甲、1 300户，人口6 000多人，俨然为川黔交界处一大场镇。龚滩所处乌江两岸山峦耸峙，悬崖环叠。西岸贵州境内沿河岩壁垂直度竟达80°左右，可谓绝壁险境。而在东岸龚滩镇一侧，虽坎坡陡立但有一定的缓冲河谷滩岸，这就为聚落形成和商镇勃兴提供了条件。场镇距江面数十米，平行于江岸，依次沿南北向街道拓展、东西向延伸。从实地调查看，镇区上场口形成最早，此处东接酉阳县治，西襟渝黔，住居人群多为土家族和船工，民居以木构架为主，另有三抚庙、上王爷庙、文昌阁（已毁）等宗教和崇祀建筑；往上（北）依次为上街，街道两侧沿江布置川主庙、陕西会馆和董氏祠堂，居住陈、罗、董、夏、冉、罗、张、郑氏等不同民族和地域人群。民居中干栏式、合院天井式不一。再往北便是下王爷庙（已毁）、禹王宫、天子殿、镇滩寺等公共建筑及以木构为主的干栏民居。

与龚滩镇生成衍化过程中无意识的自然生长和发展状况大致无二的巴蜀地区众多山地场镇受“自然力”影响明显高于丘陵、盆地尤其是平原地区，区域的气候条件、经济生产、地形地貌等多种因素暨自然力的综合作用，造成了人工环境与自然环境协调和谐的特征以及自然生长型的镇区结构和空间形态。如重庆沙坪坝区磁器口镇东濒嘉陵江，南北溪沟环绕，山环水抱成就了磁器口独特的自然环境。镇区的结构框架以自然环境为基础，依山就势，循形构图，街道与建筑顺嘉陵江和溪沟环绕中部的马鞍山呈台梯状布置，在60余米的相对高差中，有机分布于起伏多变的自然形态中；基于特殊的用地条件，在长期的演进中形成了类似树枝状的街巷形式，以一两条主要街道为骨干，旁翼巷弄为枝丫状伸展，主次分明，层次清晰。显然，这种形式的生成动因主要来自适应和经验：它能较自如地适应山地的多样形貌。而水运码头、航运贸易和宝轮寺及外围交通的勾联又较清晰地呈现出古镇的发育过程，以及码头、宗教在场镇中的作用。纵向的磁正街和横向的横街构筑了街区的最初雏形，这在街道宽度（3～6.5米）、相对平缓的地形和观览条件等方面显露无遗。

自下而上式的村落，基于自然条件和文化习俗的濡染，同质性不断强化，甘肃永靖县东乡族村庄

至于后发的各式巷道和住宅，基本上垂直于马鞍山脊（磁正街）和溪沟（横街）呈枝丫状伸展，法地势，宗地形，依形而构而不拘一格。如横街西缘巷道宽仅一二米，蜿蜒曲折，两侧毗连布置住宅，具有相同或相似的形制和格局——小面宽、大进深、小天井、青瓦屋面和穿斗结构，尽显密集、灵活、多变和朴实的巴渝场镇建筑特色。密集毗连的街道巷弄，檐口互相搭接和屋面的高低错落，使空间层次丰富异常，又因街道、巷弄、宅院序列形成的公共、半公共和私有空间的梯度结构，凸显较清晰的街区社会组织基本模式和历史进程的轨迹。

巴蜀地区沿江场镇是西南以长江、嘉陵江、乌江、沱江、赤水河等为主的河流及其支系形成的聚落形态，这些场镇坐落在河谷地带沿江展开铺陈，最初得以发展的水路交通暨码头附近的场所，自明清后水码头在原“水驿”基础上有所扩大和演进。作为当时最便捷高效运输方式的水上航运的兴盛也直接刺激了码头和沿江场镇的勃兴。从现存沿江场镇看，先是码头或码头周边进而或顺延江河展开，或依山地地形纵深拓展，受自然力综合作用十分明显，是“自下而上”自然形成场镇聚落的典型群体。

另外，从传统村镇水井设置的数量和空间安排可以看出，自由型也指聚落依井而生、而后扩大蔓延和空间格局并无严密控制规划或计划的聚落，村镇平面布置较自由随意。如濒临东海的浙江温岭石塘镇流水坑村。水井位于村中央两纵一横交叉和平行的台地上，四周宽敞，水井井壁及井栏用大块石片规则砌筑，井旁隙地亦以石板铺砌，共约40余平方米，供村民取用洗涤，并成为渔民们聚集、聊天的中心场所之一。直至今日，村落虽向四处不断扩展，但村中水井依然位踞村中心。

二、人工构成

在村镇实体与空间两大要素构成中，人工实体系人类在改造自然过程中利用自然界赋予的各种资源而创造的“产品”。相比较于演进途径中的经验化、自发性、渐进性及往往依托于较低的生产力水平、缺乏强有力的聚落资源调控力等因素的“自然式”，规划式演进基于彰显政治权力掌控者的价值观、审美倾向而强调环境形态中秩序感的建构，较关注聚落作为体现、呈现权力的“象征符号”的观念及其实施；得力于从容调配各类资源、较高的践行技艺水平及建设资源的整合与使用。如此，城镇等对象往往类如政令般多为一次性规划而统一蹴就，表现为更多的自觉性建设，[①] 也使都鄙县治类区别于普通村落市镇的格局和风貌。浙江慈溪县治所（现宁波市江北区慈城镇）和隆里古城的规划建设，体现了人工构成暨规划、计划、经营和整体构思的结果和经验。

自上而下式的城镇，四川阆中城街道

自唐开元二十六年（738）设慈溪县始，县令率众开挖慈湖、蓄水灌溉农田，形成东西护城河。南宋宝祐五年（1257），治理姚江、慈江和城中河水并使之联为一体，环流成网，官山江、慈江、护城河在官山脚下并流入海，水系格局臻于完善，为古城演进和发展先后奠定了重要基础。现存格局风貌定型于明嘉靖年间，为抗倭击侮，朝廷举府、县之力，遂构城筑堞，开街辟衢和疏浚护壕，城堡镇垒得以成型。位于黔东南锦屏县南缘的隆里古城，是明清王朝拓殖经营和掌控西南边陲的一个物态显影。永乐二年（1404）明廷迁九省人丁入黔滇驻屯，隆里（原称龙里）遂恢复明初洪武十八年（1385）千户所的建制及其所筑土城。从地理位置抉择经营上，隆里位处于山间盆地的坪坝中，四周青山环列，龙溪河逶迤而过，田土膏腴，林木繁密，水源充沛而便利，为屯卫官兵自给自足具备了良好的自然耕作条件和有力的后勤保障系统——拓殖控制和驻兵生产生活两相得宜。从现存古城的街区格局、民居庐舍和城堞建筑比较看，虽能大致判断出是规划与建设同步开始与完成的，但城中部分明显是民国和现代逐步添加和修缮，格局和主要街巷源自明代，清代和民国又不断予以完善，体现了一种历史“层叠性”。这种不同时期的“层叠性”大体在规定了的构架内——古城卫所屯兵的性质，汉族人群的构成及政府的经略格局态势，以及偏居一隅的位置使古城风貌合乎因果逻辑地、较完整地延续至今。古城卫城周长1 500米，南北217米，东西222米，面积48 000多平方米，共设东、南、西、北四座城门，东为清阳门，南为正阳门，西为迎恩门，北为闭门。城墙高4米，墙基部宽4米，上端宽3米。现存城门城墙大体是清顺治十年（1653）所定形。城内平面布置以千户所为中心，连接城门的东门大街、南门大街、西门大街等为骨干，其余呈经纬状分布30余条街巷。主要街道宽5 ～ 10米。排水系统较完备，街边阳沟、涵洞等排水通畅。上述两例至少说明了这样一种历史事实：“自上而下”的人工规划途径更多得力于政府援手和“规划”，其背后的经略超越了纯粹生产和生活聚居这样普通的命题，往往具有一定的政治和军事色彩。还有，历史上的军城、围堡和赓替有绪的血缘村落等也在不同方面诠释了人工规划经营的物化形态。

① 参阅刘晓星：“中国传统聚落形态的有机演进途径及其启示”，载《城市规划学刊》，2007年第3期，第56页。

关于后者，拟再举福建漳浦县湖西畲族乡赵家城村和诒安堡为例予以说明。

赵家城村又名赵家堡，为宋太宗赵光义第二十代孙赵范始建，历代屡有续建。赵范初建3层土楼式的完璧楼，明万历四十七年（1619）建3进院落和5列护厝，崇祯末又在其东、完璧楼北建造了6座三堂式厝屋。在堡子西部规划园景，宗祠前设荷花池，西南山冈处遍植果树。全堡周长约1200米，堡内集居住、祭祀、防备、生产和生活等一体，组合有序，既规范谨严又不拘窠臼，完整而有机。与之相距约2.3公里的诒安堡规模大于赵家堡，该堡系黄氏家族于清康熙二十六年（1687）聚族合建的一座大型村堡。其平面宛如椭圆形，堡墙周长约1200余米，设诒安门（南门、正门）、迎曦门（东门）、毓秀门（西门）和承庆门（北门）四座及两座小角楼。现诒安门至迎曦门之间、堡墙内侧的两层环形更道和堡门保存完好。从整个平面布置看，自南门外的护城河直至北端的梳妆楼，有一条清晰可辨的中轴线纵贯南北。正对诒安门为一字三组纵列（自左至右）大房官厅、大宗祠堂和二房官厅及东西两轩，前端为一硕大的埕，埕中尚存石质夹旗杆；轴线中部为小广场和戏台，后部（北部）为诒燕堂和梳妆土楼等。围堡西缘建筑群为主人和直系家属生活用房，东部为族人居处、读书用房。诒安堡内巷弄横平竖直，泾渭分明；建筑组群主从有序，疏密得宜，具有较高的规划意匠和计划水准，是一处颇为典型、依循“自上而下”或人工规划途径构筑的家族式村堡实例。

除此之外，本书中列举的徽州宏村、西递、南屏、屏山，浙江诸葛村、长乐村、苍坡村、岩头村、芙蓉村和河阳村等均为总体规划上的佼佼者，说明经过严密设计规划的村落并不在少数，它们在不同方面演绎和诠释了村居环境规划的多种优长和特色，比如合理运用水系源流，变害为福、为景观的宏村、岩头村和俞源村；借山位障景、引水为文章的屏山、呈坎、苍坡村；以及恪守礼教、崇奉耕读而整体有序的芙蓉村、河阳村等。

井然有序的规划，云南大理喜洲镇东安门

在传统人居环境中具有重要作用的水井，其数量、方位等往往经过周密详尽的设计构思和精心安排，甚至水井位置、数量等在村镇中都具有一定的特征乃至象征性（参阅第六章第六节相关内容）。如浙江永嘉岩头镇芙蓉村为元至正元年（1341）重建的格局，占地14.3公顷，平面长方形如芙蓉花（莲花）状。据传村落按“七星八斗”布局：星为村内主要街道交会处的方形平台；斗为村中的井和池。星筑台，斗凿池（井）——七星翼轸分列，八卦有机散布，村民沿寨墙、道路、建筑等错落有致挖了众多水渠涵洞，以沟通各“斗”；联络“七星八斗”的路、渠曲折而不失秩序，完整而和谐，寄寓了苍天星宿与地界人群合一的愿望以及将人间“百事”纳入天体运行秩序中的努力。该村整体规划充分考虑到了族众的生活便利性和可达性，精心规划的井池无疑汇聚了农耕人群对生产生活美好愿望的经营和憧憬，显示了朴素的智慧和因地制宜的实践结果。

从村落市镇形态构成的人工途径即经营和规划、工程和实施、完善和维护等一系列过程和结果看，一方面在选址、朝向等契合和利用各种自然条件诸因素层面，充分考虑到了其特殊性，在经营实施过程中理性把握了建设与自然这一对矛盾，使其结果形态较协调地呈现着人地关系的和谐共生；另一方面，强有力的组织协调、统一实施和资源调配的计划性，以及聚落中人群共同的参与性和认同性转化成了建设和管理维护的自觉力量，共同促成聚居区域朝着规划方向或经营框架不断充实完善，最终演进成完整适宜的人居环境聚落。

传统村镇的经营规划还特别注重“风”、“气流”暨降暑通风的物理功效的践行效果，以及激浊扬清的总体要求和宜居构想的经验实施，在初期的人地和谐、宜居宜耕方面达到了较高水准。以地处长江下游太湖流域湖荡平原的苏州吴江同里镇为例，该镇区周围五湖环抱：东临同里湖，西接庞山湖，南缘叶泽湖、南星湖，北枕九里湖，西北襟带吴淞江，东北连同澄湖，水体面积约占全镇总面积五分之一，15条河流将古镇分割成若干“岛屿”，49座桥梁又将之连成一体。这里田土膏腴，物产丰饶，鱼肥虾鲜，瓜果四季，“苏同白”大米盛名远扬。同里年均温度15.7℃，年均降水量1 019毫米，为典型的季风气候；气温日差小，雨水丰沛而四季分明。冬季低温少雨，夏季高温多雨，空气湿度较大，年均湿度为79%，尤其是春夏之交的梅雨季节，气压偏低。大体为西北高东南低的地貌使镇区处于水系河道最密集处。全镇数十个圩区面积约1平方公里，通常顺沿河道依河建屋，形成“小桥、流水、人家”的地域文化景观；复因水成街，贴水而市，成就了独特而精巧的市镇整体布局及其特质，河街并行，巷弄垂直于河街。

显然，纵横交错的水面较之陆地土壤具备更优越的兼容性，可有效降低周围环境热量，并在一定程度上净化空气；流经镇域的水系网络在盛夏酷暑时节吹拂小区域内滞留的热空气，客观上达到降温减热的凉爽效果。此外，流动水体还可由冷热温差而成就空气的流旋，使敞开流淌的河流（道）庶几为风的通途。垂直于河道、街市的巷弄，绵延深邃，既窄且高，巷弄内布置着院落居所。凭借无数条巷弄，蜿蜒连接前后河街，静谧便捷。同时，房屋毗连又处于大面积阴翳覆盖中，巷弄中低气候、快流速的空气形成天然风道。如此，水巷与街巷共为“风道”，使镇区外围湖面积吹拂而至的夏季东南风将弱冷空气源源不断吹向镇区纵深，祛湿散热，净化空气。

相似者在广东珠海北部唐家湾镇会同村也得到体现。古村平面布置为三街八巷骨架，棋盘式空间结构，街巷内建筑布置整齐，外观造型、材质和色调一致，有序排列、镶嵌在街巷网格中。村落建成于清同光年间，“由当时海外富裕宗亲投资，全村在统一规划下重建”。①村落居民规划建设体现了标准化、系列化和传统居住形式的有机融合。在有效集约使用土地的前提下，上中下横街形成冷巷，利用高窄而狭长的巷道获得通风散热效果，使巷道及两侧墙体大部分时间内均处于阴翳中；南北方向又可迎接海风吹拂和降温，使偏居岭南一隅、气候炎热的村落有效地利用自然，达到降温避暑的功效。

近世岭南五邑部分村镇建设“自上而下”的规划经营模式，糅合集粹了传统文化中惜田重地和堪舆风水与西方的规划、建设、管理思路和原则。关于前者，本书中已有阐述，主要是立基、朝向、择址等方面尽力于山阳处，以收通风、御寒、采光、排水和少占耕地之要，庐舍串联、街巷网织和高密度聚集，较好适应和顺沿了岭南的地理条件和土地资源状况；后者体现在规划的严密性和秩序性上，比如每户住居即三间两廊的统一开间进深，门朝火巷，祠堂、社稷坛和灯寮按“左祖右社”法则布置在村前，全村住宅一律前低后高，统一青砖对缝、村口门闸、村前晒场、泮池等，极具标准化模式意味。为了保证规划顺利实施，各地也在同族或同姓中以认股方式共同参与，避免一二人恣意武断或专横现象的产生；在公开、透明的运行中以拈阄方式决定房屋的前后左右方位等；认股投资方式如台山市端芬镇汀江圩建设由“汀江圩市场董事会”全权顾问的新型建设与商业经营模式。建设营造也有部分委托营建公司建造，比如“祯记公司”承揽开平赤坎镇建设事务等。

市镇商业街“自上而下”式的规划、建设实例尤以广东赤坎镇为典型。开平赤坎向以红壤出名，康熙初，此地墟集已成规模。民国初至1930年代，世居于此的司徒氏、关氏两大家族先后掀起了建设商埠街道的高潮。与传统家族式或政府等统一规划有所不同，虽然司徒、关氏两家也是家族式经营，但其资金却主要来自海外侨眷。如此，家族中华侨的设想和建议就成了重要的倾向性意见。比如主持堤西路商业街的旅加华裔关国暖及其同宗兄弟关国琼、关国鋆、关国均等对商街店铺的规模、样式和功能等，事无巨细地提出了繁复要求。在堤东路商街店铺建设中，四大家成立了“赤墈东埠市政筹备处”，还拟定了《组织章程》，宗旨是“筹划关于赤墈东埠市政一切建设及改良计划，并监督其进行”。②经过数十年建设，赤坎镇3平方公里中的中华路、长堤路、得业路、圩街、牛圩街等商业街道整齐有序，一律二三层的骑楼建筑形式形成了具有浓郁欧式风格商业市镇的格局和风貌。

第二节　景观艺术与观景方式

一、感受景观的方式

以人的视觉感官为主接受、体验、欣赏和品鉴环境景观艺术的方式是一种普遍的认识和解析景观艺术的方式。但是，同样的景观在不同人的视觉中欣赏和感受到的意向和特点是有区别的。17世纪“泰西”和“远东”的部分人士都把对方看作一个陌生的“他者”，以自我为中心看待世界。由于立场、文化的差异，包括景观艺术在内的人间实态世相、物态环境在其视觉中竟如此异样。就塔幢造型而言，英国美学家荷加斯（William Hogarth，1697～1767）在描述曲线美时对埃及、希腊、罗马神像的形状称颂备至，对中国古塔却不屑一顾，认为中国的塔完全没有这种吸引力。在绘画和雕塑方面的尝试大多趣味平淡，尽管中国人把其作品雕琢得非常精巧；似乎人们全都是用同样的眼光看这些事物，这种弊病是由于他们相互模仿自己的作品所造成的偏见的自然后果，而古人看来是很少这样做。[③]中国古代塔幢形态“统一大于个性”的特征，在一定程度上确乎遮蔽了差异性的微妙变异，如密檐、盝式、翘檐式等，总体上概有似曾相识之感。若论造型，除宋塔外，其他确乎有“雷同”、“平淡”之嫌。不过，中国塔幢的价值一在于其丰厚的内在意蕴。与印度自然繁衍、生殖崇拜等不同，它推崇的是涅槃、永生不死、转动佛光等；二在于与环境相融，与空间形成对比，从而成为景观中的一部分或标志，抑或因塔成景，景塔相映。比如湘西凤凰沱江镇万寿宫、遐昌阁之于沱江水口处，自万年桥东眺，恰处于沱江水口的底景位置；宁波溪口的剡溪旁，丛山环抱，南麓突入剡溪，山腰一乐亭掩映于荫翳之中，山巅有文昌阁，绿树平台，树影婆娑，视野辽阔，塔与景融为一体。总之，中国塔幢在景观中的价值在于景观整体中的功效，而非仅在于其造型本身。

在《中国：那个古代帝国的风景、建筑和社会习俗》（*China, Scenery, Architecture, The and Social Habits of That Ancient Empire*）一书中，我们得以获悉1840年代“泰西”画家眼中的风景、建筑和习俗，并通过赖特（G. H. Wright）从历史角度的描述性序言和注释中进一步体会到他们视觉中19世纪清代的环境景观。该书序言中说道：“在这个美丽的国度里，有世界的最高峰，广阔的驿道，无数的运河，许许多多的拱桥和宝塔，更不用说还有那绵延北疆的万里长城。”[④]在罗姆逼真而写实的画作中，独特的清代中国的景观环境一一呈现。例如在《秦淮古桥》、《官宦之家》、《琉璃宝塔》、《太平昭关》（以上南京）、《天堂行宫》、《犁田车水》、《湖边道观》（以上苏州）、《雷峰塔影》、《重农主义》（以上杭州）等画中，浮屠成了清代城镇乡村的宗教符号，画面中有些作为远景山水环境的点缀，如宁波《万顷棉田》和《鼎湖悬瀑》（广东肇庆），有些则作为标志性景观，如《瓜岛水车》（江西）等。还有的则成为中国传统景观艺术中高妙的“框景”中对景的主体，如《官宦之家》。画作中除了林立的塔幢、高大的城垣、精致的拱桥、秀美的亭阁藻饰、华丽而端肃的庙宇寺观和繁忙的商埠码头及游弋的帆船外，图像较为真实地描绘和刻画了清代村落市镇景观构成和整体风貌。譬如《江南古桥》中，浙江乍浦镇中一座中型石桥横跨在市河上，旁边紧靠着一座小型石板平桥，双桥呈直角相交位处交叉河道上，呈现出小桥、流水、人家的优美景象；《刘氏庄园》中，浙江湖州南浔镇刘墉家族庄园环境似乎融景致与市场为一体：远山依稀，绿翳掩映中有塔幢，市河上横亘着坚致的石桥，码头上肩夫正扛着丝包装卸，岸边商铺面向码头河道。[⑤]

《港岛远眺》系在约翰·柯林斯的写生基础上改画而成的一幅从今九龙尖沙嘴看香港的铜版画，柯林斯的画面上港口聚落还很零散，而在阿罗姆的画中港市已初步建成，房屋鳞次栉比，画面处理上升高视点，将尖沙咀处修造船舶的图像作为近景，右侧以弯月形沙滩海岛占据画面，以求构图均衡和生动。解说人赖特这样描述道：“维多利亚城是岛上唯一的镇市，它是在1841年由英国人建立的。以前两年，璞鼎查爵士到达香港，搭了一顶帐篷，行使政府职能，于是建立城市，人口也聚集起来，现在的岛上已满是仓库、要塞、街道、墟集和市场。”[⑥]

“泰西”画作中19世纪清代的环境景观，在一定程度上反映了明清时期中国传统城镇的真实景象。通过不同的视域观照历史时期的聚落景观无论如何是颇有意义的。当然，我们也清楚意识到，这种直观或经验式的评价和判断

---

① 朱晓明、周芃编著：《寻找唐家湾》，同济大学出版社，2006年，第30页。

② 张国雄著：《岭南五邑》，生活·读书·新知三联书店，2005年，136页。

③ ［英］威廉·荷加斯著，杨成寅译：《美的分析》，人民美术出版社，1984年，第13页。

④ ［英］托马斯·阿罗姆绘画，李天纲编著：《大清帝国城市印象——十九世纪英国铜版画》，上海古籍出版社，2002年，第3页。

⑤ 解说者赖特根据他获得的资源，说明此幅画作描绘的是中国湖州的一户Lou姓丝绸商人的私家庄园，另有一佚名画，1853年画的刘氏庄园。据考，当时南浔、乌镇、青镇、菱湖、双林等镇，俱以丝绸闻名，尤以南浔为最。且南浔刘氏家族的资产号称为全镇中的“四象之一”，其小莲庄、嘉业堂保存完好，因处于镇南，1980年代末期还是一片阡陌田畴之景，旁有颖园石塔寺等，据此判断为刘家。

⑥ 引自［英］托马斯·阿罗姆绘画，李天纲编著：《大清帝国城市印象——十九世纪英国铜版画》，上海古籍出版社，2002年，第266页。

适于中、远距离观赏的云南丽江大研镇

较易受主观好恶影响，这也很有可能导致不同个体对同一事物评价判断的明显差异。毋庸讳言，当对某些事物的内在规律和外部联系缺乏深入了解，或仅仅是大概、初步的定性了解时，这种直观判断更为直接有效。然而，一旦要对颇为复杂的村镇景观进行精确细致的评判和分析，这种以经验为主、视觉为主的评判也就显示了其不足。不过，“泰西”画家眼中的中国风景至少提醒了我们：观察世界的方式多种多样，而且，这种“观察方式”也确乎具有相当意义。美国的阿恩海姆曾将视知觉提到视觉思维的层面，认为思维活动的一切在知觉活动中同样可以找到，因为“思维”的认识活动也是知觉本身的基本构成成分，比如积极探索、选择，对本质的把握、简化、抽象、分析、综合、纠正、比较、问题解决，以及结合、分离、在某种背景关系中作出识别等。①他在《艺术与视知觉》和《视觉思维》中都表述了这样一个观点，即视觉是有选择性的，“积极的选择是视觉的一种基本特征……在它们喜欢选取的东西中，最多的是环境中时时变化的东西。由于有机体的需要是经由眼睛加以调节的，对于变化的东西自然要比不动之物感兴趣得多。当某种东西出现或消失时，当它们从一个位置移向另一个位置时，当它们的形状、大小、色彩或亮度发生改变时，一个正在观察的人或动物就会发现，他的处境正发生着某种变化……”②

借助于实验结果，阿恩海姆认为本能性反应与有意识

① [美] 鲁道夫·阿恩海姆著，滕守尧译：《视觉思维》，光明日报出版社，1986 年，第二章。

② [美] 鲁道夫·阿恩海姆著，滕守尧译：《视觉思维》，光明日报出版社，1986 年，第 65 页。

的反应随时指导着视觉，将欲详细审视的视域置于最集中和敏感的目光下。“由于视网膜的感受会受到如此之大的限定，就要求眼睛必须在一次观看中挑选出某些特殊的部位，使之突出孤立出来，变成视域的中心或主要部位。”① 如此，也就意味着每次注视只能聚焦一件事物或一个场景，而且，须将所关注的主要对象同周围的一切“分离”。这个结论对于我们观赏、浏览景观及了解视知觉的活动特点颇有启发性，尤其在关注环境节点标志时的种种自觉或不自觉“视觉聚焦”提供了可以解释的依据。比方在平遥的明清街上，我们的视觉自然首先聚集在金井楼上；在重庆忠县石宝寨上，也大多会仰视高耸倚山的魁星阁……其他如侗寨鼓楼、村口大树等，无不具有视觉聚焦和视觉方向的独特功效。②

我们再来看浙江省嘉兴乌镇的常丰街。街道位于南北向市河的东面，北接常新街，与市河平行，是乌镇四条主要大街之一。宽三四米，两侧檐口高度为 3 ～ 7 米不等，与人体高度比例为1.25 ～ 4.5 之间，一二层建筑分别与街道构成宽高比约为 1 ～ 1.3 和 0.43 ～ 0.57 的剖面空间。在略显狭窄和压抑的街道空间中，人们的视觉不能看到建筑整体。由于街道两侧店铺房屋排列十分紧密，且很少横弄；两侧店宅的檐口、二层木裙板及窗的高度位置基本相同，街道较为平直，檐口、裙板底部和底部台基三条平行定位线大致齐整，如此便形成了强烈的导向性和透视感。然而，当从常丰街右转至东市河南岸往北看时，视觉中的空间意向就有了根本变化：前面东市河窄处约 6 米，宽处约 10 米。若从南岸看市河对面东大街的建筑，如立志书院，就可完整看到建筑整体。立志书院在临东市河处前置

适于平视、近观的建筑细部和水埠

河埠，立面往后退缩了约 2 米，尽管书院体量略高于两旁毗连建筑。也就是说，人在河南岸的视点与立志书院之间的距离 D 同建筑高度 H 的比为 $D/H=2$，或接近于2，仰角成 27°，能观赏到书院整体（立面）。

从观察、游憩、审美和心理体验等方面看，同样的景观在不同距离和视角中，景象效果也不同。苏轼的“横看成岭侧成峰”，说明庐山的景观可以从不同角度观赏。这与北宋郭熙将山水景观分步步移和面面看两种方式颇具异曲同工之妙。③当然，这还不足以概括景观所有的欣赏方式，还有远观与近视、动观与静观、平视、俯瞰和仰望等多种。远观适于观赏景观的整体形象。唐岱认为远观能得山川之体势，崔嵬、嵯峨、苍茫、秀丽等，非远观不能得其大体或神韵。在传统的择址活动中也大都有对地形地貌宏观整体的观察和记录。相对远观的整体，近视着力于局部的聚焦、细微体积或事象的观察和赏析，深入观察到细部质地、肌理、纹饰及其独特性或唯一性，有些尚需反复详视方得个中三昧。根据观赏角度划分的平视、俯瞰和仰望，我们不妨先看看郭熙的“三远”之说：

山有三远，自山下而仰山巅，谓之高远；自山前而窥山后，谓之深远；自近山而望远山，谓之平远。高远之色清明，深远之色重晦，平远之色有明有晦；高远之势突兀，深远之意重叠，平原之意重融而缥缥缈缈。④

“三远”式观景较之远观近视的水平方面，系从垂直向度看，所观景物也就具有了纵深感、层次感和立体感，也近似于平、俯、仰三视。比如，我们站在重庆塘河镇码头处往上仰望，层层石阶、栅子门、透迤的街道和密密匝匝的房屋，突兀而壅塞。因仰望视角由近及远，自低向高，光线由暗而阴，视力由清晰而力有不逮，故景象层

---

① ［美］鲁道夫·阿恩海姆著，滕守尧译：《视觉思维》，光明日报出版社，1986 年，69 页。

② 阿恩海姆在解释部分物体对象之所以得以凸现而受到重点注视时谈到两个来自自身的原因，一是它与周围一切相比显得突出；二是它合乎观看者的需要。参阅其《视觉思维》，69 页。结合第五章相关的标志、节点景观等，可以认为，传统村镇中景观的一些重点处理显示了朴素而智慧的“方式”。

③ 郭熙在谈到观察山水时说道：“山近看如此，远数里看又如此，远数十里看又如此，每远每异，所谓山形步步移也。山正面如此，侧面又如此，背面又如此，每看每异，所谓山形面面看也。”（《林泉高致·山水训》）。

④ 郭熙：《林泉高致·山水训》。

居中院墙分隔，旨在强化层次感

叠、高度感增强，常有壮观、挺拔的特征。相反，倘若从高处往下看，极目间大都为青瓦悬山屋面，穿斗木架和素壁，以及层层石阶和逶迤的街巷，密中见疏，建筑与空间融为一体；黑白相间，虚实相间，屋面的高低、转折变化等构成极具韵律感的图景，旷邈而幽深。这种变化在于人们活动的基面充满高低、上下变化。彭一刚在谈到不同高程的变化和视觉关系时说道："由此而摄取的图像有时呈仰视的角度，有时呈平视的角度，有时则呈现视角，或者在同一个画面上兼有以上三种角度的图像。即使是很多平淡无奇的民居建筑，由于视角的变化也会形成各具特色的画面构图。而且随着视角的移动，这些角度又处于一种相互转换的过程之中，例如当登高时，原来仰视的构图渐次地转化为平视；平视的角度稍稍地转化为俯视；原来俯视的角度则随着视点的升高而更加大了它的俯视角度。反过来——视点降低，其情况也是一样。"①

从贴地体验或视觉感的层面看街巷高差变化，其影响显然不容忽视。芦原义信分别援引美国亨利·德莱夫斯（Henry Dreyfuss）和日本桶口忠言的研究，借此说明俯视景观的重要性。前者的研究为，站立者的视线一般为俯角10°，端坐者的视线为俯角15°，视野上限为50°～55°，下限为70°～80°。从人的生理状况和构造看，通常俯视比仰视更趋于自然；后者以东京电视塔上观光者为对象调查后发现，无论是150米高，还是250米高的瞭望台上，感觉舒适的俯角都是8°～10°（参阅第八章第二节）。芦原义信还从室外踏步着眼，分析从视野范围观看街巷或自然景观。他说道，人站立时视高1.5米左右，这一高度对踏步来说很重要，"若踏步比眼睛高，上面的B面不进入视线；如踏步比眼睛低，上面的B面即进入视线范围。所谓进入视野，B与A在视觉上即进入各自的领域"。他认为，有坡道的街道、有踏步的街道、有山丘的街道及望港的山丘，均分别给人留下深刻印象，作为街道构成，希望尽可能增添俯视景观。②

除了距离、视角等不同向度的观察外，时间、季节和气候也是不可忽视的因素。郭熙、苏轼等曾就不同季节和气候的山水自然景观提出了高妙的见解③，范仲淹虽未莅临岳阳，但遥想洞庭湖在"淫雨霏霏"和"春和景明"两种不同气候条件中的景观竟如此迥异：

若夫淫雨霏霏，连月不开；阴风怒号，浊浪排空；日星隐曜，山岳潜形。商旅不行，樯倾楫摧；薄暮冥冥，虎啸猿啼……至若春和景明，波澜不惊。上下天光，一碧万顷。沙鸥翔集，锦鳞游泳，岸芷汀兰，郁郁青青。而或长烟一空，皓月千里，浮光跃金，静影沉璧。渔歌互答，此乐何极！

如果说郭熙、苏轼、范仲淹着力于不同时间、季节和气候中的环境特色，那么，下面两例则从常态方面阐述了村落景致的幽静和雅逸。浙江武义郭洞何氏宗谱中说道："武山邑地，城南二十里，林壑尤美，层峦环抱如郭，幽邃如洞。其清气上涌，分潴香冽……居其中则见山之高水之清，林木之茂，烟云之变，禽鱼之遨游。举举然献巧呈秀于兹土之间……"④ 清徽州歙县举人许承尧在赞誉家乡唐模古树时说："独树深林各有姿，葱葱山水喜方滋。嫩岚横路妍如画，瘦竹成篱冷人诗。移步细看峰出没，近村微辨屋参差。"⑤ 由是而论，感官接受景观的方式不仅多种多样，而且具有多向的功效和条件。如果进一步从人的五官感受机能和之间的联系看，可以发现，中国传统诗文中对景观的接受和表述大都具有联系性和综合性。一般地说，人的味觉器官和嗅觉器官为化学器官，视觉器官和听觉器官是物理器官，两者作用机制不同。但详加观察和审视，发现这种区别并不明显构成感觉引发机制的本质差别。另外，现代不少科学实验也已表明五官感受的生理机能有着密切关联。⑥德国美学家费歇尔曾认为，人的各个感官不是孤立的，它们是一个感官的分支，多少能够相互替代。

二、情感和心理体验景观的模式

中国传统审美观的一个重要特征是情感体验，一种

---

① 彭一刚著：《传统村镇聚落景观分析》，中国建筑工业出版社，1992年，第101、102页。

② ［日］芦原义信著，尹培桐译：《街道的美学》，百花文艺出版社，2006年版，第84、85页。

③ 郭熙在谈到四时风景的差异时说道："春融恰，夏蓊郁，秋疏薄，冬黯淡……真山水之烟岚，四时不同；春山淡冶而如笑，夏山苍翠而如滴，秋山明确而如妆，冬山惨淡而如睡。"（《林泉高致·山水训》）。苏轼将杭州西湖比作"人间西施"："欲把西湖比西子，淡妆浓抹总相宜。"寓含有风和日丽、烟雨苍茫、银装素裹和浓翠葱茏四时皆宜的内涵。唐代王维的《山水说》中对四时之景的概括，虽然以绘画论，延伸至审美观察，亦为准确把握不同季相之景的描述。其他如明末张大复，清代郑苏堪等的景致描绘，均有此意。

④ 清·何承钦撰："郭洞记"，载《双泉何氏宗谱》，道光辛丑续修。

⑤ 清·许承尧：《晓日二首》。

⑥ 参阅陈宇《城市景观的视觉评介》．东南大学出版社，2006年，第5页。

可行可望、耳目之娱，与外界同构共鸣

“物我相关”、“物我同化”和“天人合一”式的思想流泄。例如康有为游览西湖“三潭印月”时撰写的对联为：

岛中有岛，湖外有湖，通以九曲画桥，览沿湖老柳，十顷荷花，食莼菜香，如此园林，四洲游遍未尝见。

霸业销烟，禅心止水，阅尽千年陈迹，当朝晖暮霭，春煦秋阴，山青水绿，坐忘人生，万方同慨更何之。

写景、抒情、情景交融，人文与自然景观有机融合。郭熙认为山水之乐大致可分为三种境界，即一是可行可望的耳目之娱，视听之乐；二是可游可居的心动身适，会心娱神的精神愉悦；三为“目不知毫素，心不知笔墨”的物我两忘、生命愉悦，用现代语汇也可理解为是感官愉悦的深层体验，知觉完形中与外物同构共鸣。上述三种境界既有递进关系，又有深浅前后之别。第一种或第一阶段是感官愉悦的表层体验，是在知觉完形过程中与外界外物同构共鸣，形成感性愉悦。这一阶段人的审美焦点还驻足于知觉水平层面上，尚有待于上升至情感等深层心理活动，也就是王夫之所说：“心先注于目，而后目往交于彼，不然则锦绮之炫煌，施嫱之冶丽，亦物自物而已自已。”① 第二种或第二阶段是心意情感的深层体验。一则景观情景被情绪化和人格化，二则人对面前的种种感受逐层深化，使情感体验趋于深入并展开想象，开始出现情感与景观兼备的审美意象。此时，感官活动已告段落而进入心官活动阶段——身在此心在彼，从而出现“登山则情满于山，观海则意溢于海”② 的心理现象，在情感的人格体验中，情感体验支配着人的景观审美活动走向，呈现移情现象；第三种或第三阶段受审美情感驱使，审美主客体共同作用，景观环境为人的情感所左右，乃至心物交融、物我为一。

中国历史上山水形胜佳绝处常因文人墨客诗词歌赋声名远播。北宋建造的四川乐山万景楼“傍高丘之上。汉嘉

① 清·王夫之：《尚书引义·大禹谟》。

② 南朝梁·刘勰：《文心雕龙·神思》。

心动身适、会心娱神，景观情绪臻于人格化

登临山水之胜，既豪西州，而万景所见，又甲于一郡。其前大江之所经，犍为、戎、泸，远山缥缈明灭，烟云无际。右列三峨，左横九顶，残山剩水，间见错出。万景之名，真不滥吹”。①南宋范成大《万景楼》诗序曰：“在汉嘉城中山上，登览胜绝，殆冠西州，予令画工作图以归……”② 又，诗人张继《枫桥夜泊》的“月落乌啼霜满天，江枫渔火对愁眠；姑苏城外寒山寺，夜半钟声到客船”使枫桥名扬天下，成为文人墨客题咏的对象。范成大在编纂《吴郡志》中曰，枫桥“自古有名，南北客经由此而未有不憩此桥而题咏者”。明代诗人高启诗云：“画桥三百映江城，诗里枫桥独有名；几度经过忆张继，乌啼月落又钟声。”可谓诗因桥而添彩，桥因诗而彰辉。又如历史上长江沿岸的府、州、县行政机构曾设亭阁以迎送官员，这些亭阁多位处交通要冲或山川形胜处。黄州有临皋亭坐落江边，“东坡先生所尝寓，与秦少游书所谓‘门外数步即大江’是也，烟波渺然，气象疏豁”。苏轼谪居斯处曾于此亭观览长江雾霭苍茫、寥阔无际的闳美景象。巴东县有北宋寇准主持修建的白云亭，登亭可见慈溪奔流与长江交汇的壮观景色，此地“群山环抱，古木森然”，“亭栏外飞瀑急湍”，“双瀑泻石涧中，跳珠溅玉，冷入骨髓”。陆游曾赞曰：“过十五州，亭榭之胜，无如白云者”，真乃“天下幽奇绝境”之所。③上述山水形胜皆因古人尤其文化名人作为“传媒”而享誉天下，虽然“传媒”的信息最终接受者只能通过感官来接受，但感官与情感和心理模拟体验之间无疑在进行着不同程度的“互动”，这种互动甚至可以超越高山大海而“心有灵犀一点通”。

① 《范成大笔记六种·吴船录》，中华书局，2002 年，第 197 页。

② 《范石湖集》卷十八《万景楼》。

③ 《陆游集》，第五册，中华书局点校本，1976 年，第 2457、2439 页。

三、人的行为活动特征与景观艺术

杨·盖尔将公共空间中的户外活动分为必要性活动、自发性活动和社会性活动三种类型，指出每一种活动类型对于物质环境的要求都大不相同。①虽然作者阐述的内容即活动和物质环境主要是现代的城市生活和环境，但是，一些基本要素如街巷尺度、密度、步行、时间等仍适用于对传统城镇环境方面的诠释。比如作者在批评现代功能主义规划中的城市忽视了建筑与公共空间设计的心理及社会方面的因素，没有考虑建筑设计对游戏活动、交往类型及聚会的可能性等多方面的潜在影响，这种思维最明显的结果之一，就是街道和广场从新城区中消失了；不同建筑类型的功能划分，或许减少了生理卫生方面的缺陷，但也减少了密切交往的潜在优势。他认为，日常生活的一般状况及日常生活所依赖的空间是值得重视和关心的焦点。基于此，他提出了三条对公共空间不算太高、然而非常广泛的要求：

——为必要性的户外活动提供适宜条件；

展——适于观景的苗族平台

——为自发的、娱乐性的活动提供合适条件；

——为社会性活动提供合适条件。②

联系中国传统村镇中人的行为活动特征与环境，以普遍的公共场所发生的交往而言，早期以物易物形式的产品交换、“日中为市”式的集市贸易和商品交易经常化和固定化的商业街区等因商品交易而产生的交往，以及因风尚习俗而成的公共交往活动，比如清明、寒食、端午祭祀和春节等，通常蕴含有娱乐、竞技、纪念、农事生活等多种含义。

林林总总、缤纷多姿的大众交往和行为活动反应在聚落空间组织和结构形态上，又因交往和活动的规模和范围的差异，使村落、市镇结构凸现明显的差异。彭一刚认为，倘若村落组织较松散，则往往与自然结合较紧密；市镇较集中，空间组织则趋于紧密，并可按交往程度分出公共性空间—半公共半私密性空间—私密性空间等层次。③也就是说，无论村落还是市镇，除私密性空间层次如建筑内部以外，公共性空间和半公共半私密性空间则不可或缺，而且呈正比——规模、范围愈大，公共性空间也愈大（多），这是人的行为活动和交往所必要的。比如第四章中提到的贵州黎平肇兴五座自然寨内气势雄伟的鼓楼分布，楼前歌堂坪和戏场系侗族举行公共性的大型仪式和节庆活动的场所，它与鼓楼内的火塘空间构成了公共性空间和半公共半私密空间的层次和过渡。与之近似的雷山县郎德上寨中心民居围合的芦笙场，“广场”以赤褐色鹅卵石和料石铺砌成同心圆，居中模仿铜鼓面太阳纹的图案，铺成十二道光芒，朝着十二个方向延展，芦笙场因之成为寨中公共活动中心。

1950 年代和 1980 年代改造前的瞿家湾老街承担着镇区内的主要交通功能，外埠及周边商户通过内荆河货运至码头，转而进街抵达街市上的目的地，街道与巷道交会处

---

① 杨·盖尔的必要性活动指的是在不同程度上都要参与的活动，属于日常工作和生活事务，如购物、上班等，因是“必要的”，所以，它的发生较少受物质构成影响；自发性活动仅在适宜的户外条件中才会发生，包括时间、地点的适合性，活动形式有散步驻足观望等，与外部物质条件的关联密切；社会性活动指的是共同参与的活动，如互相招呼、交谈和被动式接触，仅以视听感受他人，活动类型与物质环境构成的质量有较密切的关系。［丹］杨·盖尔著：何人可译：《交往与空间》，中国建筑工业出版社，2002 年，第 13、15、16、17 页。

② ［丹］杨·盖尔著，何人可译：《交往与空间》，中国建筑工业出版社，2002 年，第 47、48 页。

③ 彭一刚：《传统村落聚落景观分析》，中国建筑工业出版社，1992 年，35 页。

街道与住宅、店铺相融合，将建筑组合在一起

的开敞空间为人流物流集散提供了空间和场所，构成人、物流并存，以线状为主，点状为辅相结合的交通形态格局。由于商业街宽3.5米左右，也就决定了步行或推车运输的方式作为主要交通方式，缓慢而较密集，缓慢的交通也增强了人们相互交往的契机，密集的店铺、人流和丰富的商业事项增润了街道上繁盛的商业气象。在此，生活性空间与商业性空间相叠合，临街敞口厅白天洞开，成为街道空间的延续和扩展。店铺与街道共生共荣，相互依存，在一定程度上，街道之于两旁商住人家而言是一个户外“厅堂”——人们日常活动的地方。就如舒尔茨说的那样：街道并未与房子分离，而是与房子结合在一起；同时，当人处在外部时却有一种置身内部的感受。街道空间所具备的这种“室内感”给予人一定的归属和庇护感，街道与店铺、住宅相融合，以纽带牵联的“角色”将建筑组合交织在一起，赋予交通、交往、买卖、逗留步行等多重空间意义和行为意义。

如上所述，户外活动的范围、规模与人群之间、邻里交往的互相交往频率和模式、性质息息相关，因此，自觉运用建筑、规划及经营设计手段建构适宜的公共性空间或场合就显得十分必要。因为，“通过设计创造适宜的条件，就能鼓励交往”。[①]在此，我们可以进一步概略地巡视一番村镇聚落间赋有积极性意义的公共户外空间实例。

以传统村镇中的水井井台为例，由于位置大多于村头镇尾与巷道交会处，抑或空间宽敞处和街衢中心，一方面形成节点空间，吸收居民在此浣洗和劳动，另一方面进行聊天等各种交往活动，充满了生活气息和欢愉氛围。浙江苍坡村池塘边的水井、芙蓉村的水井井台、温岭石塘镇流水坑村中心的六角形井台、江西安义县罗田村的寿康井、云南丽江的三眼井等大多如此。

在道路和房屋交接处界面的处理中，湖北阳新县龙港老街中段拐角处以连续三个齿形退缩形成错落平面以呼应街道走向，从而为街道让出两个小角，退缩内收的小角度空间常常成为人们聊天、休息、观景、驻足的首选，这是因为：“这样的空间不仅亲切而且令人安心，吸引人们汇聚、停留，增添了整个街道的魅力。老街在此处转折，沿街民居屋顶则做出相应形式变化。一方面因为转折面开窗需要屋檐遮蔽；另一方面也顾及多个角度的景观需要。”[②]

再如重庆江津中山镇商业街上部“搭建”的“顶棚”，一种当地俗称为“凉亭”的设施，其意义不仅在于在给人群创造了免遭日晒雨淋的“室内商业步行街”，使街巷氤氲着宜人温馨的气氛，而且实实在在地以围合庇护手段，极富创意地营建了一个富有积极内涵的公共空间，它与犍为镇两侧深远出挑的檐廊异曲同工而成为中国特色、东方情韵的模糊空间、灰色空间的大好例证。至于遍布村镇与驿道的各类长短亭阁和乡镇园林，更依仗其可贵的公共性、开放性给予游子和村民以心旌的抚慰、生理和行为上的细微照料、呵护和休憩之所。这些设施彰显着浓烈的人性，辉耀着因地制宜的思想光芒，也转化为可触摸可享用的辅助和设施。

---

① ［丹］杨·盖尔著，何人可译：《交往与空间》，中国建筑工业出版社，2002年，第57，74页。

② 李百浩、鲁锐：“因埠而兴的湖北古镇——阳新龙港”，载《华中建筑》2005年第4期，第155页。

第八章

村落市镇景观变迁的社会机制和控制

传统村镇实体环境、构筑设施和景观在长期延续和变迁中折射显现出来的社会机制和制度，以及控制管理、维护和运行的方法和手段，反映了封建专制社会中环境变动与景观控制的特点。

人居环境中构筑设施和公共景观变迁的社会机制、控制模式和运行变动是一个繁冗综合体。从制动、统摄层面看，中央政府对地方行政、政区设置和制度延伸等予以了严密的分层和多向度掌控牵制，对县治及以下乡、镇、都、区、图、圩的细密化管理系统的确认，虽重点在于稳定田亩赋税、调适人口等，但其本质仍一以贯之地施行国家纲纪、礼制法规的普及和监督，在普泛化或上行下效的思维定势和运行中，一方面使县治等聚落单位在平面格局、空间形态上呈现同一性的色调；在鼓励和弘扬儒教精神、理学要旨的思潮中支持和表彰民间力量在维护道统过程中所作的种种尝试；另一方面，公共领域的扩张在相当程度上又必须依赖国家机器并与之保持相对亲密的关系。反过来，与纲纪制度相契合的地方和民间力量所构成的社会综合体系，上承朝廷政府，下对黎民百姓，或上下抵牾，或逢源伸缩，既扮演了部分管理者角色，对稳定社会、保护设施、维护景观和保障物态环境等起到了一定作用，又以地方强势者身份强化话语权的分量，借机满足自我利益。在公共领域活动中，地方民间力量和各级官吏为各自的利益而相互利用。

近代的乡村建设活动一定程度上突破了传统模式，以自治制度化为特征，从而标志着向近代民主自治的转变。随着部分国家权力逐渐下沉流转到地方，精英缙绅、商贾和宗族家族尊长及各种行会、商会组织等，在包括构筑设施、景观延续和变迁中，暨管理、建设、控制和维护中，与政府一道获得再次重新协调、配置提供的机会，其控制方式和运行模式具有一定的长期性和稳定性，反映了晚近社会的控制机制及其运转特点。

第一节　村镇设施与景观变动中的社会机制

一、国家、地方政权的控制

中国传统农业社会的管理和控制中具有纲领性地位而不得逾越的朝廷政府的法规制度居于最高形态，在具体实施中往往通过调整行政区划、征收粮赋杂税等手段保证政令通畅和国家意志的体现。在人身及地方基层管理上，如明初里甲制、清代保甲制等制度的下行主要以赋税徭役、社会秩序和治安管理为核心。在有关国家和地方间的权力分配及行政与市场体系的关系中，施坚雅提出了“非正式管理”的观点。他指出：“任何一种对于传统中国社会结构的观察，只要它把与相关联的市场体系进行比较作为重点，就必须会随着层次的提高越来越注意到行政体系。”对于“社会管理”和“社会控制”，施氏有着明确界定。①就朝廷政府和地方政府而言，其控制和管理机制主要是官方派驻机构及文武人员和武装力量，至于乡村基层组织及力量等则作为辅助力量。比如在涉及地方行政和控制管理的经略上，官方机构及统治者的基本策略是：“如

① 施坚雅指出：“非正式副政治体系的力量和资源通过地区空间近于互相补充的分布，随着官僚管理机构参与那些不局限于朝廷征税和防卫两件头等大事的管理活动的能力大小，而有所不同。我们可以根据不同的分工来看待这一问题。这里所说的‘服务项目’包括解决民事争端和维持地方治安、逮捕和惩办罪犯、发放灾荒救济和进行其他福利活动、发展教育事业和监督科举考试机构、建造和维修公共工程，以及批准和管理半职业人员和商人。为了简便起见，让我们将这些活动一并列为社会管理和社会控制。”［美］施坚雅主编，叶光庭等译，陈桥驿校：《中华帝国晚期的城市》，中华书局，2000 年，第 392 ～ 402 页。

朝廷对乡绅的策略是利用和监视相结合

何谋取地方缙绅和商人的协助，使他们成为官僚政府的非正式代理人，但又不至于增加他们及其副政治结构的权力，而酿成对官僚统治的威胁。”① 明初洪武朝还规定，在冲要处一律设立巡检司，检点弓兵应役，每司有专员进行管理指导。明清朝廷派驻市镇的军职机构由巡检司控制范围兼及四乡，职在市镇管理，以稽查人口、维持治安为己任。对于江南水乡圩区而言，巡检司的重点主要在于水上巡检。如吴江县与嘉善县跨界的汾湖巡检司主辑黎里、芦墟、北厍、莘塔、黄溪、平望、新杭里等市镇共860圩，职在“盘诘奸伪，率徭役弓兵，警备不虞”。②一些冲要市镇也是兵戎威武，另置武官进驻，如正五品的管守备、从五品的卫守备、守御所千总、从六品的卫千总和管千总等，配以相应军力驻防。至清末，市镇治安渐由警务制度替代，警员负责。对应于军职和武装力量，控制、管理的文官系统自正五品的同知到正九品的主簿不等。此外，尚有不同性质的税收管理机构，如税课局、厘局、河泊等，征收商税、店捐、鱼税等，利用税收杠杆实施监控和取得平衡。

不同地区在维护乡邑社会秩序和治安管理事项中有所不同。明清江南地区一为国家赋税重点，二为海内首富之域，所以朝廷政府十分重视，在法规、赋税、徭役、防卫、自保等方面形成了完备和严密的体系。如明嘉靖二十七年（1548）浙江嘉善县一带推行保甲法，城镇及乡村的一甲为十户人家，每户值勤十天。甲内若有不法者，“使改不从，送官究治”。知情不报者，十户人家连坐。清初，保甲法在全国范围推行。针对部分地方“土贼”猖獗，清廷于顺治六年（1649）颁布了更严厉的规定：“其窝藏之家处斩，左右邻知情不举及十家长不行举察者，概不姑宥。”③

在推行和实施同时，各地还在地方上招募民壮，由官方负责操练，形成“民力农养兵，兵守戍卫农”的乡兵。政府认为这种地方武装概有十大益处，即：一，“额有饷不烦更派”；二，“衣甲器械素所具备”；三，“类多土著无乡井思”；四，“力能为役，此家不贫不敢为非”；五，“郡邑役顿减，肃清易治”；六，“身就吾乡市，白捕无所容”；七；“操宿不得虚”；八，“应捕即其徒为之练习，使盗益惧”；九，“大家巨族无所私之”；十，“践更不敢取利，人伍亦损将领所需”。④总体上看，乡村中众多基层组织具有多重性质和职能。以明代里甲组织而言，“它既是一种政治型组织，又是一种经济型组织。就其性质而言，是集政治、经济、社会于一体的组织模式。从职能上讲，它具有户籍管理、赋税征收、治安教化等多种功能，而且这些功能之间是互相联系、彼此制约的”。⑤对于明清朝廷来说，县级政权作为上层政治机构原则上不进入乡村，一则可以保证官僚机构的精练，减降国家的执政成本；二则用乡村基层组织的形式以填补县级政府以下的权力真空。如此，客观上也为乡绅、商贾、宗族、行会等力量在乡村“准基层行政组织”框架空间中的施展提供了平台。

明清以前各地市镇并不属于行政区划单位。尽管斯时有政府官员进驻，但其地理概念和行政等第均属模糊。市镇在“传统中国社会中处于中间地位的社会结构，既是属于行政体系和市场体系这两个多具特色的等级体系的派生物，又纠缠在这两个体系之中”。⑥直至清末，伴随着地方自治运动的展开和深化，市镇的管理制度遂发生了重大变革，例如筹备立宪建置、县地方自治会集合待议等等。在此近代民主进程的启动之际，市镇因其自身经济实力、基层社会自我管理的典型而成为重要角色，中央政府与基层组织、民间社会力量权力的阵地。

二、乡绅、商贾与村镇

明、清、民国各地的乡绅精英承负着十分特殊而重要的职能或角色，在应对自然和社会两种环境变化的过程即所谓社会控制中发挥着令人瞩目的作用，从而也成为传统村镇县邑景观变动中一支不可忽视的民间社会力量。

16世纪以降，乡绅权力膨胀，当时全国文官数量已达2万人，理退、党争株连者日众，且乡官中不乏倚势夺田、价购买卖者，土地遂大量集中于乡绅名下。“至正德间，诸公竞营产谋利”，时乡族邻里诡寄投寄之风尚盛，故“去农而为乡官家人者已十倍于前”。除乡官外尚有处

① ［美］施坚雅主编，叶光庭等译，陈桥驿校：《中华帝国晚期的城市》，中华书局，2000年，第392～402页。

② 《官舍》，引自冯贤亮著：《明清江南地区的环境变动与社会控制》，上海人民出版社，2002年，第349、351页。

③ 《清世祖实录》卷四五，“顺治六年七月癸未”条。引自冯贤亮著《明清江南地区的环境变动与社会控制》，上海人民出版社，2002年，第343页。

④ 明·文德翼：《练乡兵议》，光绪《嘉兴府志》，卷八十三，《艺文》，光绪《黎里续志》，卷二，

⑤ 杨国安：“长江中游乡村权力结构及其变迁”，陈锋主编，《明清以来长江流域社会发展史论》，武汉大学出版社，2006年，386页。

⑥ ［美］施坚雅著，史建云、徐秀丽译：《中国农村的市场和社会结构》。中国社会科学出版社，1998年。

乡绅中含有干预地方事务和民主化的倾向

士如举人、监生和贡生等。明末“大县至有生员千人以上者比比也”。①从而形成了远比乡官庞大的绅衿阶层。此外，一些官员卸任还乡后仍以地方休戚为己任，“乡约、保甲在在留心”。各地乡绅在人力和经济实力上的剧增，成为绅权的前提和基础。

各地乡绅虽无对抗朝廷的意图，却含有干预地方事务和民主化的倾向。在东南（江南）地区甚至出现了“无一事无绅衿孝廉把持，无一时无绅衿嘱托”② 的现象。因此，基层行政官员如县令等在处理地方事务方面，尤其注意到乡绅们的意见和建议，“必集儒绅耆彦论”。③他们的为政之道之一便是“不得罪于巨室”，④ 缘由除了前述乡绅在人、财方面的实力外，在地方乡镇中还具有较大影响力和控制力，这也是官员们的顾忌所在。事实上，在进行社会制动的各种活动如广赡同族、煮粥济药、赈济义捐、筑城御寇、立族约、拓义田、建义塾等方方面面，乡绅的作用十分明显。而上述控制事务部分有些属官员难于涉及，也有部分为应接不暇的方面，如水利堤堰修筑，“必借绅士襄理”⑤。特别是处于王朝衰微时期面对治安赋税等，庶几为“无官不难”，其中又以协理漕赋、刑狱钱谷等为最难⑥，包括一些村庄和市镇没有正式的政府管理机构等。如此也促成了地方乡绅控制社会的一个契机和空间，主动地承担地方政府和官吏行

① 《四友斋丛说》，卷十三。

② 吴晗：《明代的新仕宦阶级、社会的政治的文化的关系及其生活》，载中国社会科学院历史研究所明史研究室编：《明史研究论丛》，第五辑，江苏古籍出版社，1991 年。

③ 明·陈璜：《太仓州大东门闸记》（嘉靖十年），载明张国雄：《吴[illegible]全书》，卷二十五。

④ 清·王凤生：《绅士》，载丁日昌辑：《牧令书辑要》，卷六[illegible]

⑤ 光绪《嘉定县志》，卷七《水利志下·浚法》。

⑥ 明·陈继儒：《白石樵真稿》，卷四《徐公硕庵德政碑记》。

使的职权，协助政府，共同控制社会。

从19世纪中叶起中国社会进入了前所未有的变动时期，其中一个趋势就是商贾逐渐替代乡绅而为地方社会的重要阶层。这一变迁与明代以来长期的社会经济发展导致商品经济繁荣有着必然联系。①明后期始，弃农就商、弃儒就商和致仕就商等记载屡见不鲜。何良俊《四友斋丛说》卷十三曰："余谓正德以前百姓什一在官，什九在田。……自四五十年来，赋税日增，繇役日重，民命不堪，遂皆迁业。"据统计，1500～1550年间松江府一带非农人口约由10%增至60%～70%。②另外，部分士绅转而投身商业，即魏源所谓不士、不农、不工、不商者十之五六中的不士。17世纪经世致用启蒙思潮的激荡一改前儒"富国富民"论为"富民富国"论，其义为农桑，凡矿、工艺、商、外商、借贷等皆可生财；任民众各谋其利，反对垄断；崇尚富人，通过富户消费、雇佣、借贷，"借一室之富可为百室养"；③在提高"商"的地位上，黄宗羲力倡"工商皆本"，王源认为社会应以"士、农、军、商、工"为序，商重于工，主张设商部，居六卿之位④等，为朝野重视商业、提高商贾地位进行了理论和思想铺垫。另外，商品经济的发展也是资源配置的一种优化，而资源配置的优化也必然呈现资源效益优化的态势。明清时期农民从事商品生产、交易而致富的记载尤多，而商人地位提高的前提之一，无非就是拥有雄厚的经济实力。

清时商贾依仗雄厚的财货地位日隆，也有了类如乾隆降旨、交通权要、捐输职衔，而由商而仕、而政的大量事例，⑤从而逐渐成为地方社会重要的阶层和力量，承担了包括村镇景观变动在内的控制责任。近代的各种行会以商人为核心和一种地域色彩浓郁的社会经济组织的面貌竞相登场，这种以工商行业为纽带形成的商贾与手工业者的互助组织多托"会馆"或"公所"之名运行。基于行会的排他性和自保性，一方面订有内部同行自律、详细而明确的规章制度以维护本行业的全体利益，另一方面，也在通过各种途径和方法努力争取政府支持和保障。正如研究者在谈到政府与社会力量的关系时所指出的那样："在传统社会末期的江南地区，国家与社会存在着一种互动关系，即国家为社会提供某种政治保障，而社会则为国家的稳定与发展作出了必要的努力和奉献。"⑥以成立于清代的山西临县碛口商会为例，其经费来源有黄河船运税收和附近农户的税利，使自身拥有了具有较广泛权力，比如代表商户利益主持市镇建设，管理商贸事务，举办公益事业和文化活动等。在市镇建设方面，商贾欲买地设铺，商会便查验核实，遂根据经营内容和规模等结合市镇规划要求分区段设置。比如东市街以骡马店、骆驼店等驮运类为主，地面宽敞，靠近湫水处可便于担水以供骡马牲口饮用；西市街以货栈为主，空间面积较大。二道街则以日用器皿和服务类为主等。建设时规定稍具规模的店铺须预留交通空间，以保证街巷宽度、方向和等高坡度，以利于出行便捷、泄洪顺畅。在治安方面，商会还出面组织和雇佣"保安"和更夫，具体行使如夜间巡视、监察保卫、防火防盗等职能，以及维护商贸市场秩序、遏制欺行霸市。表现在文化娱乐方面，则倾力组织举办多种娱乐活动，邀请戏班演戏、元宵舞龙灯、秧歌表演等，以酬谢商贾和乡民等。

在移民社会较典型的长江上游地区，移民及商贾们普遍建立了其社会组织——会馆，在第五章中曾分析了会馆的性质和宗旨，此处所述会馆还有宫庙等公产，房舍和田亩以公产名义出租，其收入一用于祭祀或庆典，二用于储存在钱庄、商行以生息。有些会馆一年开会达两百多次，讨论内容的核心在于维护同乡及商贾利益，强化自身话语权。19世纪中叶后各地相继涌现了各种商会，在新的社会活动中十分活跃。"他们除了自己设立了一些公司、工场和工厂外，还负责商号和公司的注册"，"调查商情和举办新产品的展览等，商会还力图保持市场秩序"。例如丝业商会要求丝商登记所售丝品，划分等级；铁器商会制定章程，规定所售物品价格须经商会核准，以免"泛售低货"，还参加禁吸鸦片活动，帮助地方政府禁烟戒烟。⑦在村镇

---

① 冯贤亮著：《明清江南地区的环境变动与社会控制》，上海人民出版社，2002年，第496页。

② 吴承明："现代化与中国16、17世纪的现代化因素"，载叶显恩、卞恩柱编：《中国传统社会经济与现代化》，广东人民出版社，2001年，第14页。

③ 清·唐甄：《潜书·富民》。

④ 清·李塨：《平书订》卷十一。

⑤ 乾隆二十七年（1762）旨曰："朕此次南巡，所有两淮众商承办差务，皆能踊跃急公，宜沛特恩，以示奖励。其已加奉宸卿黄履暹、洪征治、江春、吴喜祖各加一级；已加按察使衔之徐士业、汪立德、汪勋俱著加奉宸苑卿衔……（嘉庆《扬州府志》卷一，《巡幸》。另，可参阅美国何炳棣《明清社会史论》中有关两淮盐商家庭中成进士和居官者的统计。

⑥ 冯贤亮著：《明清江南地区的环境变动与社会控制》，上海人民出版社，2002年，第397页。

⑦ [美]王迪，"晚清公共领域中的地方士绅、官僚与国家权力关系"，陈锋主编，《明清以来长江流域社会发展史论》，武汉大学出版社，2006年，第147页。

的各级社会控制中，部分公益福利机构的存在和影响也有着一定的控制面。在山西灵石静升村中，面对东西大街而设的文庙颇为引人瞩目。村邑中设置文庙本已属特例，而在庙内东侧跨院中的义仓和赈济堂就愈加耐人寻味。从现存《魁星楼记》和《重修庙记》碑文中获悉，文庙和魁星楼的历次修缮多为在任知县主持，所需费用由全村民众共同筹措。在光绪六年（1880）的《静升村各会协拨文庙银两碑记》中则刻有全村共同出资维修维持文庙日常运作的记录。至于庙中义仓和赈济堂乃为面向全村的公共公益设施。逢年灾日荒时由赈济堂出面赈济。赈济堂本身就是一个实力雄厚的实体，据载，清光绪三年（1877）时其名下水田便达一百二十二亩五分，修缮文庙时，仅赈济堂一处便拨银五百两，其余各会出资最多的尚不过三十两。此外，文庙还控制着村内部分商号。①由是观之，静升村的文庙综合了经济活动、行政管理和教化等功能，事实上也成为国家权力的象征和部分行政权力的代行机构。

与上述商会、会馆等参与经营、管理和控制地方事务的形式有所不同，广东各地的管理和参与等更多体现了现代色彩。近代岭南得风气之先，在村镇设施与景观的运营、维护、管理和控制等方面出现了许多与传统模式截然不同的观念和方法。台山市端芬镇汀江圩的建设和管理，以汀江圩市场董事会掌控相关事宜，吸纳西方股份制运行模式，制定《汀江圩招股开办章程》、《汀江圩立案简章》，内中从宗旨、股本、职、责、利、铺地、街道、公款，及市政管理、经商活动等一应俱全，规定详细，做到有章可循，有案可依。

第二节　村镇设施与景观的运行模式

一、乡规民约中的控制及维护

为着共同或相似的目的，按血缘、地缘或业缘关系联合起来的民众自律的“规章制度”，系建立在一个共同生活的空间范围的条件上，它是一种民众自治的条例和组织，以美俗息讼、安里弭盗为宗旨、规范村镇聚落地方社会的一种重要形式。

嘉靖时礼部下令推行针对本村本镇本邑的乡规民约。苏州府长洲县的乡村民约为达“敦本尚贤之政”，专门刻碑立石，广而告之，并定期由正副约长备造文册查考。当时的乡约主要涉及德业相劝、过失相规、礼俗相交、患难相恤等。这种乡约制度的编设体现了很强的地域性。在西南侗族地区，乡规民约是一种大家须共同遵守的规则。虽然“每一种文化都包含一套大家或多或少都共同遵守的规则——这些规则维持着有秩序的社会生活。但人们所接受的这些社会标准仍不断地与个人的驱动力和目标冲突。而且由于集体标准和个人利益存在着鸿沟，于是就有人违反规则或以自己的规则行事”。②在这种场合中就需借助社会控制力量予以协调。侗寨中的鼓楼就是制定和维护乡约的场所：“凡事关规约，及奉行政令，或有所兴举，皆鸣鼓集众会议于此，会议时村中之成人皆有发言权，断事悉秉公意，依条款，鲜有把持操纵之弊，决议后，虽赴汤蹈火，无敢违者。”③ 地处江南的湖州府曾在南浔镇南门和西门各建一个乡约所，镇所管辖的乡分建有五所乡约。知府和县令还定期去乡约活动。④不唯市镇如此，在村落中通常都设有固定的宣讲乡约的场所，定期教化乡民以防微杜渐。从整体国运和地方管理层面看，乡规民约的诞生与推行，和国家有关地方管理制度的崩坏或缺失有密切关系。基于国家法规难于细化或深化到不同地区的具体情况，因此，着眼于本地实际和切实解决实务的诸类乡约便具有了扩张空间和合理解释。明末的持续动荡和诸多繁难亦促使朝廷意欲借助地方乡约整饬和维护社会秩序，建立和再整儒家的礼教道统，进一步宣扬礼仁思想。在明清的五六百年间，地方基层行政系统虽较完备，但因多种原因和多种社会矛盾的发展，社会不安定和地方变乱现象不绝，管理机构常常力不从心，使基层社会往往处于失控状态。因此，着力于稳定秩序、保境安民等为核心内容的乡规民约

---

① 张昕，陈捷著：《画说王家大院》，山西经济出版社，2007 年，第 162 页。

② ［美］R. M. 基辛著，甘华鸣等译：《文化、社会、个人》，辽宁人民出版社，1988 年。

③ 姜玉笙撰：《三江县志》。

④ 参阅冯贤亮著：《明清江南地区的环境变动与社会控制》，上海人民出版社，2002 年，第 489 页。

就具有了特殊作用和深刻内涵。此外，道释思想也渗透其间。如各地文昌阁中镌刻的《文昌帝君阴骘文直讲》中即有文昌帝君叫人积阴行善之事，包括“剪碍道之荆榛，除当途之瓦石，修百年崎岖之路，造千万人来往之桥”。在“造千万人来往之桥”段落中，还集中讲述了造桥积德的好处：若不造桥，千万人就不能来往了。造了桥，就可以来往，予人方便；若桥有毁，应当修好它。造桥人为千万人提供了方便，阴功最大，有因之成仙者。所以桥不可不造。修桥铺路与积德行善一旦相连，在各地村镇中便十分普遍。如婺源方丘人滕昌檀在经商致富后，带头“输资置田，备修河桥，行之二十余年”。再如明万历年间，徽州知府古之贤率众鸠土庀材，耗时一年兴建休宁县登封桥。由于经桥朝拜齐云道山的人数众多“冠盖相望”，“毂击肩摩”，又兼山洪频发，在清康熙年间冲决后重建。清乾隆五十三年（1788）桥梁再度倾圮，黟县富绅胡学梓慷慨解囊，捐资重建。胡歿后，其二子承父遗愿，历四年终成斯桥，并于桥南北各建石坊一座，上书“登封桥”。徽州知府从保护古桥计，将禁令镌刻于北堍石碑上：严禁推车晒打，毋许煨暴污秽；栏石不许磨刀，桥角禁止戳鱼。倘敢故违有犯，定行拿究不饶。

无独有偶，福建连城县培田村南山口的水井旁一侧也设置了井神守护，勿许亵渎。若有不敬之举当备祭品，请道士祭井。《祭井泉文》这样记道：

自有兹井甘泉，滋养赖以不穷。厥惟尊神：矽流昭夫洊王，泉涌长流澄清，源滔滔而不竭，泉汩汩而长流，可用涉焉。胥协九三之家，式鉴钦也，敢忘尧舜之功！乃竟澄澈浸清，忽尔偕来渭浊，想也知妇儿亵渎良多，致有赫神灵，淤泥不禁。爰诹吉旦，敬荐椒浆，用倾悃忱，庶其昭格。伏愿一弘清澈，便同鲍子之悬，仰恩三爵苾芬，疏效耿恭之拜。谨告。①

培田村位于重峦叠嶂、溪涧纵横之所，村民并无缺水之虞。因附会于龙井，也为着维护村民心目中完整理想的

市镇入口门楼及大门，湖北红安县七里坪镇

宜土吉地而倾力为之。

从乡规民约的组织建构看，大致有两类，一类为地方的准管理机构组成，一类是民间乡邑自发的制度约定。前者成为地方政府施政的辅助工具，后者表现为聚落社区中人群的集体认同性和公众参与度的载体。先看前者。明中后期黄册和鱼鳞册的相继崩坏，里甲制度的功用又未能获得有效施行和发挥，更兼白莲教盛行、天灾不断等，政府以浙江王守仁乡约制为基础向全国推行，以补地方管理之阙疏；后者的乡规民约立足于自身维护、生存和发展，要求乡邑民众认同居住地、关心爱护赖以生存的家园，保障聚落各方面和环节正常有序“运转”，进一步强化共同的责任意味。

相对地，以血缘和亲缘人群构成的村镇，集体认同性和向心力最强。血缘村社庶几为一个扩大化的“家庭”，“家庭”中的事务自然认同性强。它一方面源自家族宗族严密的血缘网格的资源调配，另一方面来自内心对祖先的极度尊崇和族众的友善。明清徽州宗族化的社会中，集体参与、认同公共设施和景观的事例比比皆是。婺源汪口曹公桥自唐时为曹氏先人所建，其后历经数代，桥为山洪冲圮，曹氏后人曹珏、曹俊、曹鸣远等都及时捐资，或动员族人捐输给予兴复重建，以承祖志。明代歙县岩寺镇徽商佘文义以赡族济贫为己任，“置义田、义屋、义塾、义冢，以赡族济贫，所费万缗”。并利涉惠民，专捐银四千万两，在岩寺镇山侧建水口石桥，乡民们感佘建桥之举，称为“佘公桥”。②再如，歙县、祁门两县四座高阳桥——歙县许村、唐模、西坡和祁门，无一例外由许姓人氏出资建造。其中许村高阳桥初为宋元之际许寿所建，明弘治年间，许胜生多方筹资重修，易木为石。明嘉靖三十六年(1557)，许子裔孙许法安率族众再度修复被山洪冲坍的桥梁。嗣后又于康熙年间重修数次，并改双孔石墩拱桥，遂为村落一大景观胜迹。此事此项，一如清末许承尧在《歙县志》中所说：桥名高阳，盖许姓也。

近古时期东南省区包括苏、浙、皖、赣、闽、湘、粤、桂等地区尤为集中的宗族社会，在村镇聚落景观的控制上更加严厉，制度上更趋严密。宗族社会的聚族而居、等级制度、修墓建祠编谱和恤族救济等特点映现在族规家法中，客观上对维护、保护、监控、修造景观及设施等起到了有力保障作用和控制效能。虽然多种各样的族规家法重点在于规范个人道德行为、体现家族事务和睦邻乡里等方面。如浙江省浦江县郑氏，自宋代建炎初年世居县东历数百年之久。家族先后于至元四年(1338)和至元五年(1339)分别制定《郑氏规则》(58条)、《续郑氏规则》60余条及郑铉增补，共168条，或勒石镌刻，或梓板以刊示后昆。其中涉及聚落景观和设施维护和控制的计有3条，现将《续郑氏规则》的有关内容抄录如下：

第99条：桥圮路泞，子孙倘有余资，当助修治，以便行客。或遇隆暑，又当于通衢设汤茗一二处，以济渴者。……

第144条：防虞之事，除守夜及就外傅者，别设一人，谨察风烛扫拂灶尘。凡可以救灾之工具，常须增置（若篮油击索之属）。更列水缸于房阙之外（冬月用草结盖以护寒冻），复于空地造屋，安置薪炭。所有辟蚊蒿烬，亦弃绝之。

上述内容一在于规范个人道德行为，如忠义、孝顺、友悌、勤劳、节俭和礼貌等，对不良行为，如迷信、赌博、嫖娼等，一律禁止；二是家族事务，规定族人对家族公共事务的义务和权利，这是加强家族向心力和凝聚力的有力保证。有关祠堂、族田等与家族成员有关的事项，家法族规中均有明文规定；三是涉及家族与外族、地方、国家的关系，告诫子孙要遵守法纪，睦邻乡里。在如此族规家法的网络笼罩中，类如上述修桥铺路的种种善举自然顺理成章，虽然这种善为义举仅仅局限在聚居地。

与东南方血缘村镇集中有所区别的是，北方地区多以地缘杂姓多姓村落为主。北京门头沟区的灵水村村民以刘、谭两大姓氏组成，村中南海火龙王庙外墙上有一康熙年间立的“村规民约”碑，碑为青石錾成，高95厘米，宽34厘米，横镌“重修石记”，记载了村民为保证水源质量而共同协商制定的行为准则，碑文如下：

大清康熙岁次辛未仲夏初旬，合村聚会。稽古龙池，灵水祥瑞。世久年深，砖损石坠。公议重修，捐工如队。石土灰泥，即时全备。仅月成功，皆欲书勒。庙前池边，禁止污秽。堆粪洗衣，鸣钟议罪。罚供祭神，使之警畏。凡我村民，均相劝诲。刻铭于石，流传后辈。池内三禁：凶泼投跳，愚顽搅混，儿童污溺。池台三禁：宰杀腥膻，饮畜作践，浆衣洗菜。

从上述内容不难看出，历代政府对宗族势力的恩威相济在于国力的盛衰。随着政权对基层社会控制力的减弱，政府对乡村社会的管理也愈来愈倚重于宗族。尤其是19世

① 郑振满、张侃著：《培田》，北京三联书店，2005年，第148、149页。

② 许承尧：《歙事闲谭》卷十四，《佘公桥》。

有序地用水，云南丽江大研镇白马潭

纪中叶后清廷逐步将基层权力下放给宗族，道咸时还正式将族权写入法律条文。《咸丰户部则例·保甲》中规定："凡聚族而居，丁口众多者，准择族中有品望者一人为族正，该族良莠责令察举。"如此，宗族势力与保甲组织相契合成为乡村权力网络的一个重要环节。上述所举事例，大多在血缘村镇中，乡约范围涵盖也有一定局限性，不过在一定程度上也可以认为是族规的放大或延伸。

二、若干运行与控制模式

徽州地处万山溪谷之间，建桥铺路乃为常事。为了保护和维修桥梁，徽州人大都采取一种称为桥会的方式筹集和积聚相对比较稳定和可靠的经费。经费中既有募集，也有捐款，但更多的是集体入会的方式——现金银两、田园林木、粮食等均可作价。现存有文本记录的桥会之桥如歙县许村大宅门的合溪村前溪桥、溪上村高桥、唐里村永济桥、大坦村大坦桥、溪头村马儿桥和荆村永安桥等。其中，前溪桥会由村民集资，以备修缮之用；永济桥为民国十九年周国昌等募资重建，并存资立会。还有黟县宏村木桥，由商贾汪立达之妻吴氏出资捐银设立桥会。

桥会的出现，可理解为村民从公共及自身利益的考虑，以自愿方式募集钱粮建桥修桥，旨在确保众人出行便利的一种公众集体行为，其运行模式呈现完全民间化和自发性。从民国三十四年（1945）黟县永济桥桥会催促民众交纳会租和敦请会员联系购买修桥树木的文书中大致可以了解桥会运作情况：

永济桥会收租，定于夏历九月初八、九、十日，三日为限。届时，务乞会内远近田东必须如期完清，幸勿故延是荷。还有卅二年、卅三年之租谷，有颗粒未完者，有完而未清者。各田东须知年来桥树价高，还难购买，修桥工夫，难雇人做。以是，务希各田东览源于斯，所该旧欠租谷，理应在期限之内，一并完讫。切切。

至要。

抑各田东须知：

收买桥树，请地方热心之人，或为自有，或为介绍。

自建、自卫的广东开平塘口镇谢氏庄园鸟瞰

树价言明，树价钱清。

在乡村共同体的日常生活和生产活动中，相互间存在着千丝万缕的交往和联系，一些关乎公共事业或集体利益的场合或事务大都以共同协作方式运行，以保证村落的延续和发展。原徽州婺源东北乡素以山塘、水圳或石堨以解决农田的灌溉问题，婺源民间日用类书《目录十六条》中的《修下圳帖》中明确记载着修理水圳及石堨的费用来自全体相关村民的文字，而且不分主佃。具体操作运行中，还在水中置石制水平，目的在于众人能均匀用水，防止争竞，确保公平公正。①位于河北西北部的蔚县素为兵家要津，兵燹不断，于是政府鼓励民间自觉不断修建堡寨。各地由军堡而民堡，数量既多，形制亦颇为规范。这些村堡多为杂性聚落，在筑堡修寨的经费方面计有三种筹资形式：一是乡绅捐款，二是众人集资，三是按亩派工。其中，第二三类是资金的主要来源。②

维护公共设施是广大村镇群众的共同责任和义务。徽州契约文书中对此都有详尽约定。如《禁苦株树林帖》，系有人偷砍道路两旁古木，专此通会各房、族长，严禁乱砍滥伐，违者罚戏办酒，情节严重者还应由排年、乡约和保长上报官府严惩。当地文同还与保甲发布禁帖，对各自行为和活动加以规范："……其境内地方田塍屋畔，所有栽花种果、桂子、棕毛等树，物各有主，不许恃强窃取残害，如有等情，查出公罚，各宜永遵安业，共乐升平，特帖通知。"③

北方多姓或杂姓村落的管理权集中在叫做"里村"的基层组织中。民国六年（1917）前，山西阳城县郭峪村的城堡内称为大社，管理者称老社，社首数十人，由成年男性村民推选。社首的条件是品行端正，行为公允，有文化，有经济实力，具备一定威望。社的名下也有一定公产和经济实力，包括地产、房产、庙产和山场等。清顺治十三年（1656），郭峪村社颁布了维护、管理村落堡子的《城窑公约》，对城市窑号逐一编号，厘定各类窑号季度租金额和缴纳时限，并委派专人管理，制定对违反《公约》之人的惩罚条例。④与之大致仿佛的河北蔚县古村堡的管理者也经由村民通过推举方式产生，名曰"会首"。据明黄佐《泰泉乡礼·乡社》载："约正人等预行编定，凡入约者，每岁一人轮当会首。"虽然"会首"并非明清时期国家认可的基层行政官职或行政管理组织成员，因由众人选举产生，且每年轮换，故虽为民间自发形成，却也具备实际管理、组织和运作乡村事务的职能和权力。⑤

近代岭南得欧风美雨之先，借鉴了西方经营管理的

---

① 王振忠，"清代前期徽州民间的日常生活"，陈锋主编：《明清以来长江流域社会发展史论》，武汉大学出版社，2006年，第692页。

② 参阅谭立峰、张玉坤："蔚县古村堡探析"，载《装饰》2009年第12期，第128、129页。

③ 王振忠，"清代前期徽州民间的日常生活"，陈锋主编：《明清以来长江流域社会发展史论》，武汉大学出版社，2006年，第703页。

④ 参阅李秋香著：《中国村居》，百花文艺出版社，2002年，第91、92页。

⑤ 参阅谭立峰、张玉坤："蔚县古村堡探析"，载《装饰》2009年第12期，第128、129页。

一些方法和举措。台山市端芬镇琼林村美氏家族以集资认股方式，统一购地、规划、建设和管理。在清光绪《琼林里股份章程簿》中可以看到，持股人可分两踏宅基，以“先建先得”原则，拈阄确定具体方位。先建前面，后建后排，每幢房舍高为一丈八尺九寸，后排者可垫高宅基四寸，形成南低北高的地标和房屋轮廓线。每户自己负责右边直巷的建构，用红色地砖铺砌，包括清洁和维护工作。每家每户生活垃圾必须统一置于村外河边，不准置之巷头巷尾，村中巷道和塘基不得围园种菜莳草，不得放置什物，以碍卫生和观瞻。若村中持股人欲出售份地，须卖回村中族人，不得卖与外姓，[①]等等。村中猪、牛、鸡、鸭等家畜棚舍和各户厕所多集中于村旁，既节约了用地，也有利于粪肥集中管理，减少污染，保持卫生、洁净的村落环境，反映了西方城镇管理方法与传统人居及家族伦常礼制的互融互补。历史上对乡村建设和管理的探索未曾中断，社会不同阶层和力量以各自不同的方式参与其中，由于传统聚落的发展以依托于自身资源为主，而乡镇又是农业社会维系社会稳定和发展等资源的基础。即便王朝更迭，亦能较快修复和保持相对稳定，呈现出明显的内生性特点。这也是美国的约翰·弗里德曼在《中国的城市特型》一书中总结的中国城市与社会内生性型发展机制的根底。[②]

晚近各地乡绅商贾式的乡镇建设和管理模式在“自组织”特征中进一步延续了稳定有序的状态。民国政体的变革使其失却了复制基础，各地纷纷出现有别于帝制时期的自治或实验模式，旨在推动自我发展的自我管理。如阎锡山的“山西村治”、梁漱溟的“邹平模式”、晏阳初的“定县模式”、卢作孚的“北碚模式”、彭禹庭的“宛西自治”及黄炎培和中华职业教育社的“徐公桥模式”、陶行知和中华教育改进会的“晓庄模式”等，包括南京国民政府的“农村复兴委员会”及其“乡村建设运动”。前者在导引乡村社会现代方向转型方面，提出了现代乡村建筑和管理的思想和理论，其探索经验对后世具有重要作用。由于它们的出现和实践“是在维护国家现有制度和秩序条件下的一场自觉对如何实现乡村现代化的社会改良实验和探索”，在一定程度上，“它们仍然是传统‘乡绅’精神的传承”。[③]后者的推行期处于军阀和地方势力割据阶段，难以获得各地方政权的支持和呼应。不过从中可以看到，国民政府已开始将触角延伸到乡村社会，表明政权力量的调配已修正了传统皇权及县的格局，并试图通过进一步整合乡镇资源从而实现政府对乡村的有效管理和乡村社会自身的发展。

---

① 张国雄著：《岭南五邑》，生活·读书·新知三联书店，2005 年，136 页。

②③ 王伟强、丁国胜，“中国乡村建设实验演变以其特征考察”，载《城市规划学刊》，2010 年第 2 期，第 80 页。

参考文献

一、历史资料

[1] 宋·范成大撰，范石湖集。
[2] 宋·陆游撰，陆游集 [M]．北京：中华书局点校本，1976。
[3] 明·万历《嘉兴府志》。
[4] 明·谢肇淛撰，五杂俎 [M]．上海：上海书店出版社，2001。
[5] 明·袁中道撰，珂雪斋集 [M]．上海：上海古籍出版社，1989。
[6] 明·徐弘祖撰，徐霞客游记 [M]．北京：华夏出版社，2006。
[7] 明·计成撰，园冶 [M]．北京：中国建筑工业出版社，1984。
[8] 明·张瀚撰，松窗梦语 [M]．上海：上海古籍出版社，1986。
[9] 清·王士禛撰，蜀道驿程记，小方壶斋舆地丛钞，第七帙。
[10] 清·王昶撰，使楚丛谭，小方壶斋舆地丛钞，第六帙。
[11] 清·钱咏撰，履园丛话．[M]．北京：中华书局，1986。
[12] 清·顾炎武撰，顾亭林诗文集 [M]．北京：中华书局，1959。
[13] 清·屈大均撰，广东新语．[M]．北京：中华书局，1997。
[14] 清·许承尧等纂：歙县志，民国二十六年铅印本。
[15] 清·许承尧撰，歙事闲谭。
[16] 清·陈梦雷总纂，古今图书集成·博物汇编，艺术典。
[17] 清·汪日桢纂，南浔镇志，同治二年刻本。
[18] 清·尹继善、赵国麟修，黄之隽、章士凤纂，江南通志，乾隆二年重修本。
[19] 清·康熙，休宁县志。
[20] 清·乾隆，乌青镇志。
[21] 清·康熙，长洲县志。
[22] 清·唐岱撰，绘画发微。
[23] 清·高见南撰，相宅经纂。
[24] 民国·吴县志。
[25] 民国·华阳县志。
[26] 刘永明．增补四库未收术数类古籍大全，堪舆集成，31 册 [M]．扬州：江苏广陵古籍刻印社，1991。

二、著作

[1] 贺业钜．考工记，营国制度研究［M］．北京：中国建筑工业出版社，1985。

[2] 董鉴泓．中国城市建设史（第二版）［M］．北京：中国建筑工业出版社，2003。

[3] 董鉴泓、阮仪三．名城文化鉴赏与保护［M］．上海：同济大学出版社，1993。

[4] 何一民．近代中国衰落城市研究［M］．成都：巴蜀书社，2007。

[5] 彭一刚．传统村镇聚落景观分析［M］．北京：中国建筑工业出版社，1992。

[6] 梁雪．传统村镇实体环境设计［M］．天津：天津科学技术出版社，2001。

[7] 李晓峰．乡土建筑——跨学科研究理论与方法［M］．北京：中国建筑工业出版社，2005。

[8] 吴良镛．人居环境科学导论［M］．北京：中国建筑工业出版社，2001。

[9] 余英．中国东南系建筑区系类型研究［M］．北京：中国建筑工业出版社，2001。

[10] 段进、龚恺、陈晓东、张晓冬、彭松，世界文化遗产西递古村落空间解析［M］．南京：东南大学出版社，2006。

[11] 段进、李松、王海宁，城镇空间解析——太湖流域古镇空间结构和形态［M］．北京：中国建筑工业出版社，2002。

[12] 韩军学．佤族村寨与佤族传统文化［M］．成都：四川大学出版社，2007。

[13] 郑振满、张侃，培田［M］．北京：三联书店，2005。

[14] 陕西师范大学西北历史环境与经济社会发展研究中心．历史环境与文明演进［M］．北京：商务印书馆，2005。

[15] 林頫．中国历史地理学研究［M］．福州：福建人民出版社，2006。

[16] 谭其骧．长水集［M］．北京：人民出版社，1987 年。

[17] 周振鹤、游汝杰．方言与中国文化［M］．上海：上海人民出版社，2006。

[18] 周振鹤．中国历史文化区域研究［M］．上海：复旦大学出版社，1997。

[19] 李孝聪．中国区域历史地理［M］．北京：北京大学出版社，2004。

[20] 张伟然．湖北历史文化地理研究［M］．武汉：湖北教育出版社，2000。

[21] 车越乔．陈桥驿，绍兴历史地理［M］．上海：上海书店出版社，2001。

[22] 林耀华．义序的宗族研究［M］．北京：三联书店，2000。

[23] 林济．长江流域的宗教与宗族生活［M］．武汉：湖北教育出版社，2004。

[24] 王铭铭．村落视野中的文化与权力——闽台三村五论［M］．北京：三联书店，1992。

[25] 陈进国．信仰、仪式与乡土社会——风水的历史人类学探索［M］．北京：中国社会科学出版社，2005。

[26] 何晓昕．风水探源［M］．南京：东南大学出版社，1990。

[27] 刘佐泉．客家历史与传统文化［M］．开封：河南大学出版社，1991。

[28] 谢重光．福建客家［M］．桂林：广西师范大学出版社，2005。

[29] 郑先瑞．邹尚辉，长江文化生态［M］．武汉：湖北教育出版社，2005。

[30] 司马云杰．文化社会学［M］．济南：山东人民出版社，1987。
[31] 吴必虎．刘筱娟，中国景观史［M］．上海：上海人民出版社，2004。
[32] 李山．中国文化史［M］．北京：北京大学出版社，2007。
[33] 郑肇经．中国水利史［M］．上海：上海书店出版社，1984。
[34] 中国大百科全书出版社编辑部，中国大百科全书（建筑园林城市规划）［M］．北京，上海：中国大百科全书出版社，1988。
[35] 王云．明清山东运河区域社会变迁［M］．北京：人民出版社，2006。
[36] 谭其骧．中国历史地图集（第1~8册）［M］．北京：地图出版社，1982－1987。
[37] 梁方仲．中国历代户口、田地、田赋统计［M］．上海：上海人民出版社，1980。
[38] 张研．清代族田与基层社会结构［M］．北京：中国人民大学出版社，1991。
[39] 方铁．西南通史［M］．郑州：中州古籍出版社，2003。
[40] 刘大可．田野中的地域社会与文化［M］．北京：民族出版社，2007。
[41] 陈志华、楼庆西、李秋香．诸葛村［M］．石家庄：河北教育出版社，2003。
[42] 冯天瑜．明清文化史札记［M］．上海：上海人民出版社，2006。
[43] 傅衣凌．明清社会经济变迁论．［M］北京：人民出版社，1989年。
[44] 任放．明清长江中游市镇经济研究［M］．武汉：武汉大学出版社，2003。
[45] 贾鸿雁．中国历史文化名城通论［M］．南京：东南大学出版社，2007。
[46] 陈望衡．环境美学［M］．武汉：武汉大学出版社，2007。
[47] 滕守尧．审美心理描述［M］．北京：中国社会科学出版社，1985。
[48] 王景慧、阮仪三，王林，历史文化名城保护理论与规划［M］．上海：同济大学出版社，1999。
[49] 陈宇．城市景观的视觉分析［M］．南京：东南大学出版社，2006。
[50] 李秋香．中国村居［M］．天津：百花文艺出版社，2002年。
[51]［美］施坚雅．中华帝国晚期的城市，叶光庭等译［M］．北京：中华书局，2000。
[52]［美］施坚雅，中国农村的市场和社会结构，史建云，徐秀丽译，虞和平校［M］．北京：中国社会科学出版社，1998。
[53]［美］爱德华·A. 罗斯，社会控制，秦志勇、毛永政等译［M］．北京：华夏出版社，1989。
[54]［美］费正清．中国：传统与变革，肖赖尔，陈仲丹等译［M］．南京：江苏人民出版社，1996。
[55]［美］林达·约翰逊．帝国晚期的江南城市，成一农译［M］．上海：上海人民出版社，2005。
[56]［美］凯文·林奇．城市意象，方益萍、何晓军译［M］．北京：华夏出版社，2001。
[57]［美］阿诺德·伯林特．生活在景观中——走向一种环境美学，陈盼译［M］长沙：湖南科学技术出版社，2006

[58] [美] 明恩溥，中国乡村生活，午晴，唐军译 [M]．北京：中华书局，2000。
[59] [美] 张光直．考古学专题六讲 [M]．北京：文物出版社，1996.
[60] [美] 爱弗里特· M. 罗吉斯等．乡村社会变迁 [M]．杭州：浙江人民出版社，1988。
[61] [美] 鲁道夫·阿恩海姆，视觉思维——审美知觉心理学，滕守尧译 [M]．北京：光明日报出版社，1986 。
[62] [美] 鲁道夫·阿恩海姆，艺术与视知觉，滕守尧译 [M]．北京：中国社会科学出版社，1985。
[63] [美] 阿诺德·柏林特，环境与艺术——环境美学的多维视角，刘悦笛等译 [M]．重庆：重庆出版社，2007。
[64] [英] 托马斯·阿罗姆绘画，李天纲编．大清帝国城市印象——19 世纪英国铜版画 [M]．上海：上海古籍出版社，2002。
[65] [英] 布莱恩·劳森，空间的语言，杨青娟等译．[M] 北京：中国建筑工业出版社，2003。
[66] [英] 约翰斯顿 RJ，唐晓峰、张大卫、张纬等译．地理学与地理学家 [M]．北京：商务印书馆，1999。
[67] [英] 克里夫·芒福汀，街道与广场，张永刚，陆卫东译 [M]．北京：中国建筑工业出版社，2004 年。
[68] [英] 西蒙·贝尔，王文彤译．景观的视觉要素 [M]．北京：中国建筑工业出版社，2004。
[69] [法] 福柯，必须保卫社会，钱翰译 [M]．上海：上海人民出版社，1999。
[70] [法] 马塞尔·毛斯，社会学与人类学，佘碧平译 [M]．上海：上海译文出版社，2003。
[71] [丹] 杨·盖尔、拉尔斯·基姆松，公共空间，汤羽杨等译 [M]．北京：中国建筑工业出版社，2003。
[72] [丹] 杨·盖尔，交往与空间，何人可译 [M]．北京：中国建筑工业出版社，2002。
[73] [挪] 舒尔茨著，场所精神——迈向建筑现象学，施植明译 [M]．台北：田园城市文化事业有限公司，2002。
[74] [荷] 盖伊尔·佐文，社会控制论．黎鸣等译 [M]．北京：华夏出版社，1989。
[75] [加] 艾伦·卡尔松，自然与景观，陈李波译 [M]．长沙：湖南科学技术出版社，2006。
[76] [日] 藤井明，聚落探访，宁晶译 [M]．北京：中国建筑工业出版社，2003。
[77] [日] 原广司，世界聚落的教示 100，于天、刘淑梅译 [M]．北京：中国建筑工业出版社，2003。
[78] [日] 濑川昌久，族谱：华南汉族的宗教·风水·移居，钱杭译 [M]．上海：上海书店出版社，1999。
[79] [日] 芦原义信，街道的美学，尹培桐译 [M]．北京：中国建筑工业出版社，2006。
[80] [日] 渡边欣雄，汉族的民俗宗教——社会人类学的研究，周星译 [M]．天津：天津人民出版社，1998。

三、论文

[1] 张佩国．有形与无形之间——近代江南与华北村界的比较研究，江沛，王先明主编：近代华北区域社会史研究 [M]．天津：天津古籍出版社，2005。
[2] 张宏伟．西双版纳傣族村寨的方位体系 [A]．中国传统民居与文化（第二辑），中国建筑工业出版社，1992。
[3] 严明．西双版纳村寨聚落分析 [A]．中国传统民居文与文化（第二辑），中国建筑工业出版社，1992。
[4] 王绚、侯鑫．围墙内的安居家园——例析传统民间堡寨防御性空间意匠 [J]．新建筑，2007 年第 2 期。

［5］薛林平．安徽传统戏场建筑研究［J］．中华建筑，2007 年第 8 期。
［6］郑景文、欧阳东．传统村寨空间网络探析［J］．新建筑，2006 年第 4 期。
［7］鲍莉．适应气候的江南传统建筑营造策略初探——以苏州同里古镇为例［J］．新建筑，2008 年第 4 期。
［8］李百浩、张莉：因族而兴的湖北古镇——瞿家湾［J］．华中建筑，2005 年第 3 期。
［9］易伯、董争俊、刘炜：因渡而兴的湖北古镇——监利周老嘴［J］．华中建筑，2005 年第 3 期，
［10］王伟强、丁国胜．中国乡村建设实验演变以其特征考察［J］．城市规划学刊，2010 年第 2 期，
［11］张大玉、欧阳文．传统村镇聚落环境中人之行为活动与场所的分析研究［J］．《北京建筑工程学院学报》，1999 年第 1 期。
［12］许焯权．潮安古巷区象埔寨新民居方案［A］．中国传统民居与文化，第四辑，中国建筑工业出版社，1996。
［13］张蓉．考工记营国制度新解——与规划模数相关的内容［J］．建筑师，2008 年第 10 期。
［14］王浩峰．徽州传统村落的空间解析——公共建筑的聚集现象［J］．建筑学报，2008 年第 4 期。

四、学位论文

［1］沈茂英．中国山区聚落持续发展与管理——以岷江上游为例［D］．中国科学院，博士论文，2005。
［2］郭晓东．黄土丘陵区乡村聚落发展及其空间结构研究［D］．兰州大学，博士论文，2007。
［3］刘炜．湖北古镇的历史、形态与保护研究［D］．武汉理工大学，博士论文，2006。

五、图像

［1］王应山纂辑．闽都记。
［2］董鉴泓．中国城市建设史（第二版）［M］．北京：中国建筑工业出版社，2003。

跋

《中华聚落——村落市镇景观艺术》今日正式完成。至此，历时十一年的《刘森林中华传统人居环境文化研究书系》一至四册全部告竣。本著得以按时出版，一要感谢同济大学出版社的大力支持；二要感谢学生李中协助绘制部分线描，小女婧儿和学生郑玉研等打印文稿，以及数十省区众多学生在我异地考察期间在交通、食宿、装备等方面提供的种种便利和照料；三要感谢本书中征引、参考的历史资料和研究者的成果；四要感谢上海大学潘耀昌教授对书稿提出的意见。同时，还要感谢上海大学美术学院将之列入“2010年度院际项目”，拨款资助调研，以及上海文化发展基金会，将本著纳入2010年度图书出版专项资助名单，襄助出版。

当初将《中华聚落》排至殿后，以期更多的时间、更广的空间予以思考或积累，现在看来这一判断是正确的。相对而言，在《中华装饰》、《中华陈设》、《中华民居》、《中华聚落》四本书中，后者涉及学科多，篇幅分量重。一门学科、学科方向或学科领域的初始阶段总要经过许多零星分散的探索，再由踵事者予以开掘、爬梳、搜采和深描。以前对于中国传统村镇景观的研究，较多集中于对个案的分析，很少将其作为一种延续、连贯和整体性的研究。这种“整体性”研究，必然要与多门学科和多种方法相联系，自然，也要付出相应的劳动。目前，我国新农村建设和城市化建设正在如火如荼地全面展开，对传统聚落的景观艺术进行较全面的概述分析，可以使我们进一步认识传统乡镇的历史、文化、景观、艺术极其丰富的价值。事实上，没有承继与扬弃，借鉴与创拓，自然无学术之深度；而缺乏理论本体的研究，保护、开发等实践活动的盲目性、表层化和形式化也是显而易见的。因此，本著的撰写上也尝试在宏观和微观的结合上践行参与观察和探究，以避免事项、实例和理论本身的线性描述，以及因宏大叙事而有可能滋生的自上而下式的“想象”和“定义”。然终力有不逮，遗憾之处在所难免，希望方家不吝指正。

刘森林

2010年6月18日初稿

2010年10月20日定稿